Handbuch für Maler und Lackierer

1100 Prüfungsfragen und Antworten

Michael Bablick · Miriam Maier

Handbuch für Maler und Lackierer

1100 Prüfungsfragen und Antworten

Deutsche Verlags-Anstalt

Zu den Autoren

Michael Bablick, geboren 1947, legte 1974 die Meisterprüfung im Maler- und Lackiererhandwerk ab. Neben seiner Lehrtätigkeit an Berufsschule, Meisterschule und Städtischer Fachschule für Farb- und Lacktechnik in München war er Mitglied in Prüfungskommissionen und einschlägigen Arbeitskreisen. Er ist Autor zahlreicher Buch- und Zeitschriftenpublikationen und arbeitete als öffentlch bestellter und vereidigter Sachverständiger für Maler- und Lackiererarbeiten.

Miriam Maier, geboren 1979, legte 2008 die Staatsprüfung Fachrichtung Bautechnik ab. Neben der Lehrtätigkeit in der Berufsschule Farbe und Gestaltung leitet sie den Werkstoffbereich und die Anwendungs- und Prüftechnik in der Städtischen Fachschule für Farb- und Lacktechnik München. Seit 2020 ist sie auch Schulleiterin in der Städtischen Berufsschule für Farbe- und Gestaltung in München, in den Städtischen Meisterschulen für Maler und Lackierer und der Städtischen Meisterschule für Kirchenmaler und Vergolder in München sowie der Städtischen Fachschule für Farb- und Lacktechnik München.
Miriam Maier ist Autorin zahlreicher Zeitschriftenpublikationen und Mitglied in Prüfungsausschüssen, in der Kommission zur Erstellung der Meisterprüfungen im Bundesverband Farbe Gestaltung Bautenschutz und in zahlreichen Arbeitskreisen.

Haftungsausschluss

Autoren und Verlag haben das Werk nach bestem Wissen und mit größtmöglicher Sorgfalt erstellt. Gleichwohl sind sowohl inhaltliche als auch technische Fehler nicht vollständig auszuschließen.

Impressum

2. Auflage 2025

Neumarkter Straße 28, 81673 München
produktsicherheit@penguinrandomhouse.de
(Vorstehende Angaben sind zugleich Pflichtinformationen nach GPSR.)

Aktualisierte Ausgabe des Buches gleichen Titels, 2003, 2006, 2016
Satz und Layout: Boer Verlagsservice, Grafrath
Gesetzt aus der Whitney Pro
Umschlaggestaltung: Michael Bablick / Susanne Hermann, DVA
Druck und Bindung: Friedrich Pustet KG, Regensburg

Penguin Random House Verlagsgruppe FSC® N001967
Printed in Germany
ISBN 978-3-421-04046-6

www.penguin.de

Inhaltsverzeichnis

Vorwort

Die Struktur des Buches orientiert sich an der derzeitigen Form der Meister- und der Gesellenprüfung. Die Einteilung nach Handlungsfeldern spiegelt diesen Aufbau wider. Zu diesen Teilbereichen sind jeweils Prüfungsfragen und Antworten formuliert. Die Fragen sind jeweils fettgedruckt. Die Antworten finden Sie unmittelbar danach normal gedruckt. Es würde den Rahmen dieses Buches sprengen, wenn die bei den Prüfungen üblichen Buchungs- und Kalkulationsaufgaben mit vorgegebenen Zahlenwerten enthalten wären. So enthält dieses Buch in den Handlungsfeldern 2 und 3 weniger Fragen als im Handlungsfeld 1.

Bei der Formulierung der Fragen und Antworten wurde besonderer Wert auf den Praxisbezug und die Handlungsorientierung gelegt. So ist dieses Buch auch eine gute Vorbereitung für die Projektarbeit und das bei den Prüfungen stark gewichtete Fachgespräch.

Bei der Auswahl der Fragen wurde auf eine konkrete Fragestellung und eine leicht nachvollziehbare Beantwortung geachtet. Bei Fragestellung und Antworten wurde auf eine normengerechte Formulierung geachtet. Dies mag manchmal kompliziert erscheinen, wenn z. B. zwischen Lacken und Lackfarben unterschieden wird. Solche Unterscheidungen sind aber korrekt – und das ist bei Prüfungen gewünscht. Die Vielzahl der möglichen Fragen erforderte die Beschränkung auf wesentliche Sachverhalte. Daher wurde auf simple Fragen verzichtet.

Die Beantwortung der Fragen kann und soll auch mit anderen Worten erfolgen. So lässt sich die eigene Ausdrucksweise schulen. Sind Werkstoffe, anders als in der Lösung vorgeschlagen, ebenfalls möglich, wird in den Antworten vielfach darauf hingewiesen.

Durch die Auseinandersetzung mit den gestellten Fragen und der eigenen Formulierung der Antworten ist der Prüfling letztlich in der Lage, Fragen zu den gleichen Sachverhalten, aber mit anderen Fragestellungen richtig zu beantworten. Nach der eigenen Beantwortung der Fragen sollten ein Vergleich und die Auseinandersetzung mit den Antworten im Buch erfolgen.

Die ständigen Veränderungen der Verordnungen und Richtlinien machten für die aktualisierte Auflage eine Überarbeitung mit zahlreichen Detailänderungen erforderlich.

Juni 2025

Michael Bablick
Miriam Maier

Handlungsfeld 1 Technik und Gestaltung

1 Technische Ausstattung

1.1 Werkzeuge und Geräte für die Untergrundvorbereitung

1.1.1 Schleifmaschinen

1 Die Schleifmaschinen lassen sich nach der Art ihres Antriebs in zwei Gruppen einteilen. Zeigen Sie die Vor- und Nachteile dieser beiden Antriebsarten auf!

Man unterscheidet elektrisch und pneumatisch betriebene Schleifmaschinen. Bei den elektrisch betriebenen Schleifmaschinen ist der Antrieb, ein Elektromotor, bereits eingebaut. Damit sind diese Maschinen auch auf wechselnden Baustellen gut einsetzbar und sehr handlich. Da es diese Maschinen mit unterschiedlichen Drehzahlen und in verschiedenen Größen gibt, sind sie beim Maler häufig anzutreffen. Zum Nassschleifen dürfen aber wegen der damit verbundenen Unfallgefahr nur Maschinen mit Schutztrenntransformator oder mit Druckluft betriebene Maschinen eingesetzt werden.

Bei den pneumatisch betriebenen Schleifmaschinen wird die zum Schleifen notwendige Druckluft in einem Kompressor erzeugt. Aus diesem Grund eignen sich diese Maschinen besonders in stationären Anlagen, z. B. in Lackierwerkstätten, wo ohnehin ein leistungsstarker Kompressor vorhanden ist. Durch Regulierung der Luftzufuhr kann die Drehzahl der Maschinen stufenlos verändert werden. Diese Maschinen können auch zum Nassschleifen problemlos eingesetzt werden, sind aber lauter als die elektrisch betriebenen.

2 Welche Schleifmaschinentypen unterscheidet man nach der Schleiftellerbewegung?

Nach der Schleiftellerbewegung unterscheidet man

1. Rundschleifmaschinen und Winkelschleifmaschinen,
2. Exzenterschleifmaschinen,
3. Schwingschleifmaschinen,
4. Bandschleifmaschinen.

3 Für welche Arbeiten eignen sich Rundschleifmaschinen besonders?

Rundschleifmaschinen tragen auf relativ kleinen Flächen viel Material ab. So eignen sie sich besonders zum partiellen Entrosten und Entfernen von Beschichtungen. Zum Entrosten werden auch Stahlbürsteneinsätze angeboten. Außerdem können diese Maschinen mit Rühreinsätzen ausgestattet werden.

4 Zeigen Sie die Besonderheiten von Winkelschleifmaschinen und deren Einsatzgebiete auf!

Winkelschleifer sind Rundschleifmaschinen, bei denen der Schleifteller im rechten Winkel zum Maschinenkörper abgewinkelt angeordnet ist. Dadurch sind sie ergonomischer zu handhaben als gewöhnliche Rundschleifmaschinen. Wie diese können sie besonders für grobe Schleif- und Entrostungsarbeiten, zum Polieren sowie als Rührgeräte eingesetzt werden. Bestückt mit Trennscheiben werden Winkelschleifer auch zum Auftrennen größerer Risse verwendet.

5 Zeigen Sie die Besonderheiten von Exzenterschleifmaschinen und deren Einsatzgebiete auf!

Exzenterschleifmaschinen sind Winkelschleifer, bei denen der Schleifteller exzentrisch um die Antriebsachse rotiert. Bei den meisten kann man zwischen der runden und der exzentrischen Schleifbewegung umschalten. So eignen sie sich gleichermaßen für den Grob- und Feinschliff auf glatten und gewölbten Flächen.

6 Welche Schleifmaschinentypen eignen sich zum Planschleifen von größeren, ebenen Flächen?

Hierfür eignen sich besonders Schwingschleifer und Bandschleifmaschinen.

7 Wie hoch muss die Drehzahl bei Schwingschleifern sein, wenn damit Holzflächen vor einer Klarlackierung geschliffen werden sollen?

Wenn keine deckende Beschichtung erfolgt, müssen für Schleifarbeiten bei Holz mit Schwingschleifmaschinen die Drehzahlen über 10 000 Umdrehungen in der Minute liegen.

8 Welche Vor- und Nachteile haben Bandschleifmaschinen?

Bandschleifmaschinen eignen sich besonders zum Schleifen von Holzflächen, wenn keine deckenden Beschichtungen vorgesehen sind. Beim Schleifen in Faserrichtung bleiben keine störenden Schleifspuren zurück. Allerdings kann man damit nicht in Ecken schleifen. Die Bandschleifmaschinen und die Schleifbänder sind außerdem im Vergleich mit anderen Schleifmaschinen relativ teuer.

1.1.2 Geräte zum Entrosten

1 Wie funktioniert ein Druckluft-Nadelentroster? Zeigen Sie mögliche Einsatzgebiete auf!

Das handliche Gerät ähnelt im Aussehen einer Bohrmaschine, bei der statt des Bohrfutters Nadelbündel beweglich gelagert sind. Nach dem Anschließen des Geräts an einen Kompressor und dem Einschalten werden die beweglichen Nadeln durch Druckluft fortwährend nach vorne geschleudert. Durch die schnelle Bewegung der Nadelspitzen lassen sich Rost, Mörtelspritzer usw. gut von dickwandigen Bauteilen entfernen. Im Malerhandwerk eignet sich das Gerät besonders gut zum Entrosten bei der Betoninstandsetzung. Die Fahrzeuglackierer setzen das Gerät gerne zum Entrosten von Felgen ein. Dünne Werkstücke verbeulen aber schnell. Für Reinigungszwecke lassen sich die üblicherweise eingesetzten Stahlnadelsätze gegen Nadelsätze aus Kupfer austauschen.

2 Aus welchen Teilen besteht eine leistungsfähige Anlage zum Abstrahlen von Bauteilen aus Stahl?

1. Ein leistungsfähiger Kompressor, (wünschenswerte Dauerleistung bei einer Strahldüse von 5 bis 12,5 mm mindestens 6 bar).
2. Ein Luftschlauch, der den Kompressor mit dem Strahlgebläse verbindet (Innendurchmesser mindestens 30 mm wegen der beim Luftstrom im Schlauch auftretenden Reibung wünschenswert).
3. Ein Freistrahl-Druckgebläse mit automatischer Nachfüllvorrichtung (ansonsten muss der Strahlvorgang beim Nachfüllen des Strahlguts jedes Mal unterbrochen werden).

4. Ein Strahlschlauch, (der Innendurchmesser sollte wegen der Reibung des Strahlguts im Schlauch ca. viermal so groß sein wie die Strahldüsenöffnung).
5. Eine Strahldüse, (wegen der geringeren Abnützung ist die Auskleidung der Düse mit Borkarbid sinnvoll).

3 Welcher Normreinheitsgrad nach DIN EN ISO 12944 wird beim Entrosten im schweren Korrosionsschutz, also bei einer statisch belasteten Konstruktion, angestrebt, ist aber auch vorgeschrieben, wenn ein kathodischer Korrosionsschutz mit Zinkstaubfarben angestrebt wird?
Beschreiben Sie das Aussehen einer so gereinigten Stahlfläche!
Nach DIN EN ISO 12944 muss hierzu der Normreinheitsgrad Sa 2½ erreicht werden. Die durch Abstrahlen gereinigte Stahlfläche ist frei von allen Beschichtungen, von Walzhaut, Zunder und Rost. Die Stahlfläche sieht grau und etwas wolkig aus.

4 Welche Vorteile besitzt das Feuchtnebelstrahlen im Vergleich zum Nassstrahlen und zum Trockenstrahlen?
Beim Trockenstrahlen ist die Staubentwicklung relativ hoch. Mit dem Nassstrahlen lässt sich die Staubentwicklung unterbinden, das Strahlmittel bleibt aber als Schlamm zurück. Dies ist u.a. für die Entsorgung ungünstig. Beim Strahlen von Stahl bildet sich durch den Wasseranteil auf der nach dem Strahlen feuchten Stahlfläche schnell Rost. Beim Feuchtnebelstrahlen wird das Strahlgut mit einem sehr dünnen Wasserfilm umhüllt. Damit ist die Staubbildung unterbunden. Wegen der geringen Wassermenge (20–30 l/h) ist die gestrahlte Oberfläche anschließend sofort trocken, eine Rostbildung bei Stahl ist unwahrscheinlich.

5 Welche technischen Möglichkeiten gibt es zur Vermeidung der starken Staubbildung beim Strahlen?
Statt des üblichen Trockenstrahlens kann man mit speziellen Zusatzgeräten das Nassstrahlen, das Feuchtnebelstrahlen oder das Vakuumstrahlen einsetzen, bei dem der entstehende Staub sofort wieder abgesaugt wird.

6 Zur Untergrundvorbereitung wird entsprechend der Leistungsbeschreibung der Normreinheitsgrad Fl gefordert. Mit welchem Arbeitsverfahren wird dies erreicht? In welche Arbeitsgänge gliedert sich dieses Arbeitsverfahren?
Der Normreinheitsgrad Fl wird mit dem Flammstrahlen erreicht. Das Flammstrahlen gliedert sich in das eigentliche Flammstrahlen und das maschinelle Nachbürsten mit rotierenden Stahlbürsten in Winkelschleifern oder Rundschleifmaschinen.

7 Mit welcher Gasmischung arbeitet man beim Flammstrahlen?
Beim Flammstrahlen wird ein Acetylen-Sauerstoff-Gemisch verwendet, der Sauerstoffanteil überwiegt.

8 Welcher Arbeitsdruck der Gase ist beim Flammstrahlen zweckmäßig?
Der Druck des Acetylengases sollte 0,5–0,8 bar, der Druck des Sauerstoffs sollte 3–5 bar betragen.

9 Warum muss beim Flammstrahlen mit einem Sauerstoffüberschuss gearbeitet werden?
Der Sauerstoffüberschuss ist nötig, da die Oberfläche sonst stark verrußt.

10 Warum kann das Flammstrahlen nur für dickwandige Bauteile eingesetzt werden?
Beim Flammstrahlen erhitzt sich der Untergrund stark. So würden sich dünnwandige Bauteile verformen.

11 Wie funktioniert das Trockeneisstrahlen?
Das Trockeneis (Pellets aus Kohlensäure) wird mit Druckluft auf die zu behandelnde Oberfläche gestrahlt. Der Schmutz auf der Oberfläche, z. B. schlecht haftende Beschichtungen und Verschmutzungen, wird punktuell unterkühlt und platzt ab, weil sich diese Schichten bei der Erwärmung anders ausdehnen als der Untergrund. Das CO_2-Granulat geht im Moment des Aufpralls vom festen in den gasförmigen Zustand über (= Sublimation). Da das CO_2 in die Atmosphäre entweicht, bleiben nur die entfernten Substanzen als Rückstand zurück. So entfällt z. B. die Entsorgung von schadstoffbelastetem Schmutzwasser. Damit ist dieses Verfahren sehr umweltfreundlich.

1.2 Streichwerkzeuge

1 Welches Besteckmaterial wird heute für Pinsel verwendet?
Für Pinsel wird heute folgendes Besteckmaterial verwendet:
1. Borsten: Schweineborsten,
2. Haare: Ross-, Marder-, Dachs-, Rinder-, Iltis-, Feh-, Bären- und Ziegenhaare,
3. Fasern: Fiberfasern,
4. Kunstborsten: Polyesterborsten (Nylon und Perlon),
5. Kunsthaare: Polyesterhaare (Nylon und Perlon).

Für wasserverdünnbare Beschichtungsstoffe werden häufig Mischungen aus Naturborsten und Kunstborsten eingesetzt.

2 Zeigen Sie die Herkunft der folgenden Besteckmaterialien und deren Verwendung für Pinsel auf: A) Fehhaar, B) Colinsky, C) Camelhaar, D) Bärenhaar!

Frage	Besteckmaterial	Herkunft	Verwendung
A	Fehhaar	Schweifhaar der Eichhörnchen	Aquarell-, Porzellanmal-, Vergolder-, feine Lackierpinsel
B	Colinsky	Schweifhaar des sibirischen oder chinesischen Marders	Aquarell-, Ölmal-, Schriftpinsel, Schlepper, Plakatschreiber
C	Camelhaar	Fesselhaare des japanischen und asiatischen Ponys	Einfache Pinsel
D	Bärenhaar	Fellhaar des Alaskabären	Einkehrpinsel zum Vergolden

3 Welche Vorteile bringt es, wenn Borstenpinsel auf Schluss gearbeitet sind?
Bei der Herstellung dieser Pinsel werden zwei gleich starke, natürlich gekrümmte Borsten gegeneinander gebunden. Die so hergestellten Pinsel sind zwar teuer, behalten aber auch nach langem Gebrauch noch ihre Form.

4 Welches Besteckmaterial wird für die folgenden Pinsel und Bürsten verwendet: A) Staubpinsel, B) Lackierpinsel, C) Schriftpinsel, D) Plakatschreiber, E) Schlepper, F) Streichbürsten?
A) Staubpinsel: Ziegenhaare und Kunstborsten
B) Lackierpinsel: europäische (helle) Borsten und chinesische (schwarze) Borsten. Besonders feine Lackierpinsel werden mit Fehhaar (Schweifhaare der Eichhörnchen) und Bärenhaar hergestellt; billige Lackierpinsel stellt man auch mit Ziegenhaar und Kunstborsten und -haaren her.
C) Schriftpinsel: Rotmarderhaare und Rindshaare
D) Plakatschreiber: besonders Rotmarderhaare und Rindshaare
E) Schlepper: Rotmarderhaare u. a.
F) Streichbürsten: Rosshaare, Rinderhaare und Kunstborsten

5 Begründen Sie, warum sich für Dispersionslacke Kunststoffborsten besser eignen als Naturborsten!
Bei den Naturborsten lässt beim Verarbeiten der wasserverdünnbaren Dispersionslacke die Spannkraft schnell nach, die Pinsel werden lappig. Dies liegt daran, dass sich bei längerer Wassereinwirkung die Schuppen sehr stark öffnen. Kunststoffborsten dagegen bleiben auch bei der Verarbeitung von wasserverdünnbaren Beschichtungsstoffen stabil.

6 Wie ist es möglich, dass ein Pinsel so viel Beschichtungsstoff aufnehmen kann?
Haare und Borsten lassen im Pinsel feine Hohlräume entstehen. Diese Hohlräume bilden feinste Kapillaren, die den Beschichtungsstoff ansaugen und erst durch den beim Streichen ausgeübten Druck wieder freigeben.

7 Welche Nachteile zeigen Pinsel mit präpariertem Schluss?

Für diese Pinsel werden gerade Borsten verwendet. Sie erhalten ihre Form dadurch, dass man die Borsten nach dem Leimen in einer entsprechenden Negativform erhitzt. Die so hergestellten Pinsel sind zwar sehr preiswert, behalten die eingearbeitete Form aber nur kurze Zeit.

8 Was versteht man unter der Zwinge eines Pinsels?

Die Zwinge eines Pinsels ist die Metallhülse, die den Pinselkörper fasst und ihn mit dem Stiel verbindet. Die Zwinge kann rund oder flach gearbeitet sein. Am besten sind nahtlos gezogene Zwingen, da bei den gelöteten Zwingen die Lötnaht reißen kann, wenn Pinsel zu lange im Wasser stehen und quellen.

9 Welche Bedeutung hat die Fahne der Borsten für die Pinsel?

Während des Wuchses spaltet sich die Borste in zwei oder mehrere Spitzen, die Fahnen. Durch sie erhält der Pinsel ein hohes Maß an Farbaufnahmefähigkeit und Fülle.

10 Zeigen Sie die Gemeinsamkeiten und die Unterschiede von Naturhaaren und Naturborsten für Pinsel auf!

Haare und Borsten gleichen sich in ihrem Aufbau. Sie bestehen aus einem Markstrang, um den sich Schuppen gleich einem Panzer gruppieren. Elastizität und Spannkraft eines Pinsels werden vom Verhalten der Schuppen bestimmt. Hängt ein Pinsel zu lange im Wasser, so öffnet sich dieser Schuppenpanzer wie ein Tannenzapfen. Das Nachlassen der Spannkraft lässt den Pinsel lappig werden. Beim Trocknen des Pinsels schließen sich die Schuppen wieder eng an den Markstrang, die Haare und Borsten erreichen wieder ihre ursprüngliche Spannkraft.

Im Unterschied zu den Haaren endet die Borste in Fahnen, das heißt, die Spitze teilt sich in mehrere Enden. Das Haar mündet in nur einer je nach Haarart mehr oder weniger feinen Spitze.

11 Wodurch unterscheidet sich die Kunstborste von einem synthetischen Haar?

Die Kunstborste hat einen Durchmesser von ca. 0,2 mm, das synthetische Haar ist mit einem Durchmesser von 0,08–0,15 mm sehr viel dünner.

12 Warum darf man in Lacken hart gewordene Pinsel aus Naturhaaren oder -borsten mit Abbeizfluid, nicht aber mit Abbeizlaugen reinigen?

Naturhaare und borsten reagieren sehr empfindlich auf Laugen und werden von ihnen zerstört. Gegen die starken Lösemittel in den Abbeizfluiden sind die Naturhaare und -borsten aber beständig.

13 Die Werkzeuge auf dem Foto werden für verschiedene gestaltende Techniken eingesetzt, insbesondere für Imitationstechniken wie zum Beispiel das Maserieren. Wie heißen die Pinsel (1–5)?

1 Spitzpinsel; 2 Plattpinsel; 3 Flachpinsel; 4 Dachshaarvertreiber; 5 Zackenpinsel

14 Welcher der mit Nummern gekennzeichneten Pinsel auf dem Foto ist ein typischer Schablonierpinsel?

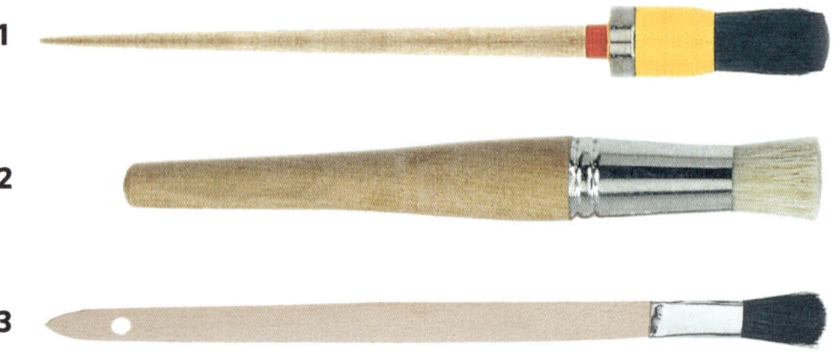

Der Pinsel mit der Nummer 2 ist ein typischer Schablonierpinsel.

15 **Welche der mit Nummern gekennzeichneten Pinsel auf dem Foto sind typische Linierpinsel?**

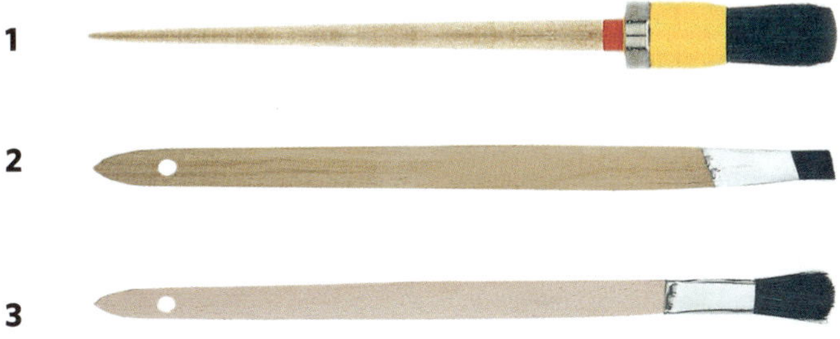

Typische Linierpinsel sind die Pinsel mit den Nummern 1 und 2.

1.3 Farbroller

1 **Von welchen Faktoren hängen die Farbaufnahme und die zu erwartende Arbeitsleistung eines Farbrollers ab?**
Die Farbaufnahme und die zu erwartende Arbeitsleistung werden von den folgenden Faktoren beeinflusst:

1. von der Rollerbreite,
2. vom Umfang der Rolle,
3. von der Art des Rollenbezugs,
4. von der Florhöhe.

2 **Nennen Sie übliche Bezüge für Farbroller!**
Als Bezüge für Farbroller werden Lammfelle, gewebte und gewirkte Kunststoffbezüge aus Polyamid, Polyacryl und Polyester, Modacryl, Microfaser, Mohair, gewebtem Ziegenhaar und Kunststoffweichschaum, der auch beflockt sein kann, verwendet.

3 **Welche Vor- und Nachteile hat echtes Lammfell als Bezug für Farbroller?**
Vorteile:
Naturlammfell hat ein sehr hohes Farbaufnahmevermögen, in der Regel wird eine Schurhöhe von 18–24 mm eingesetzt. Mit diesem Bezug ist eine fein strukturierte und gleichmäßige Farbabgabe möglich.
Nachteile:
Naturlammfell ist gegen aggressive Stoffe, z. B. Laugen und verschiedene Lösemittel, sehr empfindlich. Der Preis ist außerdem zwei- bis dreimal höher als bei einem synthetischen Fasermaterial.

4 Nennen Sie optimale Bezüge für Farbroller, wenn diese für A) Dispersionsfarben an der Fassade, B) Lackierarbeiten mit lösemittelhaltigen Lacken, C) Lackierarbeiten mit Dispersionslacken eingesetzt werden sollen!

A) Wenn Decken, Wände und Fassaden mit Dispersionsfarben beschichtet werden sollen, eignen sich vor allem Bezüge mit einer Florhöhe von 12 bis 25 mm. Für glatte Untergründe werden meist ungepolsterte Walzen, für raue Putze in der Regel gepolsterte Walzen eingesetzt. Neben Lammfell werden Bezüge aus Webwolle, Polyamid, Polyacryl, Polyester gewebt und gestrickt eingesetzt.

B) Zum Lackieren mit lösungsmittelhaltigen Produkten am besten geeignet sind Polyamid-, Polyester-, Modacryl-, Mohair-, und Velourbezüge , sowie beflockte Schaumstoffwalzen.

C) Für Lackierarbeiten mit Dispersionslacken am besten geeignet sind Polyamid-, Polyester-, Modacryl-, Mohair- und Velourbezüge sowie beflockte Schaumstoffwalzen.

5 Bei pumpengespeisten Rollgeräten wird die Farbe der Rolle unmittelbar zugeführt. Dadurch entfällt das Eintauchen in den Farbeimer und das Abstreifen des überschüssigen Materials. Dies führt zu einer Leistungssteigerung. Welche Systeme müssen hier aufgrund der Art der Farbzuspeisung unterschieden werden?

Bei den pumpengespeisten Rollgeräten sind drei Systeme zu unterscheiden:

1. eine Spezialpumpe mit Elektromotor speist die Rolle von innen,
2. ein elektro- oder benzinbetriebenes Airlessgerät speist die Rolle von innen,
3. ein elektro- oder benzinbetriebenes Airlessgerät bringt das Material durch einen Sprühstrahl auf die Farbrolle.

Innengespeiste Farbrollen haben materialdurchlässige Bezüge mit unterschiedlichen Florlängen von 13–25 mm.

6 Wie arbeiten die üblichen Farbroller-Reinigungsgeräte?

Bei den Farbroller-Reinigungsgeräten müssen zwei unterschiedliche Systeme unterschieden werden:

1. Die meisten Farbroller-Reinigungsgeräte arbeiten mit dem üblichen Leitungswasserdruck. Der Wasserstrahl wird auf die in einem Gehäuse rotierende Farbrolle gespritzt. Dabei entstehen an der sich schnell drehenden Rolle starke Zentrifugalkräfte, die Farbreste werden aus der Rolle geschleudert.
2. Andere Farbroller-Reinigungsgeräte werden an einen Hochdruckreiniger angeschlossen. Da hier ein besonders starker Wasserstrahl aus seitlich im Gehäuse angebrachten Düsen auf die im Innern des Reinigungsgehäuses deponierte Farbrolle auftrifft, lassen sich die Farbrollen in kurzer Zeit und mit verhältnismäßig wenig Wasser reinigen.

1.4 Spritzgeräte

1 Nennen Sie sechs Spritzgerätetypen. Erläutern Sie kurz, wie der notwendige Spritzdruck erzeugt wird!

Bei den Spritzgeräten sind folgende Systeme zu unterscheiden:

1. Handspritzpumpe: Der notwendige Luftdruck wird mit einer Handpumpe erzeugt, der Spritzdruck liegt zwischen 5 und 20 bar.
2. Sprühdose: Mit Treibgas wird ein Spritzdruck erzeugt, der zwischen 3 und 4 bar liegt.
3. Niederdruckspritzgerät: Ein Schaufelradgebläse (Staubsaugerprinzip) erzeugt den Luftdruck, der Spritzdruck liegt zwischen 0,2 und 1 bar.
4. Hochdruckspritzgerät: Hier erzeugt ein Kompressor den nötigen Luftdruck, der Spritzdruck liegt in der Regel zwischen 1 und 6 bar.
5. Höchstdruckspritzgerät (Airless): Der Materialdruck wird mit einer Membranpumpe oder mit einer pneumatischen Kolbenpumpe erzeugt, der Spritzdruck liegt zwischen 100 und 500 bar.
6. Höchstdruck-Hochdruck-Spritzgerät: Hier handelt es sich um ein kombiniertes Materialdruck-Luftdruck-Spritzverfahren. Der notwendige Druck wird mit einem Kompressor und einer pneumatischen Kolbenpumpe erzeugt. Der Materialdruck liegt beim Spritzen zwischen 40 und 50 bar, der Luftdruck liegt unter 1 bar.

2 Welche Anstrichmittel können mit Handspritzpumpen fachmännisch verspritzt werden?

Die Handspritzpumpen eignen sich zum Verspritzen von Kalkfarben, Silikatfarben, Imprägniermitteln und Holzschutzmitteln (wenn das Holzschutzmittel zum Verspritzen zugelassen ist und dabei eine Atemschutzmaske getragen wird!).

3 Zeigen Sie die Vor- und Nachteile des Niederdruck-Spritzverfahrens auf!

Die Niederdruck-Spritzgeräte sind relativ günstig. Beim Spritzen bildet sich weniger Spritznebel als beim Hochdruckspritzen. Die Leistungsfähigkeit ist aber sehr eingeschränkt. Das Niederdruck-Spritzverfahren eignet sich bevorzugt für kleinere Flächen. Mehreffektlacke müssen im Niederdruckspritzverfahren verspritzt werden, sodass auch hier ein Einsatzgebiet der Niederdruckspritzgeräte liegt.

Eine wichtige Rolle nimmt heute das spritznebelreduzierte HVLP-Verfahren (High Volumen Low Pressure) ein. Bei diesen Spritzpistolen wird der vom Kompressor mit ca. 4,5 bar zur Pistole strömende Luftdruck durch einen Druckvolumenwandler (Airconverter) in der Pistole in einen maximal 0,7 bar hohen Niederdruck umgewandelt. Je nach Spritzmaterial lassen sich die Farb- und Spritznebel bis zu 30 % vermindern. Dadurch ergeben sich für den Umwelt- und Gesundheitsschutz enorme Vorteile.

[4] Nennen Sie die Aufgaben der Öl- und Wasserabscheider beim Hochdruckspritzen. An welcher Stelle sollten die Öl- und Wasserabscheider eingebaut sein?

Bei der Komprimierung der Luft entsteht im Kompressor und im Luftschlauch Kondenswasser. Außerdem können Ölrückstände in die Spritzluft gelangen. Ölrückstände und Kondenswasser würden im Lackfilm Bläschen und Krater erzeugen. Öl- und Wasserabscheider können das wirkungsvoll verhindern. Sie sollten möglichst nahe an der Spritzpistole montiert sein. So empfiehlt sich zusätzlich zum Öl- und Wasserabscheider am Kompressor ein Kleinstwasserabscheider unmittelbar an der Spritzpistole.

[5] Zählen Sie die drei Farbzufuhrsysteme des Hochdruckspritzens auf.

Beim Hochdruckspritzen gibt es drei Möglichkeiten der Farbzuführung:

1. über die Fließbecherpistole,
2. über die Saugbecherpistole,
3. über einen Materialdruckkessel an die Druckpistole.

[6] Bezeichnen Sie die mit Zahlen (1–9) gekennzeichneten Teile der Hochdruckspritzpistole.

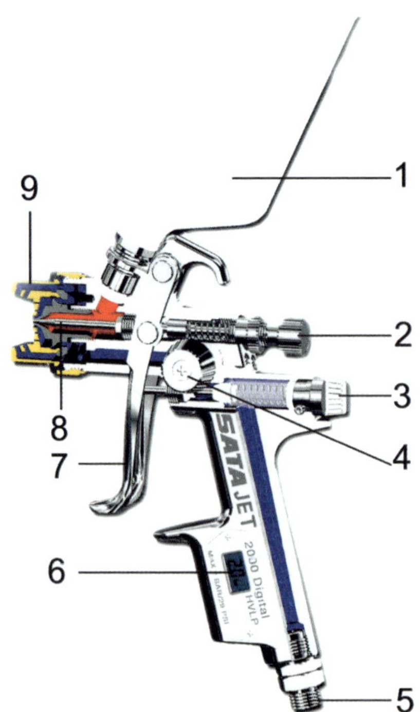

1 = Fließbecher
2 = Materialmengenregulierung
3 = Pressluftmikrometer
4 = stufenlose Rund- und Breitstrahlregulierung
5 = Luftanschluss
6 = Anzeige des Luftdrucks am Pistoleneingang
7 = Abzugbügel
8 = Farbnadel
9 = Luftdüse

7 Welche Düsengröße ist zweckmäßig, wenn mit einer Fließbecherpistole Lackierarbeiten ausgeführt werden sollen?

Bei der Verwendung einer Fließbecherpistole sind Düsen in den Größen 1,2 und 1,5 mm zweckmäßig.

8 Beim Hochdruckspritzen werden zunehmend HVLP-Spritzpistolen eingesetzt. Erklären Sie die Funktionsweise dieser Geräte und nennen Sie die Vorteile!

HVLP (High Volume Low Pressure) ist die Bezeichnung für ein spritznebelreduziertes Niederdrucksystem. Bei diesen Spritzpistolen wird der vom Kompressor mit ca. 4,5 bar zur Pistole strömende Luftdruck durch einen Druckvolumenwandler (Airconverter) in der Pistole in einen maximal 0,7 bar hohen Niederdruck umgewandelt. Je nach Spritzmaterial lassen sich die Farb- und Spritznebel um bis zu 30 % vermindern. Dadurch ergeben sich folgende Vorteile:

1. Materialeinsparung (bis 20 %),
2. geringerer Reinigungsaufwand,
3. Schonung der Umwelt,
4. Reduzierung der Lackschlammmenge,
5. geringerer Filterverbrauch.

9 Zeigen Sie die möglichen Ursachen für die folgenden Funktionsstörungen beim Hochdruckspritzen auf: A) Die Spritzpistole tropft, B) am Luftkolben tritt Luft aus, C) der Spritzstrahl ist gespalten, D) der Spritzstrahl ist oval, E) das Material sprudelt im Fließbecher.

A) Wenn die Spritzpistole tropft, ist entweder die Farbnadel nicht angezogen oder in der Farbdüse verhindert ein Fremdkörper die Abdichtung in der Düsenspitze.

B) Wenn am Luftkolben Luft austritt, ist die Stopfbüchse zu schwach angezogen. Zeigt sich beim Nachziehen der Stopfbüchse keine Besserung, ist die Dichtung verschlissen oder sie fehlt.

C) Ein gespaltener Spritzstrahl weist auf ein zu dünn eingestelltes Material oder einen zu hoch eingestellten Zerstäubungsdruck hin.

D) Ein ovaler Spritzstrahl entsteht, wenn der Luftkreis oder die Farbzäpfchen verschmutzt sind.

E) Wenn das Material im Farbbecher sprudelt, ist entweder der Luftkreis verstopft oder die Luftdüse nicht ganz aufgeschraubt.

10 Wie funktioniert das Materialdruck-Spritzverfahren?

Beim Materialdruckspritzen wird das Material im Druckkessel mit Druckluft von 1 bis 2 bar unter Druck gesetzt und dadurch zur Spritzpistole gepresst. Das Spritzgut wird dann, wie beim Hochdruckspritzverfahren üblich, mit Druckluft fein zerstäubt.

11 Welche Vorteile bringt das Spritzen mit dem Materialdruckgefäß?

Da der Materialdurchsatz an der Pistole höher ist als beim Spritzen mit der Fließbecher- oder der Saugbecherpistole, ist beim Spritzen mit dem Materialdruckgefäß die mögliche Flächenleistung größer. Außerdem ergibt sich hier bei geringerer Spritznebelbildung ein besseres Spritzbild.

12 Zeigen Sie die Vorteile des Heißspritzverfahrens auf!

1. Die Spritzkonsistenz wird mit weniger Lösemittel erreicht.
2. Da die Beschichtungsstoffe weniger Lösemittel enthalten, decken sie besser; dies zeigt sich besonders bei der Kantenabdeckung.
3. Zum Verspritzen reicht ein geringerer Druck aus.
4. Das Heißspritzverfahren ist besonders umweltfreundlich, da weniger Spritznebel entsteht und weniger Lösemittel frei werden.
5. Da der Beschichtungsstoff angewärmt wird, trocknet (erhärtet) er schneller, die Gefahr der Läuferbildung wird reduziert.

13 Mit welchen Temperaturen wird das Material beim Heißspritzen verarbeitet?

Beim Heißspritzen wird das Material auf Temperaturen zwischen 333 K (60°C) und 353 K (80°C) erwärmt und so verspritzt. Natürlich kühlt der Beschichtungsstoff auf dem Weg von der Spritzpistole zum Untergrund schon wieder geringfügig ab.

14 Welche Vor- und Nachteile hat das Airless-Spritzverfahren?

Vorteile:

1. Mit dem Airlessverfahren lassen sich große Flächenleistungen erreichen.
2. Die Beschichtungsstoffe müssen zum Verarbeiten nicht stark verdünnt werden, dadurch decken die Beschichtungen gut.
3. Es entstehen weniger Spritznebel. Da auch nicht so stark verdünnt werden muss, entweichen weniger Lösemittel, so ist das Airlessverfahren umweltfreundlich.
4. Es gibt weniger Materialverluste.

Nachteile:

5. Die große Arbeitsleistung muss mit hohen Anschaffungskosten bezahlt werden.
6. Die Oberflächenqualität ist beim Airless-Spritzen geringer als beim Hochdruckspritzen. Besonders bei profilierten Werkstücken kommt es leicht zu Läuferbildungen.
7. Das Verfahren eignet sich nicht für Kleinteile oder komplexe Werkstücke.
8. Die Düsenbohrungen verstopfen leicht.
9. In den Randbereichen zeigen sich schnell Streifen.
10. Das Spritzen ist schwieriger zu beherrschen.

15 Nennen Sie die beiden Verfahren, mit denen beim Höchstdruck-Spritzverfahren (Airless) der notwendige Materialdruck erzeugt wird!

Der Materialdruck lässt sich für das Höchstdruck-Spritzverfahren mit zwei unterschiedlichen Verfahren erzeugen:

1. Bei den hydraulischen Airlessgeräten wird das Material von einem Benzin- oder Elektromotor und einer Membranpumpe verdichtet.
2. Bei den pneumatischen Airlessgeräten wird ein von einem Kompressor erzeugter Luftdruck durch eine Kolbenpumpe erhöht in Materialdruck umgesetzt. Das Übersetzungsverhältnis Luftdruck : Materialdruck liegt dabei meist zwischen 1:14 und 1:70.

16 Wie groß ist die Düsenöffnung beim Airless-Spritzen, wenn Lackmaterialien verarbeitet werden?

Beim Airless-Spritzen mit Lacken liegt die Düsenöffnung zwischen 0,18 und 0,28 mm, bei Füller- und Rostschutzfarben zwischen 0,33 und 0,48 mm, bei Dickschichtmaterialien und Spritzspachteln zwischen 0,53 und 0,90 mm. Die Düsenbohrung wird auch in Inch angegeben.

Mit dem Bohrungsdurchmesser ändert sich immer auch der Spritzwinkel und somit die Strahlbreite. Mit der Düse ist immer auch der geeignete Pistolenfilter zu verwenden.

17 Beim Airless-Spritzverfahren wird der erforderliche hohe Materialdruck mit Kolbenpumpen oder Membranpumpen erzeugt. Zeigen Sie die Vor- und Nachteile der Kolbenpumpe auf.

Vorteile der Kolbenpumpe:

- Größere Förderleistung bei hochviskosen Werkstoffen
- Einsatz größerer Düsen möglich
- Besseres Ansaugverhalten
- Reduzierte Ventilverklebungsgefahr
- Unempfindlich bei stark gefüllten und faserhaltigen Materialien

Nachteile der Kolbenpumpe:

- Die Spaltreibung verursacht mehr Verschleiß.
- Höhere Betriebskosten
- Bedingt durch längere und voluminösere Schläuche erhöhter Material- und Reinigungsmitteleinsatz
- Höheres Gewicht

18 Zeigen Sie die Ursachen für die folgenden Funktionsstörungen beim Airless-Spritzen auf! A) Das Airlessgerät springt nicht an. B) Das Airlessgerät saugt nicht an. C) Der Druck sinkt beim Spritzvorgang stark ab. D) Die Materialpumpe verliert an Leistung und arbeitet bei geschlossenem Absperrventil. E) Bei dem pneumatischen Airlessgerät arbeitet die Pumpe nicht.

A) Bei elektrisch betriebenen Geräten ist das Stromnetz zu niedrig abgesichert. Bei den benzinbetriebenen Geräten liegt ein Fehler beim Benzinmotor (z. B. verschmutzte Kerzen oder verlegte Benzinleitungen) vor.

B) Wenn das Gerät nicht ansaugt, ist der Ansaugfilter verstopft, der Filter taucht nicht völlig in das Material ein, oder der Ölstand ist zu niedrig.

C) Wenn der Druck beim Spritzvorgang stark absinkt, ist die verwendete Düse zu groß oder die Konsistenz des Materials nicht richtig eingestellt. Bei den pneumatischen Airlessgeräten kann auch eine zu geringe Leistung des Kompressors schuld sein.

D) Verliert die Materialpumpe an Leistung und arbeitet bei geschlossenem Absperrventil weiter, liegt ein Defekt des Gerätes vor. So dichtet der Luftmotor oder die Steuerung nicht richtig ab oder Kolbenstange, Ventile und Packungen sind abgenutzt.

E) Arbeitet bei einem pneumatischen Airlessgerät die Pumpe nicht, so gibt es eine ganze Reihe von Ursachen. So kann z. B. die Druckluft nicht angeschlossen sein, oder der Kompressor ist nicht eingeschaltet. Auch können Materialschlauch, Absperrventil, Filter oder Pistole verstopft sein. Es ist auch möglich, dass die Steuerung blockiert.

19 Welche Vorteile bringt die Verwendung der Kugeldüse (Umkehrdüse) beim Airless-Spritzen?

Sollte die Airlessdüse beim Spritzen durch eine Verunreinigung verstopfen, kann man die Kugeldüse um 180° schwenken und so wieder frei blasen.

20 Nach welchem Prinzip arbeiten die elektrischen Spritzpistolen?

Die elektrischen Spritzpistolen arbeiten nach dem Airlessprinzip. Der eingebaute Elektromotor verdichtet das Material auf 120–160 bar. Die Düsenbohrungen liegen zwischen 0,3 und 1,5 mm. Das Material wird zerstäubt, weil der Materialdruck nach dem Verlassen der Düse plötzlich stark abfällt.

21 Wie funktioniert das kombinierte Höchstdruck-Hochdruck-Spritzen?

Beim kombinierten Höchstdruck-Hochdruck-Spritzverfahren wird das Material durch eine pneumatische Kolbenpumpe auf 40–50 bar verdichtet und zur Spritzpistole gedrückt. Durch den Druckabfall nach dem Verlassen der Spritzdüse wird das Material grob zerstäubt. Gleichzeitig erfolgt über Luftkanäle an der Düse und bis 1 bar Überdruck mit Druckluft die Feinzerstäubung.

22 Welche Vorteile bietet das kombinierte Airless-Hochdruckspritzen im Vergleich mit dem Airless-Spritzen?

Beim kombinierten Höchstdruck-Hochdruckspritzen ist im Vergleich mit dem Airless-Spritzen eine bessere Dosierung des Spritzmaterials und eine bessere Oberflächenqualität, besonders bei Lackflächen, möglich. Auch profilierte Oberflächen lassen sich mit diesem Verfahren problemloser gleichmäßig beschichten.

23 Welche Vor- und Nachteile hat die luftunterstützte Airless-Zerstäubung (Aircoat)?

Vorteile:

- Hohe Beschichtungsgeschwindigkeit
- Geringe Farbnebelausbildung
- Gleichmäßiger Materialauftrag
- Geringer Luftrückprall
- Weich auslaufende Randzonen
- Gute Zerstäubung schon ab 60 bar Materialdruck
- Geringer Düsenverschleiß
- Es können auch festkörperreiche Beschichtungsstoffe verspritzt werden.

Nachteile:

- Hoher Geräteaufwand
- Pflegeintensiv
- Veränderung des Spritzstrahls in Spritzbreite und Strahlform ist nur bedingt über die Zerstäuberluft möglich.
- Bei kleinen Düsenbohrungen häufen sich die Verstopfungen.
- Druckempfindliche Werkstoffe können nicht verarbeitet werden.

24 Wie funktioniert das elektrostatische Spritzen?

Bei diesem Spritzverfahren wird der Beschichtungsstoff beim Spritzen durch eine regelbare Gleichspannung von maximal 70 000 V und einer Stromstärke von 0,0002 A negativ aufgeladen. Da die zu beschichtenden Gegenstände durch die Erdung gegenpolig geladen sind, baut sich beim Spritzen ein elektrostatisches Feld auf. Die Lackpartikel wandern in diesem Feld zum Werkstück und lagern sich dort an. Bei kleineren Werkstücken erstreckt sich das elektrostatische Feld um den ganzen Körper. So ist es möglich, Werkstücke mit geringem Umfang von einer Seite aus zu beschichten.

25 Was versteht man unter dem elektrostatischen Umgriff?

Der elektrostatische Umgriff entsteht beim elektrostatischen Spritzen von Werkstücken mit kleinem Umfang. Hier wandert das Spritzgut im elektrostatischen Feld auch auf die Seiten und die Rückseite des zu beschichtenden Gegenstands. Dies wird als elektrostatischer Umgriff bezeichnet.

26 Wie funktioniert das nebelarme Airless-Spritzverfahren (Nespray)?
Mit diesem Arbeitsverfahren werden mit einem modifizierten Airlessgerät speziell darauf abgestimmte Dispersionsfarben, z. B. auf Fassaden, spritznebelarm verspritzt.
Das Material wird dabei durch eine Membranpumpe im Airlessgerät angesaugt und durch einen elektrisch beheizten Hochdruckschlauch, in dem es erwärmt wird, zu einer speziellen Spritzdüse gepresst. Bei Austritt aus der Düse wird der Beschichtungsstoff wie bei einem üblichen Airlessgerät zerstäubt.

27 Welche Vorteile bringt das nebelarme Airless-Spritzverfahren (Nespray) bei der Beschichtung von Fassaden?
Mit diesem kostengünstigen Arbeitsverfahren lässt sich eine große Flächenleistung bei reduzierter Spritznebelbildung erreichen. So lassen sich die Abdeckarbeiten reduzieren. Gleichzeitig wird die Umwelt geschont.

28 Beschreiben Sie die Arbeitsweise bei der Beschichtung von rauen Fassaden mit Dispersionsfarben im Airless-Spritzverfahren (Nespray)!
Ein Mitarbeiter verspritzt das Material im nebelarmen Airless-Spritzverfahren. Anschließend wird das Material mit der Rolle in den Tiefen des Rauputzes noch besser verteilt. Die Beschneidearbeiten werden mit Pinsel und kleiner Rolle ausgeführt.

1.5 Flutgeräte

1 Wie funktioniert das Fluten eines Heizkörpers?
Der Heizkörper wird zum Fluten auf einen Rost in eine Wanne gestellt. Unter dem Rost befindet sich das auf Flutkonsistenz verdünnte Lackmaterial. Das Lackmaterial wird nun mit einer speziellen Pumpe nach oben gedrückt und mit dem Flutstab über den Heizkörper geflutet (gegossen). Der Flutlack läuft der Schwerkraft folgend über den Heizkörper nach unten und beschichtet ihn so. Das überschüssige Material läuft in die Flutwanne und kann so zum nächsten Flutvorgang verwendet werden. Der Heizkörper muss anschließend zum Abtropfen abgestellt werden.

2 Für welche Untergründe eignet sich das Fluten besonders?
Das Fluten eignet sich besonders für tragbare, auch profilierte Werkstücke, wenn davon jeweils eine größere Anzahl zu beschichten ist. Heizkörper und Fensterläden sind typische Werkstücke, für die sich das Fluten empfiehlt.

3 **Beim Flutvorgang schaltet sich die Pumpe plötzlich ab. Nennen Sie die Ursache!**
Vermutlich ist der Flutlack durch das Verdunsten der Lösungsmittel zu dickflüssig geworden. In diesem Falle schaltet die Flutpumpe selbsttätig ab.

4 **Warum muss beim Fluten die Konsistenz des Flutlacks ständig überprüft werden?**
Beim Fluten verdunstet wegen der großen Oberfläche des Flutlacks viel Löse- bzw. Verdünnungsmittel. Ein zu dickflüssiger Flutlack würde eine schlechtere Oberflächenqualität der Beschichtung verursachen. Wird der Flutlack zu dick, schaltet die Pumpe auch selbsttätig ab, um eine Überhitzung zu vermeiden.

1.6 Tauchanlagen

1 **Welche Vor- und Nachteile hat die Beschichtung im Tauchverfahren?**
Vorteil des Tauchverfahrens:
Transportable Werkstücke lassen sich im Tauchverfahren schnell und gleichmäßig beschichten.
Nachteile des Tauchverfahrens:
Zum Tauchen wird viel Material benötigt, mehr als letztlich verbraucht wird. Aufgrund der großen Beschichtungsstoffoberfläche geht viel Lösungsmittel verloren, so kann man dieses Beschichtungsverfahren nicht gerade als umweltfreundlich bezeichnen. Interessant wird das Tauchen ohnehin erst, wenn größere Serien zu beschichten sind. Dazu kommt, dass nicht jeder Beschichtungsstoff zum Verarbeiten im Tauchverfahren geeignet ist; bei einigen Lacken ist die Gefahr der Läufer- und der Runzelbildung zu groß.

2 **Beim Elektrotauchen (Elektrophorese) unterscheidet man zwei Verfahren. Zeigen Sie die Unterschiede auf!**
Bei der Elektrophorese werden Untergrund und Beschichtungsstoff gegenpolig geladen. So ist eine schnelle und besonders gleichmäßige Beschichtung mit wasserverdünnbaren Beschichtungsstoffen möglich.
Während bei dem älteren, anodischen Tauchverfahren das Werkstück mit 50 bis 300 V positiv und das Lackmaterial gegenpolig geladen wird, ist die Ladung beim neueren, kathodischen Tauchverfahren genau umgekehrt. Das Werkstück wird mit einer Spannung von 20 bis 50 V negativ geladen, der Beschichtungsstoff ist hier also positiv geladen. Anaphorese und Kataphorese unterscheiden sich also in der Art und der Höhe der Ladung von Werkstück und Beschichtungsstoff. Während bei der Anaphorese Schichtdicken bis zu 30 µm möglich werden, liegen die Schichtdicken bei der Kataphorese unter 15 µm. Trotzdem bietet gerade die Beschichtung durch Kataphorese einen guten Korrosions-

schutz. Die so erzeugten Beschichtungen sind basisch, können also saure, korrosionsfördernde Einwirkungen passivieren.

3 Erklären Sie den Vorgang des Wirbelsinterns!
Beim Wirbelsintern, einem rein industriellen Beschichtungsverfahren, wird das zu beschichtende Werkstück erwärmt und dann in thermoplastisches Kunststoffpulver getaucht, das von unten aufgewirbelt wird. Das Kunststoffpulver verschmilzt auf dem warmen Untergrund. Wird das Werkstück anschließend noch einmal aufgeheizt, entstehen gut verlaufende, relativ dicke Beschichtungen.

1.7 Lackieranlagen

1 In welche Arbeitsbereiche gliedert sich eine leistungsfähige Lackieranlage?
Es sind folgende Arbeitsbereiche zu unterscheiden:

1. Vorbereitungszone zur Demontage und Reinigung, für Abklebe-, Spachtel-, Grundier- und Füllerarbeiten,
2. Lackierkabine für Spritzarbeiten,
3. Trockenkabine zur beschleunigten Durchtrocknung,
4. Nacharbeitszone zur Entfernung des Abdeckmaterials und zur Montage der abmontierten Teile. Lackier- und Trockenkabine können auch kombiniert sein.

2 Welche Nachteile haben kombinierte Lackier- und Trockenkabinen?
Der Energieaufwand ist für diese Kabinen relativ hoch, da sie nach dem Spritzen erst aufgeheizt werden müssen, nach dem Trocknen die Temperatur aber wieder gesenkt werden muss.
Außerdem können in diesen Kabinen im Vergleich zu getrennten Lackier- und Trockenkabinen weniger Fahrzeuge pro Tag bearbeitet werden.

3 Welche Aufgaben erfüllt die Abluft- und Umluftanlage in einer Lackiererei?
Die Abluft- und Umluftanlage erfüllt folgende Aufgaben:

1. Erzeugung konstanter Druckverhältnisse,
2. Abführen des am zu spritzenden Objekt vorbeigespritzten Lacknebels,
3. Abtrennen des Lacknebels aus der Abluft,
4. Zufuhr vorgewärmter und gereinigter Luft.

4 Warum muss in der Spritzkabine im Vergleich zu den angrenzenden Räumen ein geringer Überdruck herrschen?
Der Überdruck verhindert das Eindringen von Schmutzpartikeln in den Spritzbereich.

[5] Erläutern Sie die Funktionsweise der unterschiedlichen Lacknebelabscheidesysteme!

Es sind zwei Lacknebelabscheidesysteme zu unterscheiden:

1. Trockenabscheidung
   Hier werden die Lackpartikel in Faserschichtmatten oder schwer entflammbaren Papierfiltern gebunden.
2. Nassabscheidung
   Hier werden die Lackpartikel von Wasser gebunden und später durch Zugabe von Ausflockungsmitteln wieder vom Wasser getrennt. Der anfallende Lackschlamm muss als Sonderabfall entsorgt werden.

[6] Warum ist heute die Trockenabscheidung der Nassabscheidung vorzuziehen?

Der bei der Nassabscheidung anfallende Lackschlamm muss als Sonderabfall entsorgt werden. Das Abfallgesetz schreibt vor, dass Betriebe, in denen regelmäßig Sonderabfälle entstehen, Betriebsbeauftragte für Abfälle bestellen müssen. So entstehen bei der Nassabscheidung höhere Kosten.

[7] Welche Kompressortypen sind nach der Drucklufterzeugung zu unterscheiden? Erläutern Sie, wie jeweils die Druckluft erzeugt wird!

Man unterscheidet folgende Kompressorarten:

1. Kolbenkompressor
   Die Luft wird über ein Einlassventil angesaugt und auf 4–20 bar verdichtet.
2. Schraubenkompressor
   Zwei Rotoren mit ineinandergreifenden Schrauben verdichten die Luft bis zu 30 bar.
3. Membrankompressor
   Eine im Kompressor eingebaute Membran saugt die Luft an und verdichtet sie auf 3–6 bar.

1.8 Trockner

[1] Wie funktionieren die Umlufttrockner?

Bei den Umlufttrocknern wird erhitzte Luft durch Ventilatoren in die Trockenkabinen geblasen. Dort gibt die Luft ihre Wärme an den Beschichtungsstoff und den beschichteten Gegenstand ab. Durch Wärme verdunsten Lösemittel schneller, und chemische Erhärtungsreaktionen laufen schneller ab. Die Umluft kann mit Gasbrennern oder indirekt mit Wärmetauschern, die mit Gas, Öl oder elektrisch beheizt werden, erwärmt werden. Für einen raschen Wärmeübergang ist in erster Linie die Luftgeschwindigkeit maßgebend. Angestrebt wird eine Luftgeschwindigkeit von 10–15 m/s.

[2] Welche Vorteile bringt die beschleunigte Trocknung mit Infrarotstrahlen?
Die Infrarotstrahlen durchdringen die Beschichtungen. An der Werkstückoberfläche werden die Strahlen teilweise reflektiert, zum Teil auch unter Erwärmung aufgenommen. Dadurch trocknen die Beschichtungen von unten nach oben. So können auch Lösemittel ungehindert entweichen; es entstehen blasen- und kocherfreie (kraterfreie) Oberflächen.

[3] Welche Wärmeleistung ist bei den Infrarotstrahlern für die Aushärtung von Lackschichten erforderlich?
Für die Aushärtung von Lackschichten ist eine Wärmeleistung der Infrarotstrahler von 5–25 kW je m^2 zu trocknende Fläche erforderlich.

1.9 Prüfgeräte

1.9.1 Geräte und Verfahren zur Prüfung der Werkstoffe

[1] Zu welchen Prüfungen wird der Grindometer eingesetzt?
Mit dem Grindometer wird die maximale Teilchengröße der Beschichtungsstoffe ermittelt. Es gibt auch Grindometer, mit denen man gleichzeitig die Deckfähigkeit prüfen kann.

[2] Zu welchen Prüfungen wird der Pyknometer eingesetzt?
Mit dem Pyknometer wird die Dichte eines Beschichtungsstoffs ermittelt.

[3] Nennen Sie mögliche Prüfgeräte zur Messung der Konsistenz (Viskosität) der Beschichtungsstoffe!
Messgeräte zur Prüfung der Konsistenz:
- Auslaufviskosimeter
- Rotationsviskosimeter
- Kugelfallviskosimeter
- Luftblasenviskosimeter

[4] Eine bestimmte Alkydharzlackfarbe soll nach Herstellerangaben mit der Spritzviskosität 18 ISO-s verarbeitet werden. Beschreiben Sie, wie die Messung der Viskosität zu erfolgen hat!
- Die Messung erfolgt, wenn der Hersteller nicht 293 K (20 °C) vorschreibt, nach DIN EN ISO 2431 »Lacke und Anstrichstoffe – Bestimmung der Auslaufzeit mit Auslaufbecher« bei 296 K (23 °C)«.
- Die Alkydharzlackfarbe sollte gesiebt werden.

- Zur Messung wird die Auslaufdüse mit dem Finger verschlossen und die Alkydharzlackfarbe wird randvoll in den 100 ml fassenden ISO-Becher-4 gefüllt.
- Mit der Freigabe der Düse beginnt die Messung.
- Die Messung endet mit dem ersten Abriss des Flüssigkeitsfadens. Die Alkydharzlackfarbe sollte hier in 18 Sekunden durch den Becher laufen. Bei längeren Zeiten muss verdünnt werden, anschließend wird die Viskosität neu gemessen.

5 Nach der DIN EN ISO 9117 kann der Trocknungszustand einer Beschichtung auf 6 unterschiedliche Arten ermittelt werden. Listen Sie diese auf.
Die Norm umfasst 6 Verfahren, mit denen man die Oberflächen bzw. Durchtrocknung feststellen kann:
1. Durchtrocknungszustand und Durchtrocknungszeit
2. Druckprüfung zur Bestimmung der Stapelfähigkeit
3. Prüfung der Oberflächentrocknung mit Glasperlen
4. Prüfung mit einem mechanischen Rekorder
5. Stempelbelastung entsprechend dem abgewandelten Bandow-Wolff-Verfahren
6. Bestimmung der Abdruckfestigkeit

6 Sie prüfen eine Innendispersionsfarbe auf ihre Nassabriebbeständigkeit. Beschreiben Sie die Durchführung und Klassifizierung der durchgeführten Prüfung nach der DIN EN ISO 13300!
Die Nassabriebbeständigkeit beurteilt die Beständigkeit der Beschichtung gegen wiederholtes Reinigen.
Dabei wird die Dispersionsfarbe mit einem Filmziehgerät (meist eine 60 mm breite Rakel) auf eine PVC-Probefolie aufgezogen und konditioniert (getrocknet).
Danach wird die Probefolie gewogen und in das Scheuerprüfgerät eingeklemmt. Mit einer Scheuerbürste wird in bis zu 200 Hüben unter Zugabe von Wasser mit Spülmittel über die Probefolie hin und her gefahren.
Nach dem Abwaschen und erneutem Trocknen der Folie wird die Probe abermals gewogen. Aus der Differenz lässt sich der Nassabrieb berechnen und in die nachfolgende Tabelle einordnen.

Einteilung	Nassabrieb/Hübe
Klasse 1	< 5 µm bei 200 Hub
Klasse 2	5 µm bis 20 µm bei 200 Hub
Klasse 3	20 µm bis 70 µm bei 200 Hub
Klasse 4	< 70 µm bei 40 Hub
Klasse 5	70 µm bei 40 Hub

7 Welche Eigenschaften der Beschichtung werden mit dem Dornbiegeversuch nach DIN EN ISO 1519 geprüft?

Der Dornbiegeversuch dient zur Beurteilung der Elastizität und Plastizität, sowie der Rissbildung oder Ablösung vom Untergrund.

8 Beschreiben Sie, wie der konische Dornbiegeversuch nach DIN EN ISO 6860 durchgeführt wird!

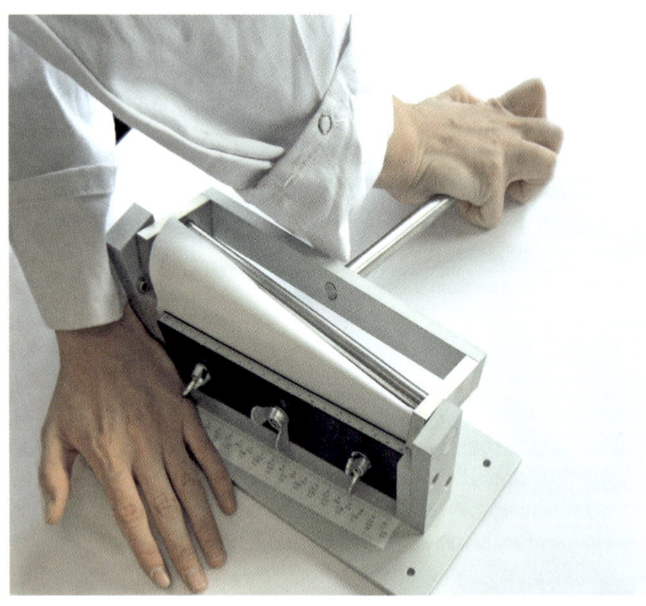

1. Blechstreifen werden mit dem zu prüfenden Beschichtungsstoff beschichtet.
2. Nach der Trocknung bzw. Erhärtung der Beschichtung wird die Schichtdicke der Beschichtung gemessen.
3. Die beschichteten Blechstreifen werden um einen konischen Dorn (Durchmesser läuft von 3 mm auf 38 mm zu) gelegt. Es wird der Riss angeben, der sich am weitesten vom dünnen Ende des konischen Dorns entfernt zeigt.

[9] Die »Prüfung von Dichtstoffen für das Bauwesen auf Verträglichkeit mit Beschichtungssystemen erfolgt« nach der DIN 52452. Was wird hier im Detail geprüft?

Die Prüfung erfolgt nach den Prüfmethoden A 1 und A 2.

Prüfmethode A 1:

Geprüft wird die Verträglichkeit zwischen vorhandenen Beschichtungen und nachfolgendem Dichtstoff.

Prüfmethode A 2:

Geprüft wird die Verträglichkeit zwischen vorhandenem, ausreagiertem Dichtstoff und der im angrenzenden Bereich (Beschneiden von 1 mm) nachträglich aufgetragenen Beschichtung.

Beurteilt werden: Verlaufstörungen, Trocknung, Klebrigkeit bzw. Erweichung, Verfärbungen.

1.9.2 Geräte und Verfahren zur Prüfung der Untergründe

[1] In welchem Abstand werden die einzelnen Schnitte mit dem Gitterschnitt nach DIN EN ISO 2409 gezogen? Welche Besonderheit ist bei einem Gitterschnitt auf Holz zu beachten?

Der Abstand der einzelnen Schnitte beim Gitterschnitt nach DIN EN ISO 2409 hängt von der Schichtdicke der Beschichtung und der Klassifikation des Untergrundes ab.

Die DIN EN ISO 2409 fordert für Schichtdicken

- bis zu 60 µm 1 mm Abstand zwischen den Schnitten, nur harte Untergründe wie Metall;
- zwischen 60 und 120 µm 2 mm Abstand zwischen den Schnitten, weiche und harte Untergründe wie Holz;
- über 120 µm 3 mm Abstand zwischen den Schnitten.

Wenn man also in der Praxis allgemein von einem Abstand von 1 mm zwischen den einzelnen Schnitten ausgeht, entspricht das meist nicht der DIN EN ISO 2409, weil die Schichtdicke der Beschichtungen meist zwischen 60 und 120 µm oder darüber und nicht unter 60 µm liegt.

Der Einsatz eines Klebebandes ist nach genannter Norm nicht zwingend vorgeschrieben.

Beim Gitterschnitt auf Holz sind die Schnitte im 45°-Winkel zur Faserrichtung des Holzes zu ziehen. Da es sich um einen weichen Untergrund handelt, ist der Abstand von 1 mm nicht zulässig.

2 Sie haben Beschichtungen auf Zinkuntergründen durchgeführt. Nach der Aushärtung der Beschichtungen prüfen Sie die Haftung durch Abriss der Haftprüfkörper. Welche Haftzugwerte können Sie erwarten, wenn zur Beschichtung 1-K-Werkstoffe eingesetzt wurden? Welche Werte lassen sich mit 2-K-Beschichtungen erreichen?

Die Haftzugwerte der 1-K-Beschichtungen liegen bei Zinkuntergründen unter 1,5 N/mm². Mit 2-K-Beschichtungen lassen sich Haftzugwerte >5 N/mm² erreichen.

3 Beschreiben Sie die Funktionsweise des Hydromaten (Hydrometers)!

Mit dem Hydromaten wird der elektrische Widerstand im Untergrund gemessen. Dieser ist umso größer, je trockener der Untergrund ist. Dieser Widerstand wird im Gerät in den Feuchtigkeitsgehalt umgerechnet. So ist es auch zu erklären, warum bei Putzen das Messergebnis wegen der enthaltenen Salze nicht eindeutig ist.

4 Zur Feuchtigkeitsmessung in mineralischen Estrichen muss das CM-Gerät eingesetzt werden. Beschreiben Sie Messgerät und -verfahren!

Das CM-Gerät besteht aus einer Stahlflasche mit einem Verschluss, an welchem ein Druckmanometer befestigt ist. Auf der zum Gerät gehörigen Handwaage werden je nach Feuchtigkeitsgehalt 5, 10 oder 20 g des zu prüfenden Stoffs abgewogen, in einer Reibeschale fein zerrieben und in die Stahlflasche gefüllt. Nun lässt man erst eine Stahlkugel und dann eine Kalziumkarbidampulle vorsichtig in die Flasche gleiten. Nach dem Verschließen der Stahlflasche wird die Ampulle durch kräftiges Schütteln der Stahlflasche zertrümmert. Das Kalziumkarbid reagiert mit der Feuchtigkeit in der Probe, dadurch entsteht Acetylen, das einen Druckanstieg in der Flasche bewirkt. Auf dem Manometer kann man dann den Wert der in der Probe enthaltenen Feuchtigkeit ablesen.

1.9.3 Geräte und Verfahren zur Prüfung der Beschichtung

1 Welche Untergrundprüfungen muss ein Maler und Lackierer vor der Beschichtung einer verputzten Fassade durchführen?

Der Maler und Lackierer muss hier nur baustellenübliche Untergrundprüfungen durchführen. Dazu gehören:

- Optische Prüfung auf Risse, Algen und Pilzbefall, Verschmutzungen, unregelmäßige Verschmutzung durch Konstruktionsfehler u. Ä.,
- Klopfprobe zur Feststellung von Hohlstellen bei den Putzen,
- Kratzprobe zur Ermittlung von Haftproblemen der Altanstriche,
- Benetzungsprobe mit Wasser zur Feststellung des Saugvermögens,

- Lösemittelprobe zur Feststellung von Dispersionsfarben, Dispersionssilikatfarben und Silikonharzfarben,
- Sichtprüfung zur Ermittlung von Gefahrstellen,
- Sichtprüfung zur Ermittlung der erforderlichen Gerüste.

2 Mit welchen Prüfungen ermittelt man die Elastizität einer Beschichtung?

Die Elastizität einer Beschichtung lässt sich im Labor durch die Ermittlung des E-Moduls, durch die Spanschnittprobe, Dornbiege-, Spachtelbiegeprüfung und die Tiefungsprobe ermitteln.

3 Bei einer Enthaftungsprüfung wird der Kleber von der Beschichtung abgerissen. Das Messgerät zeigt den Wert 0,5 N/mm². Wie werten Sie dieses Ergebnis?

Das Messergebnis ist unbrauchbar, weil der Kleber von der Beschichtung gerissen wurde und die Haftzugwerte unter den für Beschichtungen üblichen Werten liegen. Es muss eine erneute Messung durchgeführt werden.

4 Nennen Sie Prüfgeräte zur Ermittlung der Härte einer Beschichtung!

- Ritzhärteprüfer nach DIN EN ISO 1518
- Bleistifthärteprüfer nach DIN EN ISO 15184
- Härteprüfstab nach DIN EN ISO 1518
- Pendeldämpfungsgerät nach DIN EN ISO 1522
- Eindruckversuch nach Buchholz nach DIN EN ISO 2815

5 Welche Schichtdicken-Messgeräte können Sie zweckmäßig für A) Beschichtungen auf Stahl und B) Beschichtungen auf Nichteisenmetallen einsetzen?

Für die Schichtdickenmessung werden folgende Geräte eingesetzt:

A) Messuhr, magnetisches Schichtdickenmessgerät und elektromagnetisches Schichtdickenmessgerät,

B) Messuhr, Wirbelstrommessgerät.

6 Zur Farbmessung wird heute meist die CIELab-Messung durchgeführt. Was sagen die Werte Lab aus?

Das System zur Farbmessung, dass das CIE empfiehlt und das sich weltweit durchgesetzt hat, ist das CIELab-System. Es besteht aus den beiden Achsen a und b, die im rechten Winkel zueinander stehen, und einer dritten Achse L, die die Helligkeit angibt. Die Messwerte geben folgende Farbanteile an:

a+ = Rotanteil,
a- = Grünanteil,
b+ = Gelbanteil,
b- = Blauanteil,
L = Weißanteil.

7 Bei der Qualitätssicherung in der Lackierwerkstatt überprüfen Sie an einem Kraftfahrzeug unter anderem den Glanzgrad der Lackierung. Gewünscht war eine hochglänzende Lackierung. Welches Prüfgerät einschließlich der Angabe der Messgeometrie benutzen Sie hierbei? Nach welcher Norm gehen Sie vor?

Als Prüfgerät wird der Reflektometer eingesetzt. Grundsätzlich sind drei Messgeometrien möglich, 20°, 60° und 85°. Bei einer hochglänzenden Beschichtung wird mit der 20°-Geometrie gemessen. Die heranzuziehende Norm ist die DIN EN ISO 2813.

2 Untergründe

2.1 Mineralische Untergründe, Natur- und Kunststeine

2.1.1 Putze

[1] Nennen Sie die Mörtelgruppen für mineralische Putzsysteme, geben Sie die dafür eingesetzten Bindemittel an und klassifizieren Sie diese hinsichtlich ihrer Eigenschaften und Einsatzgebiete.

Man unterscheidet folgende Mörtelgruppen:

Mörtel-gruppe	*Bindemittel*	*Eigenschaften*	*Verwendung*
P I	Kalk	sehr wasserdampfdurchlässig, geringe Härte, wasserhemmend nur mit speziellen Zusätzen	für Innen- und Außenputze mit geringer Beanspruchung
P II	Kalk-Zement	gut wasserdampfdurchlässig, bessere Härte, wasserhemmend nur mit speziellen Zusätzen	für Innen- und Außenputze mit üblicher Beanspruchung
P III	Zement	wasserdampfdurchlässig, große Härte, wasserhemmend	für Keller-Außenputze und Sockelputze
P IV	Gips, Gips-Kalk	sehr wasserdampfdurchlässig, sehr saugfähig, nimmt viel Wasser auf	für Innenputze mit geringer bis normaler Beanspruchung
P V	Anhydrit, Anhydrit-Kalk	sehr wasserdampfdurchlässig, sehr saugfähig, nimmt viel Wasser auf	für Innenputze mit normaler Beanspruchung

[2] Wie kann man die Mörtelgruppe eines bereits durchgehärteten Putzes ermitteln?

Einen ersten, aber ungenauen Aufschluss geben Farbton und Härte des Putzes. Sehr viel genauer wird es, wenn man eine Putzprobe im Mörser fein vermahlt und durch ein Sieb mit der Maschenweite 50 µm siebt. Durch dieses Sieb fällt nur das Bindemittel. Durch Farbtonvergleich kann man zwischen den Bindemitteln Luftkalk (nahezu weiß), hydraulischen Kalken (beigegrau) und Zement (grau) unterscheiden. Eine genauere Unterscheidung ist nur im Labor möglich.

3 Welche Anforderungen müssen Putze erfüllen, wenn darauf fachgerechte Anstriche ausgeführt werden sollen?

Die Putze müssen gleichmäßig und gut auf dem Putzträger haften. Innerhalb einer Putzlage müssen die Mörtel ein gleichmäßiges Gefüge aufweisen und ausreichende Festigkeit zeigen. Für filmbildende Beschichtungen und Tapezierungen wird eine Mindestdruckfestigkeit von 1,0 N/mm^2 gefordert. Gleichzeitig ist eine gleichmäßige Putzstruktur nötig. Die Putze müssen außerdem trocken sein und gleichmäßig saugen. Auch sollten sie keine Mängel, wie Ausblühungen, Risse, Sinterschichten, Verschmutzungen und Pilzbefall aufweisen.

4 Ein verputztes und gestrichenes Mauerwerk ist zum Erdreich hin ungenügend isoliert. Welche Schäden können hier durch Kapillarität verursacht werden? Was versteht man unter der »Kapillarität«?

Unter Kapillarität versteht man die Erscheinung, dass Flüssigkeiten in Haarröhrchen (Kapillaren) hochgesaugt werden. Dadurch können folgende Schäden entstehen:

1. Anstriche und Putze werden zerstört oder abgedrückt.
2. Salze werden gelöst und blühen aus.
3. Mit der Durchfeuchtung verringert sich die Wärmedämmung.
4. Im Winter sind Frostschäden möglich.
5. Die Feuchtigkeit bietet Nährboden für Pilze, Algen und Moose.

5 Was versteht man unter Sinterschichten? Wie können diese erkannt und beseitigt werden?

Sinterschichten sind Bindemittelanreicherungen an der Oberfläche, die entstehen, wenn Putze zu lange nass stehenbleiben. Sinterschichten kann man nach dem Ankratzen durch Benetzungsprobe an der unterschiedlichen Saugfähigkeit von Kratzspur und übriger Fläche erkennen. Die Kratzspur färbt sich durch die stärkere Saugfähigkeit dunkler.

Sinterschichten sollten mechanisch abgeschliffen werden. Dies ist sehr zeitaufwendig. Außerdem sind mechanische Beschädigungen des Putzes möglich. Man kann die Sinterschichten auch mit 1:1 verdünntem Fluat beseitigen, danach muss gründlich mit Wasser nachgewaschen werden. Sinterschichten müssen entfernt werden, weil sie sich wegen ihrer großen Spannung nach einiger Zeit vom Untergrund lösen würden und damit auch die Beschichtung abplatzen würde.

6 Zeigen Sie die Ursache der Alkalität von Putzen auf!

Für die Alkalität der Putze ist das Kalziumhydroxid (die Kalklauge) verantwortlich. Maßgebend ist dabei die Menge des löslichen Kalziumhydroxids.

7 Welcher Schaden ist möglich, wenn eine Außenbeschichtung einen höheren Wasserdampfwiderstand aufweist als Mauerwerk und Putz?
Die Beschichtung kann abgedrückt werden. Bei sehr quellfähigen Beschichtungen, z. B. Dispersionsfarben, ist auch Blasenbildung möglich.

8 Eine 24 cm dicke Ziegelwand trägt einen 2 cm dicken Putz. Darauf soll nun ein Kunststoffputz mit einer Körnung von 3 mm aufgetragen werden. Berechnen Sie, ob es hier durch Wasserdampfdiffusion zu Schäden kommen kann! Die erforderliche Grundierung kann bei diesem Beispiel unberücksichtigt bleiben.
Diffusionswiderstandszahlen:
Ziegel: 10
Putz: 11
Kunststoffputz: 300
Berechnung des Diffusionswiderstands (sd-Wert):
Diffusionswiderstand = Diffusionswiderstandszahl × Schichtdicke in Meter

Diffusionswiderstand Ziegelwand	= 10 × 0,24 m	= 2,40 m
Diffusionswiderstand Putz	= 11 × 0,02 m	= 0,22 m
Diffusionswiderstand Kunststoffputz	= 300 × 0,003 m	= 0,90 m

Der Kunststoffputz weist einen niedrigeren Wasserdampfwiderstand auf als das Ziegelmauerwerk, das heißt, der durch das Ziegelmauerwerk diffundierende Wasserdampf kann auch durch den Kunststoffputz problemlos entweichen. Schäden durch Wasserdampfdiffusion sind hier nicht zu erwarten.

9 Warum ist die Bezeichnung »Schwundrisse« für Haarrisse nicht eindeutig?
Jeder Riss, nicht nur ein Haarriss, entsteht durch Schwundvorgänge.

10 Nennen Sie mögliche Ursachen für Fugenrisse (Wandbildnerrisse)!
Wandbildnerrisse entstehen, wenn
1. schlecht gelagerte Bausteine schwinden,
2. zwischen den Bausteinen große Fugen hohl sind,
3. Putzträger, z. B. Holzwolle-Leichtbauplatten, unsachgemäß befestigt und die Stöße nicht armiert sind,
4. die Putze in zu geringen Schichten aufgezogen wurden; dies ist besonders bei glatten Putzen problematisch.

11 Wodurch entstehen Haarrisse in Putzen?
Haarrisse in Putzen entstehen, wenn
1. Putze in einer Putzlage zu dick aufgetragen werden,
2. Putze auf noch nassen Unterputzen aufgetragen werden,
3. der Mörtel zu viel Wasser enthält,

4. die Putze zu fest verrieben werden und so der Wasseranteil an der Oberfläche erhöht wird,
5. Putze zu schnell austrocknen.

12 Bei einem zu streichenden Neuputz zeigen sich großflächige Netzrisse. Welche Ursachen können dazu geführt haben?

Netzrisse entstehen durch Spannungsunterschiede zwischen den einzelnen Putzlagen. Diese entstehen durch

1. bindemittelreichere Putze auf bindemittelärmeren,
2. eine falsche Sieblinie,
3. Zusatz von falschen oder zu viel Zusatzstoffen,
4. die Verarbeitung von Gipsmörteln, die bereits angezogen haben.

Außerdem können aufschlämmbare Bestandteile im Mörtelsand bizarre Netzrisse verursachen.

13 Nennen Sie die möglichen Ursachen für die Risse an der abgebildeten Fassade.

Bei diesen Rissen handelt es sich um baudynamische Risse. Sie sind auf Konstruktionsfehler, z. B. fehlende Trennfugen, oder Bewegungen und Erschütterungen im Erdreich zurückzuführen.

14 Was versteht man unter »Rissmarken«?

Rissmarken sind Markierungen aus Gips (=Gipsmarken) oder Glas, die quer über baudynamischen (statischen) Rissen angebracht werden, um Monate später zu erkennen, ob sich der Riss noch vergrößert hat oder zur Ruhe gekommen ist und saniert werden kann.

15 Ein Kunde reklamiert, dass sich an einer mit Dispersionsfarbe gestrichenen Fassade im Anstrich kleinste Risse und Bläschen zeigen. Bewerten Sie, ob es sich dabei um einen Mangel handelt, und begründen Sie Ihre Aussage!

Es handelt sich um keinen Mangel. Diese nur aus sehr geringem Abstand sichtbaren Risschen und Krater entstehen, wenn die Dispersionsfarbe trocknet und sich dadurch ein Film bildet, im unteren Bereich der Anstrichstoff aber noch flüssig ist und das Wasser anschließend verdunstet und den Anstrichfilm durchbricht, der Film aber nicht mehr verlaufen kann. Die Risschen und Krater enden im Dispersionsfarbenfilm und gehen nicht bis zum Untergrund.

16 Ein ausgetrockneter Wasserfleck an der verputzten Decke bleibt durch gelbe bis braune Ränder sichtbar. Wie konnten diese Wasserränder entstehen?
Eindringendes Wasser hat aus den Sanden des Putzes lösliche Eisensalze gelöst. Diese wanderten mit dem Wasser an die Oberfläche. Das Wasser verdunstete, die Eisensalze blieben als farbige Ränder zurück.

17 Welche Ausblühungen sind bei Putzen möglich?
Als Ausblühungen kommen Karbonate, Sulfate, Nitrate und Chloride vor. Chloride zeigen sich meist als Feuchtigkeitsflecken, da diese Salze sehr hygroskopisch (Wasser anziehend) sind.

18 Ein Fassadenputz sandelt stark. Nennen Sie die möglichen Ursachen dieser mangelnden Festigkeit!
Für die mangelnde Putzfestigkeit können folgende Ursachen verantwortlich sein:

1. Der Putz enthält zu wenig Bindemittel.
2. Der Putz trocknete zu schnell aus, ohne das zur Erhärtung nötige CO_2 (Kohlendioxid) aufnehmen zu können. Dies passiert z. B., wenn in der prallen Sonne verputzt wurde oder wenn der Untergrund das im Mörtel enthaltene Wasser zu schnell wegsaugt.
3. Der Mörtelsand enthält große Mengen aufschlämmbare Anteile.
4. Ein Putz der Mörtelgruppe P I wurde mit Dispersionswerkstoffen beschichtet.

19 Wie können durch Umwelteinflüsse auf einem Putz Sulfatausblühungen entstehen?
Bei der Umweltverschmutzung bildet sich Schwefeldioxid (SO_2), dies oxidiert zu Schwefeltrioxid (SO_3). Mit Wasser entsteht daraus Schwefelsäure (H_2SO_4). Da die Schwefelsäure stärker ist als die im Bindemittel des Putzes enthaltene Kohlensäure, wird diese aus dem Kalziumkarbonat vertrieben. Es entstehen Sulfate.
Sulfate können aber auch aus dem Grundwasserbereich durch kapillare Wasserbewegung bei fehlender horizontaler Abdichtung aufgenommen werden oder beim Brennprozess der Bindemittel entstanden sein.

20 Zeigen Sie die möglichen Auswirkungen von Sulfaten in den Putzen auf!
Sulfate sind stärker wasserlöslich, so ist ein Bindemittelabbau möglich. Die Festigkeit der Putze verringert sich.
Sulfate können außerdem als Ausblühungen auskristallisieren. Durch Hydrations- und Kristallisationsdruck sind Absprengungen möglich.

21 Beschreiben Sie, wie sich Chloride in Putzen auswirken können!
Chloride sind stark hygroskopisch (Wasser anziehend). So entstehen bei chloridhaltigen Putzen bei hoher Luftfeuchtigkeit leicht Feuchtigkeitsflecken. Außerdem sind durch Hydrations- und Kristallisationsdruck Putzabsprengungen möglich.

22 Erklären Sie, wie in einem Putz die gefürchteten Nitratausblühungen (Salpeter) entstehen können!
Nitrate entstehen in landwirtschaftlich genutzten Gebäuden durch die Einwirkung von stickstoffhaltigen Verbindungen (Ammoniak und Harnstoff) in Verbindung mit Sauerstoff auf kalkhaltige Baustoffe.
Beispiel:
$Ca(OH)_2 + 2\ NH_3 + 4\ O_2 \longrightarrow Ca(NO_3)_2 \times 4\ H_2O$
Kalklauge + Ammoniak + Sauerstoff ⟶ Kalziumnitrat wasserhaltig

23 An einer Fassade zeigen sich starke Ausblühungen.
A) Beschreiben Sie, wie man die Art der Ausblühungen zweifelsfrei feststellen kann! B) Warum ist es sinnvoll, die Art der Ausblühungen zu ermitteln?
A) Feststellen der Art der Ausblühung
1. Nachweis von Karbonaten:
   Die zerriebene Ausblühungsmasse wird mit zehnprozentiger Salzsäure versetzt. Sind Karbonate vorhanden, entweicht unter lebhafter Reaktion (Aufbrausen) Kohlensäure als farbloses Gas.
2. Nachweis von Chloriden, Sulfaten und Nitraten:
   Diese Salze lassen sich mit unterschiedlichen Indikatorstäbchen, z. B. von der Fa. Merk, erhältlich im Chemikalienhandel, erkennen. In der Regel kann man damit auch die Konzentration der Salze feststellen. Eine andere Möglichkeit zur Erkennung der Salze bieten chemische Untersuchungen, die aber in der Regel nicht vom Maler und Lackierer durchgeführt werden können.

B) Die Prüfung, um welche Ausblühungen es sich handelt, ist aus folgenden Gründen sinnvoll:
1. Wenn man weiß, um welche Ausblühungen es sich handelt, kann man auf die Ursachen schließen und diese beseitigen.
2. Wenn bekannt ist, um welche Ausblühungen es sich handelt und welche Ursachen diese haben, kann festgestellt werden, ob eine dauerhafte Beseitigung ohne weitergehende Sanierungsmaßnahmen überhaupt möglich ist.

24 Nennen Sie die Ursache dieser Ausblühungen!

Ausblühungen sind immer auf Feuchtigkeitseinwirkungen zurückzuführen. In diesem Fall ist durch die defekte Dachrinne Feuchtigkeit in das Mauerwerk gelangt und hat dort die Salze gelöst.

25 Wie wird die zulässige Maßtoleranz für mineralische Putze ermittelt?

Die zulässige Maßtoleranz ist der zulässige Bereich für die Abweichung eines Winkels oder einer Ebenheit vorm Normmaß nach DIN 18202 »Toleranzen im Hochbau; Bauwerke«. Die Abweichung wird über das Stichmaß ermittelt, das ist die maximale Abweichung zwischen 2 Messpunkten, z. B. einer 1 m langen angelegten Messlatte.

Winkeltoleranzen nach DIN 18202

	Stichmaße als Grenzwert in mm bei Nennmaßen					
Vertikale, horizontale und geneigte Flächen	bis 1 m	> 1-3 m	> 3-6 m	> 6-15 m	> 15-30 m	> 30 m
	6	8	12	16	20	30

Bei den Ebenheitstoleranzen werden zwei Stufen unterschieden, die für flächenfertige Wände, Wandbekleidungen, Unterdecken usw. gelten. Werden nach dieser Norm erhöhte Anforderungen an Flächen gestellt, so ist dies vertraglich zu vereinbaren.

Ebenheitstoleranzen nach DIN 18202 für flächenfertige Wände und Unterseiten von Decken

	Stichmaße als Grenzwert in mm bei Messpunktabständen in m					
	bis 0,1 m	1 m	2 m	4 m	10 m	15 m
Mindestanforderungen	3	5	7	10	20	25
erhöhte Anforderungen	2	3	5	8	15	20

26 An einem beschichteten Putz zeigen sich Risse. Wie sind diese zu bewerten?

Die Putzoberfläche soll frei von Rissen sein. Haarrisse bis zu 0,1 mm sind bei glatten Putzen unbedenklich, bei groben Putzen (Korngröße des Zuschlagstoffes über 3 mm) können Haarrisse bis zu 0,2 mm Breite toleriert werden. Breitere Risse können mit üblichen Beschichtungen nicht dauerhaft verschlossen werden. Diese Risse können aber mit Armierungsfarben oder anderen Armierungssystemen (mit Einbettung von Vliesen und Geweben) dauerhaft saniert werden, wenn der Putz dazu nicht zu rau ist.

27 Was versteht man unter der Sieblinie der Sande?

Unter der Sieblinie versteht man die mit Sieben unterschiedlicher Maschengrößen ermittelte Kornzusammensetzung eines Zuschlages in Massenprozent. Zur Ermittlung der Sieblinie eines Zuschlages für die Putze wird der bei 383 K (110 °C) getrocknete Sand durch immer feinere Siebmaschen gesiebt, und so werden die unterschiedlichen Korngrößen getrennt. Die Siebrückstände werden gewogen und in Massenprozent zum gesamten Zuschlag berechnet. Unter Bildung der Differenz werden dann die Siebdurchgänge in Massenprozent berechnet.

Eine stark abweichende Sieblinie

- verursacht große Hohlräume im Putz und fördert damit die Kapillarität und
- vermindert die Festigkeit der Putze.

Bei Putzausbesserungen muss die Sieblinie des neuen Putzes mit der des alten Putzes übereinstimmen. Ansonsten sind störend sichtbare Putzausbesserungen nicht zu vermeiden. Besonders strukturgebend ist dabei das Größtkorn des Sandes.

2.1.2 Beton

1 Aus welchen Rohstoffen wird Beton hergestellt?

Beton ist ein Gemisch aus Zement, Wasser und Zuschlägen (Kies). Um bestimmte Eigenschaften zu erreichen, gibt man Beton für spezielle Aufgaben noch Zusätze zu.

2 Die DIN EN 1992 und DIN EN 206 unterscheiden die Betonarten nach ihrer Dichte in drei Gruppen. Zeigen Sie diese Unterscheidung auf!

Nach der Dichte werden unterschieden:

1. Leichtbeton mit einer Dichte von höchstens 2,0 t/m^3,
2. Normalbeton mit einer Dichte von mehr als 2,0 t/m^3 und höchstens 2,8 t/m^3; wenn keine Verwechslung mit den anderen Betonarten möglich ist, wird Normalbeton nur als Beton bezeichnet,
3. Schwerbeton mit einer Dichte von mehr als 2,8 t/m^3.

3 In welchen Festigkeitsklassen wird Normalbeton nach DIN EN 206-1 hergestellt?

Beton wird in den Festigkeitsklassen C 10 bis C 115, also mit einer Mindestdruckfestigkeit von 10–115 N/mm^2 hergestellt.

4 Welche Festigkeit muss bewehrter Beton mindestens aufweisen?

Bewehrter Beton muss mindestens der Festigkeitsklasse C 15 entsprechen, also eine Mindestdruckfestigkeit von 15 N/mm^2 aufweisen.

5 Wie können beim Beton Lunker entstehen?

Die Lunker (Poren) im Beton entstehen bei ungenügender Verdichtung des Betons durch Lufeinschluss.

6 Welches Grundmaß gibt die DIN EN 1992-1 als Mindestmaß für die Betonüberdeckung der Bewehrung im Stahlbeton für Außenbauteile an?

Nach DIN EN 1992-1 sollte das Regelmaß für die Betonüberdeckung des Bewehrungsstahls mindestens 3 cm betragen.

7 Eine ältere, bislang noch nicht gestrichene Betonfassade soll beschichtet werden. Welche Untergrundprüfungen müssen durchgeführt werden? Wie können Untergrundmängel erkannt werden?

Vor der Beschichtung der Fassade müssen eine Reihe von Untersuchungen durchgeführt werden:

Untergrundprüfung	*Erkennung*
Konstruktionsfehler	optisch, anhand von Rissen und ungleichmäßigen Verschmutzungen
Festigkeit	durch eine Kratzprobe und mit dem Rückprallhammer nach Schmidt
Risse	optisch, Haarrisse zeichnen sich nach der Benetzung ab
Feuchtigkeit	optisch und mit CM-Gerät (Feuchtigkeitsmesser)

Ausblühungen	optisch und durch chemische Analyse der Ausblühungen, bzw. mit Indikatoren
Verschmutzungen	optisch
Pilze, Algen und Moose	optisch
Abplatzungen	optisch
rostender Bewehrungsstahl	optisch, anhand der Absprengungen
Karbonatisierungstiefe	mit Hammer und Meißel eine Vertiefung schaffen, nach dem Besprühen mit Thymolphtalein, Phenolphthalein oder Universalindikatorlösung wird die Karbonatisierungstiefe anhand der Verfärbung im alkalischen Bereich sichtbar

Trennmittelreste würden sich bei der Benetzung feststellen lassen. Da es sich hier um ein älteres Bauwerk handelt, ist nicht mehr mit Trennmittelresten zu rechnen. Auch Sinterschichten würden sich nach dem Ankratzen durch Benetzung feststellen lassen. Da es sich hier um ein älteres Bauwerk handelt, ist nicht mehr mit Sinterschichten zu rechnen. Diese wären schon abgeplatzt.

8 Zeigen Sie die Bedeutung des Wasserzementwerts für die Qualität des Betons auf!

Unter dem Wasserzementwert versteht man das Verhältnis des Wassergewichts zum Zementgewicht.

$$\text{Wasserzementwert} = \frac{\text{Gewicht des Anmachwassers}}{\text{Gewicht des Zements}}$$

Da das Anmachwasser bei der hydraulischen Erhärtung chemisch gebunden wird, erreicht der Beton optimale Eigenschaften nur beim günstigsten Wasserzementwert. Dieser liegt in der Praxis bei 0,40.

Bei einem zu niedrigen Wasserzementwert würde der Beton nicht völlig abbinden können und seine gewünschte Anfangsfestigkeit nicht erreichen.

Bei einem zu hohen Wasserzementwert bilden sich durch den Wasserüberschuss im Beton Poren. Der Beton kann dadurch seine optimale Festigkeit nicht erreichen. Außerdem würde durch die kapillare Wasserbewegung dieser Beton schneller karbonatisieren. So darf der Wasserzementwert bei Stahlbeton bei Zement Z 25 den Wert 0,65 und bei den übrigen Zementen den Wert 0,75 nicht überschreiten.

Bei gefrierbeständigem Beton muss der Wasserzementwert unter 0,55 liegen.

9 Die Alkalität des Betons schützt den Bewehrungsstahl vor Korrosion. Woher kommt diese Alkalität?

Bei der hydraulischen Erhärtung des Zements als Bindemittel im Beton entsteht eine größere Menge Kalziumhydroxid (Kalklauge). Dieses Kalziumhydroxid verursacht die Alkalität im Beton.

10 Wie hoch muss die Alkalität im Beton zum Schutz des Bewehrungsstahls vor Korrosion sein?

Frisch hergestellter Beton hat einen pH-Wert von ca. 12,5. Sinkt der pH-Wert durch saure Einflüsse unter 9,5, beginnt der Bewehrungsstahl zu rosten.

11 Nennen Sie mögliche saure Einwirkungen, die zur Neutralisierung des Betons führen!

1. Kohlendioxid (CO_2) befindet sich mit einem Anteil von 0,04 % in der Luft. In Verbindung mit Feuchtigkeit entsteht daraus Kohlensäure.
2. Schwefeldioxid (SO_2) entsteht bei den Verbrennungsvorgängen in Haushalten und Heizkraftwerken. Das Schwefeldioxid oxidiert zu Schwefeltrioxid (SO_3). Mit Wasser entsteht daraus Schwefelsäure (H_2SO_4).
3. Chloride kommen durch Streusalz in den Beton.
4. Sulfidverbindungen wirken besonders bei Kläranlagen auf den Beton ein.

12 Nennen Sie Faktoren, die die Korrosion des Armierungsstahls im Beton beeinflussen!

1. Abstand der Armierung von der Betonoberfläche,
2. Umweltbedingungen, Luftverschmutzung usw.,
3. Betonzusammensetzung (Zementsorte, Wasserzementwert),
4. Mängel im Beton, z. B. Risse, Fugen und Kiesnester,
5. Nachbehandlung des Betons durch Imprägnierungen und Beschichtungen,
6. Zeitdauer, Alter des Betons,
7. bei Spannstahl wird die Korrosion zusätzlich durch die Spannungsrisskorrosion gefördert.

13 Um den Zustand einer Betonfläche einheitlich zu klassifizieren, wurden von der Industrie Arbeits- und Schadensstufen festgelegt. Zeigen Sie den Zustand der Betonflächen bei der Arbeitsstufe 1 und den Schadensstufen 1–4 auf!

Arbeitsstufe 1:

Der Beton zeigt noch keine Schäden, er soll aber gegen den Alkalitätsverlust geschützt werden. Poren und Lunker sollen geschlossen werden. Außerdem ist eine farblich ansprechende Gestaltung wünschenswert.

Schadensstufe 1:

Der Beton zeigt bereits leichte Schäden. So zeichnet sich der Armierungsstahl regional ab. Netzartige Haarrisse sind sichtbar. Die Betonüberdeckung ist nach DIN EN 1992-1 zu gering. Der Armierungsstahl liegt aber noch im alkalischen Bereich.

Schadensstufe 2:

Der Beton zeigt bereits fortgeschrittene Schäden wie vereinzelt Ausbruchsstellen über dem korrodierenden Armierungsstahl. Die Oberfläche des Betons ist verwittert und trägt eine mehlende und sandende Schicht. Es zeigen sich netzartig Haarrisse. Die Betonabdeckung ist nach DIN EN 1992-1 zu gering. Der nicht geschädigte Baustahl liegt noch im alkalischen Bereich.

Schadensstufe 3:
Der Beton zeigt starke Schäden. So sind erhebliche Absprengungen und tiefe Ausbrüche über dem korrodierenden Armierungsstahl festzustellen. Der Beton weist eine erheblich verwitterte sandende Oberfläche auf. Ein enges Netz von Haarrissen ist sichtbar. Die Betonüberdeckung nach DIN EN 1992-1 ist zu gering. Der nicht geschädigte Armierungsstahl liegt noch im alkalischen Bereich.

Schadensstufe 4:
Der Beton weist erhebliche Schäden auf. Starke Absprengungen und tiefe Ausbrüche sind über die ganze Fläche verteilt. Der sichtbare Baustahl ist bereits stark korrodiert. Die Oberfläche ist stark verwittert und bröckelt ab. Es ist ein enges Netz von Rissen sichtbar. Die Betonüberdeckung reicht nach DIN EN 1992-1 nicht aus.

14 In welche Arbeits- bzw. Schadensstufe ordnen Sie jeweils den Beton auf den beiden folgenden Fotos ein?

Der Beton ist rein optisch der Schadensstufe 1 zuzuordnen. Der Beton zeigt bereits leichte Schäden. So zeichnet sich der Armierungsstahl regional ab. Netzartige Haarrisse sind sichtbar. Eine genauere Untersuchung ist aber erforderlich.

Der Beton ist rein optisch der Schadensstufe 3 zuzuordnen. Er zeigen sich fortgeschrittene Schäden, wie stärkere Ausbruchstellen über dem korrodierenden Armierungsstahl. Eine genaue Untersuchung ist aber erforderlich.

15 Mit welchen zerstörungsfreien Verfahren ist die Messung der Druckfestigkeit des Betons möglich?

Zur Messung der Druckfestigkeit sind folgende zerstörungsfreie Verfahren möglich:

- Messung des Rückpralls mit dem Rückprallhammer (Schmidt) nach DIN 1045
- Messung des Kugeleindrucks mit dem Kugelschlaghammer (Baumann-Steinrück)
- Messung der Schalllaufzeit mit dem Ultraschallgerät und anschließende Berechnung

Am häufigsten wird der Rückprallhammer (Schmidt) nach DIN 1045 und DIN EN 13791 eingesetzt. Das Gerät misst nur die Oberflächenhärte der obersten Zentimeter Beton.

2.1.3 Porenbeton

1 Welche Untergrundprüfungen sind beim Porenbeton vor der Beschichtung erforderlich? Wie können Mängel erkannt werden?

Untergrundprüfungen und Erkennung der Mängel:

Prüfung auf	*Methode*	*Erkennung*
Feuchtigkeit	Augenschein, Hydrometer, CM-Probe	Verfärbung, Druckanstieg
Lose, absandende und mürbe Teile auf der Oberfläche	Wischprobe mit der Hand oder einer Bürste	optisch anhand des Abriebs
Risse	Augenschein, kleinere Risse durch die Benetzungsprobe	optisch
Verschmutzungen	Augenschein	optisch
Wasser abweisende Imprägnierungen	Benetzungsprobe mit Wasser	nimmt kein Wasser auf, z. T. perlt das Wasser ab
Flankenabriss der Dichtungsmassen in den Fugen	Augenschein	optisch

2 Zeigen Sie drei typische Eigenschaften des Porenbetons auf, die für die folgenden Beschichtungen wichtig sind!
Porenbeton saugt stark und nimmt Feuchtigkeit dadurch schnell auf. Die Feuchtigkeit wird aber nur sehr langsam wieder abgegeben. Besonders im Innern des Porenbetons wird die Feuchtigkeit lange zurückgehalten. So sollte er stets vor Feuchtigkeit geschützt werden.
Porenbeton reagiert mit Feuchtigkeit sehr alkalisch. Deshalb müssen auch die verwendeten Beschichtungsstoffe alkalibeständig sein.
Porenbeton hat einen hohen Wärmedämmwert, bietet aber dem entströmenden Wasserdampf nur geringen Widerstand (Wasserdampfwiderstandsfaktor 2,5, als Vergleich: Silikatfarben 50, Dispersionsfarben 200–3000). Werden Beschichtungen mit hohem Wasserdampfwiderstandsfaktor in hohen Schichtdicken aufgetragen, kann es zu Abplatzungen und Absprengungen kommen.

3 Begründen Sie das besondere Wasserrückhaltevermögen des Porenbetons!
Bedingt durch die Herstellung unter Zusatz von Gas bildenden Mitteln weist der Porenbeton in den sichtbaren Poren noch sehr kleine, mit dem Auge normalerweise nicht sichtbare Kapillaren auf. Diese äußerst feinen Haarröhrchen saugen Feuchtigkeit stark an, zur Abgabe der Feuchtigkeit ist eine hohe Wärmeenergie erforderlich.

2.1.4 Faserzementplatten

1 Bei einer 1963 mit Faserzementplatten verkleidete Fassade sollen die Platten entfernt werden. Welche Problematik ist gegeben, wenn Sie nicht wissen, um welche Plattenart es sich handelt?

Unter Umständen könnte es sich um Asbestzementplatten handeln. Um dies festzustellen, muss eine Probe entnommen und untersucht werden. Dazu muss der Aufsichtsführende, im Falle, dass Asbest vorliegt, seine Sachkunde nach TRGS 519 »Asbest: Abbruch-, Sanierungs- oder Instandhaltungsarbeiten« nachgewiesen haben. Asbestzementplatten dürfen wegen der Gesundheits- und Umweltgefahren nur nach abgelegter Sachkundeprüfung und unter Beachtung von besonderen Auflagen, z. B. Mitteilung an das Gewerbeaufsichtsamt und die Berufsgenossenschaft, Erstellen einer Betriebsanweisung, Unterweisungen der Mitarbeiter, Untersuchung der Mitarbeiter durch den arbeitsmedizinischen Dienst der Berufsgenossenschaft usw., bearbeitet bzw. abgebaut werden.

2 Welche bautechnischen Voraussetzungen müssen gegeben sein, um eine dauerhaft schadensfreie Beschichtung auf asbestfreien Faserzementplatten gewährleisten zu können?

Die Faserzementplatten müssen vor aufsteigender und rückseitig einwirkender Feuchtigkeit geschützt sein. Waagerecht ausgebildete Abdeckungen aus Faserzementplatten müssen ein ausreichendes Gefälle von mindestens 2 % aufweisen. An der Fassade muss eine ausreichende Wasserabführung, z. B. durch

Ablaufschrägen, vorhanden sein. Verfugt verlegte Faserzementplatten müssen wasserdichte Fugen haben. Über Bohrlöcher usw. darf keine Feuchtigkeit in die Platten gelangen können.

3 Warum ist die Neutralisierung der Faserzementplatten durch Fluate nicht sinnvoll möglich?
Die Faserzementplatten enthalten 80–90 Gewichtsprozent Zement und sind deshalb durch und durch hochalkalisch.

4 Welche Untergrundprüfungen sind bei Faserzementplatten notwendig? Zeigen Sie auf, wie man vorhandene Mängel erkennen kann!

Prüfung auf	*Methode*	*Erkennung*
Feuchtigkeit	Augenschein, CM-Probe	Verfärbung, Druckanstieg bei der CM-Probe
Ausblühungen	Augenschein	weiße, z. T. lose Kristalle, die im Wasser löslich sind
Saugvermögen	Benetzungsprobe mit Wasser	bei gutem Saugvermögen werden die Platten dunkler
Risse	Augenschein, kleinere Risse durch die Benetzungsprobe	optisch
Verschmutzungen	Augenschein	optisch
Trennmittel	Benetzungsprobe mit Wasser	nimmt kein Wasser auf, z. T. perlt das Wasser ab
Überstreichbarkeit von bereits vorhandenen Beschichtungen	Kratzprobe, Probeanstrich	optisch
Pilze, Algen und Moose	Augenschein	optisch

2.1.5 Ziegel und Klinker

1 Wodurch unterscheiden sich Klinker von Ziegeln?
Ziegel werden aus Ton, Lehm oder tonigen Massen mit oder ohne Zusatz von Magerungsmitteln geformt und gebrannt. Man unterscheidet bei den Ziegeln Vormauer- und Hintermauerziegel. Nur Vormauerziegel müssen außen nicht verputzt werden und sind frostbeständig.
Klinker sind Ziegel, die bei höheren Temperaturen bis zur Sinterung (bis zum Verschmelzen der Grundstoffe) gebrannt worden sind. Klinker sind grundsätzlich frostbeständig. Klinker haben auch eine dichtere Oberfläche als Ziegel und sind gegen saure Einflüsse beständiger.

[2] **Bei dieser Klinkerfassade zeigen sich bereits nach sechs Monaten diese Ausblühungen. Welche Ausblühungen sind hier wahrscheinlich?**

Bei den Ausblühungen handelt es wahrscheinlich um Sulfate aus dem Brennprozess. Möglich wären auch Karbonate aus den Verfugungen. Nitrate (Salpeter) können weitgehend ausgeschlossen werden. Die genauere Untersuchung ist am Objekt mit Indikatoren (z. B. von der Fa. Merck) ohne Probleme möglich.

[3] **Ein älteres Sichtmauerwerk aus Klinkern soll imprägniert werden. Auf welche Mängel sollten Sie diesen Untergrund untersuchen?**
Dieser Untergrund sollte auf Feuchtigkeit, Ausblühungen, Absprengungen, Risse, Verschmutzungen, Moose, Algen und Pilze untersucht werden.

2.1.6 Kalksandsteine

[1] **Welche Eigenschaften muss Kalksandsteinmauerwerk aufweisen, wenn darauf dauerhafte Beschichtungen gewährleistet werden sollen?**
Der Untergrund muss fest, sauber, trocken, frei von Rissen, Ausblühungen und treibenden Einschlüssen sein.

[2] **Bei welchen Mängeln wären bei einer Kalksandsteinfassade eine schriftliche Bedenkenanzeige und evtl. eine schriftliche Einschränkung der Mängelansprüche vor Beginn der Beschichtungsarbeiten notwendig?**

Bestehen Bedenken gegen den Untergrund oder die vorgesehene Art der Ausführung, so sind diese gemäß VOB Teil B DIN 1961, § 4 Nr. 3 schriftlich geltend zu machen. Bedenken müssten z. B. angemeldet werden bei aufsteigender Feuchtigkeit aus dem Untergrund, großflächigen Ausblühungen, Absprengungen in der Steinoberfläche, größeren Fugenrissen, baudynamischen Rissen.
Bei starker Verschmutzung, bei Ausblühungen, Moosen, Algen und Pilzbewuchs sind umfangreichere Vorarbeiten notwendig. Der hier entstehende zusätzliche Vergütungsanspruch muss gemäß VOB Teil B § 2 durch ein Nachtragsangebot vor der Ausführung vereinbart werden.

3 Beim beschichteten Kalksandsteinmauerwerk außen sind häufig Mängel im Fugenmörtel und/oder der Fugenausbildung schuld an Beschichtungsschäden. Auf welchen Mangel sollte man hier besonders achten?
Die Fugenmörtel dürfen keine Risse, Lunker oder Ausblühungen zeigen. Natürlich muss der Fugenmörtel auch ausgetrocknet sein. Die Fugen sollten mit der Vorderkante der Kalksandsteine bündig abschließen.

2.1.7 Gipskartonplatten

1 Wie können Sie erkennen, ob bestimmte Gipskartonplatten ohne Schaden zu nehmen in Räumen mit hoher Luftfeuchtigkeit verwendet werden können?
Für Räume mit hoher Luftfeuchtigkeit eignen sich Gipskarton-Bauplatten B imprägniert (Abk. GKBI). Diese Platten haben auf dem grünen Karton einen blauen Aufdruck.

2 Welche Untergrundprüfungen sind bei verbauten Gipskartonplatten vor der Beschichtung erforderlich? Wie können Sie evtl. Mängel erkennen?

Untergrundprüfungen und Erkennung der Mängel:

Prüfung auf	*Erkennung*
mangelhafte Befestigung	bei Druck bewegen sich die Platten
Risse	optisch
Unebenheiten	optisch im Streiflicht
beschädigte Oberflächen	optisch
Verschmutzungen	optisch
Feuchtigkeit	optisch
verfärbende Stoffe	optisch

3 Die Qualitätsstufe der Fugenverspachtelung der Gipskartonplatten muss in der Leistungsbeschreibung angegeben sein. Welche Qualitätsstufen unterscheidet man?

Man unterscheidet bei der Fugenverspachtelung 4 Qualitätsstufen:

Qualitätsstufe	*Beschreibung*	*Eignung*
Q1	Grundverspachtelung	Untergrund für Fliesen usw.
Q2	Standardverspachtelung	für Oberputze mit einem Größtkorn >1mm, für mittel bis grob strukturierte matte Anstriche und Wandbekleidungen
Q3	über die Standardverspachtelung hinausgehende Anforderungen	für Oberputze mit einem Größtkorn <1mm, für nicht strukturierte Beschichtungen und fein strukturierte Wandbekleidungen
Q4	für höchste Ansprüche	für Beschichtungen bis zum mittleren Glanz,für glatte und fein strukturierte Wandbekleidungen mit Glanz

4 Wie wird in der Praxis bei der Fugenverspachtelung die Qualitätsstufe Q3 erreicht?

Zunächst werden die sichtbaren Befestigungen und die Stoßfugen der Platten gefüllt (= Q1).

Dann werden die Stoßfugen bis zum Erreichen eines stufenlosen Überganges fein gespachtelt.

Anschließend werden die Fugen zusätzlich breit ausgespachtelt und die gesamte Plattenfläche mit Spachtelmasse zum Porenverschluss dünn gespachtelt.

5 Welche besondere Leistung fordert die ATV VOB DIN 18363 »Maler- und Lackiererarbeiten - Beschichtungen« für die Beschichtung von Gipskartonplatten, wenn Rissfreiheit gewünscht ist?

Die VOB fordert eine Armierung mit einem Vlies.

6 An einer Gipskartonwand hat sich die Dispersionssilikatfarbe unmittelbar nach der Beschichtung gelb verfärbt. Was ist die Ursache dafür?

Durch UV- und/oder Wassereinwirkung hat sich die Oberfläche des holzhaltigen Kartons chemisch verändert. Die Gerbsäure des Holzes reagiert mit dem Kaliwasserglas der Dispersionssilikatfarbe zu gelblichen Verbindungen.

2.2 Metalluntergründe

2.2.1 Eisen und Stahl

1 Worin unterscheidet sich Stahl von Gusseisen?

Stahl enthält weniger als 1,7 % Kohlenstoff, Gusseisen enthält 2-4 % Kohlenstoff. Bei Gussstahl liegt der Kohlenstoffgehalt zwischen 1,7 und 2 %. Mit zunehmendem Kohlenstoffanteil nehmen Zugfestigkeit und Härte zu, Schweißbarkeit und Schmiedbarkeit aber ab. So unterscheiden sich Stahl und Gusseisen auch hier. Stahl und Gusseisen zeigen unterschiedliches Korrosionsverhalten. Natürlich wirken sich die unterschiedlichen Eigenschaften auch auf die Verwendbarkeit aus.

2 Wie entsteht die Walzhaut beim Stahl?

Walzhaut entsteht durch spontane Sauerstoffaufnahme (Oxidation) bei Temperaturen von über 843 K (570 °C). Diese Temperaturen werden beim Herstellungsprozess überschritten.

3 Wodurch unterscheiden sich Walzhaut und Zunder?

Die Walzhaut entsteht beim Herstellungsprozess, der Zunder beim Schweißen des Stahls. Wegen dieser unterschiedlichen Entstehung ist der chemische Aufbau von Walzhaut und Zunder verschieden. Doch diese Unterschiede sind für die Praxis ohne Bedeutung.

4 Warum müssen Walzhaut und Zunder grundsätzlich vor der Beschichtung entfernt werden?

Walzhaut und Zunder müssen grundsätzlich vor der Beschichtung entfernt werden, weil

1. Walzhaut und Zunder sehr spröde sind und deshalb mit der Zeit abplatzen.
2. Walzhaut, Zunder und Stahl sich bei Wärme sehr unterschiedlich ausdehnen und so zwischen Walzhaut/Zunder und Stahl thermische Spannungsunterschiede entstehen. Dies führt zum Abplatzen von Walzhaut bzw. Zunder.
3. zwischen Walzhaut/Zunder und Stahl ein elektrochemischer Spannungsunterschied besteht, der zur Rostbildung unter der Walzhaut bzw. dem Zunder führt. So platzt die Walzhaut bzw. der Zunder auch durch Unterrostung ab.

5 Wie kann man Walzhaut und Zunder erkennen?
Walzhaut und Zunder lassen sich oftmals schon optisch an der blaugrauen Oberfläche erkennen. Gewissheit bringt die Kupfersulfatprobe. Nach dem Aufstreichen der wässrigen Kupfersulfatlösung scheidet sich auf der Oberfläche des Stahls Kupfer aus, wenn keine Walzhaut bzw. kein Zunder vorhanden ist.
Reaktionsgleichung:

$$Fe + CuSO_4 \longrightarrow FeSO_4 + Cu$$

Eisen + Kupfersulfat ⟶ Eisensulfat + Kupfer

6 Erklären Sie den Begriff Korrosion!
Die DIN EN ISO 8044 »Korrosion von Metallen und Legierungen« sagt: »Korrosion ist die chemische oder elektrochemische Wechselwirkung zwischen einem Werkstoff, in der Regel einem Metall, und seiner Umgebung.« Dies kann zu einer Verschlechterung der Werkstoffeigenschaften, der Umwelt oder der Funktion des Systems, das den Werkstoff enthält, führen.

7 Wie entsteht die elektrochemische Korrosion?
Unterschiedliche Metalle, z. B. Zink und Eisen, bilden ein galvanisches Element, wenn ein Elektrolyt (Salzlösung, Säure oder Base) zwischen den unterschiedlichen Metallen vorhanden ist. Zwischen den beiden Metallen entsteht eine elektrische Spannung. Der Minuspol ist unedler und wird zerfressen. Zur elektrochemischen Korrosion kommt es, wenn unterschiedliche Metalle durch falsche Konstruktion in unmittelbarem Kontakt stehen (Kontaktkorrosion) oder wenn durch den Herstellungsprozess unterschiedliche Gefügebestandteile nebeneinander zu liegen kommen (interkristalline Korrosion).

8 Was versteht man im Berufsfeld unter Flugrost?
Man versteht unter Flugrost die beginnende Rostbildung auf Stahl an der Atmosphäre. Man spricht aber auch von Flugrost, wenn rostende Fremdpartikel an einer Oberfläche, z. B. einer Fassade, haften.

9 Wie kommt es zu einer Überrostung von Anstrichen?
Die flächige Ausbreitung von Porenrost auf der Oberfläche von Beschichtungen entsteht, wenn die auf dem rostenden Untergrund gebildete Eisensalzlösung durch eine poröse Beschichtung wandern kann.

10 Die Haltbarkeit und Lebensdauer einer Korrosionsbeschichtung wird ganz wesentlich von der Belastung beeinflusst. Welche atmosphärische Korrosivitätskategorien unterscheidet die DIN EN ISO 12944?

Korrosivitätskategorien

Kategorien	*Atmosphärische Korrosivitätskategorien*
C1	unbedeutende Korrosivität
C2	geringe Korrosivität
C3	mäßige Korrosivität
C4	starke Korrosivität
C5	sehr starke Korrosivität
CX	extreme Korrosivität

11 Welche Untergrundprüfungen sind bei einem beschichteten Balkongeländer aus Stahl vor einer Neubeschichtung erforderlich?

Erforderliche Untergrundprüfungen

Prüfung auf	*Prüfmethode*	*Erkennung*
Zunder und Walzhaut	optisch, ggf. durch Aufstreichen von Kupfersulfat	bläuliche bis anthrazite Farbe; die mit Kupfersulfat behandelte Fläche wird kupferfarben, wenn keine Walzhaut bzw. kein Zunder vorhanden ist
Rost	optisch	Augenschein, ggf. Vergleich mit den Fotos der DIN 55828 oder der DIN EN ISO 4628-3
Verunreinigungen, Fette und Öle	optisch	Augenschein
vorhandene Beschichtungen	Kratzprobe, Gitterschnittprüfung nach DIN EN ISO 2409, Lösemitteltest, Abbeizversuch mit Abbeizlauge	die ungeeigneten Beschichtungen splittern ab, lösemittelempfindliche Beschichtungen lösen sich an, Alkydharzlackfarben werden verseift und so wasserlöslich
	optisch auf vorhandene Blasen	Augenschein
mechanische Beschädigungen	optisch	Augenschein

12 Nennen Sie Mängel, die Anlass für eine Bedenkenmitteilung nach VOB sein müssen!

Der Maler und Lackierer hat bei seinen Untergrundprüfungen Bedenken insbesondere geltend zu machen bei

- grober Verschmutzung der Oberfläche,
- nicht ausreichender Haftung vorhandener Beschichtungen und Überzüge,
- nicht ausreichender Durchhärtung vorhandener Beschichtungen,
- Rissen, Blasen u. Ä. in vorhandenen Beschichtungen oder Überzügen,
- ungeeigneter Leistungsbeschreibung,
- ungeeigneten Witterungsbedingungen.

2.2.2 Zink und verzinkter Stahl

1 Auf welche Weise wird das Stahlblech durch die Verzinkung geschützt?

Zink ist unedler als das darunter liegende Stahlblech (Galvanische Spannungsreihe). Bei Korrosion fördernder Einwirkung, z. B. durch sauren Regen, geht das Zink in Lösung. Durch die hier stattfindenden elektrochemischen Vorgänge ist das Stahlblech vor Korrosion geschützt, während sich das Zink langsam zersetzt.

2 Welche Verzinkungsarten sind bei Stahl zu unterscheiden?
Wie groß ist in der Regel die Schichtdicke des Zinküberzugs?

Verzinkungsarten und übliche Schichtdicken der Zinkauflage:

Verzinkungsarten	Übliche Schichtdicken
Feuerverzinkung	bei der Stückverzinkung 50-80 µm, bei der Bandverzinkung von Stahlblechen in der Regel je Seite ca. 20 µm, bei der Bandverzinkung von Bandstahl (Breite unter 60 mm) einseitig 20-70 µm
elektrolytische (galvanische) Verzinkung	bei Bauteilen ca. 2,5 µm, bei Kleinteilen (Schrauben und Beschläge) 5-25 µm
thermisch gespritzte Verzinkung	(Spritzverzinkung) ca. 100 µm

3 Woran kann man die unterschiedlichen Verzinkungsarten erkennen?

Verzinkungsarten	*Erkennung*
Feuerverzinkung	Feuerverzinkungen sind in der Regel an der sog. Zinkblume zu erkennen. Diese Zinkblumen zeigen die reine Feinzinkschicht an. Die Zinkblumen können mehr oder weniger stark ausgeprägt sein.
elektrolytische (galvanische) Verzinkung	Bei der galvanischen Verzinkung entsteht eine gleichmäßig silbrig glänzende Oberfläche.
thermisch gespritzte Verzinkung	Die Spritzverzinkung ist an der matten Rauigkeit zu erkennen.

4 Nennen Sie mögliche Zinkkorrosionsprodukte und zeigen Sie ihre Entstehung auf!

Zinkkorrosionsprodukte und ihre Entstehung:

Zinkkorrosionsprodukte	*Entstehung*
Zinkoxid (ZnO)	Bildet sich an der Luft innerhalb von wenigen Minuten aus; die dünne Zinkoxidschicht schützt das darunter liegende Material.
Basische Zinkkarbonate ($ZnCO_3 \times Zn(OH)_2$)	Bilden sich in reiner Luft auf der Oxidschicht des Zinks; diese Schicht erhöht den Korrosionsschutz.
Lösliche Zinksalze (z. B. $ZnSO_4$)	Die Chloride und Sulfate entstehen durch die Einwirkung von Industrieluft, die Schutzschicht des Zinks wird dadurch zerstört.
Weißrost	Bildet sich bei erhöhter Feuchtigkeit; durch elektrochemische Korrosion entsteht ein Gemenge mit unterschiedlicher Zusammensetzung.

5 Auf welche Mängel müssen Sie bei der Untergrundprüfung von verzinktem Stahlblech achten?

Bei der Untergrundprüfung von verzinktem Stahlblech ist auf Verschmutzungen, Korrosionsprodukte, Fette und Öle, Stempel und Signierfarben, Mörtelspritzer, mechanische Beschädigungen, nicht fachgerecht überarbeitete Schweißstellen und lose anhaftende Teile zu achten.

6 Was versteht man unter Weißrost?

Weißrost ist ein Gemenge von unlöslichen und löslichen Zinksalzen, das sich bei erhöhter Feuchtigkeit bildet. Durch elektrochemische Korrosion entsteht ein Gemenge mit unterschiedlicher Zusammensetzung. Weißrost muss vor der Beschichtung gründlich entfernt werden.

7 Blechdächer und Dachrinnen werden zunehmend mit Titanzink hergestellt. Was versteht man unter Titanzink?

Für Zinkblech wird die Legierung des Zinks mit Titan, das Titanzink, verwendet. Titanzink wird als Blech für Dacheindeckungen, Mauer- und Gesimsabdeckungen, Dachrinnen usw. eingesetzt. Diese Bleche werden in der Regel nicht beschichtet. Wird aus optischen Gründen eine Beschichtung gewünscht, entsprechen Vorbehandlung und Beschichtung der des verzinkten Stahls.

2.2.3 Aluminium

1 Warum wird Aluminium häufig eloxiert?

Eloxiertes Aluminium (Eloxal) ist elektrisch oxidiertes Aluminium. Durch ein elektrochemisches Verfahren wird die Oxidschicht auf der Oberfläche des Aluminiums erhöht und so widerstandsfähiger. Gleichzeitig lassen sich beim Eloxieren verschiedene Farbtöne erreichen.

2 Die Aluminiumfenster in einer Großstadt zeigen nach einigen Jahren schmutziggraue Flecken, die sich auch bei gründlichster Reinigung nicht entfernen lassen. Wie sind diese Flecken auf dem unbehandelten Aluminium entstanden?

Aluminium ist gegen Säuren und Alkalien (Laugen) nicht beständig und wird von diesen Stoffen angeätzt. So bilden sich durch die Umweltverschmutzungen Verätzungen, in denen sich Schmutz ablagert, der sich auf den rau angeätzten Stellen kaum entfernen lässt.

3 **Welche Untergrundprüfungen sind bei Aluminium vor der Beschichtung durchzuführen? Wie lassen sich Mängel erkennen?**

Untergrundprüfungen und Erkennung der Mängel:

Prüfung auf	*Methode*	*Erkennung*
verölte Oberflächen	saugfähiges Papier aufdrücken	das Papier wird durch das Öl transparent
metallblankes Aluminium	Kratzprobe mit geringem Druck	deutliche Kratzspur
anodisch oxidiertes (eloxiertes) Aluminium	Kratzprobe	keine Kratzspur
gelb chromatiertes Aluminium	Augenschein	gelber Farbton
grün chromatiertes Aluminium	Augenschein	grüner Farbton
MBV-behandeltes Aluminium	Augenschein	grauer Farbton

2.2.4 Kupfer

1 **Wie entsteht die Patina des Kupfers?**
Kupfer bildet an der Luft durch Sauerstoffaufnahme zunächst eine braune Oxidschicht aus. Durch die Kohlensäure in der Luft bildet sich dann schließlich das wasserunlösliche Kupferkarbonat, die Patina des Kupfers.

2 **Warum kann sich in der Industrieluft die das Kupfer schützende Patina nicht ausbilden?**
Durch die Einwirkung der schwefelsauren Luft in Industriegegenden bilden sich statt der wasserunlöslichen Kupferkarbonate (Patina) die wasserlöslichen schwarzen Kupfersulfate. Diese Sulfate können das Kupfer nicht schützen.

3 **Warum muss die Patina des Kupfers vor einer Beschichtung entfernt werden?**
Auf der Patina des Kupfers finden die Beschichtungen keine ausreichende Haftung.

2.3 Holzuntergründe

2.3.1 Massivholz

1 Die Holzarten werden entsprechend der DIN EN 350-2 »Dauerhaftigkeit von Holz und Holzprodukten - Natürliche Dauerhaftigkeit von Vollholz« in Dauerhaftigkeitsklassen eingeteilt. Nach welcher Eigenschaft erfolgt diese Zuordnung?
Die Einteilung der Hölzer in Dauerhaftigkeitsklassen erfolgt nach dem Grad der Beständigkeit des ungeschützten Kernholzes gegen den Befall von holzzerstörenden Organismen, wie Pilzen und Insekten.

2 Welche Dauerhaftigkeitsklassen (früher Resistenzklassen) unterscheidet die DIN EN 350-2 »Natürliche Dauerhaftigkeit von Vollholz«?
Dauerhaftigkeitsklassen (Resistenzklassen) des Kernholzes nach DIN EN 350-2:

Dauerhaftigkeitsklasse (Resistenzklasse)	*Resistenz des ungeschützten Kernholzes bei lang anhaltender hoher Holzfeuchtigkeit oder bei Erdkontakt*
1	sehr dauerhaft
2	dauerhaft
3	mäßig dauerhaft
4	wenig dauerhaft
5	nicht dauerhaft

3 In welchen Dauerhaftigkeitsklassen sind alle Splinthölzer einzuordnen?
Das Splintholz aller Holzarten ist den Klassen 4–5 zuzuordnen.

4 Durch die UV-Strahlen im Licht wird das Lignin im Holz abgebaut. Welche Folgen hat das für das Holz?
Folgen des Ligninabbaus durch UV-Strahlen:
- Vergilben und Nachdunkeln des Holzes
- Umwandeln des Lignins in wasserlösliche Stoffe und Auswaschen dieser Produkte
- Vergrauen des Holzes
- Abplatzen und Abschälen vorhandener Beschichtungen
- Ausbildung der typischen Holzstruktur

5 Wie viel Feuchtigkeit darf Holz bei der Beschichtung aufweisen?

Bei der Beschichtung des Holzes dürfen folgende Feuchtigkeitswerte nicht überschritten werden, da ansonsten Schäden an der Beschichtung zu erwarten sind:

- bei Außenanstrichen auf maßhaltigem Holz 13 ±2 %,
- bei Außenanstrichen auf nicht maßhaltigem und begrenzt maßhaltigem Holz 18 %,
- bei Innenanstrichen auf allen Holzarten 8 %.

6 Wie kann man die Feuchtigkeit im Holz zweifelsfrei ermitteln?

Die Feuchtigkeit kann durch Darren (Erhitzen) im Wärmeschrank ermittelt werden. Der beim Erhitzen erreichte Feuchtigkeitsverlust wird prozentual im Verhältnis zum absoluten Trockengewicht (Darrgewicht des Holzes) ermittelt.

Holzfeuchtigkeit in % = (Feuchtigkeitsverlust in g × 100 %) / absolut trockenes Holz in g

Die heute eingesetzten elektrischen Feuchtigkeitsmessgeräte ermitteln den elektrischen Widerstand im Holz. Der Widerstand ist umso größer, je trockener das Holz ist. Die ermittelten Werte werden im Feuchtigkeitsmessgerät (Hydrometer oder Hydromat) auf den prozentualen Feuchtigkeitsgehalt umgerechnet. Dazu müssen bei den meisten Geräten die Lufttemperatur und die Holzgruppe des zu messenden Holzes eingestellt werden. Zur Messung müssen die zwei Dorne des Messkopfes 5 mm tief in das Holz geschlagen werden. Es gibt aber auch Geräte, die die Feuchtigkeit an der Oberfläche messen.

7 Welche Schnittarten sind beim Massivholz zu unterscheiden?

Beim Massivholz sind der Quer- und der Längsschnitt zu unterscheiden. Je nach Schnittverlauf unterscheidet man beim Längsschnitt noch den Radialschnitt (Spiegelschnitt) und den Tangentialschnitt (Sehnen- oder Fladerschnitt).

8 In welchem Bereich liegt der Schwund beim Austrocknen der Hölzer A) in der Länge, B) beim Radialschnitt, C) beim Tangentialschnitt?

Der Schwund beim Austrocknen der Hölzer hängt in großem Maße von der Holzart ab. Durchschnittswerte sind:

A) beim Längsschwund: 0,02–0,9 %,
B) beim Radialschwund: 3–6 %,
C) beimTangentialschwund: 6–12 %.

9 **Zeichnen Sie die Verformung von Holzbrettern beim Austrocknen.**
A) bei einem Seitenbrett,
B) bei einem Kernbrett.

A) Seitenbrett bei Feuchtigkeitsabnahme (Tangentialschnitt)

B) Kernbrett bei Feuchtigkeitsabnahme (Diagonalschnitt)

10 **Welche Holzinhaltsstoffe können**
A) die Trocknung der Lacke und Lackfarben verzögern oder verhindern,
B) Verfärbungen der Beschichtung verursachen?
A) Wachse, Fette, Phenole und Gerbstoffe können die Trocknung der Beschichtungen verzögern oder sogar verhindern.
B) Farbstoffe im Holz können Verfärbungen der Beschichtungen verursachen.

11 **Verschiedene Importhölzer sind nicht für die direkte Beschichtung mit wasserverdünnbaren Beschichtungsstoffen geeignet, weil sie gelbliche Verfärbungen verursachen würden. Um welche Hölzer handelt es sich hier?**
Verfärbungen bei wasserverdünnbaren Anstrichmitteln verursachen besonders Afromosia, Afzelia, Dark Red Meranti, Douglasie, Framire, Kambala, Mahagoni, Makore, Merbau, Moabi und Niangon. Allerdings gibt es mittlerweile wasserverdünnbare Absperrlacke.

12 **Welche Laubhölzer enthalten trocknungsverzögernde Holzinhaltsstoffe?**
Unter den einheimischen Laubhölzern enthält das Eichenholz sehr viel Gerbsäure, die die Erhärtung von Alkydharzen verzögern kann. Besonders die exotischen Hölzer Afromosia, Afzelia, Azobe und Teak enthalten trocknungsverzögernde Phenole, Fette und Wachse.

13 **Verschiedene Stoffe verursachen beim Kontakt mit Eichenholz auf der Oberfläche des Holzes Verfärbungen. Um welche Stoffe handelt es sich hier?**
Durch chemische Reaktion mit der Gerbsäure des Eichenholzes können Eisen (Stahl) und verschiedene biozide Wirkstoffe wie zum Beispiel Dithiocarbanate und Thiopthalimid-Derivate Verfärbungen verursachen.

14 Warum sollte man für harzreiche Hölzer keine dunklen Beschichtungen einsetzen?
Der Erweichungspunkt der Harze liegt bei ca. 333 K (60 °C). Bei Sonneneinstrahlung heizt sich das Holz unter dunklen Beschichtungen bis zu 353 K (80 °C) auf. So ist bei dunklen Beschichtungen der Harzausfluss bei harzreichem Holz nicht zu vermeiden.

15 Bei den Bauteilen unterscheidet man zwischen nicht maßhaltigem, begrenzt maßhaltigem und maßhaltigem Holz. Was versteht darunter?
Einteilung des verbauten Holzes entsprechend der Maßänderung:

Anwendungsstufen	*Maßänderung des Holzes*	*Verwendungsbeispiele*
nicht maßhaltig	Maßänderung nicht begrenzt	überlappende Verbretterung, Zäune
begrenzt maßhaltig	Maßänderung in begrenztem Umfang zugelassen	Verbretterung mit Nut und Feder, Holzhäuser, Gartenmöbel
maßhaltig	Maßänderung nur in sehr geringem Umfang zugelassen	verleimte Holzbauteile, einschl. Fenster und Türen

Unter maßhaltigem Holz versteht man verbautes Holz, das sich in der Konstruktion auch bei Feuchtigkeitsaufnahme nur wenig verändern darf, um die Konstruktion funktionsfähig zu erhalten. Bei maßhaltigem Holz handelt es sich in der Regel um in einer Konstruktion verleimtes Holz, z. B. Fenster.
Nicht maßhaltiges Holz darf sich bei Feuchtigkeitseinwirkung stärker verändern. Hier sind konstruktionsbedingte Toleranzen eingebaut. Beispiele: Holzverkleidung in Nut und Feder, Dachstuhl usw.

16 Welche Nadelhölzer werden für maßhaltige Außenbauteile verwendet?
Für maßhaltige Außenbauteile werden neben Fichte und Kiefer noch Import-Nadelhölzer, wie Pitch Pine, Red Pine, Oregon Pine (Douglasie), Red Cedar, Redwood eingesetzt.

17 Welche Nadelhölzer gelten als harzarm?
Als harzarm gelten die Nadelhölzer Fichte, Tanne und Redwood.

18 Nennen Sie Laubhölzer, die für maßhaltige Bauteile im Außenbereich eingesetzt werden!
Für maßhaltige Konstruktionen im Außenbereich werden besonders die Laubhölzer Eiche, Mahagoni, Red Meranti, Afromosia, Afzelia, Azobe und Teak verwendet.

19 Nach DIN 68121 »Holzfensterprofile« müssen alle Fensterprofile so gestaltet sein, dass das Wasser abgeleitet wird. Welcher Neigungswinkel wird hier mindestens gefordert?
Der Neigungswinkel an den Fensterprofilen muss zur Wasserabführung mindestens 15° betragen, besonders günstig ist ein Neigungswinkel von ca. 30°.

20 Um auch an den Kanten der Fensterprofile eine ausreichende Dicke der Beschichtung zu gewährleisten, müssen alle Kanten gerundet sein. Welcher Radius wird hier an den Kanten mindestens erwartet?
Die Kanten müssen in einem Radius von mindestens 2 mm abgerundet sein. Diese Arbeit ist keine Nebenleistung und kann als besondere Leistung in Rechnung gestellt werden.

21 In welcher Beanspruchungsgruppe muss die Verleimung der Fenster ausgeführt sein, wenn die Fenster mit Lasuren oder mit dunklen Lackfarben gestrichen werden sollen?
Die Verleimung der Fenster muss hier der Beanspruchungsgruppe B 4, der höchsten Gruppe, entsprechen.

22 Die Verglasung der Fenster muss mindestens der Beanspruchungsgruppe B 3 entsprechen, wenn Lasuren oder dunkle Anstriche für das Fenster vorgesehen sind. Wie kann man nun erkennen, ob die Verglasung der Beanspruchungsgruppe B 3 entspricht?
Bei einer Verglasung in der Beanspruchungsgruppe B 3 ist außen auf der Kittvorlage eine elastische Versiegelung ausgeführt worden.

23 Nennen Sie unzulässige Holzfehler bei einem bislang noch nicht gestrichenen Fenster, das mit Lasuren behandelt werden soll!
Bei einem Holzfenster, das mit Lasuren behandelt werden soll, sind folgende Holzfehler unzulässig:

1. Holz zerstörende Pilze, wobei geringe Bläue im Anfangsstadium zulässig ist, wenn nach der Beschichtung keine Farbtonabweichungen mehr sichtbar sind;
2. Insektenfraßstellen, akzeptiert werden vereinzelte Fraßstellen bis zu 2 mm;
3. risseanfälliges Holz, Querrisse;
4. sichtbare Baumkanten;
5. Sägespuren und Hobelschläge;
6. Splintholz bei Laubhölzern;
7. Äste über 5 mm Durchmesser;
8. ausgedübelte Äste auf der Außenseite, Dübel über 25 mm Durchmesser, nicht vollflächig verleimte Dübelkanten, Kettendübelungen;
9. Keilverzinkungen als Längsverbindungen und in unteren Querstücken;
10. Drehwuchs sowie Abweichungen des Faserverlaufes über 2 cm/m.

24 **Sie sollen das abgebildete Fensterelement beschichten. Welche sichtbaren Mängel erfordern die Bedenkenmitteilung nach VOB und lassen eine dauerhafte Beschichtung unmöglich erscheinen?**

Die Bedenkenmitteilung ist wegen folgender Mängel erforderlich:
- offene Verleimung,
- verwittertes Holz,
- ungenügende Abschrägung der waagerechten Flächen,
- scharfe Kanten.

25 **Welche Mängel sind an diesem Fenster zu erkennen?**

An diesem Fenster sind folgende Mängel sichtbar:
- offene Verleimungen,
- unzulässige Dübelung, die Verleimung der Dübel ist zudem offen,
- Harzausfluss,
- scharfe Kanten,
- schadhafter Dichtstoff.

26 Bei einem älteren Schrank sind zahlreiche 1-2 mm große, runde Fluglöcher sichtbar. Welcher Schädling ist hier tätig?
Die Fluglöcher weisen auf den Gewöhnlichen Nagekäfer (Anobium Punctatum) hin. Allerdings könnte auch ein Befall des Braunen Splintholzkäfers (Lyctus brunneus) vorliegen. Zur Sicherheit sollten die Fraßgänge freigelegt werden. Die Fraßgänge des Gewöhnlichen Nagekäfers verlaufen unregelmäßig, die des Braunen Splintholzkäfers verlaufen überwiegend in Richtung der Holzfasern. Auch die Ermittlung der Holzfeuchtigkeit kann zur Klärung beitragen. Der Gewöhnliche Nagekäfer befällt insbesondere Holz mit hohem Feuchtigkeitsgehalt bei niedrigen Temperaturen.

27 Wie ist der Befall des Hausbockkäfers (Hyltrupes bajulus) zu erkennen?
Die Fluglöcher des Hausbocks sind 5-10 mm groß und oval. Die Käfergenerationen schlüpfen in mehrjährigen Abständen. Zur sicheren Erkennung gehört die Holzuntersuchung:
- Anschlagen (stumpfer Klang),
- Abhören nach Fraßgeräuschen (am besten mit einem Hörgerät),
- Freilegen der Fraßgänge (durch Abbeilen der Kanten).
  (Die Fraßgänge befinden sich dicht unter der Oberfläche und sind mit hellem Fraßmehl gefüllt.)

28 An welchen Merkmalen lässt sich der Echte Hausschwamm (Serpula lacrymans) erkennen?
Der Echte Hausschwamm ist vorwiegend auf Nadelholz zu finden. Er benötigt eine Holzfeuchtigkeit von 20-30 %. Holzfreie Strecken werden über- oder durchwachsen. Er kann in seinen Strängen Wasser leiten und daher auch auf trockenes Holz übergreifen. Das weiße, watteartige Pilzgeflecht (Myzel) wächst auf der Oberfläche und im Holzinneren. Charakteristisch sind die grauen, im trockenen Zustand brüchigen, bis zu 1 cm dicken Stränge. Bei fortgeschrittenem Befall werden rotbraune, weiß gerandete, fladenartige Fruchtkörper mit einem Durchmesser bis zu 1 m gebildet. Gelegentlich können sich gelb gefärbte Zonen zeigen.

29 Wie kann sich der Bläuepilz bei beschichteten Holzteilen auswirken?

Die Bläuepilze leben nur von den Zellinhaltsstoffen der Nadelhölzer. Die Holzsubstanz wird nicht angegriffen. Das dunkel gefärbte Myzel (Pilzgeflecht) verursacht die Verfärbung des Holzes. Die kleinen Fruchtkörper durchdringen die Beschichtungen. Die sich unter den Beschichtungen ausbreitenden Myzelien verschlechtern die Haftung der Beschichtungen. Häufig ist die Haftung der Beschichtungen auch schon durch die hohe Holzfeuchtigkeit sehr schlecht geworden.

30 Warum ist bei diesem Schaden besonders auf die Temperatur und die Feuchtigkeit im Raum zu achten?

Am Dichtstoff zeigt sich starker Schimmelpilzbefall. Dieser entsteht nur bei hoher Feuchtigkeit, meist durch Kondenswasser. Kondenswasser wiederum entsteht bei niedrigen Temperaturen und hoher Luftfeuchtigkeit.

31 An einer Fassade wurde eine Holzverkleidung aus amerikanischer Tanne montiert. Der Abstand zur Metallleiste unten beträgt nur 1 cm. Nach sechs Monaten hat sich von unten ausgehend Bläuepilz gebildet. Die Feuchtigkeitsmessung zeigt in diesem Bereich sehr hohe Werte. Welche Ursachen können für diesen Schaden verantwortlich sein?

Mögliche Ursachen:
- Die Holzverkleidung wurde nur ungenügend gegen Bläue geschützt.
- Die Holzverkleidung wurde vor der Montage nicht ausreichend beschichtet.
- Die Bretter wurden zur Montage zugeschnitten. Die Schnittkanten wurden anschließend nicht ausreichend beschichtet.
- Eine ausreichende Beschichtung der stark saugenden Stirnhölzer ist wegen des geringen Abstands zur Metallschiene nicht möglich.

2.3.2 Holzwerkstoffe

1 Bei welchen Holzwerkstoffen muss mit Trennmittelrückständen auf der Oberfläche gerechnet werden?
Bei Spanplatten, MDF-Platten und Hartfaserplatten sind Trennmittelreste auf der Oberfläche möglich.

2 Erklären Sie, warum Holzwolle-Leichtbau-Platten und zementgebundene Spanplatten in Feuchträumen und im Außenbereich nicht mit Alkydharzlackfarben beschichtet werden dürfen!
Diese Werkstoffe enthalten als Bindemittel Zement. In Verbindung mit Feuchtigkeit werden diese Platten sehr alkalisch. So können die Alkydharzlackfarben verseift und somit wasserlöslich werden.

3 Furnierte Zimmertüren sollen farblos beschichtet werden. Welche Untergrundprüfungen sind vor der Beschichtung erforderlich? Begründen Sie, warum diese Prüfungen erforderlich sind!

Erforderliche Untergrundprüfungen

Untergrundprüfungen	*Begründungen*
Furnierart	Manche Hölzer können die Durchhärtung der Beschichtungen verzögern oder verhindern.
Farbtonunterschiede im Furnier	Optischer Mangel, aber auch Hinweis auf mögliche Schäden, z. B. Wasserflecken.
Feuchtigkeit	Spätere Beschichtungsschäden sind möglich.
Aufstehende Furnierkanten	Spätere Beschichtungsschäden sind möglich.
Sichtbare Leimreste	Optischer Mangel, da die Leimreste auch nach der Beschichtung sichtbar sind
Verschmutzungen	Optischer Mangel, aber auch spätere Beschichtungsschäden sind möglich.

4 Begründen Sie, warum Holzwerkstoffe im Außenbereich nicht für maßhaltige Bauteile verwendet werden sollen!

Holzwerkstoffe können im Außenbereich nicht dauerhaft geschützt werden. So ist auf diesen Untergründen ein Anspruch auf mangelfrei bleibende Beschichtungen nicht möglich. Durch Feuchtigkeit können bei Spanplatten und Sperrholz lösliche Leimbestandteile abwandern und Flecken in und auf der Beschichtung bilden. Insbesondere bei der Verwendung von alkalischen Phenolharzen bei der Verleimung sind weiße Ausblühungen möglich.

Außerdem quellen die Holzwerkstoffe bei Feuchtigkeitsaufnahme stark auf. Es kommt zu Rissen in der Oberfläche und zu Abplatzungen.

5 Zeigen Sie die Nutzungsklassen und deren Einsatzbereiche für die Holzwerkstoffe auf.

Einteilung der Holzwerkstoffe in Nutzungsklassen:

Nutzungsklassen	*Einsatzbereiche*
Nutzungsklasse 1	Trockenbereich innen
Nutzungsklasse 2	Feuchtbereich innen
Nutzungsklasse 3	Außenbereich

2.4 Kunststoffuntergründe

[1] Bei den Kunststoffen muss man drei große Gruppen unterscheiden. Wie heißen diese?

Bei den Kunststoffen sind zu unterscheiden:

1. Plastomere (Thermoplaste), 2. Duromere (Duroplaste), 3. Elastomere.

[2] Die Herstellung der Kunststoffe kann durch drei chemische Reaktionen erfolgen. Dabei bilden sich aus kleinen Monomeren Makromoleküle. Wie heißen diese chemischen Reaktionen?

1. Polymerisation: Dabei verbinden sich Monomere miteinander durch Aufklappen ihrer Doppelbindungen.
2. Polyaddition: Diese Molekülverkettung wird möglich, weil Atome (meist Wasserstoffatome) zwischen den Molekülen den Platz wechseln.
3. Polykondensation: Diese Molekülverkettung wird möglich, weil ein Stoff (meist Wasser) abgespaltet wird.

[3] Aus der ursprünglich geringen Anzahl an Kunststoffen wurde durch Abwandlung der Kunststoffe eine große Menge unterschiedlicher Kunststoffe und Kunststoffprodukte hergestellt. Nennen Sie vier Möglichkeiten, wie ein Kunststoff abgewandelt werden kann und so andere Eigenschaften erhält!

Die Abwandlung der Kunststoffe bei der Herstellung ist möglich durch:

1. Co-Polymerisation (gemeinsames Polymerisieren unterschiedlicher Monomere);
2. Mischpolymerisation (vermischen ungleicher Kunststoffe = Polyblends);
3. Weichmacherzusatz (Erhöhung der Elastizität);
4. Treibmittelzusatz (Herstellung von geschäumten Kunststoffen).

[4] Für Kunststoffe werden häufig nur die Kurzzeichen angegeben. Um welche Kunststoffe handelt es sich bei den nachfolgenden Beispielen?
1. GFK, 2. ABS, 3. PE-CS, 4. E, 5. PA, 6. PE, 7. PP, 8. PMMA, 9. PS, 10. PUR, 11. VAC, 12. PVC, 13. SB, 14. UP.

Bei den Kunststoffbeispielen handelt es sich um:

1. Glasfaserverstärkten Kunststoff,
2. Acrylnitril-Butadien-Styrol,
3. Chlorsulfoniertes Polyethylen,
4. Epoxidharz,
5. Polyamid,
6. Polyethylen,
7. Polypropylen,
8. Polymethylmethacrylat (Acrylglas),
9. Polystyrol,

10. Polyurethan,
11. Polyvinylacetat,
12. Polyvinylchlorid,
13. Styrol-Butadien,
14. Ungesättigtes Polyesterharz.

5 Kunststoffe werden entsprechend der DIN EN ISO 1043 bezeichnet. Welche Kunststoffe und DIN-Abkürzungen verbergen sich hinter den Handelsbezeichnungen Acrylglas, Styropor, Resopal?

Acrylglas = PMMA - Polymethylmethacrylat,
Styropor = PS - Polystyrol, expandiert, XPS oder extrudiert, EPS
Resopal = Aminoplaste, UF - ungesättigtes Formaldehydharz,
MF- Melamin/Formaldehydharz

6 Wie kann man Kunststoffe generell unterscheiden?

Die Unterscheidung der Kunststoffe ist generell schwierig. Bei manchen Untersuchungsmethoden wird der Kunststoff auch zerstört.
Kunststoffe lassen sich generell voneinander unterscheiden durch:

1. Augenschein (eine erste, wenn auch meist nur oberflächliche Unterscheidungsmöglichkeit, so lassen sich z. B. manche Kunststoffe nicht glasklar herstellen),
2. Brennprobe: durch Beobachten der Flamme und Prüfen des Geruchs,
3. unterschiedliche Lösemittelempfindlichkeit,
4. unterschiedliche Hitzebeständigkeit (alle Plastomere haben charakteristische Erweichungspunkte).

In der Praxis ist es sehr schwierig, Kunststoffe zu erkennen. Die optische Prüfung bringt häufig keine großen Erkenntnisse. Die Brennprobe ist meist nicht möglich, da hier ein entsprechendes Probestück zur Verfügung stehen müsste. Dies gilt auch für die Lösemittelprobe. Die Hitzebeständigkeit kann ohnehin nur unter Laborbedingungen genau ermittelt werden. So ist man meist auf Angaben der Hersteller angewiesen.
Eine Hilfe bieten hier die Angaben der Lackhersteller für die Fahrzeuglackierer und das BFS-Merkblatt Nr. 22, »Beschichtungen auf Kunststoffen im Hochbau«, das immerhin aufzeigt, welche Kunststoffe sich hinter den verschiedenen Handelsnamen verbergen.

7 Manche Kunststoffe reagieren sehr empfindlich auf Lösemittel. Wie kann sich die Lösemittelempfindlichkeit bei den verschiedenen Kunststoffen auswirken?

Durch die Lösemitteleinwirkung kann der Kunststoff

1. sich auflösen,
2. aufquellen,

3. sich zersetzen,
4. Lösemittel aufnehmen und lange Zeit zurückhalten (Lösemittelretention); durch die spätere Abgabe der Lösemittel aus dem beschichteten Kunststoff können dann bei der Beschichtung Blasen entstehen.

8 Kunststoffe sind gegen Umwelteinflüsse beständiger als die meisten anderen Untergründe. Trotzdem altern auch sie. Welche Faktoren bewirken diese Alterung?

Die Alterung der Kunststoffe wird bewirkt durch
1. physikalische Belastungen (auch mechanische Beschädigungen),
2. chemische Belastungen,
3. UV-Strahlung,
4. Oxidation (also Sauerstoffaufnahme an der Oberfläche),
5. Weichmacherwanderung,
6. statische Aufladung.

9 Wie kann sich die Weichmacherwanderung (Migration) im Kunststoff auswirken?

1. Die Weichmacher können von der Oberfläche in den unteren Bereich des Kunststoffs wandern. Da die Oberfläche dadurch spannungsreich und der untere Bereich sehr elastisch wird, sind Risse an der Oberfläche möglich.
2. Die Weichmacher können an die Oberfläche wandern. Durch die Weichmacheransammlung an der Oberfläche wird diese klebrig und weich. Dies führt zu einer unansehnlichen Verschmutzung.
3. Die Weichmacher können vom Kunststoff in einen anderen Stoff wandern. Dadurch versprödet der Kunststoff. Der den Weichmacher aufnehmende Stoff wird klebrig und verschmutzt sehr schnell.

10 Welche Untergrundprüfungen sind bei Kunststoffuntergründen notwendig? Nennen Sie geeignete Prüfmethoden!

Untergrundprüfungen für Kunststoffe:

Prüfung	*Prüfmethode*
Verschmutzungen	Augenschein
Öle und Trennmittel	Benetzungsprobe mit Wasser; sind Öle und Trennmittel vorhanden, perlt das Wasser ab
Verwitterungsprodukte	Abreiben mit der Hand oder Kratzen mit einem harten Gegenstand; Erkennen durch den Abrieb
Tragfähigkeit vorhandener Beschichtungen	Kratzprobe, Gitterschnitt und Klebebandtest; Erkennen der Haftung

2.5 Altbeschichtungen

1 Auf welche Mängel sind alte Beschichtungen vor dem Überarbeiten zu untersuchen?

Vor der Beschichtung ist der Untergrund auf folgende Mängel zu prüfen:

1. Verschmutzungen,
2. Verfärbungen,
3. Pilzbewuchs, Algen und Moose,
4. Kreidung,
5. fehlende Haftung der Altbeschichtung,
6. Risse,
7. Blasen,
8. Ausblühungen,
9. nicht geeignete Bindemittelbasis der Altbeschichtung.

2 Nennen Sie Prüfmöglichkeiten zur Ermittlung der Haftung der Beschichtungen!

Die Haftung der Beschichtung kann mit folgenden Prüfungen ermittelt werden:

1. Kratzprobe,
2. Gitterschnitt,
3. Klebebandtest,
4. Enthaftung mit dem Haftprüfgerät.

3 Wie können Sie an der Fassade Mineralfarben von organischen Beschichtungen unterscheiden?

Organische Beschichtungen verbrennen bei der Brennprobe, außerdem werden sie von Abbeizfluiden gelöst. Mineralfarben verbrennen nicht und werden auch von Abbeizfluiden nicht gelöst.

4 Beschreiben Sie eine Prüfung, mit der man Silikatfarbenanstriche von Kalkanstrichen unterscheiden kann!

Eine Anstrichprobe wird mit Salzsäure beträufelt. Bei Kalkfarben ist nun ein starkes Aufbrausen festzustellen, weil die Salzsäure die Kohlensäure aus dem Kalziumkarbonat vertreibt. Silikatfarbe braust dagegen kaum auf. Hier kann nur aus dem als Füllstoff eingesetzten Kalziumkarbonat Kohlendioxid abgespalten werden.

5 Wie kann man an der Fassade Dispersionsfarbenanstriche von mit lösemittelhaltigen Fassadenfarben hergestellten Beschichtungen unterscheiden?

Dispersionsfarben werden von Nitroverdünnung angelöst, Beschichtungen aus lösemittelhaltigen Fassadenfarben werden auch mit Testbenzin angelöst.

6 Wie können Sie bei einer Fensterbeschichtung erkennen, ob diese mit Alkydharzlackfarben oder mit Dispersionslackfarben ausgeführt wurde? Warum ist die Unterscheidung erforderlich?

Dispersionslackbeschichtungen werden von Nitroverdünnung angelöst. Alkydharzbeschichtungen dagegen werden von Abbeizlaugen verseift.
Dispersionslackbeschichtungen sind thermoplastisch und dürfen deshalb nicht mit Alkydharzlacken überstrichen werden.

7 Beschichtungen auf thermoplastischen Acrylharzlacken sind problematisch. Beschreiben Sie eine einfache Methode, wie thermoplastische Acrylharzlacke erkannt werden können!

Man befeuchtet einen Lappen mit Nitroverdünnung und reibt damit an einer wenig sichtbaren Stelle, z. B. im Motorraum des Autos. Handelt es sich bei der Beschichtung um einen thermoplastischen Acrylharzlack, so wird dieser von der Nitroverdünnung angelöst.

8 Wie kann man an einem Fahrzeug Zweischicht-Metalleffektlackierungen von Einschicht-Metalleffektlackierungen unterscheiden?

Die Unterscheidung ist durch Anschleifen möglich.
Färbt sich das Schleifwasser beim Nassschleifen im Metalleffektfarbton, handelt es sich um eine Einschicht-Metalleffektlackierung.
Bei Zweischicht-Metalleffektlackierungen wird nur die Klarlackschicht angeschliffen. Das Schleifwasser färbt sich hier also nur weißlich.

9 Wie kann man Silikonharzfarben an der Fassade erkennen?

Silikonharzfarben zeigen von allen Beschichtungen an der Fassade die höchste Wasser abweisende Wirkung. Mit der Alterung lässt aber diese hydrophobe Wirkung nach. Von den Silikatfarben lassen sich die Silikonharzfarben unterscheiden, weil sie sich mit Abbeizfluiden abbeizen lassen. Kalkfarben dagegen schäumen stark auf, wenn man sie mit konzentrierter Salzsäure beträufelt, weil dann das enthaltene Kohlendioxid aus dem Kalziumkarbonat (dem durchgehärteten Kalkanstrich) ausgetrieben wird. Bei Silikonharzfarben dagegen kann sich bei dem gleichen Test allenfalls eine leichte Bläschenbildung zeigen, weil Kohlendioxid aus den Füllstoffen ausgetrieben wird. Lösemittelhaltige Fassadenfarben lassen sich bereits von Spiritus anlösen, Silikonharzfarben dagegen nicht. Die Unterscheidung von Dispersionsfarben fällt schwer, weil Silikonharzfarben bis zu 50 % des Bindemittels Dispersionen enthalten. Sie ist in der Regel nur über die größere Wasser abweisende Wirkung oder über komplizierte Labor-Verfahren möglich.

10 Erläutern Sie die Ursache der verfärbenden Ablaufspuren an der Fassade.

Das an der Dachabdeckung eindringende Wasser löst den Rost an einem Stahlteil. Die Rostlösung läuft über die gestrichene Fassade.

11 Stahlflächen wie Metallfenster, feuerhemmende Türen (FH-Türen) und Heizkörper werden zunehmend pulverlackiert. Auf diesen Beschichtungen haften andere Beschichtungen nur schlecht. Wie kann man Pulverlackierungen erkennen?

Pulverbeschichtungen lassen sich weder von Laugen (Abbeizlaugen) noch von organischen Lösemitteln, z. B. Nitroverdünnung, anlösen. Dies trifft aber auch auf 2-K-Lackfarben zu. Eine genauere Untersuchung wäre nur im Labor möglich.

In der Praxis ist diese Unterscheidung in aller Regel nicht erforderlich, weil sowohl Pulverbeschichtungen als auch 2-K-Lackierungen zur ausreichenden Haftung eine 2-K-Beschichtung erforderlich machen.

In der Regel wird im Malerbereich eine Epoxidharzgrundierung eingesetzt. Der Fahrzeuglackierer setzt auch 2-K-Polyurethanharzprodukte oder PUR-Acrylharzwerkstoffe ein.

3 Werk-, Hilfsstoffe und Systemkomponenten

3.1 Bindemittel und damit hergestellte Beschichtungsstoffe

1 Welche Aufgaben erfüllen die Bindemittel in den Beschichtungsstoffen und den damit hergestellten Beschichtungen?
Bindemittel verbinden die Bestandteile der Beschichtungsstoffe miteinander (Kohäsion). Außerdem verursachen sie die Haftung der Beschichtungen auf dem Untergrund (Adhäsion). Bindemittel beeinflussen das Aussehen des Untergrunds und schützen ihn.

2 Welche Bindemittel wirken alkalisch (laugenhaft)? Wie kann sich diese Alkalität negativ auswirken?
Zu den alkalischen Bindemitteln gehören die Bindemitel der Mineralfarben, also Kalk, Zement und Wasserglas. Durch diese laugenhafte Wirkung können sich nicht alkalibeständige Pigmente verfärben. Glas, Aluminium, Zink und Kupfer sowie Öl- und Alkydharzlackfarbenanstriche können angeätzt werden.

3 Welche Bindemittel werden zur Herstellung von mineralischen Anstrichmitteln eingesetzt?
Zu den mineralischen Anstrichmitteln gehören die Kalk-, die Zement- und die Silikatfarben. Die Kalkfarben enthalten als Bindemittel Kalk, genauer gesagt Kalklauge (chemisch gesehen Kalziumhydroxid). Für die Zementfarben werden als Bindemittel weiße, eisenoxidfreie Portlandzemente und/oder hydraulische bzw. hochhydraulische Kalke eingesetzt. Die Silikatfarben enthalten als Bindemittel Kaliwasserglas, das häufig auch als Fixativ bezeichnet wird.

4 Was versteht man unter öligen Bindemitteln?
Als öliges Bindemittel wird meist Leinöl, manchmal auch in der Mischung mit anderen Ölen, z. B. Sonnenblumenöl, Sojaöl usw. verwendet. Teeröle wurden zum Holzschutz eingesetzt. Wegen der starken Gesundheitsgefährdung dürfen die Teeröle wegen der möglichen Gesundheitsgefahren nicht mehr verwendet werden.
Im allgemeinen Sprachgebrauch werden oft alle mit organischen Lösemitteln verdünnbaren Bindemittel als ölig bezeichnet. Dies ist aber sachlich falsch, da diese Bindemittel heute meist aus Harzen hergestellt werden und kaum Öle enthalten.

5 Erklären Sie, was man unter reversiblen Bindemitteln versteht!
Reversible Bindemittel trocknen physikalisch durch Verdunsten der Lösemittel. Nach der Trocknung können die reversiblen Bindemittel wieder von den Lösemitteln gelöst werden, in denen sie vor der Trocknung gelöst waren.

6 Unterscheiden Sie zwischen den Begriffen »Lack« und »Lackfarbe«.
Der Begriff Lack ist eine historisch gewachsene Bezeichnung für eine Vielzahl von Beschichtungsstoffen mit gutem Verlauf und bestimmten Glanzeigenschaften sowie guter Beständigkeit. Um die Unterschiede eines farblosen Klarlackes zu deckenden Lacken deutlich hervorzuheben, sollte man farblose Klarlacke als Lacke und pigmentierte Lacke als Lackfarben bezeichnen. Im weiteren Sinne werden heute alle Lackwerkstoffe, auch sehr stark pigmentierte Füller, als »Lack« bezeichnet.

7 Welche Bindemittel werden bevorzugt für wasserverdünnbare Lacke und Lackfarben verwendet?
Für wasserverdünnbare Lacke und Lackfarben verwendet man bevorzugt Acrylharze. Diese Beschichtungsstoffe werden meist als Dispersionslacke bezeichnet. Vereinzelt werden aber auch Alkydharze und Polyurethane eingesetzt. Daneben werden wasserverdünnbare Epoxidharzlackfarben für Bodenbeschichtungen verwendet.

8 Was versteht man unter der Topfzeit eines Lacks?
Damit wird die Zeitspanne bezeichnet, während der ein Zweikomponentenlack nach dem Vermischen von Stammlack und Härter ohne Mängel verarbeitungsfähig ist.

9 Nennen Sie die Kurzzeichen nach DIN 55950 für Alkyd-, Acryl-, Epoxid-, Polyurethanharze, ungesättigte Polyester und Silikonharze!
Die Kurzzeichen nach DIN 55950 lauten:
AK (Alkydharze)
AY (Acrylharze)
EP (Epoxidharze)
PUR (Polyurethanharze)
UP (ungesättigte Polyester)
SI (Silikonharze)

10 Was versteht man unter »lösemittelfreien Lacken und Lackfarben«?
Als lösemittelfrei werden Lacke und Lackfarben bezeichnet, bei denen bei der Erhärtung keine Lösemittel verdunsten. Vorzugsweise verwendet man dafür die Bindemittel Epoxidharz und Polyurethanharz. Diese können in sehr kurzen Molekülketten hergestellt werden, so dass die Lacke und Lackfarben ohne Lösemittelzusatz bereits dünnflüssig und verarbeitbar sind. Sollten zum Verdünnen trotzdem Lösemittel notwendig sein, setzt man reaktive Lösemittel zu, die dann bei der Erhärtung nicht verdunsten, sondern chemisch am Bindemittel gebunden werden. Da bei den lösemittelfreien Lacken und Lackfarben keine Lösemittel verdunsten und die Bindemittel chemisch erhärten, ist mit diesen

Werkstoffen eine große Schichtdicke möglich. Man verwendet die Werkstoffe für besonders hoch belastbare Untergründe, z. B. Industriefußböden usw. Auch die ungesättigten Polyesterharzlacke und -lackfarben werden manchmal als lösemittelfreie Lacke und Lackfarben bezeichnet, da auch hier das Lösemittel nicht verdunstet, sondern bei der Erhärtung durch Polymerisation chemisch am Bindemittelmolekül gebunden wird.

11 Welche Lackfarben gelten A) als besonders alkalibeständig, B) als besonders säurebeständig?

A) Als besonders alkalibeständig gelten Lackfarben, die als Bindemittel Epoxidharze oder Chlorkautschuk (wird heute nur mehr selten verwendet) enthalten. Aber auch Polyurethanharzlackfarben und Acrylharzlackfarben sind gegen Laugen sehr beständig.

B) Als besonders säurebeständig gelten Lackfarben, die als Bindemittel Polyurethanharze oder Chlorkautschuk enthalten. Die Säurebeständigkeit der Epoxidharzlackfarben hängt vom Härtertyp ab. Wird Polyisocyanat als Härter verwendet, ist die Säurebeständigkeit sehr groß, aber auch bei Verwendung von Polyaminen und Polyamiden ist die Säurebeständigkeit noch gut. Insgesamt sind die meisten Lackfarben gegen Säuren relativ unempfindlich.

12 Nennen Sie Beispiele, bei denen die Nanotechnologie zur Verbesserung der Beschichtungen eingesetzt wird!

Der Einsatz der Nanotechnologie reduziert in den Dispersionsfassadenfarben die Thermoplastizität des Bindemittels.

Titandioxid in Nanoteilchengröße wird für die Selbstreinigung der Fassadenfarben durch Photokatalyse eingesetzt. Desgleichen wird dieses Pigment zum Abbau von Schadstoffen und Gerüchen in Innenräumen verwendet.

Titandioxid in Nanoteilchengröße wird auch als unsichtbares Lichtschutzmittel eingesetzt.

Silber wird in Nanoteilchengröße als fungizides Mittel in Innenwandfarben verwendet. Wegen der möglichen Korrosion und der damit verbundenen Schwarzfärbung des Silbers ist der Einsatz an der Fassade nicht möglich.

Der Zusatz von Keramikteilchen in Nanoteilchengröße verbessert die Kratzbeständigkeit der Autolacke.

13 Beschreiben Sie die Selbstreinigung der modernen Fassadenfarben durch die Photokatalyse!

Zur Selbstreinigung der Fassadenfarben durch Photokalyse ist Licht in den Wellenlängen zwischen 320 und 390 Nanometer erforderlich. Durch die hier entstehende Energie wird der organische Schmutz angelöst und zerstört. Wegen der besonders guten Benetzung dieser Beschichtungsstoffe gelangt hinter die kleinen Partikel Wasser, dieses spült den Schmutz ab.

14 **Erläutern Sie den Einsatz der Photokatalyse in Innenwandfarben!**
In Innenräumen wird die Photokatalyse unterstützend zum Abbau von Schadstoffen und Gerüchen eingesetzt. Das geringere Licht in den Innenräumen reicht nur aus, wenn in den Beschichtungsstoffen zusätzliche Beschleuniger eingesetzt werden.

3.1.1 Kalke und Kalkfarben

1 **Erklären Sie den Kreislauf des Kalks!**
1. Kalk wird durch Brennen bei ca. 1273 K (1000 °C) zum Bindemittel. Dabei gibt das Kalziumkarbonat Kohlendioxid ab. Es entsteht Kalziumoxid.
2. Beim Ablöschen nimmt das Kalziumoxid Wasser auf, es entsteht die Kalklauge (Kalziumhydroxid).
3. Beim Erhärten nimmt die Kalklauge wieder Kohlendioxid auf; dabei wird wieder Wasser abgespalten, es entsteht wieder Kalkstein, also Kalziumkarbonat.

2 **Wodurch unterscheiden sich die Luftkalke von den hydraulischen Kalken?**
Luftkalke bestehen nur aus Kalziumoxid, Kalziumhydroxid oder Kalziumkarbonat. Hydraulische Kalke enthalten außerdem noch die sog. Hydraulefaktoren SiO_2, Al_2O_3 und Fe_2O_3.
Dies ist auch der Grund dafür, dass die Luftkalke bei der Erhärtung nur Kohlendioxid, hydraulische Kalke daneben noch Wasser chemisch binden.
Luftkalke erhärten nur an der Luft. Hydraulische Kalke erhärten nach einer entsprechend langen Lagerung an der Luft auch unter Wasser.
Hydraulische Kalke erhärten schneller als die Luftkalke und erreichen eine größere Festigkeit.

3 **Welche Kalksorten gehören zu den Luftkalken?**
Zu den Luftkalken gehören Weiß-, Dolomit- und Karbidkalk.

4 **Nennen Sie die hydraulischen Kalke!**
Zu den hydraulischen Kalken gehören Wasserkalk, hydraulischer und hochhydraulischer Kalk.

5 **Aus welchem Grunde setzt man Kalkfarben bis zu 0,5 % Leinölfirnis zu?**
Der Leinölfirnis macht den Kalk etwas fetter. Dadurch lassen sich die nachfolgenden Kalkanstriche ansatzfreier verstreichen.

6 **Warum sind mit Kalkfarben nur helle, pastellige Farbtöne möglich?**
Das Bindemittel Kalk kann maximal nur 10 % Pigmente binden. Werden mehr Pigmente zugegeben, kreidet der Anstrich nach der Erhärtung.

7 **Wie erhärten Kalkfarben?**

Bei der chemischen Erhärtung nimmt der Kalk das Kohlendioxid wieder auf, das beim Brennen des Kalks abgespalten wurde (Kalkkreislauf). Die chemische Erhärtung durch Kohlendioxidbindung wird als Karbonatisieren bezeichnet.

8 **Für welche Untergründe eignen sich Kalkfarben?**

Kalkfarben können für alle mineralischen Untergründe eingesetzt werden. Eine Ausnahme stellen nur die Gipsuntergründe dar. Hierfür eignen sich Kalkfarben nicht, sie würden hier abplatzen. Als Beschichtung für Stahlbeton eignet sich Kalk ebenfalls nicht, aufgrund seiner hohen CO_2-Durchlässigkeit wird der Beton mit diesem Werkstoff nicht vor Karbonatisierung geschützt. Dies führt langfristig zum Rosten des Bewehrungsstahls.

9 **Welche Eigenschaften haben Kalkfarbenanstriche?**

Bei fachgerechter Ausführung sind Kalkfarbenanstriche wetterbeständig, meist aber nicht ganz wischbeständig. Da Kalkfarben schlecht decken, sind in der Regel 3 bis 4 Anstriche nötig. Diese müssen sehr dünn aufgetragen werden. Da Kalkfarben stark alkalisch sind, sind die Anstriche bis zur völligen Karbonatisierung fungizid und wirken desinfizierend.

10 **Begründen Sie, warum Kalkfarben heute an Fassaden problematisch sind!**

Kalkfarbenanstriche reagieren auf die herrschende Umweltverschmutzung sehr empfindlich. So vertreibt die Schwefelsäure der Luft das Kohlendioxid aus dem Kalziumkarbonat. Auf diese Weise entsteht aus der Kalkschicht Gips. Gips ist stark wasserlöslich und wird vom Regen ausgewaschen.

Chemische Gleichung:

$CaCO_3 + H_2SO_4 \longrightarrow CaSO_4 + H_2CO_3$

Kalziumkarbonat + Schwefelsäure ⟶ Gips + Kohlensäure

3.1.2 Zemente und Zementfarben

1 **Welcher Normenzement wird im Hochbau verwendet? Begründen Sie, warum sich diese Zementsorten hier am besten eignen!**

Im Hochbau wird fast ausschließlich Portlandzement (CEM I) eingesetzt. Dieser Zement setzt bei der Erhärtung am meisten Kalziumhydroxid (Kalklauge) frei. Diese wiederum verursacht die Alkalität des Betons, die für den Schutz des Armierungsstahles unverzichtbar ist.

2 **Wie erhärtet Zement?**

Zement erhärtet chemisch durch Wasserbindung, also hydraulisch.

3 **Zeigen Sie die Zusammensetzung der Zementfarben auf!**
Zementfarben enthalten als Bindemittel weißen, eisenoxidfreien Portlandzement und/oder hydraulische Kalke. Als Pigmente werden zementbeständige, also hoch alkalibeständige Erd- und Mineralpigmente eingesetzt.

4 **Für welche Untergründe eignen sich Zementfarben?**
Zementfarben sind für Putze der Mörtelgruppe P II und P III, für Beton, Ziegelmauerwerk und für alte Zementfarbenanstriche geeignet. Für gipshaltige Untergründe sind Zementfarben nicht geeignet.

5 **Welche Eigenschaften haben Zementfarbenanstriche?**
Zementfarbenanstriche sind sehr alkalisch, wetterbeständig und wasserbeständig, dabei sehr wasserdampfdurchlässig.

3.1.3 Wasserglas und Silikatfarben

1 **Zeigen Sie die Zusammensetzung von Reinsilikatfarben auf!**
Silikatfarben enthalten als Bindemittel Kaliwasserglas. Dieses Bindemittel wird unter der Bezeichnung Fixativ geliefert. Das getrennt gelieferte Farbpulver enthält wasserglasbeständige Pigmente und verkieselungsfördernde Füllstoffe. Fixativ und Farbpulver werden erst einen Tag vor der Verarbeitung 1:1 ohne Wasserzusatz angesetzt.

2 **Erläutern Sie die Verkieselung der Silikatfarben!**
Das Bindemittel Kaliwasserglas bindet bei der Erhärtung Kohlendioxid. Dabei bildet sich eine Schicht von Siliziumdioxid auf dem Untergrund. Unter günstigen Bedingungen, z. B. wenn der Untergrund noch Kalklauge enthält, verbindet sich das Kaliwasserglas bei der Erhärtung chemisch mit dem Untergrund. Diese Erhärtung wird als Verkieselung bezeichnet.

3 **Wodurch unterscheiden sich die Reinsilikatfarben von den Dispersionssilikatfarben?**
Dispersionssilikatfarben enthalten im Gegensatz zu den Reinsilikatfarben bis zu 5 Gewichtsprozent organische Anteile. Diese organischen Anteile bestehen fast ausschließlich aus Kunststoffdispersion. Durch den Anteil an Kunststoffdispersion können die Dispersionssilikatfarben bereits streichfertig angerührt geliefert werden. Dispersionssilikatfarben sind auch leichter zu verarbeiten und haften auch auf vielen organischen Untergründen.

[4] **Für welche Untergründe eignen sich Silikatfarben?**
Silikatfarben eignen sich für alle mineralischen Untergründe wie Putze der Mörtelgruppe P I, P II und P III, Beton, Faserzementplatten, Ziegel, alte Silikatfarben usw. Nicht geeignet sind sie für Gipsuntergründe (obwohl diese zu den mineralischen Untergründen gehören). Silikatfarben haften auch auf Aluminium- und Zinkuntergründen gut. Anstriche auf Holzuntergrund sind nur im Innenraum problemlos möglich.

[5] **Welche Eigenschaften haben Silikatfarbenanstriche?**
Silikatfarbenanstriche sind besonders wetterbeständig und sehr wasserdampfdurchlässig. Auf mineralischen Untergründen ist eine Verkieselung, d. h. eine chemische Verbindung mit dem Untergrund, möglich. Da für Silikatfarben sehr lichtbeständige Pigmente eingesetzt werden, sind die damit hergestellten Anstriche sehr farbtonstabil.

3.1.4 Leime, Kleister und Kasein

[1] **In welchem Ansatzverhältnis wird Zellulosekleister verwendet?**
Das Ansatzverhältnis von Zellulosekleister hängt von der Kleistersorte und vom Verwendungszweck ab: Zum Vorkleistern sollte das Ansatzverhältnis Kleister: Wasser 1:80 betragen. Zum Tapezieren leichter Tapeten verwendet man ein Ansatzverhältnis von 1:70. Bei normalen Tapeten sollte es 1:60 betragen. Für schwere Tapeten wiederum verwendet man ein Ansatzverhältnis von 1:50. Spezialkleister enthält Zusätze von Kunststoffdispersionen. Dieser Kleister benötigt einen geringeren Wasseranteil; man verwendet ihn in der Regel im Ansatzverhältnis 1:20. Bei Instantkleister ist ein Ansatzverhältnis von 1:25 richtig.

[2] **Für welche Tapetenarten kann in der Regel Normalkleister verwendet werden?**
Zum Tapezieren ist grundsätzlich der vom Tapetenhersteller vorgeschriebene Kleister zu verwenden. In der Regel eignet sich Normalkleister zum Tapezieren von Naturelltapeten, dünneren Fondtapeten, gaufrierten Tapeten und von Korktapeten.

[3] **Für welche Tapeten muss in der Regel Spezialkleister verwendet werden?**
Spezialkleister muss immer dann verwendet werden, wenn der Tapetenhersteller dies vorschreibt. In der Regel muss er zum Tapezieren von schweren Fond-, Raufaser-, Velours-, Kettfaden-, Gewebe-, Naturwerkstofftapeten, einem Teil der Korktapeten, Echtholz-, Kunststoff- und Wandbildtapeten verwendet werden. Für manche Tapeten muss Spezialkleister mit Dispersionskleber vermischt werden. Dies trifft z. B. für Metalltapeten zu.

[4] Welche Haut-, Fisch- und Knochenleime unterscheidet man? Zeigen Sie auch die Herkunft und die Verwendung dieser speziellen Leime auf!

Diese Leimsorten werden durch Auskochen aus tierischen Abfällen wie Häuten, Fischgräten und Knochen hergestellt. Man unterscheidet folgende Leimsorten:

Leimsorte	*Herkunft*	*Verwendung*
Hautleim	aus Hautabfällen	zum Aufbau von Kreidegrund für die Polimentvergoldung
Lederleim	aus Lederabfällen	Einsatz nur mehr in Sonderfällen
Hasenleim	aus Hasenfellen	Einsatz nur mehr in Sonderfällen
Fischleim	aus Fischabfällen	Einsatz nur mehr in Sonderfällen
Knochenleim	aus Knochen	zum Aufbau von Kreidegrund für die Polimentvergoldung
Hausenblase	aus der Fischart Stör	für Hinterglasvergoldungen
Gelatine	aus Kalbshäuten	für Hinterglasvergoldungen

[5] Wie wird Kasein hergestellt?

Kasein scheidet sich als eiweißhaltiger Käsestoff von der sauer gewordenen Milch im Quark ab. Für Anstrichzwecke wird das Kasein mit laugenhaften Stoffen, z. B. mit Kalklauge, wasserlöslich gemacht.

[6] In welchem Mischungsverhältnis werden Kalk und Kasein bei der Herstellung von Kalkkasein gemischt?

Zur Herstellung von Kalkkasein sollten fünf Teile Kasein mit einem Teil Kalk vermischt werden. In der Praxis wird einer Kalkfarbe häufig eine kleine Menge Kasein zugemischt, um damit die Verarbeitung der Kalkfarbe zu verbessern und die Wischbeständigkeit zu erhöhen.

3.1.5 Dispersionen, Dispersionsfarben und Dispersionslacke

[1] Wodurch unterscheiden sich Dispersionen von echten Lösungen?

Während bei den echten Lösungen die Verteilung des Bindemittels molekular im Lösemittel in einer Größe von unter 0,0001 µm (= 0,0000001 mm) vorliegt, liegt bei den Dispersionen das Bindemittel als Molekülanhäufung in einer Größe von 0,1 bis 4 µm vor. Bei den Dispersionslacken liegt aber die Größenordnung der Bindemittel schon im kolloidalen Bereich, also unter 0,1 µm. Durch die unterschiedlichen Größenordnungen ergeben sich bei Verlauf und Glanz natürlich andere Eigenschaften.

[2] Erklären Sie den Begriff »homopolymere Dispersionen« und nennen Sie Beispiele!

Die homopolymeren Dispersionen werden durch Polymerisation aus gleichen Monomeren hergestellt (homo = gleichartig). Zu den homopolymeren Dispersionen gehören Polyvinylacetat (PVAC), Polyvinylpropionat (PVP), Polymethacrylat (PMA) und Polyethylacrylat (PEA).

[3] Wie werden copolymere Dispersionen hergestellt?

Copolymere Dispersionen werden durch gemeinsame Polymerisation unterschiedlicher Monomere hergestellt, d. h. unterschiedliche Einzelmoleküle mit Doppelbindungen verbinden sich zu Makromolekülen, wobei bei der Herstellung die Doppelbindungen aufgehen und sich die unterschiedlichen Einzelmoleküle miteinander zu einem Riesenmolekül verbinden können.

[4] Welche Vorteile haben copolymere Dispersionen im Vergleich zu homopolymeren?

Durch Copolymerisation lassen sich Eigenschaften der Dispersionen erreichen, die sonst nur durch Zugabe von Zusatzstoffen, z. B. von Weichmachern, erreicht werden können. Da bei der Copolymerisation eine chemische Bindung erfolgt, können gebundene Stoffe durch physikalische Einwirkung, z. B. durch Wärme, nicht so schnell abgespalten werden.

[5] Zur Herstellung der Dispersionen werden Stoffe benötigt, die später im Anstrichfilm die Quellung der Beschichtung erhöhen. Um welche Stoffe handelt es sich hier?

Als Schutzkolloid und Verdickungsmittel wird Zelluloseether (besser bekannt als Zelluloseleim) verwendet. Schutzkolloide verhindern die Entmischung der Einzelteilchen bei der Herstellung. Außerdem verhindern sie gemeinsam mit den Verdickungsmitteln die Entmischung bei der Lagerung. Zelluloseleim ist immer wasserlöslich und stark wasserquellbar.

[6] Welche Dispersionsbindemittel gelten als besonders alkalibeständig?

Als besonders alkalibeständig gelten die Dispersionsbindemittel der Acrylate und Styrol-Butadien (besser bekannt unter der Bezeichnung Latex). Polyvinylacetat und Polyvinylpropionat werden relativ leicht von Laugen verseift. Durch die vielen Möglichkeiten der Verbindungen lässt sich bei den Copolymerisaten die Alkalibeständigkeit nicht so leicht beurteilen.

[7] Auf welche Weise trocknen Dispersionsfarben?

Dispersionsfarben trocknen physikalisch durch den Kalten Fluss. Nach dem Verdunsten des Wassers fließen die Kunststoffteilchen zusammen, verkleben miteinander und bilden so den Dispersionsfarbenfilm.

8 Erklären Sie die Abkürzung MFT!

MFT steht für Mindestfilmbildungstemperatur. Dies ist die niedrigste Temperatur, bei der Kunststoffdispersionen gerade noch verfilmen können. In der Praxis geht man von einer Mindestfilmbildungstemperatur von 278 K (= + 5°C) aus. Dies bedeutet, dass Dispersionsfarben nicht mehr verarbeitet werden dürfen, wenn nicht gewährleistet ist, dass die Temperaturen bis zur vollständigen Trocknung beständig über 278 K (= + 5°C) liegen.

9 Was versteht man unter dem Weißpunkt der Dispersionen?

Der Weißpunkt ist die Temperatur, bei der die Kunststoffdispersionen gerade nicht mehr verfilmen können. Da keine Verfilmung mehr stattfinden kann, bleibt das eigentlich farblos auftrocknende Dispersionsbindemittel aufgrund der Lichtbrechung an den einzelnen Kunststoffteilchen weißlich. Der Weißpunkt liegt unmittelbar unter der Mindestfilmbildungstemperatur.

10 Welche Bedeutung hat die Kältebruchtemperatur bei Anstrichfilmen, die mit Dispersionsfarben hergestellt wurden?

Unter der Kältebruchtemperatur versteht man die Temperatur, bei der ein Thermoplast, also z. B. ein Dispersionsfarbenfilm, bei geringer Belastung bricht. Plastomere (Thermoplaste) werden bei niedrigen Temperaturen immer härter und spröder. Findet nun bei tiefen Temperaturen eine Belastung statt, z. B. durch die Vergrößerung eines Risses, reißt der Dispersionsfarbenanstrich. Deshalb sollten Dispersionsfarben eine möglichst niedrige Kältebruchtemperatur haben.

11 In welche Klassen teilt die DIN EN 13300 »Wasserhaltige Beschichtungsstoffe für Decken und Wände im Innenbereich, Einteilung« die Beschichtungsstoffe ein? Nach welchen Kriterien erfolgt diese Einteilung?

1. Die Beschichtungsstoffe werden nach DIN EN 13300 entsprechend ihrer Nassabriebbeständigkeit in die Klassen 1–5 eingeteilt. Die Klasse 1 ist die beste, die Klasse 5 die schlechteste.
2. Außerdem unterteilt diese Norm die Beschichtungsstoffe nach ihrem Glanzgrad in stumpfmatt, matt, mittlerer Glanz und glänzend.
3. Die Norm unterteilt die Beschichtungsstoffe nach dem Kontrastverhältnis in die Klassen 1–4. Die Klasse 1 zeigt das beste Kontrastverhältnis und deckt so am besten. Das Kontrastverhältnis wird dabei immer in Verbindung mit der Ergiebigkeit angegeben.
4. Ebenfalls wird in Korngrößen unterschieden, fein, mittel, grob und sehr grob.

12 Welcher Güteklasse der DIN 13300 entsprechen die scheuerbeständige Dispersionsfarbe und die waschbeständige Dispersionsfarbe?
Die Klasse 2 entspricht der scheuerbeständigen Dispersionsfarbe der früheren DIN 53778. Die Gruppe 3 entspricht der waschbeständigen Dispersionsfarbe nach der früheren DIN 53778.

13 In welchen Glanzgraden werden Dispersionsfarben nach DIN EN 13300 hergestellt?
Dispersionsfarben werden entsprechend der DIN EN 13300 in vier Glanzgraden hergestellt: glänzend, mittlerer Glanz, matt und stumpfmatt.

14 Was versteht man unter »emissionsfreien Dispersionsfarben«?
Bei den emissionsfreien Dispersionsfarben werden bei der Trocknung weder Lösemittel, Weichmacher noch Restmonomere freigesetzt. Damit sind diese Werkstoffe besonders umweltfreundlich. Emissionsfreie Dispersionsfarben gibt es bislang nur bei Innenwandfarben.

15 In welchem Bereich liegt die PVK (Pigmentvolumenkonzentration) bei A) Innendispersionsfarben, B) Außendispersionsfarben, C) Dispersionslackfarben?
A) Die Pigmentvolumenkonzentration liegt bei Innendispersionsfarben zwischen 50 und 80 %.
B) Bei den Dispersionsfassadenfarben liegt die PVK zwischen 35 und 50 %.
C) Die Dispersionslackfarben haben eine PVK zwischen 15 und 20 %.

16 Bei den Putzen aus organischen Bindemitteln werden drei Arten unterschieden. Nennen Sie diese:
Man unterscheidet
1. Dispersionsputz (Kunstharzputz)
2. Silikonharzputz
3. Dispersions-Silikatputz (Silikatputz)

17 Was muss nach DIN EN 13914 bei der Lagerung von Kalk, Zement, Putz- und Mauerbinder beachtet werden?
Sie müssen trocken und vor Witterungseinflüssen geschützt gelagert werden. Bei der Lagerung dürfen die Werkstoffe auch keinen Erdkontakt haben.

18 Welche Bindemittel finden für Dispersionslackfarben Verwendung?
Für Dispersionslackfarben werden heute fast ausschließlich Acrylharze verwendet. In einigen Fällen setzt man aber auch Alkyd- und Polyurethanharze ein, häufig in Kombination mit Acrylharzen.

3.1.6 Silikonharze und Silikonharzfarben

[1] Silikonharzfarben enthalten als Bindemittel neben dem Silikonharz bis zu 50 % Dispersion (bezogen auf den Bindemittelanteil). Welche Aufgaben erfüllt dieser Dispersionsanteil?
Die Silikonharze zeigen zwar bei sehr guter Gasdurchlässigkeit eine optimale Wasser abweisende Wirkung, können aber die Pigmente nur ungenügend binden. So wäre ohne Dispersionsanteil eine starke Kreidung und Verschmutzung zu beobachten.

[2] Für welche Untergründe eignen sich Silikonharzfarben?
Silikonharzfarben eignen sich für die Beschichtung aller Mörtelgruppen an der Fassade. Auch auf allen gut haftenden Altbeschichtungen auf Putzen sind diese Werkstoffe problemlos möglich. Aufgrund der besonders guten Kohlendioxiddurchlässigkeit sollten diese Beschichtungsstoffe aber nicht auf Beton eingesetzt werden. Die Karbonatisierung des Betons wird damit kaum eingeschränkt. Dies ist aber eine wichtige Aufgabe bei Beschichtungen auf Beton.

[3] Welche Vor- und Nachteile haben Silikonharzfarben im Vergleich mit Silikat- bzw. Dispersionsfarben?
Die Silikonharzfarben zeigen im Vergleich die höchste Wasser abweisende Wirkung. Die Diffusionsfähigkeit ist höher als bei den Dispersionsfarben, aber nicht so gut wie bei den Silikatfarben.
Die Silikatfarben verbinden sich bei idealen Bedingungen chemisch mit dem mineralischen Untergrund durch Verkieselung. Die Silikonharzfarben haften wie die Dispersionsfarben durch Adhäsion auf dem Untergrund.
Die Silikonharzfarben lassen sich wie die Dispersionsfarben leichter verarbeiten als die Reinsilikatfarben und können wie die Dispersionsfarben auch auf alten, aber gut haftenden Dispersionsfarben aufgetragen werden, ohne dass es zu Abplatzungen kommt.

3.1.7 Alkydharze und Alkydharzlacke

[1] Aus welchen Rohstoffen werden Alkydharze hergestellt?
Alkydharze werden aus Dicarbonsäuren (meistens wird Phthalsäure verwendet), mehrwertigen Alkoholen (meist wird der dreiwertige Alkohol Glyzerin verwendet) und Fettsäuren (z. B. aus Leinöl) hergestellt.

[2] Was versteht man unter »modifizierten Alkydharzen«?

Bei den modifizierten Alkydharzen ist außer den herkömmlichen drei Produkten Dicarbonsäure, mehrwertiger Alkohol und Fettsäure eine vierte Komponente chemisch im Alkydharzmolekül gebunden. Mit der Modifikation will man bestimmte Eigenschaften der Alkydharze verbessern. Leider verschlechtern sich damit in der Regel auch manche anderen Eigenschaften. Als modifizierende Komponente setzt man Phenolharze, Styrol, Vinyltoluol, Acryl, Epoxide, Isocyanat, Silikone und Amine ein.

[3] Zeigen Sie die Unterscheidung der Alkydharze nach ihrem Ölanteil und die Verwendung dieser Alkydharzgruppen auf!

1. Die kurzöligen Alkydharze mit einem Ölanteil von weniger als 40 % werden in Verbindung mit Harnstoff- und Phenolharzen oder in Kombination mit Melaminharzen in der Industrie als Einbrennlacke verwendet.
2. Die mittelöligen Alkydharze mit einem Ölanteil zwischen 40 und 60 % setzt man für lufttrocknende Malerlacke für innen und außen sowie als Autolacke ein.
3. Die langöligen Alkydharze mit einem Ölanteil von über 60 % werden für lufttrocknende Malerlacke für Holz- und Stahlbeschichtungen im Außenbereich eingesetzt.

[4] Wie trocknen bzw. erhärten die lufttrocknenden Alkydharzlacke und -lackfarben?

Bei der chemischen Erhärtung der lufttrocknenden Alkydharzlacke und -lackfarben verdunsten erst die Löse- und Verdünnungsmittel. So wird der Weg für den Sauerstoff zu den Doppelbindungen der ungesättigten Fettsäuren in den Alkydharzen frei. Durch Aufklappen der Doppelbindungen wird Sauerstoff chemisch gebunden. So findet eine Molekülvergrößerung statt und die Alkydharze erhärten. Diese Erhärtung ist eine Oxidation. Da auch Doppelbindungen zur Sauerstoffbindung geöffnet werden, spricht man hier auch von einer Polymerisation.

[5] Welcher Anteil in den Alkydharzen ist für die Vergilbung, z. B. die Dunkelvergilbung, verantwortlich?

Für die Vergilbung der Alkydharze ist der Anteil der mehrfach ungesättigten Fettsäuren, bevorzugt die Linolensäure, verantwortlich. Diese Fettsäure ist mit 51 % im Leinöl enthalten. Da Leinöl besonders gerne zur Alkydharzherstellung verwendet wird, neigen viele Alkydharze mehr oder weniger zur Vergilbung. Zwar könnte man die Linolensäure aus dem Leinöl entziehen, dies würde aber zusätzliche Kosten verursachen. Außerdem fördert die Linolensäure mit den drei Doppelbindungen je Molekül die oxidative Erhärtung. So will man nur ungern auf diese Fettsäure verzichten.

6 Welcher Anteil in den Alkydharzen ist für die Elastizität und die Wetterbeständigkeit verantwortlich?

Die Elastizität und die Wetterbeständigkeit der Alkydharze wird vom Anteil und der Art der Fettsäuren bestimmt. Bei den Alkydharzlackfarben hängen Elastizität und Wetterbeständigkeit aber auch von der Pigmentierung ab.

7 Zeigen Sie die typischen Eigenschaften der Alkydharzlackfarben auf!

Die Eigenschaften der Alkydharzlackfarben, insbesondere die Elastizität, die Wetterbeständigkeit, die Kratzfestigkeit, die Vergilbungsneigung und die Hitzebeständigkeit hängen vom Ölanteil, also von der Art und Menge der Fettsäuren, ab. Allgemein haben Alkydharzlackfarben ausreichende Beständigkeit gegen alle üblicherweise einwirkenden Einflüsse. Da sich Alkydharzlackfarben gut verarbeiten lassen und schönen Verlauf zeigen sowie gut haften, sind sie nach wie vor häufig eingesetzte Malerlacke. Alkydharzlackfarben werden von Laugen verseift und können so mit Abbeizlaugen entfernt werden.

8 Wie hoch ist die Hitzebeständigkeit der Alkydharzlackfarben?

Die meisten Alkydharzlackfarben haben eine Hitzebeständigkeit bis zu 393 K (= 120 °C). Manche Heizkörperlackfarben auf Alkydharzbasis sind sogar bis zu 453 K (= 180 °C) beständig. Trotz dieser Hitzebeständigkeit des Bindemittels vergilben die meisten Alkydharzlackfarben (auch Heizkörperlacke) bereits bei Temperaturen von über 353 K (= 80 °C). Schuld an dieser Vergilbung ist der Ölanteil im Alkydharze.

9 Welche Löse- und Verdünnungsmittel sollten für Alkydharzlacke eingesetzt werden?

Als Löse- und Verdünnungsmittel für Alkydharzlacke eignet sich meist Testbenzin (auch als sog. Terpentinersatz im Handel). Grundsätzlich sollte man aber die vom Hersteller der Lacke empfohlenen Lösemittel verwenden. Sie empfehlen häufig spezielle sog. Kunstharzverdünnungen. Diese bestehen aus einer Mischung unterschiedlicher Lösemittel. Die Spezialverdünnungen sollen die gleichmäßig guten Eigenschaften der Alkydharzlacke und -lackfarben auch im verdünnten Zustand gewährleisten. Sog. Spritzverdünnungen enthalten allgemein schneller flüchtige Lösemittel als die sog. Streichverdünnungen. Aus Gründen des Gesundheits- und Umweltschutzes sollte man darauf achten, dass die Alkydharzlacke und deren Verdünnungen keine aromatischen Lösemittel enthalten.

10 Heute werden bevorzugt aromatenfreie Alkydharzlacke angeboten. Was versteht man darunter?

Diese Lacke enthalten als Löse- und Verdünnungsmittel keine Aromaten, wie Xylol und Toluol. So gelten diese Lacke als weniger gesundheits- und umweltschädlich.

[11] **Für welche Untergründe eignen sich Alkydharzlacke und -lackfarben?**
Alkydharzlacke und -lackfarben eignen sich je nach Ölanteil für Holzuntergründe, die meisten Metalluntergründe, für neutrale Putze und verschiedene Kunststoffe. Die Holzinhaltsstoffe verschiedener Holzarten können aber die Erhärtung der Alkydharzlacke und -lackfarben verzögern und sogar verhindern. Für Zinkuntergründe sind Alkydharzlacke und -lackfarben nicht geeignet. Hier findet eine chemische Reaktion mit dem Zink statt, die schließlich zum Abplatzen der Beschichtung führt. Auf alkalischen Putzen werden die Alkydharzlacke und -lackfarben verseift und so wasserlöslich. Die Haftung auf den Kunststoffen ist je nach Kunststoffart sehr unterschiedlich. Hier sind die Angaben der Hersteller besonders zu beachten.

3.1.8 Acrylharze und Acrylharzlacke

[1] **In welchen Beschichtungsstoffen verwendet der Maler und Lackierer Acrylharze als Bindemittel?**
Der Maler und Lackierer verwendet Acrylharze als Bindemittel in Putzgrundiermitteln, in Dispersionsfarben, in physikalisch trocknenden Acrylharzlackfarben, in 2-K-Acrylharzfüllern und in 2-K-Acrylharzlacken und -lackfarben. Auch Dispersionslacke enthalten meist Acrylharze als Bindemittel.

[2] **Welche Eigenschaften haben mit physikalisch trocknenden Acrylharzlackfarben hergestellte Beschichtungen?**
Physikalisch trocknende Acrylharzlackfarben haften hervorragend auf allen tragfähigen Untergründen. Da Acrylharze unverseifbar sind, sind die damit hergestellten Beschichtungen auch auf allen alkalischen Untergründen einsetzbar, diese müssen aber trocken sein. Die Beschichtungen zeigen gute Wetter- und Chemikalienbeständigkeit. Physikalisch trocknende Acrylharzlackfarben ergeben thermoplastische Beschichtungen.

[3] **Begründen Sie, warum die 2-K-Acrylharzlacke trotz ihres höheren Preises die herkömmlichen Alkydharzlackfarben in der Fahrzeuglackierung innerhalb kurzer Zeit ablösen konnten!**
Die Trocknungs- und Durchhärtungszeit der 2-K-Acrylharzlacke ist bedeutend kürzer als die der Alkydharzlacke. So reichen in der Trockenkabine niedrigere Temperaturen aus. Diese Energieeinsparung reduziert die Kosten. 2-K-Acrylharzlacke können nach der Trocknung über Nacht bereits geschliffen und poliert werden. Alkydharzlacke benötigen zum völligen Aushärten einige Wochen. 2-K-Acrylharzlacke sind zudem härter, glanzbeständiger und unempfindlicher gegen Benzin als Alkydharzlacke.

4 **Warum kann man die 2-K-Acrylharzlacke auch als PUR-Acrylharzlacke bezeichnen?**
Für 2-K-Acrylharzlacke setzt man Polyisocyanate als Härter ein. Bei der chemischen Erhärtung durch Polyaddition wird das Polyisocyanat unter Bildung von Polyurethangruppen gebunden. Es entsteht eine dreidimensionale Vernetzung, die mit der Vernetzung der Polyurethane weitgehend identisch ist.

5 **Bei 2-K-Acrylharzlacken kommt es durch Feuchtigkeit immer wieder zu Auskochern. Begründen Sie das Entstehen dieses Mangels!**
Das Polyisocyanat des Härters ist sehr feuchtigkeitsempfindlich, es reagiert chemisch mit dem Wasser. Dabei wird Kohlendioxid frei und durchbricht den gerade durchhärtenden Lackfilm. Dieser kann nicht mehr verlaufen; es bleiben kleine Krater, die sog. Auskocher, zurück.

3.1.9 Polyurethanharze und Polyurethanharzlacke

1 **Wie erhärten die Zweikomponenten-Polyurethanharzlacke?**
Die Zweikomponenten-Polyurethanharzlacke erhärten durch Polyaddition. Dabei verbindet sich das Polyisocyanat des Härters mit den OH-Gruppen des Stammlacks.

2 **Beschreiben Sie die Erhärtung eines Zweikomponenten-Polyurethanharzlacks!**
Der Stammlack eines Polyurethanharzlacks enthält gesättigte Polyester oder Polyether mit Hydroxidgruppen (OH-Gruppen). Der Härter enthält Polyisocyanat. Nach dem Vermischen von Stammlack und Härter reagiert das Polyisocyanat mit den OH-Gruppen des Stammlacks. Dabei wechselt der Wasserstoff der OH-Gruppe zum Stickstoff der Isocyanatgruppe. So wird die chemische Bindung des Polyisocyanats mit dem Stammlack möglich. Dieser Vorgang ist eine Polyaddition.

3 **Welche Lösemittelgruppen sind in Spezialverdünnungen für Polyurethanharzlacke enthalten?**
Die Spezialverdünnungen für Polyurethanharzlacke enthalten bevorzugt Ketone und Ester.

4 **Zeigen Sie die verschiedenen Möglichkeiten der Erhärtung der feuchtigkeitshärtenden Polyurethanharzlacke auf!**
Feuchtigkeitshärtende Polyurethanharzlacke sind Einkomponentenlacke. Je nach Zusammensetzung des Lacks gibt es zwei Möglichkeiten der Erhärtung.

1. Das Polyisocyanat ist bereits mit dem Polyester oder Polyether vermischt. Eine chemische Reaktion zwischen den Reaktionspartnern wird durch Blockiermittel verhindert. Nach dem Auftragen des Lacks reagiert das Blockiermittel mit Luftfeuchtigkeit. So kann anschließend die Polyaddition zwischen dem Polyisocyanat und den OH-Gruppen des Polyesters oder Polyethers stattfinden.
2. Auch die zweite Gruppe der feuchtigkeitshärtenden Polyurethanharzlacke enthält bereits das Polyisocyanat. Hier werden aber Polyester oder Polyether mit weniger OH-Gruppen verwendet. Nach dem Auftragen des Lacks reagiert das Polyisocyanat mit Luftfeuchtigkeit zu Polyaminen. Die Polyamine wiederum reagieren mit anderem Polyisocyanat zu Polyharnstoff. Durch diese Polyaddition erhärten die Lacke.

5 Nennen Sie die Anwendungsgebiete für Polyurethanharzlacke und -lackfarben im Handwerk!
Polyurethanharzlacke und -lackfarben werden im Handwerk für mechanisch und/oder chemisch hoch belastbare Beschichtungen auf allen Untergründen eingesetzt. Ein spezielles Anwendungsgebiet ist hier auch der schwere Korrosionsschutz. Hier werden häufig Polyurethanharz-Deckbeschichtungen auf Epoxidharzgrundierungen verwendet. Feuchtigkeitshärtende Polyurethanharzlacke werden häufig zur Versiegelung von Parkettfußböden eingesetzt.

3.1.10 Epoxidharze und Epoxidharzlacke

1 Welche Härter sind grundsätzlich für Epoxidharzlacke möglich?
Für Epoxidharzlacke sind grundsätzlich Polyamine, Polyamide und Polyisocyanate als Härter möglich. Es darf aber nur der Härter verwendet werden, den der Hersteller für sein Produkt vorschreibt. Nur so sind die optimalen Eigenschaften des Produktes gewährleistet.

2 Für Epoxidharzlacke sind grundsätzlich verschiedene Härter geeignet. Die Verwendung der unterschiedlichen Härter bedingt unterschiedliche Eigenschaften der EP-Beschichtung. Zeigen Sie auf, wie sich die Eigenschaften bei Verwendung der verschiedenen Härter ändern!
Werden für EP-Lacke Polyamine als Härter verwendet, sind die damit hergestellten Beschichtungen besonders lösemittel- und chemikalienbeständig. Werden Polyamide als Härter eingesetzt, sind die damit hergestellten Beschichtungen besonders elastisch und wasserbeständig.
Bei der Verwendung von Polyisocyanat entstehen im Vergleich zu den zuvor angeführten Härtern besondere säure- und lösemittelbeständige Beschichtungen.

Es darf aber grundsätzlich nur der Härter verwendet werden, den der Hersteller für sein Produkt vorsieht.

3 Welche Lösemittelgruppen enthalten Spezialverdünnungen für Epoxidharzlacke?
Die Spezialverdünnungen für Epoxidharzlacke enthalten bevorzugt Ketone, Aromaten, Ether und z. T. Alkohole.

4 Zeigen Sie die charakteristischen Eigenschaften von Beschichtungen auf, die mit Epoxidharzlacken und -lackfarben hergestellt werden!
Beschichtungen, die mit Epoxidharzlacken und -lackfarben hergestellt werden, sind sehr chemikalienbeständig, dabei ist die Alkalibeständigkeit besonders ausgeprägt. Daneben sind diese Beschichtungen sehr beständig gegen mechanische Beanspruchungen. Die Haftung ist auf allen tragfähigen Untergründen ausgezeichnet. Bei ansonsten sehr guter Wetterbeständigkeit neigen diese Beschichtungen aber bei Bewitterung zum Kreiden. Werden bei der Herstellung Epoxidharze mit Teer kombiniert, wird die ohnehin schon gute Wasserbeständigkeit noch einmal gesteigert. Allerdings mindert sich durch den Teeranteil die Chemikalienbeständigkeit etwas.

5 Nennen Sie Anwendungsgebiete für Epoxidharzlacke und -lackfarben!
Epoxidharzlacke und -lackfarben werden für hoch belastbare Anstriche im Innenraum und im Freien auf allen festen und tragfähigen Untergründen eingesetzt. Typische Anwendungsgebiete sind Betonfußböden und Korrosionsschutzgrundierungen auf blank gestrahltem Stahl. Wasserverdünnbare Epoxidharzlackfarben werden für stark beanspruchte Betonestriche verwendet. Epoxidharzfüller haben sich in der Fahrzeuglackierung sehr bewährt. Sie sind ungemein korrosionshemmend, lassen sich aber nur schwer schleifen.

6 Wie trocknen bzw. erhärten Epoxidesterlacke und -lackfarben?
Epoxidesterlacke und -lackfarben erhärten oxidativ. Nach dem Verdunsten der Lösemittel wird also Sauerstoff chemisch gebunden.

7 Welche Eigenschaften haben Beschichtungen, die mit Epoxidestern als Bindemittel hergestellt wurden?
Beschichtungen aus Epoxidesterlacken und -lackfarben zeigen ähnliche Eigenschaften wie die mit Alkydharzen hergestellten Beschichtungen, also gute Haftung auf den meisten neutralen Untergründen und Verseifbarkeit durch Laugen. Bei verbesserter Chemikalienbeständigkeit neigen diese Beschichtungen bei Bewitterung aber zum Kreiden.

3.1.11 Ungesättigte Polyesterharz- und UP-Lacke

1 Zeigen Sie die Zusammensetzung eines ungesättigten Polyesterharzlacks auf!
Der Stammlack enthält das im Lösemittel Styrol gelöste ungesättigte Polyesterharz und Beschleuniger. Lackfarben enthalten daneben im Stammlack noch Pigmente. Der Härter enthält Peroxide.

2 Beschreiben Sie die Erhärtung eines ungesättigten Polyesterharzlacks!
Die Peroxide im Härter lösen nach dem Vermischen mit dem Stammlack die chemische Erhärtung durch Polymerisation zwischen dem ungesättigten Polyester und dem Lösemittel Styrol aus. Das Lösemittel Styrol wird hier also Bestandteil der Beschichtung. So ist auch der hohe Festkörpergehalt dieser Werkstoffe zu erklären.

3 In welchen Werkstoffen verwenden Maler und Lackierer ungesättigte Polyesterharze als Bindemittel?
Maler und Lackierer verwenden ungesättigte Polyesterharze als Bindemittel im UP-Spachtel und im Spritzspachtel für die Fahrzeuglackierung.

3.1.12 Chlorkautschuklackfarben

1 Welche Lösemittelgruppen sind in Spezialverdünnungen für Chlorkautschuklackfarben enthalten?
Die Spezialverdünnungen für Chlorkautschuklackfarben enthalten bevorzugt Ester, Ketone und Ether.

2 Welche guten und welche nachteiligen Eigenschaften haben Chlorkautschuklackfarben?
Chlorkautschuklackfarben sind besonders chemikalienbeständig und deshalb gut für stark belastete Beschichtungen, auch auf mineralischen Untergründen, geeignet. Sie werden aber von tierischen Fetten und Ölen angelöst und neigen bei Bewitterung zum Kreiden. Da die Beschichtungen mit Chlorkautschuklackfarben sehr porös sind, sind in der Regel für porenfreie Anstrichfilme mindestens vier Anstriche erforderlich. Die Anstriche sind auch gegen höhere Temperaturen nicht beständig. Bei Temperaturen über 363 K (90 °C) wird HCL (Salzsäure) frei, das Bindemittel ist zerstört. Chlorkautschuklackfarben können nicht verspritzt werden.

3.1.13 Polymerisatharze und Polymerisatharzlacke

1 Was versteht man unter Polymerisatharzen?

Die Harze werden nach den Herstellungsreaktionen Polymerisation, Polykondensation und Polyaddition benannt. Polymerisatharze werden also durch Polymerisation hergestellt. Bei dieser chemischen Reaktion verbinden sich kleine Monomere zu Makromolekülen (Riesenmolekülen) durch Aufklappen von Doppelbindungen.

2 Welche wichtigen Bindemittel gehören zu den Polymerisatharzen?

Die bedeutendste Gruppe der Polymerisatharze stellen die Acrylharze dar. Andere wichtige Polymerisatharze sind die Bindemittel der Dispersionsfarben Polyvinylacetat, Polyvinylpropionat, Styrol-Butadien, Polyethylacrylat, Polymethacrylat. Andere wichtige Polymerisatharze werden als Lackbindemittel verwendet. Dazu gehören PVC-Copolymerisate (Polyvinylchlorid), Polychloropren und chlorsulfoniertes Polyethylen.

3 Nennen Sie wichtige Eigenschaften der Polymerisatharzlacke!

Die meisten Polymerisatharzlacke trocknen physikalisch durch Verdunsten der Löse- und Verdünnungsmittel. Die mit diesen Lacken hergestellten Beschichtungen sind reversibel und deshalb nicht besonders lösemittelbeständig, außerdem sind sie thermoplastisch.
2-K-Polymerisatharzlacke, z. B. 2-K-Acrylharzlacke, dagegen sind irreversibel, gegen Lösungsmittel sehr beständig und duromer, verändern sich also bei Hitzeeinwirkung nur wenig.
Die Chemikalienbeständigkeit der Polymerisatharzlacke ist für die meisten Aufgaben ausreichend. So sind die meisten Polymerisatharze alkalibeständig und nicht verseifbar. Polymerisatharzlacke sind wetterbeständig.
Die mechanische Belastbarkeit ist bei den physikalisch trocknenden Lacken und Lackfarben nicht sehr stark ausgeprägt. 2-K-Polymerisatharzlacke dagegen sind sehr kratzfest und mechanisch hoch belastbar.

3.2 Löse- und Verdünnungsmittel

1 Was versteht man unter Löse- und Verdünnungsmitteln?

Lösemittel lösen einen festen oder gasförmigen Stoff, Verdünnungsmittel verdünnen einen bereits flüssigen Stoff. Lösemittel können immer als Verdünnungsmittel wirken. Andererseits wirken Verdünnungsmittel nicht immer lösend. So kann Wasser z. B. bei Dispersionsfarben nur als Verdünnung, nicht aber als Lösemittel wirken.

2 Was passiert beim Lösen eines Bindemittels?

Beim Lösen eines Bindemittels lösen sich die zwischenmolekularen Kräfte im Bindemittel. Die Moleküle des Lösemittels lagern sich zwischen die Moleküle des Bindemittels. Zwischen den Lösemittel- und den Bindemittelmolekülen bauen sich neue zwischenmolekulare Kräfte auf. Dies ist nur möglich, wenn Lösemittel und Bindemittel zwischenmolekulare Kräfte mit gleicher Größenordnung aufweisen. So lässt sich auch erklären, warum bestimmte Lösemittel nur für bestimmte Bindemittel geeignet sind. Das Lösen eines Bindemittels ist ein physikalischer Vorgang.

3 Wodurch unterscheiden sich echte Löser von latenten Lösern und von Nichtlösern?

Echte Löser lösen einen Stoff bei Raumtemperatur. Dies ist möglich, weil die zwischenmolekularen Kräfte im Lösemittel die gleiche Größenordnung haben wie die zwischenmolekularen Kräfte im Bindemittel.
Latente Löser haben ein verstecktes Lösevermögen. Diese Lösemittel lösen erst nach Aktivierung durch einen anderen Stoff. Da die zwischenmolekularen Kräfte dieser Lösemittel stark abweichen von denen des Bindemittels, können sie erst lösen, wenn die zwischenmolekularen Kräfte durch einen anderen Stoff den zwischenmolekularen Kräften des Bindemittels angeglichen werden.
Nichtlöser können das Bindemittel nicht lösen. Die Nichtlöser werden als Verschnittmittel zur Verbilligung eines Lösemittelgemisches oder zur Verminderung eines zu starken Lösevermögens eingesetzt.

4 Begründen Sie, warum sog. Universalverdünnungen z. T. sehr unterschiedliche Bindemittel verdünnen können!

Das Lösevermögen eines Lösemittels hängt von den zwischenmolekularen Kräften im Lösemittel und im zu lösenden Bindemittel ab. Die einzelnen Lösemittelgruppen und natürlich auch die verschiedenen Bindemittel verfügen über sehr unterschiedliche zwischenmolekulare Kräfte. Die sog. Universalverdünnungen enthalten sehr unterschiedliche Lösemittel mit sehr unterschiedlichen zwischenmolekularen Kräften. Nur ein Teil dieser Lösemittel kann bei einem bestimmten Bindemittel als Lösemittel wirksam werden. Die restlichen enthaltenen Lösemittel sind lediglich als Verschnittmittel anwesend. Bei einem anderen Bindemittel können nun andere Lösemittel lösen, während wiederum ein Teil der enthaltenen Lösemittel nur Verschnittmittel darstellt.

5 Was versteht man unter der Verdunstungszahl eines Lösemittels?

Die Verdunstungszahl eines Lösemittels ist eine Vergleichszahl. Die Verdunstungszahl gibt an, wie lange eine bestimmte Menge Lösemittel zur Verdunstung braucht im Vergleich zur gleichen Menge Diethylether. Diethylether hat also die Verdunstungszahl 1. Wenn z. B. Aceton die Verdunstungszahl 2,1 hat, so heißt das, dass eine bestimmte Menge Aceton zum Verdunsten die 2,1-fache Zeit wie die gleiche Menge Diethylether braucht. Diethylether wird häufig vereinfacht nur als Ether bezeichnet. Diese Vereinfachung ist falsch, da Ether eine ganze Lösemittelgruppe darstellt. Diethylether ist nur ein Lösemittel aus dieser Lösemittelgruppe. Diethylether wird wegen der überaus niedrigen Verdunstungszahl 1 nicht als Lösemittel eingesetzt.

6 Lösemittel werden nach ihrer Verdunstungszahl in Gruppen eingeteilt. Nennen Sie diese Gruppen und den Bereich der Verdunstungszahlen dieser Gruppen!
Die Lösemittel werden in leichtflüchtige Lösemittel (Verdunstungszahlen unter 10), mittelflüchtige Lösemittel (Verdunstungszahlen zwischen 10 und 35), schwerflüchtige Lösemittel (Verdunstungszahlen zwischen 35 und 50) und sehr schwerflüchtige Lösemittel (Verdunstungszahlen über 50) eingeteilt.

7 Warum sind für Lacke und Lackfarben in der Regel Gemische aus leicht-, mittel- und schwerflüchtigen Lösemitteln am günstigsten?
Lacke und Lackfarben sollen nach dem Verarbeiten schnell anziehen, andererseits aber auch gut verlaufen. Durch eine geeignete Mischung unterschiedlicher Lösemittel lässt sich das am besten erreichen. Schnellflüchtige Lösemittel verdunsten rasch; dadurch wird der aufgetragene Lack dickflüssiger. Beim Lackieren stehender Flächen bilden sich keine Tropfnasen. Mittel- und schwerflüchtige Lösemittel verdunsten langsamer, der Lack kann noch verlaufen. Außerdem können auch aus der tieferen Lackschicht noch Lösemittel verdunsten, ohne dass Krater (Auskocher) zurückbleiben.

8 Wodurch unterscheiden sich Streich- und Spritzverdünnungen?
Streichverdünnungen bestehen aus einem Lösemittelgemisch, das insgesamt langsamer verdunstende Lösemittel enthält. Das Lösemittelgemisch der Spritzverdünnungen verdunstet rascher. So sollen optimale Verarbeitungseigenschaften gewährleistet werden.

9 Erklären Sie den Begriff Zündtemperatur der Lösemittel!
Die Zündtemperatur ist die niedrigste Temperatur, bei der sich ein Lösemitteldampf-Luft-Gemisch von selbst entzündet.

10 Wie werden die Explosionsgrenzen der Lösemittel angegeben?
Die Explosionsgrenzen der Lösemittel werden als untere und obere Zündgrenze angegeben. Die untere Zündgrenze gibt an, wieviel Lösemittel in Volumenprozent mindestens in der Luft sein muss, damit eine Explosion möglich ist. Die obere Zündgrenze gibt an, wieviel Lösemittel in Volumenprozent maximal in der Luft sein darf, damit eine Explosion möglich ist.

11 Für welche Bindemittel eignet sich Terpentinöl als Lösemittel?
Terpentinöl kann als Lösemittel für Öllacke eingesetzt werden. Auch für viele Naturharzlacke eignet es sich als Lösemittel.

12 In welchen Sorten wird Terpentinöl hergestellt? Zeigen Sie die Herkunft auf!
Als beste Sorte wird Balsamterpentinöl durch schonende Destillation aus dem Harz von Nadelbäumen hergestellt.
Wurzelterpentinöl wird durch Dampfdestillation aus Nadelholzresten (früher aus Nadelholzwurzeln) hergestellt. Sulfatterpentinöl fällt bei der Zellstoffgewinnung an.
Da man erkannt hat, dass das in Terpentinöl enthaltene Delta-3-Carren Allergien verursachen kann (als Terpentinkrätze bekannt), wird dieser Stoff häufig aus dem Terpentinöl entfernt.

13 Was versteht man unter dem Flammpunkt eines Lösemittels?
Der Flammpunkt eines Lösemittels ist die niedrigste Temperatur, bei der sich gerade so viel Lösemitteldampf bildet, dass sich das Lösemittel entzünden lässt. Dies beinhaltet die Tatsache, dass sich nicht das flüssige Lösemittel mit einer Flamme entzünden lässt. Es muss vielmehr Lösemitteldampf vorhanden sein, der nach der Entzündung brennt. Beim Brennvorgang entsteht durch die Hitze ungleich mehr Lösemitteldampf, so dass ein Lösemittel nach der Entzündung rasch weiterbrennt. Die Lösemittel werden nach ihrem Flammpunkt in Gefahrenkategorien eingeteilt.

14 Nach der Betriebssicherheitsverordnung werden Gefahrstoffe nach ihrem Flammpunkt und ihrem Siedepunkt in 3 Gefahrenkategorien eingeteilt. Zeigen Sie diese Einteilung auf!

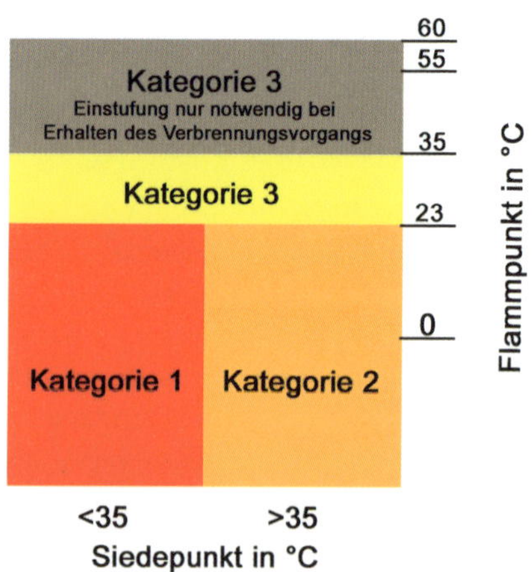

15 Zu welcher Gefahrenkategorie gehören die folgenden Lösemittel: A) Spiritus, B) Terpentinöl, C) Nitroverdünnung?

A) Spiritus hat einen Flammpunkt von 13 °C (< 23°) und eine Siedetemperatur von 78 °C (> 35 °C), somit gehört er der Gefahrenkategorie 2 an.

B) Terpentinöl hat einen Flammpunkt von 33 °C (< 35°) und eine Siedetemperatur von 155 °C (> 35 °C), somit gehört er der Gefahrenkategorie 3 an.

C) Nitroverdünnung als Lösemittelgemisch weist einen Flammpunkt von ca. -12° (< 23 °C) und eine Siedetemperatur im Bereich von 56 °C auf (> 35 °C), somit gehört er ebenfalls der Gefahrenkategorie 2 an.

16 Welche Anstrichstoffe sollten nicht mit Lösemitteln bzw. Verdünnungsmitteln, sondern mit dem jeweiligen Bindemittel verdünnt werden? Begründen Sie Ihre Antwort!

Silikatfarben sollten nicht mit dem Lösemittel Wasser, sondern mit Fixativ, das ist das Bindemittel Wasserglas, verdünnt werden. Durch Zusatz von Wasser würde die Silikatfarbe zu stark ausgemagert. Ansätze, Fleckenbildung und ein kreidender Anstrich wären die Folge.

Auch Holzlasuren sollte man nicht mit organischen Lösemitteln, sondern mit unpigmentierter, farbloser Holzlasur verdünnen. Würde man organische Lösemittel einsetzen, würde auch hier das Anstrichmittel zu mager werden; eine ungenügende Wetterbeständigkeit wäre die Folge.

17 Welche negativen Eigenschaften zeigen Lacke und Lackfarben, wenn zu viel Löse- und Verdünnungsmittel zugesetzt werden?

Das Deckvermögen der Lackfarben verringert sich. Es lassen sich nur sehr dünne Beschichtungen erzielen. Dies zeigt sich besonders an einer sehr geringen Kantenabdeckung. Die Belastbarkeit, insbesondere die Wetterbeständigkeit, verringert sich stark. Außerdem sind Glanzstörungen möglich.

18 Welche Folgen kann die Verwendung von ungeeigneten Löse- und Verdünnungsmitteln bei Lacken und Lackfarben haben?

Zu scharfe Lösemittel führen zu einer Zersetzung der Lacke und Lackfarben. Sind die Lacke und Lackfarben mit den Löse- und Verdünnungsmitteln nicht verträglich, so lassen sich diese nicht einrühren. Aber selbst bei Verträglichkeit sind Oberflächenstörungen wie schlechter Verlauf, Glanzstörungen oder ein Aufziehen der darunterliegenden Anstrichschichten möglich.

19 Welche(s) Lösemittel ist (sind) im sog. Terpentinersatz enthalten?

Als Terpentinersatz wird Testbenzin oder eine Mischung von Testbenzin mit anderen Lösemitteln wie Alkoholen und z. T. Aromaten verkauft.

20 Für welche Bindemittel eignet sich Testbenzin als Lösemittel?
Testbenzin eignet sich als Lösemittel für Öle, Alkydharze, Zyklokautschuk, Bitumen und Asphalt.

21 Welche Lösemittel gehören zu den aromatischen Kohlenwasserstoffen (Aromaten)?
Die aromatischen Kohlenwasserstoffe (Aromaten) bestehen aus ringförmigen Kohlenwasserstoffmolekülen. Das bekannteste aromatische Lösemittel ist Benzol, von dem sich auch die anderen Aromaten wie Toluol, Xylol und Styrol ableiten lassen. Benzol wurde als krebserregend eingestuft und darf deshalb nicht mehr als Lösemittel für Bindemittel eingesetzt werden.
Die aromatischen Kohlenwasserstoffe werden manchmal als Verschnittlöser eingesetzt. Styrol wird wegen seiner reaktionsfähigen Doppelbindung (= ungesättigter Kohlenwasserstoff) als Lösemittel für ungesättigte Polyesterharze eingesetzt. Hier reagiert es bei der Erhärtung durch Polymerisation mit dem ungesättigten Polyesterharz.
Wegen ihrer Gesundheits- und Umweltschädlichkeit hat man die Aromaten weitgehend ersetzt.

22 Wodurch unterscheidet sich das Lösemittel Styrol von anderen Lösemitteln, wenn es in ungesättigten Polyesterharzlacken eingesetzt wird?
Während die Lösemittel üblicherweise bei der Trocknung (Erhärtung) der Lacke und Lackfarben verdunsten, reagiert das Lösemittel Styrol bei der Erhärtung der UP-Lacke und UP-Lackfarben chemisch durch Polymerisation mit dem UP-Harz und wird so bei der Erhärtung Bestandteil des Bindemittels. Dies erklärt auch den hohen Festkörpergehalt der UP-Lacke und UP-Lackfarben.

23 Für welche Bindemittel eignen sich Alkohole als Lösemittel?
Alkohole eignen sich als Lösemittel für Schellack und einen Teil der Nitrozelluloselacke. Im Handwerk wird als Alkohol meist Spiritus eingesetzt. Spiritus besteht aus Ethanol, das aus steuerlichen Gründen durch Zusätze ungenießbar gemacht wird. Alkohole sind aber auch als Verschnittlöser in vielen Spezialverdünnungen enthalten.

24 Welche Lösemittel sind in sog. Kunstharzverdünnungen enthalten?
Sog. Kunstharzverdünnungen enthalten neben Testbenzin noch Ester, Ether und Alkohole, z. T. auch Aromaten.

25 Für welche Lacke und Lackfarben eignet sich die sog. Kunstharzverdünnung?
Die sog. Kunstharzverdünnung eignet sich für Alkydharzlacke und -lackfarben. Auch für Öllacke und -lackfarben, für Zyklokautschuklackfarben, für Bitumen-

und Asphaltlackfarben sind bestimmte Kunstharzverdünnungen möglich. Prinzipiell werden die Kunstharzverdünnungen vom Hersteller eines bestimmten Lacks oder einer bestimmten Lackfarbe speziell für ein bestimmtes Produkt entwickelt. Will man Nachteile, wie z. B. schlechten Verlauf, Oberflächenstörungen usw., vermeiden, ist stets die vom Hersteller vorgesehene Kunstharzverdünnung einzusetzen.

26 Welche Lösemittel enthält die sog. Nitroverdünnung?
Die Nitroverdünnung ist ein Gemisch aus Estern, Ketonen, Alkoholen und z. T. Aromaten.

27 Welche Lösemittel sind in lösenden Abbeizmitteln (Abbeizfluide) enthalten?
Abbeizfluide enthalten starke Lösemittelmischungen aus Estern, Ketonen, Aromaten und Tetralin. Chlorkohlenwasserstoffe dürfen heute in der Regel aus Gründen des Gesundheits- und Umweltschutzes nicht mehr eingesetzt werden.

28 Welche Lösemittel sind in den Spezialverdünnungen für Epoxidharzlacke enthalten?
Spezialverdünnungen für Epoxidharzlacke enthalten Ketone, Ether, Aromate und Alkohole.

29 Welche Lösemittel sind in den Spezialverdünnungen für Polyurethanharzlacke enthalten?
Spezialverdünnungen für Polyurethanharzlacke enthalten insbesondere Ester und Ketone.

3.3 Pigmente und Farbmittel

1 Wodurch unterscheiden sich die Pigmente von den Farbstoffen?
Pigmente sind in Binde- und Lösemitteln unlöslich. Farbstoffe dagegen lösen sich in Binde- und Lösemitteln. So eignen sich für Beschichtungsstoffe nur Pigmente. Aus Farbstoffen lassen sich aber Pigmente herstellen.

2 Welcher Bezug besteht zwischen Farbmitteln, Farbstoffen und Pigmenten?
Farbmittel ist ein Sammelbegriff für alle farbgebenden Stoffe. Diese Farbmittel werden in unlösliche Pigmente und in lösliche Farbstoffe unterteilt.

3 Was versteht man unter mikronisierten Pigmenten, und welche Vorteile haben sie?

Die Teilchengröße der mikronisierten Pigmente liegt zum Teil unter 0,4 µm, sie decken kaum, lasieren also nur. Die schädlichen UV-Strahlen mit kurzer Wellenlänge dagegen werden gut reflektiert. Deshalb werden mikronisierte Pigmente gerne für Holzschutzlasuren verwendet.

4 Unterscheiden Sie zwischen dem Deck- und dem Färbevermögen der Pigmente!

Unter dem Deckvermögen versteht man die Fähigkeit der Pigmente im Beschichtungsstoff, Farbtonunterschiede zwischen Untergrund und Beschichtung zu überdecken.

Unter dem Färbevermögen dagegen versteht man die Fähigkeit der Pigmente, in der Mischung mit anderen Pigmenten im Anstrichstoff den Farbton des Anstrichstoffs zum pigmenteigenen Farbton hin zu verändern.

5 Von welchen Faktoren hängt das Deckvermögen eines Beschichtungsstoffs ab?

Das Deckvermögen hängt ab von

1. der Teilchengröße der Pigmente,
2. der Pigmentform,
3. dem Unterschied der Lichtbrechungsvermögen von Bindemittel und Pigment,
4. der Pigmentmenge (von der PVK),
5. dem Kontrast der Beschichtung zum Untergrund,
6. der Dicke der Beschichtung.

6 Was versteht man unter der Ölzahl der Pigmente?

Die Ölzahl gibt die Leinölmenge in Gramm an, die von 100 g eines völlig wasserfreien Pigments aufgenommen wird, bis eine zusammenhängende, noch nicht schmierende Masse erreicht ist. Die Ölzahl ist eine Messgröße für den Bindemittelbedarf der Pigmente.

7 Wie kann sich eine hohe Ölzahl der Pigmente auf die Eigenschaften der Anstrichmittel auswirken?

Pigmente mit hoher Ölzahl, also hohem Bindemittelbedarf, erhöhen die Viskosität der Beschichtungsstoffe. Vielfach trocknen die Beschichtungen langsamer, wenn die Pigmente eine hohe Ölzahl aufweisen. Durch den hohen Bindemittelanteil neigen mit solchen Pigmenten hergestellte Beschichtungen zu stärkerem Quellen bei Wassereinwirkung. Gleichzeitig verschlechtert sich die mechanische Widerstandsfähigkeit.

[8] Erklären Sie die Abkürzung PVK!
Unter PVK versteht man die Pigmentvolumenkonzentration, das Verhältnis des Pigmentvolumens zum Pigmentvolumen + Bindemittelvolumen in Prozent.

PVK = (Pigmentvolumen x 100 %)/Bindemittelvolumen

[9] Wie verändern sich die verschiedenen Eigenschaften einer Beschichtung bei zunehmender PVK?
Bei zunehmender PVK nimmt
1. das Deckvermögen der Beschichtung zu,
2. der Glanzgrad der Beschichtung ab,
3. das Dehnvermögen der Beschichtung ab,
4. die Kohäsion der Beschichtung zu,
5. die Wasserdampfdurchlässigkeit der Beschichtung ab,
6. das Wasseraufnahmevermögen der Beschichtung ab.

[10] Erklären Sie die Abkürzung KPVK!
Unter KPVK versteht man die kritische Pigmentvolumenkonzentration in Prozent, diejenige Pigmentvolumenkonzentration, bei der sich verschiedene, wichtige Eigenschaften einer Beschichtung negativ verändern.

[11] Zeigen Sie die Veränderungen wichtiger Eigenschaften der Anstrichstoffe beim Erreichen der KPVK auf!
Beim Erreichen der kritischen Pigmentvolumenkonzentration nimmt
1. das Deckvermögen des Beschichtungsstoffes nicht mehr zu,
2. der Glanzgrad der Beschichtung nicht weiter ab,
3. das Dehnvermögen der Beschichtung nicht mehr weiter ab,
4. die Kohäsion der Beschichtung plötzlich stark ab,
5. die Wasserdampfdurchlässigkeit plötzlich wieder stark zu,
6. das Wasseraufnahmevermögen der Beschichtung wieder stark zu.

[12] Welche Pigmente sind nicht alkalibeständig? Zeigen Sie die Veränderungen dieser Pigmente bei Kontakt mit Laugen auf!
Durch Laugeneinwirkung verfärben sich die Pigmente Chromgelb, Chromgrün, Zinkgelb, Zinkgrün, Berlinerblau, Manganviolett und verschiedene Teerpigmente wie folgt:
Chromgelb verfärbt sich rot,
Chromgrün verfärbt sich braun,
Zinkgelb verfärbt sich rot,
Zinkgrün verfärbt sich braun,
Berlinerblau verfärbt sich braun,
Manganviolett verfärbt sich braun.

13 Welche Pigmente sind für Silikatfarben ungeeignet? Warum sind diese Pigmente für diese Anstrichmittel nicht geeignet?
Für Silikatfarben sind die Pigmente Chromgelb, Chromgrün, Zinkgrün, Zinkgelb, Zinnoberrot, Manganviolett, Berlinerblau, Leichtspat und Bleiweiß ungeeignet. Diese Pigmente verfärben sich in Wasserglas und/oder führen zum Eindicken der Silikatfarbe durch chemische Reaktion mit Wasserglas.

14 In welchen Sorten wird Zinkweiß hergestellt? Wodurch unterscheiden sich die verschiedenen Sorten?
Zinkweiß wird in den Sorten Weiß-, Grün- und Rotsiegel hergestellt. Die Pigmentgröße der verschiedenen Sorten nimmt vom Weiß- zum Rotsiegel zu, im gleichen Maße nimmt das Deckvermögen vom Weiß- zum Rotsiegel ab. Weißsiegel deckt also am besten, Rotsiegel am schlechtesten.

15 Wie können Sie bei einem Weißpigment erkennen, ob es sich um Zinkweiß handelt?
Zinkweiß wird beim Erhitzen gelb, beim Abkühlen wieder weiß. Im Gegensatz zu Zinkoxid färbt sich Zinkweiß nicht durch Schwefeleinwirkung.

16 Wodurch unterscheidet sich Zinkoxid von Zinkweiß?
Im Gegensatz zu Zinkweiß enthält Zinkoxid Bleioxid.

17 Wie können Sie bei einem Weißpigment erkennen, ob es sich um Zinkoxid handelt?
Zinkoxid wird beim Erhitzen gelb, beim Abkühlen wieder weiß. Je nach Bleianteil färbt sich Zinkoxid durch Zugabe von Schwefelwasserstoff oder Natriumsulfid mehr oder weniger schwarz.

18 In welchen Sorten wird Titandioxid hergestellt? Wodurch unterscheiden sich diese Sorten?
Titandioxid wird in den Sorten Anatas und Rutil hergestellt. Rutil hat ein stabileres Kristallgitter als Anatas. Anatas kreidet deshalb bei Freibewitterung und kann nur im Innenraum verwendet werden. Außerdem deckt Rutil noch etwas besser als Anatas.

19 Wie können Sie bei einem Weißpigment erkennen, ob es sich um Titandioxid handelt?
Titandioxid löst sich nur in konzentrierter Schwefelsäure. Nach dem Kochen in konzentrierter Schwefelsäure und anschließendem Abkühlen färbt sich die Lösung orange, wenn einige Tropfen Wasserperoxid zugesetzt werden. Vorsicht bei der Zugabe des Wasserstoffperoxids!

20 Wodurch unterscheidet sich Titanweiß von Titandioxid?
Titanweiß ist ein Gemisch aus Titandioxid und Verschnittmitteln.

21 Wie können Sie Bleiweiß von anderen Weißpigmenten unterscheiden?
Bleiweiß löst sich in verdünnter Salpetersäure restlos auf.
Durch Zugabe von Schwefelwasserstoff oder Natriumsulfid verfärbt sich Bleiweiß schwarzbraun.

22 Wie lässt sich Lithopone von anderen Weißpigmenten unterscheiden?
Übergießt man Lithopone mit verdünnter Salzsäure, bildet sich Schwefelwasserstoff.

23 Wie können Sie Schwerspat und Blanc fixe von anderen Weißpigmenten unterscheiden?
Schwerspat und der künstlich hergestellte Schwerspat Blanc fixe sind in allen Laugen und Säuren unlöslich.

24 Zeigen Sie die aktive, korrosionsschützende Wirkung von Zinkstaubpigmenten auf!
Wenn mindestens 92 Gewichtsprozent Zinkstaub in der Beschichtung enthalten sind, bildet sich bei Vorhandensein einer elektrolytischen Lösung ein galvanisches Element. Durch elektrochemische Reaktionen baut sich das Zinkstaubpigment ab und schützt dadurch den Stahluntergrund.

25 Zeigen Sie die möglichen Wirkungsweisen von aktiven Pigmenten auf. Nennen Sie auch jeweils Pigmentbeispiele!
Aktive Pigmente können auf sehr unterschiedliche Weise wirksam werden:

1. Basische Pigmente können mit den Fettsäuren öliger Bindemittel sehr wasserbeständige Seifen bilden.
   Dadurch verringert sich auch die Wasserquellbarkeit der öligen Bindemittel. Als Beispiel sind hier besonders Bleimennige und Bleiweiß zu nennen.
2. Basische Pigmente, z. B. Bleimennige, können saure, korrosionsfördernde Produkte passivieren.
3. Durch den galvanischen Spannungsunterschied von Zink und Stahl baut sich durch elektrochemische Vorgänge das Zink ab, der Stahl wird durch diese Vorgänge geschützt und kann so nicht rosten. Zinkstaubpigmente können diesen kathodischen Korrosionsschutz verursachen. Allerdings muss der Zinkstaubanteil im Anstrichmittel mindestens 92 % betragen.
4. Manche Pigmente, z. B. Kalkspat und Quarz, können mit Wasserglas Silikate bilden und so als aktive Pigmente wirksam werden. Diese Pigmente und Füllstoffe werden als sog. verkieselungsfördernde Zusätze bei Silikatfarben eingesetzt.

26 Begründen Sie, warum die Verwendung von aktiven Pigmenten für den Korrosionsschutz stark nachgelassen hat.

Begründung:

Die zur Seifenbildung mit öligen Bindemitteln erforderlichen basischen Pigmente sind z. T. hochgiftig, z. B. Bleimennige und Bleiweiß, und dürfen deshalb nur mehr in Ausnahmefällen (z. B. in der Restaurierung) eingesetzt werden.

Gleichzeitig ist die Verwendung von öligen Bindemitteln stark zurückgegangen. Ölfarben werden nur mehr in der Denkmalpflege verwendet, Alkydharzlacke enthalten weniger zur Seifenbildung erforderliche Fettsäuren, und auch lösemittelhaltige Alkydharzlacke werden wegen ihrer organischen Lösemittelanteile zunehmend ersetzt. Neuere Bindemittel wie Epoxidharze oder Polyurethanharze bringen aufgrund ihrer Beständigkeit einen besseren Korrosionsschutz, als es aktive Pigmente in öligen Bindemitteln vermocht hätten.

Zinkstaubpigmente haben für den sog. schweren Korrosionsschutz (stark belastete Flächen oder Beschichtungen, die über besonders lange Zeit einen guten Korrosionsschutz bieten müssen) nach wie vor große Bedeutung. Diese Pigmente können aber zum sog. kathodischen Schutz nur in Epoxidharz- oder Polyurethanharzbindemitteln eingesetzt werden, weil nur diese bei einem 92 bis 95-%-Anteil der Pigmente und dem entsprechend kleinen Bindemittelanteil die erforderliche Bindung bewirken können. Diese Beschichtungsstoffe fordern aber als Untergrundvorbereitung mindestens den Reinheitsgrad Sa 2½, also das Abstrahlen. Dies ist im Maler- und Lackiererhandwerk manchmal aufgrund des Objekts oder der Kosten nicht möglich.

27 Welchen Pigmente werden heute bevorzugt zum Korrosionsschutz eingesetzt?

Als Korrosionsschutzpigmente setzt man heute bevorzugt Eisenoxidrot und Zinkphosphat (grau) ein. Die über Jahrhunderte eingesetzte Bleimennige darf aus Gesundheits- und Umweltschutzgründen nur mehr in Ausnahmefällen verwendet werden.

28 Welche markanten Eigenschaften zeigen Teerpigmente im Vergleich mit Mineralpigmenten?

Teerpigmente sind häufig säure- und laugenbeständiger als Mineralpigmente. Gleichzeitig zeigen die Teerpigmente größeres Färbevermögen, decken aber schlechter und haben meist eine geringere Hitzebeständigkeit.

3.4 Additive

1 Aus welchem Grund werden bei der Herstellung der Beschichtungsstoffe Additive eingesetzt?

Additive werden Beschichtungsstoffen bei der Herstellung zugesetzt, um bestimmte Eigenschaften zu verbessern, negative Eigenschaften zu mindern, chemische Eigenschaften bewusst einzuleiten oder zu verhindern. Dabei kann ein Additiv unterschiedliche Wirkungen zeigen.

2 Welche Additive werden Dispersionsfarben bei der Herstellung zugesetzt?

Bei der Herstellung der Dispersionsfarben werden Konservierungsmittel, Emulgatoren und Schutzkolloide (Verdickungsmittel), Netzmittel, Entschäumungsmittel, Filmbildungshilfsstoffe und je nach Bindemittelart noch Weichmacher benötigt. Brandschutzfarben erhalten zusätzlich spezielle Flammschutzsalze. Fungizide Dispersionsfarben erhalten einen Zusatz von Fungiziden (= gegen Pilze wirkende Stoffe).

3 Zeigen Sie die Wirkungsweise von Weichmachern auf!

Weichmacher lagern sich aufgrund ihres Lösevermögens zwischen den Molekülen eines Bindemittels oder Kunststoffs an und verringern dadurch die zwischenmolekularen Kräfte in den Stoffen. So erreichen die Bindemittel und Kunststoffe größere Elastizität und Plastizität.

4 Was versteht man unter der Weichmacher-Migration?

Unter der Migration versteht man die Weichmacherwanderung, also das Lösen des Weichmachers aus dem Stoff.

5 Wie kann sich eine Weichmacherwanderung auswirken?

1. Wandern die Weichmacher von der Oberfläche eines Stoffs weg, so versprödet die Oberfläche. Eine Rissbildung an der Oberfläche ist meist die Folge.
2. Wandern die Weichmacher an die Oberfläche eines Stoffs, wird die Oberfläche klebrig. Schmutz verklebt darauf, die Fläche wird unansehnlich.
3. Wandern die Weichmacher von einem Stoff in einen anderen Stoff, so versprödet der Weichmacher abgebende Stoff und der Weichmacher aufnehmende Stoff wird klebrig.

6 Was versteht man unter Sikkativen?

Sikkative sind Trockenstoffe. Sie werden Ölfarben, Alkydharzlacken und -lackfarben bei der Herstellung zugesetzt, um die oxidative Härtung zu beschleunigen. Als Trockenstoffe werden Metallseifen, z. B. Blei-, Kobalt-, Mangan- oder Zinkseifen der Linolen-, Naphthen-, Abietin- und der Octansäure, eingesetzt.

7 Wie wirken UV-Absorber in Klarlacken?
UV-Absorber wandeln die auftreffenden, aggressiven UV-Strahlen in Wärme um und verringern so die schädlichen Einflüsse der UV-Strahlen.

8 Was versteht man unter Tensiden? Für welche Zwecke werden sie in der Beschichtungstechnik eingesetzt?
Tenside sind grenzflächenaktive Stoffe; sie werden an den Grenzflächen unterschiedlicher Stoffe, z. B. Öle und Wasser, wirksam und verbessern so die Vermischung dieser Stoffe. Tenside werden z. B. als Netzmittel eingesetzt.

9 Wie kann man bei der Herstellung einer Lackfarbe einen Matteffekt der Beschichtung erreichen?
Der Matteffekt lässt sich durch Überpigmentierung erreichen. Aufgrund des großen Pigmentanteils verläuft die Oberfläche nicht mehr völlig glatt, einstrahlendes Licht wird diffus zurückgestrahlt. Dies äußert sich durch einen Matteffekt. Diese Beschichtungen verschmutzen aber rasch. Deshalb wählt man heute in der Regel einen anderen Weg: Man setzt entsprechende Mattierungsmittel als Additive zu. Solche Mattierungsmittel sind z. B. Silikate, Kieselsäure, Polyethylen usw.

10 Aus welchem Grund werden Beschichtungsstoffen Verdickungsmittel zugesetzt?
Verdickungsmittel werden als Additive eingesetzt, um die Viskosität eines Beschichtungsmittels zu erhöhen. Sie vermindern die Entmischung und die Sedimentation (Absetzen schwerer Teilchen). Daneben kann auch die Verarbeitbarkeit der Beschichtungsstoffe verbessert werden. Verdickungsmittel können auch Thixotropie verursachen.

3.5 Spezielle Werkstoffe

3.5.1 Absperrmittel

1 Wasserflecken an der Decke eines Innenraums sollen abgesperrt werden. Nennen Sie geeignete Absperrmittel!
Zum Absperren von Wasserflecken eignen sich Fluate, Absperrsalze und -lacke (Isolierlacke). Aber auch lösemittelhaltige Wandfarben und spezielle Dispersionsfarben sperren ab.

2 Lösemittelhaltige Wandfarben können wegen ihrer Lösemittel zunehmend nicht mehr in Innenräumen zum Absperren von Teer- (Nikotin-) und Wasserflecken eingesetzt werden. Welche Ersatzmöglichkeiten gibt es?

Im Innenraum werden zunehmend die wasserlöslichen, die Beschichtung verfärbende Stoffe bindende, spezielle Dispersionsfarben eingesetzt. Deren Absperrwirkung ist z. T. geringer als bei den lösemittelhaltigen Absperrfarben. Die nicht vorhandene Lösemittelbelastung ist aber gegenüber der möglicherweise geringeren Absperrwirkung höher einzustufen.

3 Auf welche Weise werden Absperrsalze wirksam?
Die wasserlöslichen Stoffe kristallisieren in den Poren der Putze aus und bilden eine sperrende Schicht.

4 Fluate können je nach ihrer Zusammensetzung unterschiedliche Wirkungen zeigen. Erklären Sie diesen Sachverhalt genauer!
Fluate sind Salze der Kieselfluorwasserstoffsäure. Je nachdem, welches Material zur Salzbildung verwendet wird, zeigen die Fluate abweichende Eigenschaften:
- Bleifluat zeigt besonders absperrende Wirkung gegen Wasserflecken usw.
- Mit Magnesiumfluat kann man mangelnde Putzfestigkeit etwas festigen.
- Zinkfluat hat eine fungizide Wirkung.
- Aluminiumfluat wiederum eignet sich besonders gut zum Neutralisieren alkalischer Untergründe.

5 Welche Harze werden für Absperrlacke eingesetzt?
Für Absperrlacke werden Nitrozellulose, Phenol-, Polyester- und Polymerisatharze in Spiritus und anderen Lösemitteln gelöst. Polyurethanharzlacke eignen sich besonders zum Absperren von Holzinhaltsstoffen.

6 Bei der zunehmenden Verwendung von wasserverdünnbaren Dispersionslacken mehren sich die Probleme mit Verfärbungen durch wasserlösliche Holzinhaltsstoffe. Welche Beschichtungsstoffe kann man zum Absperren zuverlässig einsetzen?
Zum Absperren der wasserlöslichen Holzinhaltsstoffe setzt man zunehmend spezielle Dispersionslackfarben ein. Sie verfärben sich zwar durch die wasserlöslichen Stoffe, binden diese aber und verhindern so, dass der nachfolgende Anstrich wiederum verfärbt wird.

3.5.2 Imprägniermittel

1 Die Silikonharzimprägnierungen werden nach ihrer Molekülgröße in drei Gruppen eingeteilt. Nennen Sie diese Gruppen und deren Vorteile!
1. Silane: Diese Imprägnierungen haben wegen ihrer ungemein kleinen Moleküle ein besonders gutes Eindringvermögen. Die Silane eignen sich auch für feuchte und alkalische Untergründe.

2. Siloxane: Die etwas größeren Moleküle dieser Imprägniermittel dringen gut in den Untergrund ein. Dieser darf auch feucht und alkalisch sein.
3. Silikonharze: Wegen der größeren Moleküle haben diese Imprägniermittel ein etwas schwächeres Eindringvermögen. Silikonharze trocknen nur physikalisch und sind deshalb sofort wirksam. Der Untergrund sollte trocken sein, darf aber alkalisch sein.

[2] Welche Vorteile haben Silikonharzimprägniermittel für den Einsatz auf Steinen und Putzen?

Silikonharzimprägniermittel
- sind sehr ergiebig,
- sind alkalibeständig,
- sind absolut farblos, so wird der Farbton des Untergrunds nicht beeinflusst,
- vergilben nicht,
- haben eine stark Wasser abweisende Wirkung,
- mindern die Diffusionsfähigkeit kaum,
- behalten ihre Wirksamkeit lange Zeit,
- sind wieder überstreichbar.

3.5.3 Holzschutzmittel

[1] Wichtige Eigenschaften der Holzschutzmittel, z. B. Schutzwirkung, werden in technischen Merkblättern usw. als Kurzzeichen angegeben. Nennen Sie die Kurzzeichen der Holzschutzmittel und erklären Sie ihre Bedeutung!

Kurzzeichen der Holzschutzmittel und ihre Bedeutung:

Kurzzeichen	*Bedeutung*
Iv	Das Holzschutzmittel schützt vorbeugend gegen Insekten.
P	Das Holzschutzmittel ist pilzwidrig (wirkt gegen Pilze).
W	Das Holzschutzmittel ist wetterbeständig.
E	Für Holz, das extremer Belastung, z. B. in Wasser, ausgesetzt ist.
Ib	Ist Insekten bekämpfend wirksam.
M	Verhindert das Durchwachsen des Hausschwamms durch das Mauerwerk.
K	Verursacht bei Chrom-Nickel-Stahl keine Lochkorrosion.
S	Zum Streichen, Spritzen und Tauchen.
St	Das Holzschutzmittel darf gestrichen werden, das Verspritzen und Tauchen ist nur in stationären Anlagen zulässig.

2 Welche Gruppen der Holzschutzmittel unterscheidet das Holzschutzmittelverzeichnis?
Das Holzschutzmittelverzeichnis unterscheidet
1. wasserlösliche Salze,
2. ölige Schutzmittel,
3. Spezialprodukte.

3 Begründen Sie, warum Holzschutzsalze für die meisten Maler- und Lackiererarbeiten nicht geeignet sind!
Holzschutzsalze weisen Wasser nicht ab, viele Sorten wirken sogar hygroskopisch (Wasser anziehend). So sind die Holzschutzsalze nicht für maßhaltiges Holz geeignet. Da diese Holzschutzmittel in der Regel nicht problemlos überstreichbar sind, werden diese Werkstoffe vom Maler und Lackierer kaum verwendet.

4 Mit welchen Holz schützenden Eigenschaften können Imprägnierlasuren ausgestattet sein?
Imprägnierlasuren können insektenvorbeugend und pilzwidrig wirken. Wenn Imprägnierlasuren als Holzschutzmittel zugelassen sind, kann man das am Prüfzeichen und den Kurzzeichen für die Eigenschaften Iv und P erkennen.

5 Warum dürfen Teeröl-Holzschutzmittel heute nicht mehr eingesetzt werden?
Die Verwendung von Teerölen in Holzschutzmitteln ist aus Gesundheitsgründen durch das Chemikaliengesetz (Chemikalien-Verbotsverordnung - ChemVerbotsV) Abschnitt 17 verboten. Der Maler hat auch früher kaum Teeröle verarbeitet, da diese Werkstoffe nicht fleckenfrei zu überstreichen waren und die Geruchsbelastung sehr hoch war.

3.5.4 Holzbeizen

1 Zeigen Sie die Unterschiede zwischen Farbstoffbeizen und chemischen Beizen auf!
Farbstoffbeizen färben das Holz auf physikalischem Wege. Chemische Beizen verursachen dagegen die Farbtonänderung im Holz durch chemische Reaktionen mit Holzinhaltsstoffen und/oder entsprechenden Vorbeizen.
Nach dem Beizen mit Farbstoffbeizen ist der endgültige Farbton sofort sichtbar, bei den chemischen Beizen entwickelt sich der Farbton erst nach einiger Zeit.
Farbstoffbeizen verursachen ein negatives Holzbild, das heißt, die ursprünglich helleren Zonen des Holzes werden wegen des stärkeren Saugvermögens dieser

Bereiche dunkler. Bei den chemisch gebeizten Hölzern bleibt das Holzbild positiv erhalten, das heißt, die hellen Zonen bleiben hell und die dunklen Zonen dunkel.
Farbstoffbeizen sind einfacher zu verarbeiten als chemische Beizen.

2 Was versteht man unter Doppelbeizen?
Doppelbeizen sind chemische Beizen, die aus Vorbeizen mit Gerbstoffen oder gerbstoffähnlichen Verbindungen und der Nachbeize, die Alkalien und/oder Metalle enthält, bestehen.

3 Was sind Entwicklerbeizen?
Entwicklerbeizen sind chemische Beizen. Der Farbton entwickelt sich nach ihrer Verwendung erst nach und nach im Holz, deshalb spricht man hier von Entwicklerbeizen.

4 Kombinationsbeizen können nur für gerbstoffreiche Hölzer verwendet werden. Begründen Sie diese Tatsache!
Die Kombinationsbeizen sind Kombinationen von chemischen Beizen und Farbstoffbeizen. Da hierfür keine Vorbeizen eingesetzt werden, können die enthaltenen chemischen Beizen nur wirksam werden, wenn das Holz eigene Gerbstoffe in größeren Mengen enthält. Zu den gerbstoffreichen Hölzern gehört vor allem Eiche.

3.5.5 Dichtstoffe

1 Welche Gruppen müssen bei den Dichtstoffen unterschieden werden?
Bei den Dichtstoffen sind folgende drei Gruppen zu unterscheiden:
1. Erhärtende Dichtstoffe: Diese Dichtstoffe werden plastisch angeliefert und härten dann aus.
2. Plastische Dichtstoffe: Die Dichtstoffe bleiben in ihrer Form, bis durch eine Krafteinwirkung eine Formveränderung stattfindet.
3. Elastische Dichtstoffe: Die elastischen Dichtstoffe werden plastisch angeliefert und härten dann elastisch aus. Wirkt eine Kraft ein, so verändern sie ihre Form, nehmen aber nach Beendigung der Krafteinwirkung ihre ursprüngliche Form wieder ein.

2 Welche Dichtstoffsysteme werden entsprechend ihrer Bindemittelbasis auf dem Markt angeboten?
Auf dem Markt werden folgende Systeme angeboten:

Bindemittelbasis	*Systeme*
Silicon	sauer härtend
	alkalisch härtend
	neutral härtend
Polyurethan	einkomponentig
	zweikomponentig
Polysulfid (Thiokol)	einkomponentig
	zweikomponentig
Acryldispersion	elastisch
	elastoplastisch
	plastoelastisch
Acryl	lösemittelhaltig
MS-Polymer	elastisch
Buthylkautschuk	plastisch

3 Was versteht man unter dem Dehn- bzw. Spannungswert eines Dichtstoffs?

Unter dem Dehn- bzw. Spannungswert versteht man hier die Spannung, die bei einer bestimmten Dehnung des Dichtstoffs auf die Haftflächen bzw. den angrenzenden Baustoff ausgeübt wird. Dichtstoffe mit niedrigem Dehn- bzw. Spannungswert belasten die angrenzenden Bauteile nur gering. Das bedeutet, je geringer die Festigkeit eines Untergrunds ist, desto geringer muss der Dehn- bzw. Spannungswert sein.

4 In einem Bad zeigt sich an den elastoplastisch versiegelten Anschlussfugen bereits ein halbes Jahr nach Fertigstellung starker Pilzbefall. Was wurde falsch gemacht?

Für Fugen im Nassbereich müssen wegen der besonderen Pilzgefahr fungizid eingestellte (pilzwidrige) Dichtstoffe eingesetzt werden. Dies wurde hier sicherlich versäumt. Möglicherweise wurde sogar sauervernetzender Dichtstoff eingesetzt. Dieser ist besonders pilzempfindlich.

3.5.6 Abbeizmittel

1 Begründen Sie, warum man mit Abbeizlaugen Beschichtungen, die Alkydharze als Bindemittel enthalten, entfernen kann!

Alkydharze sind Ester, die von den Abbeizlaugen verseift werden und dadurch wasserlöslich werden.

[2] **Zeigen Sie die Wirkungsweise der Abbeizfluide auf!**
Abbeizfluide enthalten starke Lösemittel, die die Beschichtung physikalisch anquellen und anlösen. Die Beschichtungen können nach einer bestimmten Einwirkzeit mit der Spachtel abgezogen werden. Reste werden mit organischen Lösemitteln abgewaschen. Es gibt aber auch Abbeizfluide, die Emulgatoren enthalten und so mit Wasser nachgewaschen werden können.

[3] **Auf welche Weise wirken sogenannte biologisch abbaubare Abbeizmittel?**
Die in den sogenannten biologisch abbaubaren Abbeizern enthaltenen Laugen wirken auf die Beschichtungen verseifend und lösend. Die enthaltenen Lösemittel lösen die Beschichtung dann endgültig auf. Wegen ihrer geringeren Lösekraft ist meist eine längere Einwirkzeit erforderlich. Zum Teil enthalten diese Abbeizmittel auch lösende Fettsäuren.

3.5.7 Blattmetalle

[1] **Welche Blattgoldsorten sind im Außenbereich auch ohne Schutzüberzug beständig?**
Im Freien sind nur Blattgoldsorten mit mindestens 23½ Karat ohne Überzug beständig. Alle Blattgoldsorten darunter enthalten so große Anteile von Kupfer und Silber, dass sich durch Korrosion dieser Teile Flecken im Blattgold bilden würden.

[2] **Erklären Sie die Besonderheit von Transfergold!**
Transfergold ist ein Blattgold, das bei der Herstellung auf Seidenpapier gepresst wurde. So kann man dieses Blattgold mit der Schere schneiden und auch bei stärkerer Windbewegung verarbeiten. Dieses Blattgold kann allerdings nur in der Ölvergoldung eingesetzt werden. Bei der Polimentvergoldung oder der Hinterglasvergoldung mit Gelatine würde auch das Seidenpapier benetzt werden, so lässt es sich dann nicht mehr vom Blattgold abheben.

[3] **Welche Blattmetalle müssen mit einem Überzugslack vor Korrosion geschützt werden?**
Blattsilber und Schlagmetall (Kompositionsgold) korrodieren und müssen deshalb mit einem Überzugslack geschützt werden. Im Außenbereich muss auch Blattgold mit weniger als 23½ Karat überlackiert werden.

[4] **Was versteht man unter »Kompositionsgold«?**
Kompositionsgold (auch als Schlagmetall bezeichnet) ist ein aus Messing bestehendes dickeres Blattmetall, das als Blattgoldimitation eingesetzt wird. Dieses Blattmetall ist nicht korrosionsbeständig und muss zum Schutz überlackiert werden. Darunter leidet der Metalleindruck sehr stark.

3.5.8 Reparaturmörtel für die Betoninstandsetzung

[1] **Nennen Sie die wichtigsten Eigenschaften eines für die Betoninstandsetzung eingesetzten Reparaturmörtels!**
Reparaturmörtel für die Betoninstandsetzung sollten:
1. ein möglichst geringes Schwindmaß haben; beim Trocknen möglichst nicht nachschwinden.
2. einem dem Beton ähnlichen Temperaturausdehnungskoeffizienten haben; so kann es beim dauernden Warm-Kalt-Wechsel kaum zu Rissen kommen.
3. ein möglichst kleines Elastizitätsmodul aufweisen; je niedriger das E-Modul eines Stoffs ist, um so elastischer ist dieser.
4. einen möglichst hohen Haftzugwert zeigen; je höher der Haftzugwert ist, umso besser ist die Haftung.

[2] **Bei den für die Betoninstandsetzung eingesetzten Reparaturmörteln muss man zwei Systeme unterscheiden. Nennen Sie diese und zeigen Sie deren Eigenschaften und Einsatzgebiete auf!**
Bei den Reparaturmörteln für die Betoninstandsetzung muss man
- die kunststoffvergüteten Zementmörtel und
- die Epoxidharzmörtel unterscheiden.

1. Eigenschaften und Einsatz der kunststoffvergüteten Zementmörtel:
   Der kunststoffvergütete Zementmörtel schwindet bei der Erhärtung nur wenig und haftet bei entsprechender Untergrundvorbereitung ausgezeichnet. Der Temperaturausdehnungskoeffizient entspricht weitgehend dem des Betons. Der Mörtel ist gegen die üblicherweise einwirkende Belastung sehr gut beständig. So wird er nicht zuletzt wegen seines günstigeren Preises heute fast ausschließlich verwendet.
2. Eigenschaften und Einsatz des Epoxidharzmörtels:
   Dieser Reparaturmörtel zeichnet sich durch besonders gute Haftung und Chemikalienbeständigkeit aus. Epoxidharzmörtel eignet sich gut für kleinere Schäden, ist aber auch teurer als der kunststoffvergütete Zementmörtel.

3.5.9 Gips

1 Wie erhärtet Gips?
Gips erhärtet chemisch durch Wasserbindung. Das beim Brennen ausgetriebene Wasser wird bei der Erhärtung aus dem Anmachwasser wieder aufgenommen.

2 Begründen Sie, warum Gips nicht für den Außenbereich geeignet ist!
Gips ist auch nach der Erhärtung wasserlöslich. Bei 291 K (18 °C) werden 2,01 g Gips von 1 l Wasser gelöst.

3 Nennen Sie die verschiedenen Baugipssorten!
Die DIN EN 13279 unterscheidet folgende Baugipssorten: Stuck-, Putz-, Fertigputz-, Haft-, Ansetz-, Fugen-, Spachtel- und Maschinenputzgips.

3.6 Hilfsmittel

3.6.1 Schleifmittel

1 Welche Schleifmittel werden heute meist eingesetzt?
Bei den Schleifmitteln unterscheidet man Schleifpapiere, Schleifgewebe, Schleiffiber, Schleifvliese, Schleifpasten und Schleifmehl.
Der Maler und Lackierer verwendet häufig Schleifpapier. Schleifgewebe ist relativ teuer und wird deshalb vom Maler weniger eingesetzt. Schleiffiber wird für Grobschleifarbeiten mit Rund- und Winkelschleifmaschinen verwendet.
Als Schleifkorn verwendet man bei Schleifpapieren, Schleifgeweben und Schleiffiber meist Siliziumkarbid mit der Härte 9,8 nach Mohs oder Aluminiumoxid mit der Härte von 9,5 nach Mohs. Die Schleifpapiere werden in Abhängigkeit von der Binderart als Trocken- und Nassschleifpapiere hergestellt und verwendet.
Für viele Schleifarbeiten, z. B. Aluminium und Zink, sowie zum Aufrauen von Altbeschichtungen hat sich auch das Schleifvlies durchgesetzt. Hier sind die Schleifkörner aus Siliziumkarbid oder Aluminiumkorund in einem Kunststoffvlies gebunden.
Schleifpasten werden nur zum Auspolieren verwendet. Bimsmehl wird für Schleiflackarbeiten eingesetzt, hat heute also nur geringe Bedeutung.

2 Ein bestimmtes Schleifpapier trägt auf der Rückseite die Bezeichnung P 120. Erläutern Sie diese Bezeichnung!
Mit der Bezeichnung P 120 wird die Schleifkorngröße ausgedrückt. Die Zahl gibt die Maschenanzahl des Siebes je Quadratzoll an, durch die das Schleifkorn bei der Herstellung gesiebt wird. Der Buchstabe P zeigt, dass es sich um ein

standardisiertes Schleifmittel handelt, hierbei wird auch der kleinere Anteil von Schleifkörnern eingeschränkt.

3 Welche Schleifkörnung ist in der Fahrzeuglackierung jeweils zweckmäßig für
A) grobe Entrostungen und das Einebnen von Schweißnähten?
B) Entfernen von Beschichtungen?
C) Schleifen von Polyesterspachtelschichten?
D) Schleifen von Füllern?
E) Mattschleifen von intakten Altlackierungen?

Die zweckmäßige Schleifkörnung hängt davon ab, ob mit der Hand oder mit Maschinen geschliffen wird bzw. welche Schleifmaschinen dafür eingesetzt werden. Trotzdem ist eine einfache Übersicht möglich:

Schleifarbeiten	*Schleifkörnung*
grobe Entrostungen und Einebnen von Schweißnähten	P 24–P 36
Entfernen von Beschichtungen	P 80–P 120
Schleifen von Polyesterspachtelschichten	P 40–P 120
Schleifen von Füllern	P 100–P 800
Mattschleifen von intakten Altlackierungen	P 360–P 800

3.6.2 Strahlmittel

1 Welche Strahlmittel dürfen heute zum Abstrahlen einer Stahlkonstruktion auf einer Baustelle eingesetzt werden?

Für diese Aufgabe sind alle Strahlmittel außer Quarzsand erlaubt. In der Praxis setzt man für solche Aufgaben Schmelzkammerschlacke, Strahlkorund (Aluminiumoxid) und Strahlhartgussgranulat oder eine Mischung dieser Strahlmittel in beliebigem Verhältnis ein. Die beste Strahlwirkung würde Strahlkorund zeigen. Dieses Strahlgut ist aber auch am teuersten.

2 Begründen Sie, warum man heute Quarzsand nur in Ausnahmefällen zum Abstrahlen verwenden darf und zeigen Sie diese Ausnahmen auf!

Quarzstaub kann Silikose (entzündliche Veränderung der Lunge durch Einatmen von Steinstaub) verursachen. Diese Krankheit ist auch als Staublunge bekannt. Deshalb wurde die Verwendung von Quarzsand zum Abstrahlen durch ein bereits 1975 verabschiedetes Gesetz stark eingeschränkt. Quarzsand darf nur zum Strahlen von Bauwerken eingesetzt werden, die ohnehin aus quarzhaltigen Materialien bestehen (allerdings sollte man hier nass strahlen). Quarzsand darf aber auch in vollautomatischen Strahlanlagen verwendet werden, wo eine Belastung des Menschen mit Quarzsand gänzlich ausgeschlossen werden kann.

3.6.3 Abklebebänder

1 Welche Forderungen werden an Abklebebänder gestellt?

An die Abklebebänder werden eine Reihe von Forderungen gestellt:

1. Sie müssen sich gut dehnen lassen und sich so auch für gekrümmte Flächen einsetzen lassen.
2. Sie müssen auf den unterschiedlichen Untergründen gut haften.
3. Sie müssen randscharf kleben und dürfen von den Beschichtungsstoffen nicht unterwandert werden.
4. Weder Band noch Kleber dürfen von Wasser, Lösemittel oder Beschichtungsstoff angelöst werden.
5. Die Abklebebänder müssen temperaturbeständig sein.
6. Sie müssen sich wieder rückstandslos und einfach entfernen lassen.

2 Zeigen Sie die unterschiedlichen Arten von Abklebebändern auf!

Bei den Abklebebändern sind folgende Arten zu unterscheiden:

1. Abklebebänder aus glattem oder gekrepptem Spezialpapier, das auch imprägniert sein kann,
2. Abklebebänder aus Kunststofffolien (PVC- oder Polyesterfolien),
3. Abklebebänder aus Baumwolle- oder Kunstfasergeweben.

Die Bänder werden in unterschiedlichen Dicken und Breiten und mit unterschiedlichen Klebern angeboten.

3 Bis zu welchen Temperaturen können hitzebeständige Abklebebänder eingesetzt werden?

Die Temperaturbeständigkeit der hitzebeständigen Abklebebänder reicht bis zu 353 K (80 °C). Die Bänder halten dieser Temperatur bis zu einer Stunde lang stand.

3.7 Tapeten

1 Welche Druckverfahren sind für Tapeten üblich?

Bei der Herstellung der Tapeten arbeitet man mit vier Druckverfahren:

1. Hochdruck,
2. Tiefdruck,
3. Siebdruck,
4. Prägedruck.

[2] **Bestimmte Eigenschaften der Tapeten werden mit Symbolen angegeben. Zeichnen Sie die Symbole für**

1. **wasserbeständige,**
2. **waschbeständige,**
3. **scheuerbeständige,**
4. **restlos abziehbare,**
5. **ausreichend lichtbeständige,**
6. **dublierte Tapeten.**

[3] **Erläutern Sie, welche Verschmutzungen man bei hochscheuerbeständigen Tapeten entfernen kann und welche Vorgehensweise zur Entfernung empfohlen wird.**

Wasserlösliche Verschmutzungen sollte man mit Seifenlauge, einem Scheuermittel, mit Schwamm oder einer Bürste entfernen.

[4] **Auf dem Beipackzettel einer Tapete finden Sie die unten stehenden Symbole: Nennen Sie die Bedeutung dieser Symbole!**

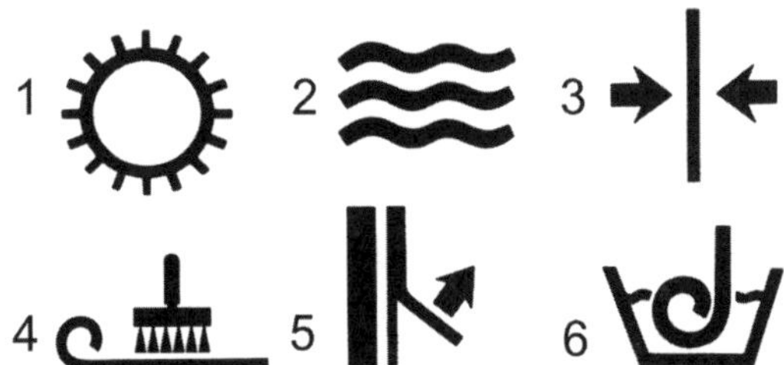

Die Symbole haben folgende Bedeutung:

1. gute Lichtbeständigkeit,
2. hoch waschbeständig,
3. gerader Ansatz,
4. der Klebstoff ist auf der Wandbekleidung aufzutragen,
5. spaltbare Tapete,
6. die Tapetenrückseite ist mit Kleister vorbeschichtet, der durch kurzes Wässern aktiviert wird.

5 Welche Vorteile bringt die dublierte Prägung?
Bei den dubliert geprägten Tapeten wird die geprägte Tapete auf der Rückseite mit einer nicht geprägten Papierbahn kaschiert. Wenn nun die Tapete nach dem Einstreichen mit Kleister weicht, kann die Prägung nicht so leicht verflachen; man spricht hier auch von einer standfesten Prägung.

6 Manche Gewebetapeten und sehr fein bedruckte Tapeten werden mit dem Symbol für gestürztes Kleben gekennzeichnet. Warum ist das gestürzte Kleben hier sinnvoll und welche Mängel sollen damit vermieden werden?
Bei diesen Tapetenarten sind Farbtonunterschiede zwischen der rechten und linken Seite der Tapete nicht auszuschließen. Werden diese Tapeten nun gestürzt verklebt, das heißt, jede zweite Bahn wird in der Gegenrichtung tapeziert, kommen im Stoßbereich immer nur zwei rechte bzw. zwei linke Tapetenseiten zusammen. Die leichten Farbtonunterschiede sind so nicht sichtbar.

7 Welche Lichtbeständigkeitswerte nach der Wollskala erreichen Tapeten mit ausreichender und guter Lichtbeständigkeit?
Tapeten mit ausreichender Lichtbeständigkeit müssen auf der acht Lichtbeständigkeitswerte umfassenden Wollskala einen Lichtbeständigkeitswert von mindestens 3 erreichen. Bei den gut lichtbeständigen Tapeten muss der Lichtbeständigkeitswert über 5 liegen.

8 Begründen Sie, warum Naturelltapeten im Vergleich mit Fondtapeten nur unzureichende Lichtbeständigkeit aufweisen!
Bei den Fondtapeten wird vor dem eigentlichen Musterdruck ein vollflächiger Grundton aufgetragen. Bei den Naturelltapeten dagegen wird das Muster unmittelbar auf das holzhaltige Papier gedruckt. Der Grundton (der Fond) der Fondtapeten bewirkt eine ausreichende oder sogar gute Lichtbeständigkeit.

9 Einige Tapetenarten sind nicht für alkalische Untergründe geeignet, weil die Alkalität Flecken auf der Tapete verursachen würde. Nennen Sie diese Tapeten!
Alkaliempfindliche Tapeten sind die Metalltapeten und die Bronzedrucktapeten.

10 Bei den Textiltapeten sind zwei große Gruppen zu unterscheiden. Nennen Sie die beiden Gruppen und zeigen Sie den Unterschied auf!
Bei den Textiltapeten muss man Gewebetapeten und Kettfadentapeten unterscheiden. Die Fäden der Gewebetapeten kreuzen sich (Kett- und Schussfäden), bei den Kettfadentapeten dagegen sind die Fäden nur in Längsrichtung (Kettfäden) auf der Tapete kaschiert.

11 Welche Anfertigungskennzeichnung muss eine Tapete aufweisen?

1. Anfertigungsnummer,
2. Herstellerfirma,
3. Qualitätsgruppe der Tapete,
4. Rapport,
5. Musterrichtung und sonstige Angaben zur Verarbeitung.

12 Welche Bedeutung hat die Anfertigungsnummer für den Verarbeiter?

Nur wenn alle Tapetenrollen die gleiche Anfertigungsnummer tragen, kommen sie aus einer Fertigung. Ist dies nicht der Fall, sind leichte Farbtonabweichungen nicht auszuschließen. Tapeten mit abweichenden Anfertigungsnummern sollten deshalb auf gesonderten Flächen verarbeitet werden.

13 Nennen Sie die Maße der sog. Europarolle!

Die Europarolle ist 0,53 m breit und 10,05 m lang.

14 In welchen Maßen ist Raufasertapete im Handel?

Raufaser ist in den Maßen 0,56 × 33,50 m, 0,56 × 17,00 m und 0,75 × 125,00 m lieferbar.

15 Welche Vorteile bringt die Verwendung von Vliestapeten?

Vliestapeten gibt es in vielen Mustern und Farben, auch ansatzfrei. Da der Träger nicht aus dem feuchtigkeitsempfindlichen Papier, sondern aus feuchtigkeitsbeständigen und maßstabilen Vliesfasern besteht, dehnt sich die Tapete beim Tapezieren nicht aus. Diese Tapeten können ohne vorheriges Einweichen blasenfrei verklebt werden.
Beim Tapezieren wird entweder die Wand oder die Vliestapete eingekleistert. Diese Tapeten sind auch nach Jahren noch trocken von der Wand abziehbar.

16 Was versteht man unter den »EMV-Tapeten«?

EMV-Tapeten (EMV = elektromagnetische Verträglichkeit) sind Vliestapeten mit Metallgitter, Metallbeschichtungen oder Metallfolien zur Abschirmung elektromagnetischer Strahlen, z. B. zum Schutz vor der Strahlung medizintechnischer Geräte. Daneben ist mit diesen Tapeten auch die Abhörsicherung von Räumen gegen Mobilfunknetze möglich.

4 Arbeitsverfahren

4.1 Trockenausbau

1 Ein Bürogebäude wird im Trockenbau mit Gipskartonplatten ausgebaut. Welche Überlegungen sind bei der Planung anzustellen?

Überlegung bei der Planung:

- Sind Unterkonstruktionen erforderlich?
- Wie groß sind die zulässigen Stützweiten der Unterkonstruktionen?
- Wie groß sind die Spanweiten für die Gipskartonplatten?
- Wie groß sind die Abstände für die Befestigungen?
- Welches Zubehör wird benötigt?

2 Bereits vor dem Anstrich fällt auf, dass der bei der Lagerung oben liegende Teil der Platten gelber ist als die übrigen Platten. Nach dem ersten Anstrich hat sich der Eindruck noch verstärkt.
A) Wie hätte sich dieser Mangel vermeiden lassen? B) Wie lässt sich der Mangel beseitigen?

A) Die durch langzeitige Belichtung vergilbten Platten hätten in der oberen Beplankung (Sichtfläche) nicht verarbeitet werden dürfen. Des Weiteren hätten diese vergilbten Platten keinesfalls mit den üblichen Wandanstrichen beschichtet werden dürfen.

B) Die die Gelbfärbung verursachenden Farbstoffe müssen mit speziellen Beschichtungsstoffen abgesperrt werden.

3 Welche Vorteile bringen die »freien Anschlüsse« bei den Deckenkonstruktionen?

Bei den freien Anschlüssen wird durch Schattenfugen vermieden, dass die Deckenkonstruktion eine direkte Verbindung zum angrenzenden Bauteil hat und dadurch Risse entstehen.

4 Was versteht man unter einem Trockenputz?

Nach DIN 18181 ist das eine Wandbekleidung aus 12,5 mm dicken Wandplatten, die mit Ansetzbinder unmittelbar an die Wände angesetzt werden.

5 Wie müssen glatte Untergründe, z. B. Beton und stark saugende Untergründe, z. B. Porenbeton, vor dem Anbringen des Trockenputzes vorbereitet werden?

Diese Untergründe müssen nach Herstellervorschrift mit einer jeweils speziellen Grundierung für den Trockenputz vorbereitet werden.

6 Welche besondere Berechnung ist auszuführen, wenn mit der Ausführung der Trockenbauarbeiten eine innenseitige Wärmedämmung erfolgt?
Es ist zu prüfen, ob mit der innenseitigen Wärmedämmung gleichzeitig eine innenseitige Dampfsperre erfolgen muss.

7 Aus welchen Teilen besteht die Unterkonstruktion für eine Trockenbaudecke auf Beton? Wie kann die Verbindung hergestellt werden?
Die Unterkonstruktion besteht grundsätzlich aus Grund- und Traglatten bzw. Profilen.
Die Verbindung wird mit Schnellbauschrauben oder Holzbauschrauben oder mit je zwei schräg getriebenen Nägeln je Kreuzungspunkt hergestellt.

8 Wie werden die Gipskartonplatten auf den Unterkonstruktionen fachgerecht befestigt?
Auf den Unterkonstruktionen aus Holz werden die Beplankungen mit Gipskartonnägeln nach DIN 18182-4 oder mit Schnellbauschrauben nach DIN 18182-2 befestigt.

9 Wie wird bei im Trockenbau ausgeführten Trennwänden der Brand- und Schallschutz erreicht?
Der Zwischenraum zwischen den Beplankungen muss mit Mineralwolle gefüllt werden.

10 Mit welchen Maßnahmen sollen bei den Trockenbauarbeiten bautechnische Risse vermieden werden?
Bauteil-Trennfugen müssen in den Trockenputz übernommen werden. Ansonsten sind in Abständen von <15 m bei Massivbauten und <10 m bei Skelettbauten Fugen einzubauen.

11 In einer im Trockenbau ausgebauten Küche sollen Küchenschränke montiert werden. Was ist bei der Befestigung der Hängeschränke zu beachten?
Lasten >15 kg, also auch die Hängeschränke, müssen in den tragenden Bauteilen befestigt werden.

4.2 Arbeitsverfahren auf mineralischen Untergründen

4.2.1 Beschichtungen auf Außenputzen

[1] Bei einer älteren Kirche wurde der schadhafte Außenputz abgeschlagen und durch einen neuen Putz der Mörtelgruppe P II ersetzt. Der in einer mittleren Körnung ausgeführte Rauputz soll mit Silikatfarbe gestrichen werden. Erstellen Sie für den Anstrich eine detaillierte Leistungsbeschreibung!

Leistungsbeschreibung für den Fassadenanstrich:

- Anätzen des Putzes mit Ätzflüssigkeit
- Grundanstrich mit verdünntem Fixativ
- Zwischenanstrich mit Silikatfarbe
- Schlussanstrich mit Silikatfarbe

[2] Bei einer älteren Fassade eines Hauses schält sich der Dispersionsfarbenanstrich unter dem Erker teilweise ab. Die Untergrundprüfung zeigt, dass der Putz hier der Mörtelgruppe P II entspricht und an der Oberfläche leicht sandet. Erstellen Sie für den Neuanstrich eine Leistungsbeschreibung unter Angabe des zu verwendenden Materials!

Leistungsbeschreibung für den Fassadenanstrich:

Pos. 1 Fassadenanstrich

- Entfernen der Altbeschichtung durch Abkratzen und soweit notwendig durch Abbeizen
- Ausbessern der Putzschäden mit artgleichem Material

- Grundanstrich mit einem Putzgrundiermittel auf der Basis der folgenden Dispersionssilikatfarben
- Zwischenanstrich mit Dispersionssilikatfarbe
- Schlussanstrich mit Dispersionssilikatfarbe

Pos. 2 Entsorgen der Abbeizprodukte und des Schmutzwassers

Auch Dispersionsfarben und Silikonharzfarben wären für diesen Untergrund geeignet.

3 Begründen Sie, warum auf Putzen der Mörtelgruppe P I keine Dispersionsfarben eingesetzt werden dürfen!

Putze dieser Mörtelgruppen benötigen auch nach der Erhärtung ständig Kohlendioxid. Bleibt dieses Kohlendioxid aus, wird der Putz mit der Zeit mürbe. Die Beschichtung platzt vom mürben Untergrund ab. Dispersionsfarben sperren den Untergrund stärker vor Feuchtigkeit und Kohlendioxid ab als vergleichsweise Kalk- und Silikatfarben.

4 An einer Fassade finden Sie einen glatt verriebenen Putz der Mörtelgruppe P II vor. Der Putz ist fest, im Sockelbereich zeigen sich aber Ausblühungen. Der Dispersionsfarbenanstrich schält sich hier teilweise ab. Erstellen Sie für den Fassadenanstrich eine Leistungsbeschreibung. Nennen Sie das für die Arbeiten erforderliche Material (keine Firmenbezeichnungen)!

Leistungsbeschreibung des Fassadenanstrichs:

- Abbeizen der Dispersionsfarbenbeschichtung mit biologisch abbaubarem Dispersionsabbeizer
- Nachreinigen mit dem Hochdruckstrahler
- Trockenes Entfernen der Ausblühungen nach gründlicher Trocknung
- Ausbessern von Putzschäden mit artgleichem Material
- Grundanstrich mit einem Putzgrundiermittel auf der Basis der folgenden Dispersionssilikatfarbe
- Zwischenanstrich mit Dispersionssilikatfarbe
- Schlussanstrich mit Dispersionssilikatfarbe

Der Dispersionsfarbenanstrich könnte auch im Feuchtnebelstrahlverfahren oder mit Trockeneis entfernt werden. Bei diesen Arbeitsverfahren ist aber zu prüfen, ob und inwieweit der Putz geschädigt wird. Wenn die Struktur des Putzes dabei geschädigt wird, wird sich das nach dem Anstrich eklatant zeigen.

Auch Dispersionsfarben und Silikonharzfarben könnten eingesetzt werden.

5 Ein Fassadenanstrich zeigt starken Pilzbewuchs und kleinere, mechanische Beschädigungen. Der Putz in einer mittleren Körnung entspricht der Mörtelgruppe P II. Beim Altanstrich handelt es sich um einen Dispersionsfarbenanstrich. Erstellen Sie für den Neuanstrich eine Leistungsbeschreibung!

Leistungsbeschreibung Fassadenanstrich:

- Reinigen der Fassade von Pilzen und Verschmutzungen mit dem Heißwasser-Druckstrahler, Auffangen des Schmutzwassers und umweltgerechte Entsorgung
- Vorbehandlung mit spezieller Pilzgiftlösung
- Ausbessern der kleinen Putzschäden unter Beachtung der Putzstruktur
- Grundanstrich mit fungizid eingestellter Fassaden-Dispersionsfarbe
- Schlussanstrich mit fungizid eingestellter Fassaden-Dispersionsfarbe

Der vom Hersteller vorgeschriebene Mindestverbrauch ist unbedingt einzuhalten. Ist dies mit zwei Anstrichen wider Erwarten nicht möglich, muss ein dritter Anstrich erfolgen. Dies stellt eine besondere Leistung im Sinne der VOB dar und ist gesondert zu vergüten. Hierzu können sich je nach Leistungsbeschreibung und Vertragslage unterschiedliche Rechtsansprüche ergeben.

6 **Eine vor zehn Jahren letztmalig gestrichene Fassade soll einen neuen Anstrich erhalten. Der in einer mittleren Körnung ausgeführte Rauputz der Mörtelgruppe P II zeigt keine Schäden. An den glatt verputzten Lisenen sind aber Haarrisse sichtbar. Hier mussten vom Maurer auch umfangreiche Putzausbesserungen durchgeführt werden. Die Putzausbesserungen sind trocken. Für den Altanstrich hat man letztmalig eine Silikatfarbe verwendet. Die Lisenen sollen farbig abgesetzt werden. Erstellen Sie für die auszuführenden Arbeiten eine detaillierte Leistungsbeschreibung unter Angabe der entsprechenden Positionen. Berücksichtigen Sie dabei auch das erforderliche Gerüst.**

Leistungsbeschreibung:

Pos. 1 Gerüst
- Anfahrt und Aufbau des Fassadengerüsts entsprechend den Vorschriften der BG
- Vorhalten des Fassadengerüsts für die Dauer der Malerarbeiten
- Abbau und Abfahrt des Fassadengerüsts

Pos. 2 Anstrich des Rauputzes
- Ausbessern kleinerer Putzschäden mit artgleichem Material unter Angleichung der Putzstruktur
- Anätzen der ausgebesserten Stellen mit Ätzflüssigkeit
- Grundanstrich der gesamten Fläche mit Fixativ, das dem Saugvermögen entsprechend mit Wasser verdünnt wird
- Zwischenanstrich mit Silikatfarbe, je nach Saugfähigkeit verdünnt mit Fixativ
- Schlussanstrich mit Silikatfarbe

Pos. 3 Anstrich des Glattputzes
- Ausbessern kleinerer Putzschäden mit artgleichem Material
- Anätzen der Neuputzstellen mit Ätzflüssigkeit
- Grundanstrich mit Fixativ, verdünnt nach Saugfähigkeit mit Wasser
- Zwischenanstrich mit Silikatfarbe, verdünnt nach Saugfähigkeit mit Fixativ
- Schlussanstrich mit Silikatfarbe

Natürlich könnte auch Dispersionssilikatfarbe verwendet werden. Da aber bereits der Altanstrich mit Silikatfarbe ausgeführt worden ist, besteht für den Einsatz der Dispersionssilikatfarbe keine Notwendigkeit. Dispersionsfarben sind hier weniger geeignet.

7 An einer glatt verputzten Fassade mit einem Putz der Mörtelgruppe P II zeigen sich baudynamische Risse und großflächige Netzrisse. Die Fassade wurde vor zwölf Jahren letztmalig gestrichen. Der mit Dispersionsfarben hergestellte Altanstrich weist ansonsten keine Schäden auf und haftet gut, ist aber stark verschmutzt. Erstellen Sie eine detaillierte Leistungsbeschreibung! Die dafür notwendigen Gerüstarbeiten können Sie hier vernachlässigen!

Leistungsbeschreibung für die Armierung der Fassade:

- Reinigen der Fassade
- Ausweiten der baudynamischen Risse und der größeren Netzrisse
- Grundanstrich mit Putzgrundiermittel
- Ausfüllen der geöffneten Risse mit Armierungsspachtelmasse
- Zwischenbeschichtung mit plastoelastischer Einbettungsmasse auf Dispersionsbasis, vollflächiges Einbetten eines elastischen Kunststoff-Armierungsgewebes
- Zwischenbeschichtung mit plastoelastischer Dispersionsfarbe
- Schlussbeschichtung mit plastoelastischer Dispersionsfarbe

8 Der Dispersionsfarbenanstrich schält sich von der Fassade ab. Die Untergrundprüfung zeigt, dass der Putz der Mörtelgruppe P II entspricht und an der Oberfläche leicht sandet. Erstellen Sie für den Neuanstrich eine Leistungsbeschreibung unter Angabe des zu verwendenden Materials!

Leistungsbeschreibung für den Fassadenanstrich:
Pos. 1 Fassadenanstrich
- Entfernen der Altbeschichtung durch Abkratzen und durch Abbeizen
- gründliches Nachreinigen mit dem Hochdruckreiniger
- Ausbessern der Putzschäden mit artgleichem Material
- Grundanstrich mit einem Putzgrundiermittel auf der Basis der folgenden Dispersionssilikatfarbe
- Zwischenanstrich mit Dispersionssilikatfarbe
- Schlussanstrich mit Dispersionssilikatfarbe

Pos. 2 Entsorgen der Abbeizprodukte und des Schmutzwassers

Auch Dispersionsfarben und Silikonharzfarben wären für diesen Untergrund geeignet.

4.2.2 Beschichtungen auf Innenputzen

1 In einem Neubau sind die Decken und Wände mit waschbeständiger Dispersionsfarbe zu streichen. Bei der Kratz- und Benetzungsprobe wurde auf dem Putz eine Sinterschicht festgestellt. Erstellen Sie für die Beschichtungsarbeit eine Leistungsbeschreibung und begründen Sie die Ausführung!

Leistungsbeschreibung für den Anstrich der Decken und Wände:
- Anätzen der Sinterschicht mit Fluat 1:1 verdünnt mit Wasser, gründliches Nachwaschen mit klarem Wasser
- Grundanstrich mit waschbeständiger Dispersionsfarbe Klasse 3 nach DIN EN ISO 13300
- Schlussanstrich mit waschbeständiger Dispersionsfarbe Klasse 3 nach DIN EN ISO 13300

Die Sinterschicht muss vor der Beschichtung entfernt werden, da sie sonst durch Spannungsunterschiede vom Putz abplatzt. Die Entfernung der Sinterschicht wäre auch durch mechanisches Abschleifen möglich. Hier wurde das Anätzen mit Fluat gewählt, weil es kostensparender ist und den Putz am wenigsten schädigt.

Das Ausbessern kleinerer Putzschäden stellt entsprechend der VOB eine Nebenleistung dar und wird deshalb nicht gesondert aufgeführt. Bei einem Neubau werden üblicherweise keine Ganzabdeckungen durchgeführt. Deshalb ist hierfür keine Position angegeben.

2 Auf einer Treppenhausdecke finden Sie einen Mischbinderanstrich vor, der sich mit Wasser nur schwer lösen lässt. Es wird ein waschbeständiger Dispersionsfarbenanstrich gewünscht. Erstellen Sie für die notwendigen Malerarbeiten die Leistungsbeschreibungen und begründen Sie die vorgesehene Ausführung!

Leistungsbeschreibung:
Pos. 1 Vollständiges Abdecken des Bodens, Entfernen und Entsorgen der Abdeckung
Pos. 2 Anstrich der Treppenhausdecke
- Entfernen der Mischbinderfarbe durch Anquellen mit Wasser und Abkratzen, evtl. unter Einsatz von Dispersionsabbeizern
- Grundanstrich mit Putzgrundiermittel
- Zwischenanstrich mit waschbeständiger Dispersionsfarbe Klasse 3 nach DIN EN ISO 13300
- Schlussanstrich mit waschbeständiger Dispersionsfarbe Klasse 3 nach DIN EN ISO 13300

Mischbinderfarben lassen sich nur schwer wieder entfernen, jedoch entstehen beim Überstreichen dieser Beschichtungen immer wieder Schäden durch Blasenbildung und Abplatzungen. So müssen diese Anstriche nach VOB vor einer neuerlichen Beschichtung grundsätzlich entfernt werden.
Übrigens ist die Verwendung von Mischbinderfarben, häufig als sogenannte wischbeständige Dispersionsfarben im Handel, wegen der problematischen Entfernung nach VOB nicht vorgesehen.

3 Begründen Sie, warum Leimfarben vor der Beschichtung mit Dispersionsfarben abgewaschen werden müssen und eine Festigung der Leimfarben mit Putzgrundiermitteln als Vorbehandlung nicht ausreicht!
Die Leimfarbenschicht kann mit dem Putzgrundiermittel nicht völlig gefestigt werden. Es leistet - entgegen Herstellerbeteuerung - weder eine tiefgreifende Festigung der Schichten, noch vermag es, die Adhäsion dieser Beschichtungen zu verbessern. Zwar bleibt der erste Anstrich mit Dispersionsfarben auf der Leimfarbe häufig ohne Schäden, später aufgetragene Dispersionsfarben platzen aber großflächig ab, weil das Wasser der Dispersionsfarbe durch die Anstrichschichten wandert und die Leimfarbe anlöst. Leider kann eine Leimfarbe unter der Dispersionsfarbe auch nicht leicht erkannt werden.

4 Die Decken und Wände in den verputzten Räumen einer Behörde sind mit Leimfarbe gestrichen. An einigen Decken sind gelbe Wasserränder zu sehen. Das den Wassereinbruch verursachende Dach wurde repariert, die Feuchtigkeit ist abgetrocknet. Erstellen Sie für den gewünschten Anstrich mit waschbeständiger Dispersionsfarbe eine Leistungsbeschreibung!
Pos. 1 Vollständiges Abdecken des Bodens, Entfernen und Entsorgen der Abdeckung
Pos. 2 Leistungsbeschreibung für den Dispersionsfarbenanstrich:
- Entfernen des Leimfarbenanstrichs durch Abwaschen und Abstoßen
- Absperren der Wasserflecken mit Absperrlackfarbe

- Grundanstrich mit verdünnter Dispersionsfarbe waschbeständig Klasse 3 nach DIN EN ISO 13300
- Schlussanstrich mit Dispersionsfarbe waschbeständig Klasse 3 nach DIN EN ISO 13300

5 **Die Decke in einem Restaurant ist mit waschbeständiger Dispersionsfarbe gestrichen. Außer einer starken Vergilbung durch früheres übermäßiges Rauchen sind keine Mängel vorhanden. Die Wände sind mit Holz verkleidet. Die Decke soll einen neuen Anstrich erhalten. Erstellen Sie hierzu eine Leistungsbeschreibung. Begründen Sie Ihre Werkstoffauswahl!**
Leistungsbeschreibungen für den Anstrich der Decke:
Pos. 1 Vollflächiges Abdecken der Wände und des Bodens
Pos. 2 Anstrich der Decke
- Reinigen der Decke durch Wasser mit Zusatz von Haushaltsreinigern
- Grundanstrich mit absperrender Dispersionsfarbe Klasse 3 nach DIN EN ISO 13300
- Schlussanstrich mit absperrender Dispersionsfarbe Klasse 3 nach DIN EN ISO 13300

Begründung der Werkstoffauswahl:
Übliche wasserverdünnbare Beschichtungsstoffe würden die wasserlöslichen Teerprodukte, die Rückstände vom starken Tabakrauch, wieder anlösen. Deshalb wird eine spezielle, absperrende Dispersionsfarbe gewählt. Damit lässt sich ein gleichmäßig weißer Anstrich erzielen.

6 **Auf dem Neuputz eines Treppenhauses ist ein Reibeputz aufzutragen. Erstellen Sie hierzu eine Leistungsbeschreibung! Die Abdeckarbeiten brauchen nicht aufgeführt zu werden.**
Leistungsbeschreibung Reibeputz:
- Absanden des Putzes, Ausbessern kleinerer Putzschäden mit gipshaltiger Spachtelmasse
- Grundanstrich mit Putzgrundiermittel
- Zwischenanstrich mit Streichputz
- Auftragen des Reibeputzes und Strukturieren der Fläche

7 **Die Wände eines Flurs wurden vor fünf Jahren mit scheuerbeständiger Dispersionsfarbe gestrichen. Zwischenzeitlich ist der Anstrich verschmutzt und zum Teil abgeschürft. Auch sind einige mechanische Beschädigungen sichtbar. Nunmehr soll auf diesem Untergrund eine Glättetechnik ausgeführt werden. Erstellen Sie für diese Arbeit eine Leistungsbeschreibung! Die Abdeckarbeiten brauchen nicht aufgeführt zu werden.**
Leistungsbeschreibung für die Glättetechnik:
- Reinigen des Untergrunds und Planschleifen

- Ausbessern der Putzschäden mit gipshaltiger Spachtelmasse
- Grundanstrich mit scheuerbeständiger Dispersionsfarbe Nassabriebklasse 2
- Erste Spachtelung mit Dispersionsspachtelmasse
- Zweite Spachtelung mit Dispersionsspachtelmasse
- Dritte Spachtelung mit Dispersionsspachtelmasse
- Planschleifen
- Fleckspachteln im gewünschten Farbton
- Glätten und Wachsen der Glättetechnik

8 In einem Raum ist wegen eines undichten Daches ein umfangreicher Pilzbefall auf dem Dispersionsfarbenanstrich entstanden. Beschreiben Sie, wie man diesen Schaden beseitigen kann!

Da die Pilzententfernung hier nur einen geringen Zeitaufwand in Anspruch nimmt (<2 Stunden) liegt bei diesem Schaden die Gefährdungsklasse 1 vor. Trotzdem sind bei der Beseitigung Schutzmaske und Handschuhe zu tragen.
Die Pilze werden mit fungizider Lösung abgewaschen. Danach muss gründlich mit klarem Wasser nachgewaschen werden. Nach dem Trocknen folgen zwei Anstriche mit fungizid eingestellter Dispersionsfarbe.

9 Die Wanne eines Heizölraums soll mit heizölbeständigem Beschichtungsstoff beschichtet werden. Der Putz der Mörtelgruppe P III ist neu. Der Boden ist ein Betonestrich, der keine Schäden zeigt. A) Wie hoch muss der Sockel beschichtet werden? B) Erstellen Sie für die Beschichtung eine Leistungsbeschreibung unter Angabe des verwendeten Materials!

A) Die Beschichtung des Sockels muss so hoch sein, dass der Flüssigkeitsspiegel des Heizöls beim Auslaufen unter der Höhe der Beschichtung bleibt, selbst wenn der Tank vorher völlig gefüllt war. Wenn im Raum mehrere Tanks verbunden sind, muss die mit der Beschichtung entstehende Wanne den Inhalt aller verbundenen Tanks aufnehmen können.

B) Leistungsbeschreibung für die Beschichtung für Sockel und Boden:
- Reinigen des Untergrunds
- Grundanstrich mit heizölbeständiger Dispersionsfarbe
- Zwischenbeschichtung mit heizölbeständiger Dispersionsfarbe
- Schlussbeschichtung mit heizölbeständiger Dispersionsfarbe

Anmerkung: Für die Beschichtung darf nur eine geprüfte, zugelassene heizölbeständige Qualität eingesetzt werden. Geeignete Dispersionsfarben müssen ein Prüfzeichen des Bauinstituts Berlin aufweisen. Die im Zulassungsbescheid und vom Hersteller vorgeschriebene Schichtdicke ist einzuhalten. Die einzelnen Anstrichschichten müssen in unterschiedlichen Farbtönen ausgeführt werden. Die Schichtenfolge muss sichtbar sein.

4.2.3 Beschichtungen auf Beton

1 Eine neue Sichtbeton-Fassade soll gestrichen werden. Bei der Untergrundprüfung wurden auf der Oberfläche reemulgierbare Schalölrückstände festgestellt. Sonstige Mängel sind nicht zu erkennen. Erstellen Sie für die Beschichtung der Fassade eine Leistungsbeschreibung unter Angabe der zu verwendenden Werkstoffe! Begründen Sie den Einsatz dieser Werkstoffe! Ein entsprechendes Gerüst ist bereits vorhanden.

Leistungsbeschreibung für die Betonbeschichtung:
- Entfernen der Schalölreste mit Wasser und Netzmittelzusatz
- Grundanstrich mit Putzgrundiermittel
- Zwischenbeschichtung mit CO_2-dichter Dispersionsfassadenfarbe, z. B. Reinacrylatfassadenfarbe
- Schlussbeschichtung mit CO_2-dichter Dispersionsfassadenfarbe, z. B. Reinacrylatfassadenfarbe

Begründung der Werkstoffwahl:

Reemulgierbare Schalöle lassen sich im Wasser wieder emulgieren und so mit Wasser, dem zur Verbesserung der Mischbarkeit ein Netzmittel zugesetzt wird, problemlos beseitigen. Andere Schalöle wären mit einer Salmiaknetzmittelwäsche zu entfernen. Dispersionsfassadenfarben werden eingesetzt, weil sie im Gegensatz zu Silikatfarben einen wirksamen Schutz vor Kohlendioxid bieten und so die Alkalität des Betons und damit der Schutz des Bewehrungsstahls gewährleistet ist.

2 Balkonbrüstungen aus Sichtbeton sind zu beschichten. Der Altanstrich, eine Dispersionsfarbe, schält sich teilweise ab. Das von den waagerecht ausgebildeten Oberkanten der Balkonbrüstung ablaufende Wasser hat starke Schmutzspuren hinterlassen. Durch die hier häufig einwirkende Feuchtigkeit haben sich auch Algen gebildet. Schäden am Beton sind aber noch nicht sichtbar. Der Bewehrungsstahl liegt noch im alkalischen Bereich.
A) Zeigen Sie die notwendigen konstruktiven Verbesserungen auf, wenn künftig dieses Schadensbild vermieden werden soll! B) Erstellen Sie für die notwendigen Malerarbeiten eine detaillierte Leistungsbeschreibung! Die Gerüstarbeiten können entfallen.

A) Notwendige konstruktive Verbesserungen:
Die Balkonoberseite sollte eine leicht geneigte Abdeckung, z. B. mit Steinplatten, Aluminium- Titanzink- oder Kupferblechen bekommen. Um das abfließende Wasser von den Brüstungen wegzuhalten, sollten außen im entsprechenden Abstand Tropfnasen eingearbeitet werden.

B) Leistungsbeschreibung der Betonbeschichtung:
Pos. 1 Anstrich der Brüstungen
- Abbeizen der Altbeschichtung mit biologisch abbaubarem Abbeizer
- Entfernen der Algen mit algiziden Mitteln, gründliches Nachreinigen
- Grundanstrich mit Putzgrundiermittel
- Zwischenbeschichtung mit Dispersionsfassadenfarbe
- Schlussbeschichtung mit Dispersionsfassadenfarbe

Pos. 2 Entsorgung der Abbeizprodukte und des Schmutzwassers

3 Balkonböden aus Beton sollen beschichtet werden. Die Balkone waren bislang nicht gestrichen, aber bereits einige Jahre der Witterung ausgesetzt, zeigen aber noch keine Mängel. Erstellen Sie für die Beschichtung eine Leistungsbeschreibung!

Leistungsbeschreibung für die Balkonböden aus Beton:
- Reinigen der Böden
- Grundanstrich mit unpigmentierter Epoxidharzlösung
- Zwischenbeschichtung mit Polyurethanharzlackfarbe
- Schlussbeschichtung mit Polyurethanharzlackfarbe

Hier wären auch Epoxidharzlackfarben als Zwischen- und Schlussanstrich möglich. Diese Lackfarben neigen aber im Freien zum Kreiden.

4 Ein Klärbecken aus Beton wurde neu erstellt. An der Oberfläche finden Sie teilweise schlecht haftende Zementschlämmen vor. Zu erwartende Belastung: Die Temperaturen des Klärwassers liegen im Sommer bei 313 K (+ 40 °C), im Winter bei 293 K (+ 20 °C). Das Klärwasser enthält im Wesentlichen Säuren (vorwiegend Essigsäure, Salzsäure, Schwefelsäure, schwefelige Säure und Fettsäuren), Salze dieser Säuren sowie Chlorkohlenwasserstoffe, Alkohole

und Ester. Erstellen Sie für die Beschichtung eine Leistungsbeschreibung mit Angabe des zu verwendenden Materials!

Leistungsbeschreibung für die Betonbeschichtung im Klärbecken:

- Überstrahlen des Betons mit Schmelzkammerschlacke, Abblasen mit ölfreier Druckluft
- Grundanstrich mit unpigmentierter Epoxidharzlösung
- Erste Zwischenbeschichtung mit Epoxidharzlackfarbe lösemittelfrei
- Zweite Zwischenbeschichtung mit Epoxidharzlackfarbe lösemittelfrei
- Schlussbeschichtung mit Epoxidharzlackfarbe lösemittelfrei

Die Mindestschichtdicke des gesamten Systems muss 300 µm betragen. Wenn diese Schichtdicke mit weniger Beschichtungen erreicht werden kann und der Hersteller seinen Beschichtungsstoff für dieses Objekt empfiehlt, kann das Beschichtungssystem mit weniger Schichten eingesetzt werden. Auf der Grundierung mit unpigmentierter Epoxidharzlösung wäre auch ein Polyurethansystem möglich, wenn der Hersteller des Beschichtungssystems dies empfiehlt. Polyurethanharzlackfarben wären sogar kreidungs- und säurebeständiger. Doch fällt die Kreidungsbeständigkeit bei diesem Objekt kaum ins Gewicht. Die Säurebeständigkeit der Epoxidharzlackfarben reicht für diese Belastung aus, zumal wenn isocyanathärtende Systeme eingesetzt werden.

[5] **Der neue Betonestrich in der Lagerhalle eines Großmarktes soll beschichtet werden. Der Boden wird auch mit Gabelstaplern befahren. Bei der Untergrundprüfung wurde eine Sinterschicht festgestellt. Erstellen Sie für die Beschichtung eine Leistungsbeschreibung!**

Leistungsbeschreibung für die Fussbodenbeschichtung auf Beton:

- Entfernen der Sinterschicht durch leichtes Überstrahlen mit Hochofenschlacke, gründliche Nachreinigung
- Grundanstrich mit nach Saugfähigkeit verdünnter unpigmentierter Epoxidharzlösung
- Zwischenbeschichtung mit lösemittelfreier Epoxidharzlackfarbe
- Schlussbeschichtung mit lösemittelfreier Epoxidharzlackfarbe

Natürlich könnten hier auf der Epoxidharzgrundierung auch lösemittelfreie Polyurethanharzlackfarben eingesetzt werden.

4.2.4 Beschichtungen auf Porenbeton

[1] **Die Innenwände in einem Neubau wurden mit Porenbeton hergestellt. Erstellen Sie für die notwendige Spachtelung und den folgenden Dispersionsfarbenanstrich eine Leistungsbeschreibung!**

Leistungsbeschreibung:
- Erste Spachtelung mit hydraulisch abbindender Spachtelmasse
- Zweite Spachtelung mit hydraulisch abbindender Spachtelmasse
- Grundanstrich mit Putzgrundiermittel
- Zwischenbeschichtung mit waschbeständiger Dispersionsfarbe Klasse 3 nach DIN EN ISO 13300
- Schlussbeschichtung mit waschbeständiger Dispersionsfarbe Klasse 3 nach DIN EN ISO 13300

Statt der hydraulisch abbindenden Spachtelmasse wären Dispersionsspachtelmassen auch möglich. Wegen des Quellvermögens der Dispersionsspachtelmassen können darauf aber bestimmte Tapetenarten, wie Kunststofftapeten und Metalltapeten, nicht mängelfrei verarbeitet werden.

2 Eine Lagerhalle wurde in der Betonskelettbauweise erstellt. Die Flächen zwischen den Betonpfeilern wurden mit Porenbeton-Wandtafeln geschlossen. Der Porenbeton soll nun außen eine Beschichtung mit Kunstharzputz erhalten. Erstellen Sie für die notwendigen Malerarbeiten eine Leistungsbeschreibung!

Leistungsbeschreibung für die Beschichtung mit Kunststoffputz:
- Grundanstrich mit Putzgrundiermittel
- Zwischenbeschichtung mit Streichputz
- Schlussbeschichtung mit Kunstharzputz

Evtl. anfallende Gerüstbauarbeiten und umfangreiche Abdeckarbeiten wurden hier nicht erfasst. Hierfür wären eigene Positionen erforderlich.

3 Wenn in Innenräumen häufig eine hohe Luftfeuchtigkeit herrscht (über 70 % relative Luftfeuchtigkeit bzw. Kondenswasserbelastung) muss an den Innenseiten der Außenwände ein zusätzlicher Feuchtigkeitsschutz ausgeführt werden. Begründen Sie diese Forderung. Wie lässt sich dieser Feuchtigkeitsschutz erreichen?

Die im Innenraum entstehende Feuchtigkeit wandert durch den Porenbeton nach außen. Der Porenbeton nimmt die Feuchtigkeit gut auf, gibt sie aber nur zögernd wieder ab. Der Porenbeton wird durch die im Mauerwerk kondensierende Feuchtigkeit nass. Ein feuchter Porenbeton zeigt aber nur stark verringerte Wärmedämmung. Sind außen Beschichtungen mit hohem Wasserdampfwiderstand aufgetragen, kann es durch den Dampf- und Wasserdruck zu Schäden kommen. Auch Frostschäden sind möglich.

Eine innenseitige Dampfsperre ist mit Stoffen möglich, die nur wenig Wasserdampf diffundieren lassen. Dazu zählen keramische Fliesen, Metallfolien als Untertapeten, Metall- und Kunststofftapeten, Kunststoffbeläge und Lackfarbenbeschichtungen.

4.2.5 Beschichtungen auf Faserzementplatten

1 Bei der Untergrundprüfung von Faserzementplatten (keine Asbestzementplatten), die als Verkleidung an der Fassade montiert sind, stellen Sie an einzelnen Platten Ausblühungen und Algenbewuchs fest. Welche Folgerungen lässt dies über die Ausführung der Beschichtungsarbeiten zu?
Ausblühungen und besonders Algenbewuchs entstehen nur durch intensive längere Feuchtigkeitseinwirkung. Es ist zu klären, wie es zu dieser Feuchtigkeitseinwirkung kam. Wenn an der Fassade konstruktive Mängel vorhanden sind, müssen diese vor Beginn der Malerarbeiten beseitigt werden. Die Platten müssen zur Beschichtung auch völlig trocken sein.
Die Ausblühungen werden trocken entfernt. Die alkalibeständigen Beschichtungen sollten in einem hellen, möglichst sogar weißen Farbton ausgeführt werden, da die Ausblühungen anstrichtechnisch nicht verhindert werden können, aber auf hellen Flächen wenigstens nicht so stark sichtbar werden. Da die Platten bereits montiert sind, also nur einseitig beschichtet werden können, sollte hier der Zwischenanstrich entfallen. Durch einseitige Spannung und Feuchtigkeitseinwirkung könnte es zu Bombierungen (Verwerfungen) der Platten kommen.
Zur Entfernung der Algen empfehlen sich algizide Mittel. Auf den trockenen, gereinigten Platten sind Beschichtungen relativ problemlos möglich.

2 Welche Beschichtungsstoffe sind für Faserzementplatten im Außenbereich grundsätzlich möglich?
Für fachgerechte Beschichtungen auf Faserzementplatten außen können eingesetzt werden:
1. Silikatfarben,
2. Dispersionssilikatfarben,
3. alkalibeständige Dispersionsfarben,
4. Silikonharzfarben,
5. Kunststoffputze,
6. Dispersionslackfarben,
7. lösemittelhaltige Polymerisatharzlackfarben,
8. Polyurethanharzlackfarben (nur bei allseitiger Beschichtung).

3 Balkonbrüstungen aus neuen Faserzementplatten sollen mit Dispersionsfarben beschichtet werden. Erstellen Sie für die auszuführende Malerarbeit eine Leistungsbeschreibung!
Leistungsbeschreibung:
- Grundanstrich mit Putzgrundiermittel
- Zwischenbeschichtung mit Dispersionsfarbe wetterbeständig
- Schlussbeschichtung mit Dispersionsfarbe wetterbeständig

Die Beschichtung sollte allseitig (auch an den Kanten) ausgeführt werden. Ist dies nicht möglich, sollte der Zwischenanstrich entfallen.

4.2.6 Beschichtungen auf Ziegeln und Klinkern

[1] Mit welchen Beschichtungsstoffen ist ein fachgerechter, zweckmäßiger, deckender Anstrich auf Sichtmauerwerk aus Klinkern im Außenbereich möglich?
Für deckende Beschichtungen auf Klinker-Sichtmauerwerk können Kalk-, Zement-, Silikat-, Dispersionssilikat-, Silikonharz- und Dispersionsfassadenfarben eingesetzt werden.
Natürlich könnte man auch alle alkalibeständigen Lackfarben einsetzen, doch kann man diese Beschichtungen hier sicherlich nicht als zweckentsprechend bezeichnen. Der hohe Wasserdampfwiderstand und das Aussehen sprechen neben den hohen Kosten gegen die Verwendung dieser Beschichtungsstoffe auf Klinkern.

[2] Erstellen Sie für eine neu erstellte Klinkerfassade eine Leistungsbeschreibung für eine deckende Beschichtung mit Dispersionsfarben! Das Sichtmauerwerk zeigt keine Schäden.
Leistungsbeschreibung für die Beschichtung des Klinker-Sichtmauerwerks:
- Grundanstrich mit Putzgrundiermittel
- Zwischenbeschichtung mit Dispersions-Fassadenfarbe
- Schlussbeschichtung mit Dispersions-Fassadenfarbe

[3] Eine ältere Fassade aus Klinker-Sichtmauerwerk soll mit Silikonharzen imprägniert werden. Das Mauerwerk ist stark verschmutzt. Während die Klinker kaum saugen, saugen die Fugen sehr stark. Schäden am Sichtmauerwerk sind nicht vorhanden. Beschreiben Sie den Arbeitsablauf!
Zunächst muss das Mauerwerk sorgfältig gereinigt werden. Dazu bietet sich das Heißwasser-Hochdruckverfahren an. Der Reinigungseffekt ist sehr gut, außerdem wird das Mauerwerk durch das hart aufprallende und deshalb wegspritzende Wasser nicht so stark durchfeuchtet. Natürlich kann die Reinigung auch mit Bürste und Wasser durchgeführt werden. Das anfallende Schmutzwasser ist gesondert zu entsorgen. Anschließend muss das Mauerwerk wieder gut austrocknen. Die Imprägnierung wird bis zur Sättigung des Untergrundes aufgestrichen oder aufgesprüht. Das überschüssige Material auf den Klinkern wird mit einer Streichbürste von den Klinkern in die stärker saugenden Fugen gestrichen.

4.2.7 Beschichtungen auf Kalksandsteinmauerwerk

1 Welche Eigenschaften müssen Beschichtungen für Kalksandsteinmauerwerk im Außenbereich aufweisen?
Die Beschichtungen müssen alkalibeständig sein, eine gute Haftung zeigen, auch bei tiefen Temperaturen sehr elastisch, sehr wasserdampfdurchlässig, Wasser abweisend, licht- und wetterbeständig sein.

2 Nach welcher Zeit, gerechnet ab der Fertigstellung des Kalksandsteinmauerwerks, dürfen in der Regel A) Imprägnierungen, B) deckende Beschichtungen ausgeführt werden?
Imprägnierungen auf Kalksandsteinmauerwerk sollen erst vier Wochen nach Fertigstellung des Mauerwerks ausgeführt werden. Beschichtungen auf Kalksandsteinmauerwerk sollen erst drei Monate nach Fertigstellung des Mauerwerks durchgeführt werden.

3 Wie hoch darf der sd-Wert (wasserdampfdiffusionsäquivalente Luftschichtdicke) bei Beschichtungen auf Kalksandsteinmauerwerk maximal sein? Begründen Sie diese Forderung!
Für die Beschichtungen von Kalksandsteinmauerwerken wird ein unter 0,4 m liegender Wasserdampfwiderstand (sd-Wert) gefordert. Haben Beschichtungen größere Wasserdampfwiderstandswerte, kann es in der äußeren Zone der Wand zu einem Feuchtigkeitsstau kommen. Insbesondere bei Frost entstehen dann Abplatzungen.

4.2.8 Beschichtungen auf Gipskartonplatten

1 Zeigen Sie die einzelnen Arbeitsschritte beim Verspachteln der Plattenstöße bei Gipskartonplatten auf!
Beim Verspachteln der Plattenstöße der Gipskartonplatten sind folgende Arbeitsschritte zu unterscheiden:

1. Ausfüllen der Fugen mit Fugengips,
2. evtl. blasenfreies Eindrücken der Bewehrungsstreifen aus perforiertem Papier oder aus Glasfasern,
3. Nachspachteln der Plattenstöße mit Fugen- oder Spachtelgips,
4. Planspachteln der Plattenstöße mit Fugen- oder Spachtelgips.

Bei Verwendung von faserarmierten Fugengipsen kann der Bewehrungsstreifen entfallen

2 In welcher Qualitätsstufe muss die Fugenverspachtelung der Gipskartonplatten ausgeführt werden, wenn
A) eine übliche waschbeständige Dispersionsfarbe gestrichen werden soll?
B) eine feine Gewebetapete tapeziert werden soll?

A) Für eine waschbeständige Dispersionsfarbe reicht die Standardverspachtelung Q 2 aus. Bei dieser Qualitätsstufe werden die Stoßfugen und Befestigungsmittel verfüllt. Danach wird bis zum Erreichen eines stufenlosen Überganges der Plattenoberflächen gespachtelt.

B) Wenn eine feine Gewebetapete gewünscht wird, muss bei den Gipskartonplatten die höchste Qualitätsstufe Q 4 erreicht werden. Bei dieser Qualitätsstufe werden die Stoßfugen und Befestigungsmittel verfüllt. Danach wird bis zum Erreichen eines stufenlosen Überganges der Plattenoberflächen gespachtelt, die restliche Plattenoberfläche zum Porenverschluss gespachtelt und eine zusätzliche bis zu 3 mm dicke Spachtelung ausgeführt.

3 Welche Vorbehandlung ist bei einwandfrei montierten, planen Gipskartonplatten vor Beschichtungen und Tapezierungen notwendig?

Um die unterschiedliche Saugfähigkeit zwischen den Karton- und Spachtelflächen zu egalisieren und die Wasserbeständigkeit zu erhöhen, müssen Gipskartonplatten mit lösemittelhaltigen oder speziellen wasserverdünnbaren Grundanstrichstoffen grundiert werden. Bei nachfolgenden Tapezierungen erleichtert diese Vorbehandlung die spätere Entfernung der Tapeten.

Wenn die Beschichtung auf Gipskartonplatten frei von Rissen bleiben soll, fordert die ATV DIN 18363 »Maler- und Lackiererarbeiten - Beschichtungen«, dass die Flächen vor der Beschichtung ganzflächig mit einem Vlies zu armieren sind.

4 An länger bei hoher Luftfeuchtigkeit gelagerten Gipskartonplatten zeigte sich nach der Montage, dass die Dispersionssilikatfarbe gelb verfärbt auftrocknete. Zeigen Sie die Ursache der Verfärbung und mögliche Abhilfemaßnahmen auf!

Bei der Durchfeuchtung wird im holzhaltigen Deckkarton der Gipskartonplatten Gerbsäure frei. Diese färbt die Dispersionssilikatfarbe. Auch bei längerer UV-Einwirkung gibt es Verfärbungen beim nachfolgenden Anstrich. Da die Gerbsäure wasserlöslich ist, kann sie mit jedem lösemittelhaltigen Beschichtungsstoff abgesperrt werden. Für die Beseitigung dieses Mangels werden aber auch spezielle Dispersionssilikatfarben angeboten.

4.2.9 Tapezierarbeiten

1 Worauf müssen Tapeten vor der Verarbeitung überprüft werden?

Tapeten sollten vor der Verarbeitung geprüft werden, ob

1. die nötige Anzahl der Tapetenrollen vorliegt.
   Nachbestellungen kosten Zeit, und nicht immer ist die Nachlieferung von Tapeten aus dem gleichen Druckgang, erkenntlich an der gleichen Anfertigungsnummer, möglich;
2. alle Tapeten die gleiche Anfertigungsnummer tragen.
   Nur bei Tapeten aus einem Druckgang ist völlige Farbtonübereinstimmung gewährleistet;
3. Muster und Farbton genau übereinstimmen;
4. die Tapeten z. B. an den Stoßkanten nicht beschädigt sind.
   Während des Zuschneidens sind die Tapeten auf evtl. Druckfehler zu prüfen.

2 Warum muss man die meisten Tapeten vor dem Tapezieren gleichmäßig weichen lassen?

Beim Weichen dehnt sich das Tapetenpapier aus. Beim Trocknen an der Wand schrumpft die Tapete wieder, so ist ein blasenfreies Tapezieren möglich. Da die Tapeten beim Weichen auch geschmeidiger werden, ist ein ansatzfreies Tapezieren möglich. Allerdings müssen hierzu alle Tapetenbahnen auch gleich lange weichen.

3 Bei welchen Tapeten muss Makulaturpapier geklebt werden?

Das Kleben einer Makulaturtapete empfiehlt sich vor dem Tapezieren von hochwertigen und empfindlichen Tapeten. So ist beim Tapezieren von schweren Fondtapeten, Präge-, Velours-, Textil-, Naturwerkstoff-, Fotodrucktapeten und von Fotopapier das vorherige Tapezieren mit Rollenmakulatur notwendig.

4 Mit welcher Kleistermischung sollte Rollenmakulatur tapeziert werden?

Rollenmakulatur sollte man grundsätzlich mit der gleichen Kleistermischung verkleben, wie sie zum Tapezieren der nachfolgenden Tapete erforderlich ist.

5 Welche Kleistermischungen sind beim Tapezieren von
A) Prägetapeten,
B) Velourstapeten,
C) Kettfadentapeten,
D) Gewebetapeten,
E) Korktapeten,
F) Grastapeten,
G) Metalltapeten notwendig?

Erforderliche Kleistermischungen:

Frage	*Tapetenart*	*erforderliche Kleistermischung*	*Ansatzverhältnis*
A	Prägetapete	Spezialkleister Instant-Spezialkleister	1:20 1:25
B	Velourstapete	Spezialkleister Instant-Spezialkleister	1:20 1:25
C	Kettfadentapete	Spezialkleister Instant-Spezialkleister, Dispersions-Textilkleber	1:20 1:25
D	Gewebetapete	Spezialkleister, Instant-Spezialkleister, Dispersions-Textilkleber	1:20 1:25
E	Korktapete	Spezialkleister Instant-Spezialkleister	1:20 1:25
F	Grastapete	Spezialkleister Instant-Spezialkleister	1:20 1:25
G	Metalltapete	dünne Tapeten mit Spezialkleister oder Instant-Spezialkleister,jeweils mit 25 % Dispersionskleberzusatz, dicke Tapeten mit Dispersionskleber, z. T. mit 10–20 % Spezialkleisterzusatz	1:20 1:25

Da bei den verschiedenen Tapetenarten große Unterschiede möglich sind, sind die Klebeempfehlungen der Tapetenhersteller unbedingt zu beachten.

6 Bei welchen Temperaturen sollten Tapeten trocknen?

Die Tapeten sollten bei normaler Zimmertemperatur durchtrocknen können. Eine zu schnelle Trocknung bei Durchzug oder durch zu starkes Heizen führt häufig zum Aufplatzen der Nähte, weil die Oberfläche beim Trocknen bereits eine Spannung erzeugt, während der Kleister noch feucht ist und nicht die erforderliche Klebekraft erbringen kann. Bei zu niedrigen Temperaturen bleiben bei den Tapeten häufig Blasen zurück. Außerdem sind Verfärbungen der Tapeten möglich.

7 Eine Zimmerdecke ist mit Raufaser tapeziert. Der Anstrich darauf wurde nur mit wischbeständiger Leimfarbe ausgeführt. Gewünscht wird ein waschbeständiger Dispersionsfarbenanstrich. Die Decke soll die Raufaserstruktur behalten. Erstellen Sie für die notwendigen Malerarbeiten eine Leistungsbeschreibung. Begründen Sie Ihre Ausführung!

Leistungsbeschreibung:

- Entfernen der Raufasertapete durch Einweichen und Ablösen
- Grundanstrich mit Putzgrundiermittel
- Tapezieren der Raufasertapete mit Spezialkleister im Ansatzverhältnis 1:20

- Grundanstrich mit Dispersionsfarbe der Klasse 3 (waschbeständig) nach DIN ISO EN 13300
- Schlussanstrich Dispersionsfarbe der Klasse 3 (waschbeständig) nach DIN ISO EN 13300

Begründung:
Nach VOB (Vergabe- und Vertragsordnung für Bauleistungen) und den entsprechenden BFS-Merkblättern müssen Leimfarben vor einem neuen Anstrich abgewaschen werden. Ein Überstreichen mit waschbeständiger Dispersionsfarbe würde zu unerwünschten Spannungsunterschieden führen, spätere Abplatzungen wären die Folge.
Die Leimfarbe lässt sich aber von der Raufasertapete nicht problemlos abwaschen. Beim Einweichen löst sich die Raufasertapete zumindest teilweise vom Untergrund. So muss die Raufasertapete vollständig entfernt und eine neue tapeziert werden.
Das Überstreichen der Raufasertapete mit Leimfarbe war fachlich falsch und nach VOB auch nicht zulässig.
Der Grundanstrich mit Putzgrundiermittel wurde zur Festigung des Untergrunds durchgeführt. Nach dem Abwaschen bleiben immer noch Spuren der Leimfarben als kreidende Reste zurück.

8 Zimmerwände mit einem Putz der Mörtelgruppe P II sind mit einer Korktapete tapeziert. Gewünscht wird eine Tapezierung mit einer Gewebetapete. Erstellen Sie eine Leistungsbeschreibung!
Leistungsbeschreibung:
- Entfernen der Korktapete durch Einweichen, Ablösen und Abstoßen
- Ausbessern kleinerer Putzschäden mit hydraulisch abbindender Spachtelmasse
- Vollflächiges Spachteln mit hydraulisch abbindender Spachtelmasse
- Grundanstrich mit Putzgrundiermittel
- Tapezieren der Gewebetapete mit Spezialkleister im Ansatzverhältnis 1:20

Bei sehr feinen Gewebetapeten muss vor der Gewebetapete der Untergrund mit einer Makulaturtapete egalisiert werden. Diese Makulaturtapete wird mit dem gleichen Kleister tapeziert wie die folgende Tapete. Für manche Gewebetapeten schreibt der Hersteller ein Gemisch aus Spezialkleister und Dispersionskleber vor. Hier sind die Vorschriften des Herstellers verbindlich und auch einzuhalten.

9 Auf einem bereits früher mit Dispersionsfarbe gestrichenen Putz der Mörtelgruppe P II in einem repräsentativen Empfangsraum soll eine Metalltapete tapeziert werden. Erstellen Sie für die notwendigen Arbeiten eine Leistungsbeschreibung! Die Abdeckarbeiten brauchen nicht aufgeführt zu werden.

Leistungsbeschreibung der Tapezierung der Metalltapete:
- Abschleifen der Putzfläche
- Ausbessern kleinerer Putzschäden mit hydraulisch abbindender Spachtelmasse
- Vollflächige Spachtelung mit hydraulisch abbindender Spachtelmasse
- Zweite vollflächige Spachtelung mit hydraulisch abbindender Spachtelmasse
- Grundanstrich mit Putzgrundiermittel
- Tapezierung der Metalltapete nach Herstellervorschrift mit Spezialkleister 1:20 und 25 % Dispersionskleberzusatz

Da sehr unterschiedliche Metalltapeten auf dem Markt sind, schreiben die Hersteller zum Teil sehr unterschiedliche Klebermischungen vor. Diese Richtlinien der Hersteller sind selbstverständlich einzuhalten.

10 Begründen Sie, warum zur Glättung der Untergründe keine Dispersionsspachtelmassen verwendet werden sollen, wenn eine Tapezierung mit Metall- oder Kunststofftapeten vorgesehen ist!

Metall- und Kunststofftapeten haben eine sehr dichte Oberfläche, das Wasser der Kleister- bzw. Klebermischung kann nicht durch die Tapete abtrocknen. So bleibt die Spachtelschicht relativ lange feucht, bis das Wasser durch den Untergrund abgetrocknet ist. Dispersionsspachtelmassen enthalten herstellungsbedingt eine größere Menge Zelluloseether (Zelluloseleime). Diese verursachen nun ein starkes Anquellen der Dispersionsspachtelmassen durch die Feuchtigkeit. So entsteht trotz der glatten Spachtelung eine unruhige Oberfläche, die sich unter den Metall- und Kunststofftapeten abzeichnet.

11 Ein Wohnzimmer soll neu tapeziert werden. An der mit Raufaser tapezierten Decke stehen einige Nähte auf. Es sind einige bereits ausgetrocknete Wasserflecken zu sehen. Die Wände sind mit einer Fondtapete tapeziert. Die Decke soll mit Raufaser tapeziert werden. An den Ecken von der Decke zur Wand soll eine Profilleiste aus Polystyrol-Hartschaum geklebt werden. Die Leiste ist farblich abzusetzen. Die Wände sollen mit einer Velourstapete tapeziert werden. Erstellen Sie für alle hier anfallenden Malerarbeiten eine detaillierte Leistungsbeschreibung!

Leistungsbeschreibungen für die auszuführenden Malerarbeiten:

Pos. 1 Vollständiges Abdecken der Böden

Pos. 2 Decke mit Raufaser tapezieren
- Entfernen der alten Raufaser durch Einweichen und Abstoßen
- Ausbessern kleinerer Putzschäden mit hydraulisch abbindender Spachtelmasse
- Grundanstrich mit Putzgrundiermittel
- Absperren der Wasserflecken mit Isolierlack
- Tapezieren der Raufasertapete mit Spezialkleister 1:20

- Grundanstrich mit Dispersionsfarbe der Klasse 2 nach DIN ISO EN 13300 scheuerbeständig
- Schlussanstrich mit Dispersionsfarbe der Klasse 2 nach DIN ISO EN 13300 scheuerbeständig

Pos. 3 Polystyrol-Hartschaumleiste

- Entfernen der Alttapeten durch Einweichen und Abstoßen
- Ausbessern kleinerer Putzschäden mit hydraulisch abbindender Spachtelmasse
- Grundanstrich mit Putzgrundiermittel
- Verkleben der Polystyrol-Hartschaumleiste mit spachtelfähigem Dispersionskleber
- Planspachteln der Stöße mit hydraulisch abbindender Spachtelmasse
- Grundanstrich mit Dispersionsfarbe der Klasse 3 nach DIN ISO EN 13300 (waschbeständig)
- Schlussanstrich mit Dispersionsfarbe der Klasse 3 nach DIN ISO EN 13300 (waschbeständig)

Pos. 4 Tapezieren der Velourstapete

- Entfernen der Alttapeten durch Einweichen und Abstoßen
- Ausbessern kleinerer Putzschäden mit hydraulisch abbindender Spachtelmasse
- Vollflächige Spachtelung mit hydraulisch abbindender Spachtelmasse
- Zweite vollflächige Spachtelung mit hydraulisch abbindender Spachtelmasse
- Grundanstrich mit Putzgrundiermittel
- Tapezieren der Makulaturtapete mit Spezialkleister 1:20
- Tapezieren der Velourstapete mit Spezialkleister 1:20

12 Ein Schlafzimmer ist zu tapezieren. Die Decke ist mit einer Mischbinderfarbe gestrichen. Die Wände sind mit einer Naturelltapete tapeziert. An den beiden Außenwänden zeigen sich starke Netzrisse. Die Decke soll mit Raufaser tapeziert werden. Für die Wände ist eine Fondtapete vorgesehen. Erstellen Sie für die auszuführenden Malerarbeiten detaillierte Leistungsbeschreibungen!

Leistungsbeschreibungen für die auszuführenden Malerarbeiten:

Pos. 1 Vollständiges Abdecken der Böden

Pos. 2 Decke mit Raufaser tapezieren

- Entfernen der Mischbinderfarbe durch Abwaschen und Abkratzen
- Ausbessern kleinerer Putzschäden mit hydraulisch abbindender Spachtelmasse
- Grundanstrich mit Putzgrundiermittel
- Tapezieren der Raufaser mit Spezialkleister 1: 20
- Grundanstrich mit Dispersionsfarbe der Klasse 3 nach DIN ISO EN 13300 (waschbeständig)

- Schlussanstrich mit Dispersionsfarbe der Klasse 3 nach DIN ISO EN 13300 (waschbeständig)

Pos. 3 Tapezierung der rissfreien Innenwände
- Entfernen der Alttapete durch Einweichen und Abstoßen
- Ausbessern kleinerer Putzschäden mit hydraulisch abbindender Spachtelmasse
- Grundanstrich mit Streichmakulatur
- Tapezieren der Fondtapete mit Kleister 1:60

Pos. 4 Tapezierung der Außenwände mit den Rissen
- Entfernen der Alttapete durch Einweichen und Abstoßen
- Auskratzen der größeren Risse
- Ausbessern der Putzschäden mit hydraulisch abbindender Spachtelmasse
- Auftragen einer Dispersionsfarbe und Einbetten eines Armierungsvlieses
- Nachspachteln des überlappt eingebetteten Armierungsvlieses mit Dispersionsspachtelmasse
- Tapezieren der Fondtapete mit Kleister 1:60

13 Welche wirtschaftliche Vorteile haben Vliestapeten im Vergleich zu herkömmlichen Papiertapeten?

Vliestapeten dehnen sich bei Wassereinwirkung kaum aus. So kann der Kleister beim Tapezieren direkt auf die Wand aufgetragen werden; in dieses Kleisterbett wird die Tapete dann auf Stoß eingelegt. Dieses Arbeitsverfahren bedeutet eine Erleichterung und eine Zeiteinsparung.

4.2.10 Verfugungen

1 Bei einer Bauteilfuge an der Fassade löst sich bereits innerhalb von sechs Monaten der Dichtstoff von einer, z. T. von beiden Fugenflanken. Nennen Sie die möglichen Ursachen.

Ablösungen des Dichtstoffs von den Fugenflanken sind in aller Regel auf Mängel im Untergrund und/oder eine mangelhafte Untergrundvorbehandlung zurückzuführen. Häufige Ursachen sind:
- Trennmittel,
- mürbe Putze,
- schlecht haftende Farbreste,
- Verfugung auf alten Fugenresten,
- zu hohe Feuchtigkeit im Untergrund,
- bituminöse Untergründe,
- nicht eingesetzter Haftvermittler,
- ungeeigneter Dichtstoff.

[2] Bei Dichtstoffen wird häufig die Anstrichverträglichkeit betont. Was versteht man darunter?

Anstrichverträglich im Sinne der DIN 52460 ist ein Dichtstoff, der zur Abdichtung von mit Anstrichmitteln beschichteten Bauteilen verwendet werden kann, ohne dass sich schädigende Wechselwirkungen zwischen dem Dichtstoff, der Beschichtung und dem angrenzenden Bauteil ergeben. Dies gilt in gleicher Weise auch für eine nachfolgende Beschichtung der Bauteile, bei denen der Beschichtungsstoff auf 1 mm im Randbereich begrenzt wird.

Anstrichverträglich heißt nicht, dass der Dichtstoff problemlos überstreichbar ist oder überstrichen werden darf.

[3] Die verputzte Fassade eines Geschäftshauses wurde mit einer Dispersionsfarbe gestrichen. Der Eingangsbereich des Geschäftes ist mit Marmor verkleidet. Die Anschlussfugen zwischen Putz und der Marmorverkleidung wurden mit einem Dichtstoff verfugt. Nach einiger Zeit zeigt sich im Randbereich des Marmors zum Dichtstoff eine Verfärbung. Welche Ursache hat dieser Mangel?

Dieser Mangel ist auf die Abwanderung von Teilen des Bindemittels oder von Weichmachern in den Marmorstein zurückzuführen. In diesem Falle wurde ein für Natursteine ungeeigneter Dichtstoff verwendet.

[4] Welches Brandverhalten zeigen die Dichtstoffe?

Dichtstoffe werden entsprechend der DIN 4102 als Klasse B brennbar eingestuft. Dichtstoffe im Hochbau müssen mindestens der Klasse B 2 normal entflammbar entsprechen. Dichtstoffe nach B 1 schwer entflammbar müssen ein entsprechendes Prüfzeugnis und eine bauaufsichtliche Zulassung aufweisen.

[5] Bei Dreiecksfugen kommt es immer wieder zu Rissen im Dichtstoff, die sich von unten bis an die Oberfläche fortsetzen. Was sind die Ursachen für diese Schäden?

Da bei Fugen im Allgemeinen Kräfte wirksam werden, die eine Veränderung bewirken, wird der Dichtstoff bei Dreiecksfugen häufig überfordert. Dreiecksfugen sind nur zulässig, wenn keinerlei Bewegung zu erwarten ist.

[6] Die Einsatzgebiete der Dichtstoffe werden in Technischen Richtlinien und Normen definiert. Nennen Sie mindestens fünf Einsatzgebiete!

Die Technischen Richtlinien und Normen nennen folgende Einsatzgebiete:

- Außenwandfugen im Hochbau (Dehnfugen nach DIN),
- Anschlussfugen von Fenstern und Außentüren,
- Glasversiegelungen,
- Fugen im Sanitär- und Nassbereich,
- Fugen im Bodenbereich,

- Nachversiegelung von Holzfenstern,
- Fugensanierung,
- Fugen im Porenbetonbereich.

7 A) Nach 14 Jahren Bewitterung ist der Dichtstoff in der Bewegungsfuge bei einer Betonfassade gerissen. Ist dies immer auf einen Verarbeitungsfehler zurückzuführen oder ist die mangelhafte Dichtstoffqualität dafür verantwortlich? Begründen Sie Ihre Aussage!
B) Welche Arbeitsweise sollte zur Sanierung des schadhaften Dichtstoffs eingehalten werden?

A) Derartige Bewegungsfugen werden auch als Wartungsfugen bezeichnet, d. h. die Fugen können auch bei fachgerechter Ausführung reißen. Sie müssen deshalb in regelmäßigen Abständen überprüft werden. Ob hier die Fugendimensionen stimmen und das erforderliche Hinterfüllmaterial eingebracht worden ist, kann erst nach dem Öffnen der Fuge festgestellt werden. Die Qualität des eingesetzten Dichtstoffes kann nach dieser Zeit nicht mehr festgestellt werden. Dies ist aber auch nicht mehr relevant, da nach dieser Zeit keine Gewährleistungsansprüche mehr bestehen.

B) Für den Ersatz des schadhaften Dichtstoffs sollte man wie folgt vorgehen:
- Herausschneiden des alten Dichtstoffmaterials, Entfernen des Hinterfüllmaterials,
- gründliches Säubern der Rissflanken von Dichtstoffresten,
- Haftvermittler streichen (soweit erforderlich),
- Hinterfüllmaterial einbringen,
- neuen Dichtstoff einsetzen.

8 Dichtstoffe werden allgemein direkt nach dem Ausspritzen an der Oberfläche nachgeglättet. Welches Glättmittel setzt man dazu ein?
Als Glättmittel benutzt man klares Wasser oder Wasser mit Netzmittelzusatz.

9 Zu welchem Zweck setzt man bei der Verfugung mit Dichtstoffen Hinterfüllmaterial ein? Aus welchen Stoffen besteht dieses?
Hinterfüllmaterialien werden eingesetzt, um die Dicke des Dichtstoffs zu begrenzen. Sie bestimmen das rückseitige Profil des Dichtstoffs.
Die Hinterfüllmaterialien können aus offenporigem Polyurethan und geschlossenporigem, nicht saugendem Polyethylen bestehen. Die Polyethylen-Rundschnur ist für die folgenden Fugen vorgeschrieben:
- Bauteilfugen,
- Fenster-Anschlussfugen,
- Bodenfugen,
- Sanitär- und Nassfugen.

10 Wie breit müssen Fugen ausgebildet werden?
Die Fugenbreite ist so zu bemessen, dass die zulässige Gesamtverformung eines Dichtstoffs nicht überschritten wird. Fugenbreiten unter 5 mm sind bei Arbeiten mit Dichtstoffen nicht zulässig.
Berechnung der erforderlichen Fugenbreite:
Auftretende Bewegung in der Fuge in mm × maximale Gesamtverformung des Dichtstoffs in % = Mindestfugenbreite in mm

11 In einem Bad wurden die Anschlussfugen neu verfugt. Bereits drei Monate später zeigten sich auf den Fugen Pilze. Beurteilen Sie die Ursachen dieses Mangels!
Schimmelpilz bildet sich besonders unter folgenden Bedingungen:
- hohe Luftfeuchtigkeit,
- erhöhte Temperatur,
- mäßige Lichtverhältnisse,
- mangelhafte Wasserabführung.

So findet der Pilz im Sanitärbereich meist ideale Bedingungen. Aus diesem Grund ist für den Einsatz im Sanitär- und Nassbereich die Pilze hemmende Ausstattung der Dichtstoffe vorgeschrieben. Nachdem sich bereits nach so kurzer Zeit (drei Monate) der Pilzbefall zeigte, ist davon auszugehen, dass der eingesetzte Dichtstoff nicht Pilz hemmend ausgestattet war. Grundsätzlich kann der Pilzbefall des Dichtstoffs nicht generell verhindert werden. Jedes Fungizid verliert mit der Zeit an Wirkung. Außerdem gibt es eine Vielzahl von unterschiedlichen Pilzen, die Wirksamkeit der Fungizide ist dagegen oftmals eingeschränkt.

4.2.11 Betoninstandsetzung

1 Welche grundsätzlichen Überlegungen müssen vor einer Betoninstandsetzung angestellt werden?

Grundsätzliche Überlegungen zur Betoninstandsetzung:

1. Welche Konstruktionsfehler und -mängel sind vorhanden?
2. Welche anderen Untergrundmängel sind vorhanden? Welche Ursachen führten zu diesen Mängeln?
3. Wie groß sind die Schäden?
4. Ist eine Altbeschichtung vorhanden? Welche Bindemittelbasis hat diese Beschichtung? Wie ist der Zustand der Beschichtung?
5. Welche Belastung wird nach der Instandsetzung auf das Bauwerk einwirken?
6. Welche Gerüste und sonstigen Sicherheitsmaßnahmen, z.B. Absperrungen, sind notwendig?
7. Wie können die Konstruktionsfehler beseitigt werden?
8. Welche Arbeitsverfahren eignen sich am besten zum Freilegen und Entrosten der geschädigten Armierung?
9. Welches Betoninstandsetzungssystem eignet sich nach fachlichen und wirtschaftlichen Erwägungen am besten?
10. Was muss diese Instandsetzung kosten, und wie lässt sich dieser Preis in der Praxis durchsetzen?

2 Wie können Sie die Karbonatisierungstiefe im Beton zuverlässlich prüfen?

Der Beton wird aufgeschlagen. Nach dem Aufspritzen von Thymolphtalein färbt sich der alkalische Bereich (pH-Wert > 9,5) blau. Möglich wären auch die Indikatoren Universalindikatorlösung (Blaufärbung) oder Phenolphtalein (rotviolette Färbung).

3 Wie ist nach DIN 18349 VOB Teil C »Betonerhaltungsarbeiten« der Beton für die Behandlung des Bewehrungsstahls vorzubereiten?

Die DIN 18349 VOB Teil C »Betonerhaltungsarbeiten« fordert:

An den Einbindungspunkten ist der Stahl mindestens 20 mm in seinem nicht korrodierten Bereich freizulegen.

Die Ausbruchufer sind schräg zwischen 30 und 90° herauszuarbeiten.

Der Beton ist so weit abzutragen, wie er infolge der Korrosion der Bewehrung gerissen oder gelockert ist. Dabei ist der Beton so weit zu entfernen, dass ein hohlstellenfreies Einbringen des Instandsetzungsmörtels möglich ist.

4 Sie führen Betoninstandsetzungsarbeiten nach VOB DIN 18349 durch. Dabei müssen Sie den Armierungsstahl freilegen und vorbehandeln. Welche Aussage trifft die VOB hierzu?

Der freigelegte Stahl ist bis zum Oberflächenvorbereitungsgrad Sa 2 zu entrosten und mit einer kunststoffmodifizierten Zementschlämme vor Korrosion zu schützen. Als Haftbrücke und Verfüllmaterial muss PCC-Mörtel verwendet werden

5 Wie dick darf die Mörtelschicht je Lage beim Ausfüllen der freigelegten Betonarmierung maximal sein?

Die maximale Schichtdicke hängt vom Größtkorn des Zuschlags, des Sandes ab. Die Schicht muss mindestens dreimal so dick sein wie der Durchmesser des Größtkorns, darf aber die zehnfache Größe nicht überschreiten. Eine zu dünne Schicht platzt leicht ab, eine zu dicke Schicht führt zur Rissbildung.

6 Welche Arbeitsgänge sind beim Auffüllen der Schadstellen bei der Betoninstandsetzung zu unterscheiden?

Beim Ausfüllen der Schadstellen bei der Betoninstandsetzung sind folgende Arbeitsgänge notwendig:

1. Grundieren der Schadstellen mit einer Haftschlämme,
2. Ausfüllen der Schadstellen mit fest verdichtetem Reparaturmörtel,
3. Nachbehandeln des Reparaturmörtels.

7 Zeigen Sie die Aufgaben der Schlussbeschichtung bei der Betoninstandsetzung auf!

Die Schlussbeschichtung bei der Betoninstandsetzung soll:

1. als Karbonatisierungssperre dienen und das Eindringen von Kohlendioxid (CO_2) verhindern,
2. die Einwirkung von sauren Flüssigkeiten, z. B. dem sauren Regen, verhindern,
3. der Gestaltung dienen und verschönern.

8 Begründen Sie, warum Silikatfarben bei allen günstigen Eigenschaften, die sie sonst aufweisen, als Schlussbeschichtung für die Betoninstandsetzung weniger geeignet sind!

Die mit Silikatfarben angestrebte Realkalisierung des Betons lässt sich nicht erreichen. Zwar sind Silikatfarben selbst im angerührten Zustand alkalisch, diese Alkalität lässt aber bei der Erhärtung durch Kohlendioxidaufnahme schnell nach. Die bei der chemischen Erhärtung entstehende Pottasche wird schnell vom Regen abgewaschen. So ist ein Silikatfarbenanstrich bereits nach kurzer Zeit neutral. Zudem kann die Silikatfarbe kaum in den Untergrund eindringen, ein erneuter Aufbau der Alkalität im Beton ist durch Silikatfarbenanstrich also nicht möglich.

Silikatfarben lassen zudem sehr viel Kohlendioxid und Feuchtigkeit diffundieren. So kann auch die weitere Karbonatisierung des Betons durch Silikatfarbenanstriche nicht verhindert werden.

[9] Zeigen Sie die Möglichkeiten und Grenzen der Betoninstandsetzung durch den Maler auf!

Aufgrund seiner Ausbildung ist der Maler besonders geeignet, Beton vorbeugend zu schützen und schadhafte Betonflächen zu sanieren. Problematisch wird es aber, wenn aufgrund umfangreicher Schäden an der Bewehrung eine Beeinflussung der Statik nicht ausgeschlossen werden kann. Zur Lösung der hier auftauchenden Probleme, wie Berechnungen zur Statik, Montage einer zusätzlichen Bewehrung usw., ist der Maler nur in Zusammenarbeit mit entsprechend geschulten Fachleuten in der Lage.

[10] An bereits früher gestrichenen Balkonbrüstungen ist der Beton über dem Bewehrungsstahl teilweise abgedrückt. Erstellen Sie für die notwendige Betoninstandsetzung eine Leistungsbeschreibung unter Angabe des zu verwendenden Materials!

Leistungsbeschreibung der Betoninstandsetzung:

- Freilegen der geschädigten Bewehrung
- Abstrahlen der geschädigten Bewehrung mit quarzfreiem Strahlmittel, Normreinheitsgrad Sa 2
- Grundanstrich auf der abgestrahlten Bewehrung mit Korrosionsschutzfarbe
- Zwischenbeschichtung auf der abgestrahlten Bewehrung mit Korrosionsschutzfarbe
- Haftgrundanstrich auf den mit kunststoffvergütetem Zementmörtel auszufüllenden Stellen
- Ausfüllen der Schadstellen mit kunststoffvergütetem Zementmörtel
- Glattspachteln mit kunststoffvergütetem Zementmörtel
- Zwischenbeschichtung mit Dispersionsfassadenfarbe
- Schlussbeschichtung mit Dispersionsfassadenfarbe

Zum Entrosten der geschädigten Bewehrung kann bei einzelnen Schäden die maschinelle Entrostung mit der Nadeldruckluftpistole eingesetzt werden.

Für die gesamte Betoninstandsetzung müssen die Produkte eines Herstellers unter Berücksichtigung der Verarbeitungsvorschriften, insbesondere der Mindestschichtdicke, verwendet werden.

Da die verschiedenen Firmen unterschiedliche Korrosionsschutzfarben, wie z. B. Epoxidharzzinkstaubfarben, anbieten, wurde bei der Leistungsbeschreibung die allgemeinere Bezeichnung Korrosionsschutzfarbe gewählt.

11 Bei einem bereits früher sanierten Beton ist es nach Jahren erneut zu Schäden gekommen. Müssen auch die früher ausgebesserten Stellen wieder freigelegt werden, wenn optisch keine Schäden festgestellt werden können?
Bei einer erneuten Instandsetzung müssen auch bereits früher ausgebesserte Stellen wieder freigelegt werden. Nur so lassen sich Schäden erkennen.

12 Ab welcher Breite müssen Risse im Beton verschlossen werden?
Risse ab 0,3 mm Breite müssen verschlossen werden. Hier zeigt besonders die Rissverpressung Vorteile. Diese kann auch kraftschlüssig ausgeführt werden.

13 Welche Harze sollten für eine Rissverpressung eingesetzt werden?
Für kraftschlüssige Risse, z. B. Risse, die die Spannrichtung von Spannbeton kreuzen, muss Epoxidharz verwendet werden. Für alle anderen Risse kann auch Polyurethanharz eingesetzt werden.

14 Beschreiben Sie den Arbeitsvorgang bei einer kraftschlüssigen Rissverpressung!
Die Risse werden schräg von der Seite angebohrt. Dabei muss das Bohrloch den jeweiligen Riss kreuzen. Der Abstand der Bohrlöcher untereinander ist so eng zu halten, dass beim Auspressen der Risse mit Harz der gesamte Riss mit Harz verschlossen werden kann.
Nach dem Anbringen der Bohrlöcher werden diese und die Risse gereinigt, z. B. durch Ausblasen mit Druckluft. Anschließend werden in die Bohrlöcher Packer (= Injektionsdüsen) geschraubt. An diese Packer wird ein Druckschlauch geschraubt. Nun wird mit einem Airlessgerät Epoxidharz in die Bohrlöcher und damit in die Risse gepresst, bis diese schließlich völlig mit Harz verschlossen sind. Da es sich um kraftschlüssige Risse handelt, also um Risse, bei denen an den Rissflanken größere Kräfte auftreten, muss Epoxidharz verwendet werden.

4.2.12 Wärmedämmung

1 Erklären Sie, was man beim Wärmeschutz unter dem U-Wert versteht!

Der U-Wert ist eine Kurzbezeichnung für den Wärmedurchgangskoeffizienten (Wärmedurchgangszahl). Der U-Wert gibt die Wärmemenge an, die in 1 Sekunde durch 1 m² eines Bauteils in Abhängigkeit von der Schichtdicke fließt, wenn die Temperaturdifferenz zwischen innen und außen 1 K (1 °C) beträgt. Dabei werden auch die Wärmeübergangszahlen innen und außen berücksichtigt.

Je kleiner der U-Wert ist, desto besser ist die Wärmedämmung.

Je größer der U-Wert ist, umso größer ist der Wärmeverlust.

Die maximal zuverlässigen Werte sind im Gebäudeenergiegesetz (GEG) vorgeschrieben.

2 Worin besteht der Unterschied zwischen dem U-Wert und dem Wärmedämmwert?

Während der U-Wert den Wärmeverlust aufzeigt, versteht man unter dem Wärmedämmwert den Wärmedurchlasswiderstand, also den Widerstand, den ein Bauteil der entströmenden Wärme bietet. Dabei geht man wieder von 1 m² eines Bauteils mit einer bestimmten Dicke und einem Wärmeunterschied zwischen Innen- und Außenseite von 1 K (1 °C) aus.

3 Welcher U-Wert sollte bei einer Außenwand von neuen Wohngebäuden heute erreicht werden?

Je kleiner der U-Wert ist, desto besser ist die Wärmedämmung. Das Gebäudeenergiegesetz (GEG) 2024 fordert für Neubauten und bei der Erneuerung von Bauteilen für Außenwände einen U-Wert von 0,24 W/m² K.

4 Die Außenwände eines Wohnhauses sind aus 36 cm dicken Hochlochmauerziegeln mit der Dichte 1800 erbaut worden. Innen wurde ein 1,5 cm dicker Kalkgipsmörtel aufgetragen. Der Außenputz wurde mit einem 2 cm dicken Kalkzementmörtel hergestellt. Errechnen Sie den U-Wert dieser Außenwände und beurteilen Sie die Wärmedämmung!

Notwendige Angaben zur Berechnung:

- **Wärmeleitzahl Hochlochmauerziegel, Rohdichte 1800, 0,81 W/m K**
- **Wärmeleitzahl Kalkgipsmörtel: 0,70 W/m K**
- **Wärmeleitzahl Kalkzementmörtel: 0,87 W/m K**
- **Wärmeübergangswiderstand innen: 0,13 m² K/W**
- **Wärmeübergangswiderstand außen: 0,04 m² K/W**

Diese Werte können der DIN 4108, »Wärmeschutz im Hochbau«, entnommen werden.

Zeile	Schichtenfolge des Bauteils von innen nach außen	Dicke in Metern gemessen	Wärmeleitzahl in W/m K	Wärmedurchlasswiderstand in m² K/W
1	Innenputz Kalkgipsmörtel	0,015	0,70	0,021
2	HLZ Mauerziegel, Rohdichte 1800/kg/m³	0,360	0,81	0,444
3	Außenputz Kalkzementputz	0,030	0,87	0,035
4	= R Gesamt-Wärmedurchlasswiderstand (Summen Zeilen 1-3)			0,50
5	+ R_{si} Wärmeübergangswiderstand innen (konstant)			0,13
6	+ R_{se} Wärmeübergangswiderstand außen (konstant)			0,04
7	= R Wärmedurchlasswiderstand 1/U (Summen Zeilen 4-6)			0,67
8	= U/(1/U) (Wärmedurchgangskoeffizent)/(Kehrwert aus Zeile 7)			1,49 W/m² K

*Berechnungsformel für den Wärmedurchlasswiderstand = Baustoffdicke in m/Wärmeleitzahl

Bewertung:
Die Wärmedämmung entspricht nicht den Mindestanforderungen des Gebäudeenergiegesetzes (GEG) 2024. Aus Kostengründen empfiehlt sich eine zusätzliche Wärmedämmung. Werden mehr als 10 % einer Bauteilfläche verändert, muss entsprechend des GEG 2024 eine zusätzliche Wärmedämmung erfolgen und damit der U-Wert auf maximal 0,24 W/m² K reduziert werden.

5 Berechnen Sie, wie dick eine Wärmedämmung mit Polystyrol-Hartschaumplatten sein müsste, wenn man bei dem vorhergehenden Beispiel einen U-Wert unter 0,24 W/m² K erreichen möchte! Den Armierungskleber und die Beschichtung auf der Wärmedämmung können Sie hier unberücksichtigt lassen. Die Wärmeleitzahl der Polystyrol-Hartschaumplatten beträgt 0,04 W/m K.

Mit dem Vollwärmeschutz soll zurzeit ein U-Wert von unter 0,24 W/m² K erreicht werden. Dies entspricht einem Wärmedurchlasswiderstand von 4,167 m² K/W. Die Differenz zwischen diesem Wert und dem vorhandenen Wärmedurchlasswiderstand muss das Wärmeschutzsystem erbringen.

Erforderlicher Wärmedurchlasswiderstand *R* (Kehrwert von 0,35)	- vorhandener Wärmedurchlasswider stand *R*	= Wärmedurchlasswiderstand *R* der Dämmung
4,167 m² K/W	- 0,67 m² K/W	= 3,497 m² K/W

Wärmedurchlasswiderstand der Dämmung *R*	× Wärmeleitzahl der Dämmplatten	= Mindest-Schichtdicke der Dämmung in Meter
3,497 m² K/W	× 0,04 W/m K	= 0,14 m

Die Polystyrol-Hartschaumplatten müssten mindestens 14 cm dick sein. Kleber, Armierungsschicht, Kunststoffputz und evtl. Beschichtungen bleiben unberücksichtigt und erhöhen die Wärmedämmung zusätzlich.

6 Berechnen Sie bei dem vorhergehenden Beispiel den U-Wert, wenn eine 14 cm dicke Wärmedämmung mit Polystyrol-Hartschaumplatten angebracht wurde! Den Armierungskleber und die Beschichtung auf der Wärmedämmung können Sie unberücksichtigt lassen.

Zeile	*Schichtenfolge des Bauteils von innen nach außen gemessen*	*Dicke in Metern*	*Wärmeleitzahl in W/m K*	*Wärmedurchlass-widerstand in m² x K/W*
1	Innenputz Kalkgipsmörtel	0,015	0,70	0,021
2	HLZ Mauerziegel, Rohdichte 1800/kg/m³	0,360	0,81	0,444
3	Außenputz Kalkzementputz	0,030	0,87	0,035
4	Polystyrol-Hartschaumplatten	0,14	0,04	3,50
5	= R Gesamt-Wärmedurchlasswiderstand (Summen Zeilen 1-4)			4,00
6	+ R_{si} Wärmeübergangswiderstand innen (konstant)			0,13
7	+ R_{se} Wärmeübergangswiderstand außen (konstant)			0,04
8	= R Wärmedurchlasswiderstand 1/U (Summen Zeilen 5-7)			4,17
9	= U/(1/U) (Wärmedurchgangskoeffizent)/(Kehrwert aus Zeile 7)			0,24 W/m² K

Mit der Dämmung aus 14 cm dicken Polystyrol-Hartschaumplatten würde man ohne Berücksichtigung des Armierungsklebers und der Beschichtung einen U-Wert von 0,24 W/m² K erreichen. Dieser Wert entspricht dem im Gebäudeenergiegesetz (GEG) 2024 geforderten Wert und somit einer sehr guten Wärmedämmung.

7 Welche Wärmedämmstoffe werden an der Fassade eingesetzt?

Zur Wärmedämmung an der Fassade werden meist Mineralfaser-Dämmplatten und Polystyrol-Hartschaumplatten mit unterschiedlicher Dichte eingesetzt. Die Wärmeleitfähigkeit hängt von der Dichte ab. Je geringer die Dichte ist, umso geringer ist die Wärmeleitfähigkeit, umso besser ist die Wärmedämmung. Meist werden Platten mit der Wärmeleitzahl 0,04 W/m K eingesetzt. Mineralfaser-Dämmplatten haben im Vergleich mit den Polystyrol-Hartschaumplatten einen geringeren sd-Wert und damit eine bessere Diffusionsfähigkeit. Die Landesbauordnungen fordern aus Gründen des Brandschutzes ab bestimmten Höhen die Verwendung von mineralischen Dämmstoffen.

8 Welche Wärmedämmstoffe werden im Innenraum eingesetzt?

Zur Wärmedämmung im Innenbereich stehen Gipskarton-Verbundplatten (Verbund mit Polystyrol-Hartschaum, Polyurethan-Hartschaum oder Mineralfaser) zur Verfügung. Diese Platten sind auch mit einer eingebauten Wasserdampfsperre lieferbar. Unter Putz können auch Holzwolleleichtbau-Verbundplatten eingesetzt werden. Der Maler hat die Möglichkeit, Untertapeten aus extrudiertem Polystyrol-Hartschaum, Polystyrol-Partikelschaum, Polyurethan-Weichschaum oder genoppter Dämmpappe zu verwenden. Auch eine Textilbespannung aus Faservlies oder Moltopren mit aufkaschiertem Textilgewebe oder Teppichmaterial verbessert die Wärmedämmung. Da aber zur Wärmedämmung neben der Wärmeleitzahl der Dämmstoffe noch die Schichtdicke von großer Bedeutung ist, darf man an eine nur wenige Millimeter dicke Auflage keine großen Erwartungen stellen.

9 Nennen Sie Vorteile der Innendämmung!

Bei einer innenseitigen Wärmedämmung lassen sich die Räume schneller aufheizen, kühlen aber nach Reduzierung der Heizleistung auch wieder schneller ab. Auch für einzelne Räume oder Wände sind Dämmmaßnahmen möglich.

10 Zeigen Sie die Vorteile der außenseitigen Wärmedämmung auf!

Bei einer außenseitigen Wärmedämmung wirken die Wände als Wärmespeicher und gleichen damit Temperaturschwankungen der Räume aus. Die Wände sind vor großen Temperaturschwankungen geschützt; damit nimmt die Gefahr der Rissbildung ab. Bei einer außenseitigen Wärmedämmung lassen sich Wärmebrücken weitgehend vermeiden. Die Dämmarbeiten sind auch nach Bezug der Wohnungen ohne große Probleme durchführbar. In der Regel lassen sich nur außen die von der Energieeinsparverordnung geforderten Dämmschichtdicken erreichen.

11 Vergleichen Sie die außenseitige Wärmedämmung mit der innenseitigen in Bezug zur Kondenswasserbildung im Mauerwerk!

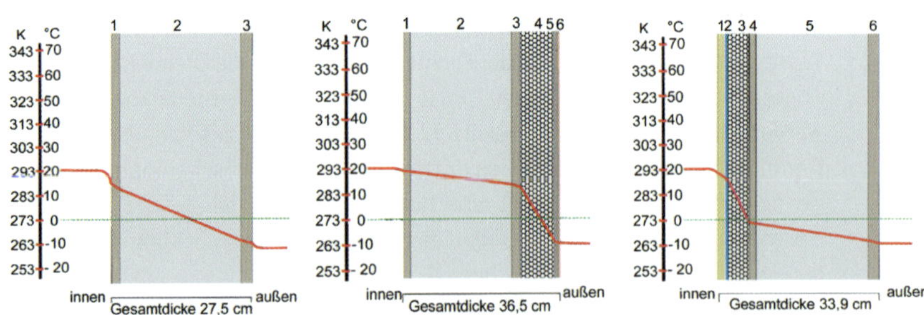

Temperaturverlauf in der Wand bei gleichen Innen- und Außentemperaturen: Bei der ungedämmten Wand fällt die Temperatur im Mauerwerk gleichmäßig ab. Kondenswasser kann sich im äußeren Bereich des Mauerwerks bilden. Bei der außen gedämmten Wand fällt die Temperatur erst in der Außendämmung stark ab. Kondenswasser kann sich erst in der Außendämmung bilden.Bei der innen gedämmten Wand fällt die Temperatur bereits in der Innendämmung stark ab. Kondenswasser kann sich in der gesamten Außenwand bilden. Da bei der Innendämmung der Taupunkt nach innen verschoben wird, ist eine Innendämmung nur sinnvoll, wenn gleichzeitig innen eine Dampfsperre angebracht wird.

12 Welche Forderungen werden an Fugen hinsichtlich der Werkstoffe in Wärmedämmverbundsystemen allgemein gestellt?
Fugen im WDVS müssen allgemein elastisch abgedichtet werden. Dazu können sowohl spritzbare Dichtstoffe als auch vorkomprimierte Dichtbänder eingesetzt werden.

13 Zeigen Sie die Montagemöglichkeiten für die Wärmedämmplatten für einen Vollwärmeschutz auf!
Die Wärmedämmplatten können
A) mit zementverstärktem Dispersionskleber aufgeklebt werden,
B) mit zementverstärktem Dispersionskleber aufgeklebt und angedübelt werden,
C) angedübelt werden,
D) mit Montageschienen befestigt werden.

14 Nach welchen Kriterien wählt man die zweckentsprechende Montage für die Wärmedämmplatten aus?
Die zweckentsprechende Montagemöglichkeit ergibt sich unter Berücksichtigung des Wärmedämmsystems und des Untergrunds.

15 Welche Aufgaben hat die Armierung auf den Wärmedämmplatten?
Die Armierung auf den Wärmedämmplatten soll
1. Bewegungen zwischen den Dämmplatten ausgleichen,
2. die druckempfindliche Oberfläche der Dämmplatten verstärken,
3. einen tragfähigen Untergrund für die nachfolgende Beschichtung schaffen.

16 Für welche Zwecke wird eine sog. Perimeterdämmung eingesetzt?
Perimeterdämmungen sind sehr wasserbeständig und werden deshalb im Sockelbereich eingesetzt, wenn eine Spritzwasserbelastung nicht ausgeschlossen werden kann.

17 Auf einem mit einem Mörtel der Mörtelgruppe P II verputzten Ziegelmauerwerk und mit einer fest haftenden, schadensfreien Dispersionsfarbe beschichteten Fassade soll eine Wärmedämmung mit Mineralfaserplatten erstellt werden. Beschreiben Sie den Arbeitsablauf der Dämmung!

Arbeitsablauf der Dämmung:

1. Reinigen des Untergrunds
2. Befestigen der Sockelschienen
3. Verkleben der Wärmedämmplatten
4. Verdübeln der Wärmedämmplatten
5. Einspachteln der Diagonalarmierung in den Armierungskleber
6. Einspachteln der Eckschienen
6. Auftragen des Armierungsspachtels und Einspachteln des Armierungsgewebes
7. Grundierung mit pigmentiertem Putzgrundiermittel
8. Auftragen und Strukturieren eines Kunststoffputzes
9. Hinterfüllen und Abdichten der Anschlussfugen mit elastischem Dichtstoff

Hinweis: Statt der Abdichtung der Anschlussfugen mit elastischem Dichtstoff kann auch ein Komprimierband eingearbeitet werden.

18 Im Bereich der Fensterecken bilden sich leicht diagonale Risse. Mit welchen Technischen Regeln wird das vermieden?

Zur Vermeidung von Rissen im Bereich der Fensterecken müssen hier zusätzliche Gewebestreifen (ca. 30 × 20 cm) eingearbeitet werden.

19 Entsprechend der Bauordnung der Länder werden an die Wärmedämm-Verbundsysteme entsprechend der Gebäudeart und der Gebäudehöhe bauaufsichtliche Anforderungen gestellt. Zeigen Sie diese auf!

Wärmedämmverbundsysteme und bauaufsichtliche Anforderungen

Gebäudeart	Bauaufsichtliche Anforderungen
Gebäude mit geringer Höhe	B 2 = mindestens normal entflammbar
Gebäude mit mittlerer Höhe	B 1 = mindestens schwer entflammbar
Sonderbauten, z. B. Hochhäuser	A 1 bzw. A 2 = nicht brennbar

Die eingesetzten Wärmedämmverbundsysteme müssen den entsprechenden Bauaufsichtlichen Anforderungen entsprechen.

20 Aus Brandschutzgründen müssen bei allen Wärmedämmmaßnahmen an der Fassade an jeder Öffnung besondere Maßnahmen ergriffen werden, wenn Polystyrol-Hartschaumplatten mit einer Dicke > 10 cm eingesetzt werden. Erläutern Sie diese Maßnahmen!

Aus Brandschutzgründen muss oberhalb jeder Öffnung im Bereich der Stürze ein mindestens 10 cm breiter und seitlich mindestens 30 cm überstehender Streifen mit nicht brennbaren Mineralfaser-Dämmplatten (Baustoffklasse DIN 4102-A) vollflächig angeklebt und zusätzlich verdübelt werden. Im Kantenbereich ist das Bewehrungsgewebe zusätzlich mit Gewebeeckwinkeln zu verstärken. Werden auch die Laibungen gedämmt, ist für die Dämmung der horizontalen Laibung ebenfalls nicht brennbarer Mineralfaser-Dämmstoff zu verwenden.

21 An wärmegedämmten Fassaden zeigt sich zunehmend auf den Nordseiten Algenbewuchs. Auf dieser Fassade zeichnen sich die Montageschienen der Dämmung ab.
A) Erklären Sie die Ursachen des Algenbewuchses!
B) Erläutern Sie, wie diese Fassade saniert werden kann!

A) Durch die Dämmung der Fassade ist die Fassade jetzt außen kälter als vor der Dämmung. Das bedeutet, dass vor allem auf der Nordseite Feuchtigkeit länger auf der Fassade verbleibt und somit der Algenbildung Vorschub geleistet wird. Sie wird zusätzlich durch Bäume und Sträucher gefördert. Außerdem wurde der algizide Zusatz in den Putzen und Beschichtungsstoffen aus Gründen des Umweltschutzes reduziert. Die Montageschienen hingegen leiten die Wärme geringfügig besser. Von den wärmeren Stellen trocknet die Feuchtigkeit schneller weg. Damit fehlt den Algen hier die Grundlage.
B) Die Algen werden mit algizider Lösung behandelt. Anschließend wird mit klarem Wasser nachgewaschen. Es ist zu prüfen, ob eine spezielle Putzgrundierung erforderlich ist. Nach dem Trocknen folgen zwei Anstriche mit algizid eingestellter Fassadenfarbe.

4.3 Arbeitsverfahren auf Metalluntergründen

4.3.1 Beschichtungen auf Eisen und Stahl

[1] Mit welchen Arbeitsverfahren lassen sich Zunder und Walzhaut zuverlässig entfernen?
Großflächiger Zunder und Walzhaut lassen sich durch Abstrahlen (Sandstrahlen) und Flammstrahlen vollständig entfernen. Auch das industrielle Beizen mit Säuren eignet sich hierzu vorzüglich. Kleinere Flächen lassen sich auch mit der Rundschleifmaschine bearbeiten. Das Schleifen mit Schleifpapier oder das Reinigen mit der Stahlbürste reichen dazu in der Regel nicht aus.

[2] Neue, unbehandelte Stahlblechflächen wurden zum Schutz vor Korrosion eingefettet. Mit welchen Arbeitsverfahren kann diese Fettschicht vor der Beschichtung entfernt werden?

1. Reinigung mit organischen Lösemitteln, z. B. Nitroverdünnung.
2. Reinigung mit alkalischen Reinigungsmitteln, mit klarem Wasser nachspülen.
3. Reinigung mit Kaltreinigern, mit klarem Wasser nachspülen.
4. Reinigung mit dem Dampfstrahlgerät oder dem Heißwasserdruckstrahlgerät und entsprechenden fettlösenden Zusätzen.

[3] Die DIN EN ISO 12944 gibt für die Untergrundvorbereitung von Stahlflächen Oberflächenvorbereitungsgrade vor. Ordnen Sie den verschiedenen Reinigungsverfahren die entsprechenden Oberflächenvorbereitungsgrade zu und zeigen Sie die Merkmale des jeweiligen Reinheitsgrads auf!

Normreinheitsgrade nach DIN EN ISO 12944 und ihre Merkmale:

Arbeitsverfahren	*Normreinheitsgrad*	*Merkmale*
Abstrahlen von beschichtetem und unbeschichtetem Stahl	Sa 1	Lose Walzhaut, loser Zunder, loser Rost und die Beschichtungen sind entfernt.
	Sa 2	Walzhaut, Zunder, Rost und Beschichtungen sind nahezu entfernt.
	Sa 2½	Auf der Stahloberfläche sind nur noch leichte Schattierungen sichtbar.
	Sa 3	Walzhaut, Zunder, Rost und Beschichtungen sind ohne Rückstände entfernt worden.
	PSa 2	Schadensfreie und gut haftende Beschichtungen verbleiben und werden gereinigt, falls es zur Verbesserung der Haftung erforderlich ist, werden sie leicht überstrahlt, auf den übrigen Flächen sind Walzhaut, Zunder und Rost nahezu entfernt.

	PSa 2½	Schadensfreie und gut haftende Beschichtungen verbleiben und werden gereinigt, falls es zur Verbesserung der Haftung erforderlich ist, werden sie leicht überstrahlt; auf den übrigen Flächen sind Walzhaut, Zunder und Rost so weit entfernt, dass nur noch leichte Schattierungen sichtbar sind.
Handentrostung oder maschinelle Entrostung	St 2	Lose Walzhaut und loser Zunder sind entfernt, der Rost ist so weit entfernt, dass die Stahloberfläche einen schwachen, vom Metall herrührenden Glanz aufweist.
	St 3	Lose Walzhaut und loser Zunder sind entfernt, der Rost ist so weit entfernt, dass die Stahloberfläche einen deutlichen, vom Metall herrührenden Glanz aufweist (erfordert in der Regel maschinelle Bearbeitung), das Entfernen fest haftender Beschichtungen ist ggf. zusätzlich zu vereinbaren.
	PSt 2	Fest haftende Beschichtungen verbleiben, werden gereinigt und falls erforderlich durch leichtes Überschleifen angeraut, lose Walzhaut und loser Zunder sind entfernt, Rost ist so weit entfernt, dass die Stahloberfläche einen schwachen, vom Metall herrührenden Glanz aufweist.
	PSt 3	Fest haftende Beschichtungen verbleiben, werden gereinigt und falls erforderlich durch leichtes Überschleifen angeraut, lose Walzhaut und loser Zunder sind entfernt, Rost ist so weit entfernt, dass die Stahloberfläche einen deutlichen, vom Metall herrührenden Glanz aufweist.
Maschinelles Schleifen	PMa	Fest haftende Beschichtungen verbleiben, werden gereinigt und falls erforderlich durch leichtes Überschleifen angeraut, lose Walzhaut und loser Zunder sind entfernt, der Rost ist so weit entfernt, dass die Stahloberfläche einen schwachen, vom Metall herrührenden Glanz aufweist.
Flammstrahlen	Fl	Beschichtungen, Zunder, Walzhaut und Rost sind so weit entfernt, dass nur noch leichte Schattierungen sichtbar sind.
Beizen mit Säuren (chem. Entrostung in der Industrie)	Be	Beschichtungen, Walzhaut, Zunder und Rost sind vollständig entfernt.

4 Welche Angaben müssen auf den Gebinden der Beschichtungsstoffe nach DIN 18364 »Korrosionsschutzarbeiten an Stahlbauten« angebracht sein?

Die Gebinde müssen folgende Angaben unverschlüsselt und haltbar aufweisen:

- Hersteller,
- Beschichtungsstoff, eigenschaftsbestimmendes Bindemittel und Pigment,
- Farbton, Verdünnungsmittel,
- Härter und Mischungsverhältnis bei Mehrkomponenten-Beschichtungsstoffen,
- Verwendungszweck, z. B. für die erste Grundbeschichtung,
- Nettogewicht,
- Chargen-Nummer,
- Jahr und Monat der Abfüllung, Herstelldatum, Verfallsdatum,
- Kennzeichnung entsprechend.

[5] Welche Untergrundvorbereitung und welchen Beschichtungsaufbau sieht die DIN 18364 für die Erstbeschichtung auf Stahl vor?
Die Oberfläche ist nach Normreinheitsgrad Sa 2 ½ gemäß der DIN EN ISO 12944 vorzubereiten. Darauf folgen zwei Grundbeschichtungen und zwei Deckbeschichtungen. Grundsätzlich ist den Herstellerangaben Folge zu leisten.

[6] Für eine bereits beschichtete Stahlbrücke soll ein Leistungsverzeichnis erstellt werden. Welche Fakten müssen in das Verzeichnis aufgenommen werden, damit sich der Auftragnehmer den jetzigen Zustand der Brücke zweifelsfrei vorstellen kann?
Die Leistungsbeschreibung sollte folgende Fakten nennen:
1. Bindemittelbasis der Altbeschichtung,
2. Schichtdicke der Altbeschichtung,
3. Alter und Zustand der Altbeschichtung,
4. Haftung der Altbeschichtung anhand der Gt-Werte nach DIN EN ISO 2409,
5. Rostgrad nach DIN EN ISO 4628-3,
6. Blasengrad nach DIN EN ISO 4628-2,
7. vorhandene Verschmutzungen,
8. Korrosivitätskategorie (umgebungsbedingte Belastung) nach DIN EN ISO 12944.

[7] Stahlzargen sollen mit weißer Seidenglanzlackfarbe beschichtet werden. Die Zargen sind neu und grundiert (keine Pulverbeschichtung), zeigen aber einige mechanische Beschädigungen. Die Grundierung haftet gut. Erstellen Sie für die Beschichtung eine Leistungsbeschreibung!
Leistungsbeschreibung für die Beschichtung der Stahlzargen:
- Anschleifen des Grundanstriches, Beischleifen der mechanischen Beschädigungen, Blankschleifen der Roststellen, Reinigen des Untergrundes
- Grundanstrich auf den blanken Stellen mit bleifreiem Korrosionsschutzmittel wasserverdünnbar
- Beispachteln der mechanischen Beschädigungen
- Zwischenbeschichtung mit Dispersionslackfarbe
- Schlussbeschichtung mit Dispersionslackfarbe

[8] Neue, grundierte Heizkörper sollen beschichtet werden. Die Grundierung (keine Pulverbeschichtung) haftet gut, ist aber an den Kanten zum Teil abgeschabt. Erstellen Sie für die Beschichtung eine Leistungsbeschreibung!
- Ausbesserung der Grundierung mit Grundanstrichstoff nach DIN 55900
- Schlussbeschichtung mit Heizkörper-Dispersionslackfarbe

Hinweis: Natürlich eignen sich auch lösemittelhaltige Heizkörperlackfarben. Wegen der geringeren Gesundheitsgefahren und der geringeren Umweltbelastung sollte man heute wasserverdünnbare Werkstoffe bevorzugen.

9 Ältere, stark vergilbte Heizkörper sollen eine neue Beschichtung erhalten. Die Altbeschichtung haftet gut und zeigt keine Mängel. Erstellen Sie für die notwendigen Arbeiten eine Leistungsbeschreibung, die der ATV DIN 18363 »Maler- und Lackiererarbeiten - Beschichtungen« entspricht!
- Reinigung des Untergrunds und Schleifen der Altbeschichtung
- Beschichtung mit Heizkörper-Dispersionslackfarbe

10 Ein neues, bereits mit Korrosionsschutzfarbe grundiertes Stahl-Treppengeländer soll beschichtet werden. Der Handlauf ist mit Kunststoff überzogen. Die Grundierung haftet gut, zeigt aber einige mechanische Beschädigungen. Erstellen Sie für die Malerarbeiten eine Leistungsbeschreibung, die der ATV DIN 18363 Maler- und Lackierarbeiten - Beschichtungen entspricht!
- Reinigen des Untergrunds, Entrostung des Stahls, Normreinheitsgrad St 3
- Ausbesserung des Grundanstrichs mit bleifreier Korrosionsschutzfarbe wasserverdünnbar
- Schlussanstrich mit Dispersionslackfarbe

11 Eine ältere, stark verrostete Stahlbrücke soll eine neue Beschichtung erhalten. Erstellen Sie für die notwendigen Arbeiten eine Leistungsbeschreibung!
- Abstrahlung der Stahlkonstruktion mit Hochofenschlacke, Normreinheitsgrad Sa 2½
- Grundanstrich mit Epoxidharz-Zinkstaubfarbe
- Erster Zwischenanstrich mit Epoxidharz-Zinkstaubfarbe
- Zweiter Zwischenanstrich mit Polyurethanharzlackfarbe
- Schlussanstrich mit Polyurethanharzlackfarbe

12 Bereits früher gestrichene Stahlzargen sollen eine neue Beschichtung erhalten. Die Gitterschnittprüfung bringt den Gt-Wert 3. Die Altbeschichtung stellt sich als Alkydharzlackfarbe heraus. An den Anschlüssen zum Putz ist der Putz von Rost verfärbt. Dieser Schaden sollte durch die Beschichtung der Türzargen mit Hochglanzlackfarbe zukünftig verhindert werden. Erstellen Sie für die notwendigen Arbeiten eine Leistungsbeschreibung, und begründen Sie die vorgesehene Ausführung!

Leistungsbeschreibung:
- Von Rost verfärbten Putz entlang der Türzarge entfernen
- Abbeizen der Altbeschichtung mit Abbeizlauge, gründlich nachwaschen mit Wasser
- Entrosten der Zargen (auch an den vorher überputzten Stellen), Normreinheitsgrad St 3, gründliches Anschleifen der übrigen Flächen
- Grundanstrich mit bleifreier Korrosionsschutzfarbe wasserverdünnbar auf allen jetzt sichtbaren Stahlflächen
- Einputzen der Türzargen

- Vorlackieren der Türzargen mit Dispersionslackfarbe
- Schlusslackieren mit Dispersionslackfarbe

Begründung:
Der Gt-Wert 3 bedeutet, dass zwischen den einzelnen Schnitten 15–35 % Fläche abgeplatzt ist. Diese Altbeschichtung kann nicht problemlos überarbeitet werden und muss deshalb entfernt werden. Da es sich bei der Altbeschichtung um eine Alkydharzlackfarbe handelt, eignet sich für die Entfernung Abbeizlauge besonders gut. Die Alkydharzlackfarbe wird von der Abbeizlauge verseift und so wasserlöslich.
Der Rost im Putz entstand, weil die Türzargen ohne ausreichenden Korrosionsschutz an den später nicht sichtbaren Stellen eingeputzt wurden. Es empfiehlt sich das Freilegen und Grundieren dieser Stahlflächen.
Nach dem Entrosten und Anschleifen muss ein neuer Korrosionsschutzanstrich aufgetragen werden. Es dürfen dazu keine bleihaltigen Korrosionsschutzfarben verwendet werden. Wegen des geringeren Lösemittelanteils werden Dispersionslacke eingesetzt.

13 Ein kunsthandwerklich geschmiedetes Eingangstor wurde beschichtet. Nach einem halben Jahr platzt die Beschichtung an den besonders stark ausgeschmiedeten Stellen ab. Erklären Sie die Ursache dieses Schadens!
Durch spontane Sauerstoffaufnahme entstand an den rotglühend ausgeschmiedeten Stellen Zunder. Dieser Zunder hätte vor der Beschichtung entfernt werden müssen. Nachdem dies nicht geschah, platzt der Zunder nun durch thermische und elektrochemische Spannungsunterschiede ab.

14 Bereits früher gestrichene Stahltüren in einem Lager sollen neu beschichtet werden. Der Altanstrich war mit Alkydharzlackfarbe ausgeführt worden. Die Haftprüfung erbringt den Gt-Wert 4 nach DIN EN ISO 2409. Erstellen Sie für die notwendigen Arbeiten eine detaillierte Leistungsbeschreibung. Begründen Sie die geplante Ausführung!
Leistungsbeschreibung:
- Abbeizen der Altbeschichtung mit Abbeizlauge, gründlich nachwaschen mit Wasser
- sorgfältiges Entrosten und Anschleifen des Untergrunds, Normreinheitsgrad St 3
- Grundbeschichtung mit bleifreier Korrosionsschutzfarbe wasserverdünnbar
- Zwischenbeschichtung mit Dispersionslackfarbe
- Schlussbeschichtung mit Dispersionslackfarbe

Die Altbeschichtung muss entfernt werden. Beim Gitterschnitt nach DIN EN ISO 2409 platzten etwa 65 % der Teilstücke zwischen den Schnitten ab.

Da der Altanstrich mit Alkydharzlackfarben ausgeführt war, empfiehlt sich das Abbeizen mit Abbeizlauge. Die Beschichtung wird verseift, wasserlöslich und kann dann abgeschabt und mit Wasser nachgewaschen werden.
Für die zu erwartende Belastung reicht ein Dispersionslack. Da Bleimennige im Innenraum wegen der Gesundheitsgefährdung nicht mehr eingesetzt werden darf, wird eine bleifreie Korrosionsschutzfarbe gewählt.
St 3 ist nach DIN EN ISO 12944 die bestmögliche Handentrostung.

15 In dem Becken einer neu erbauten Kläranlage sollen die eingebauten und grundierten Stahlteile beschichtet werden. Die Stahlteile zeigen nach DIN EN ISO 4628-3 den Rostgrad Ri 4. Die Beschichtung muss gegen Flüssigkeiten mit einem pH-Wert von 1 beständig sein. Erstellen Sie eine Leistungsbeschreibung und begründen Sie diese!

Leistungsbeschreibung:
- Abstrahlen mit Hochofenschlacke, Normreinheitsgrad Sa 2 ½
- Grundbeschichtung mit Epoxidharz-Zinkstaubfarbe
- Zweite Grundbeschichtung mit Epoxidharz-Zinkstaubfarbe
- Erste Deckbeschichtung mit Polyurethanharzlackfarbe
- Zweite Deckbeschichtung mit Polyurethanharzlackfarbe
- Die angestrebte Schichtdicke der Beschichtung beträgt mindestens 300 µm.

Die Altbeschichtung zeigt den Rostgrad Ri 4, das heißt, auf der beschichteten Oberfläche sind ca. 8 % Rost zu sehen. In Anbetracht der zu erwartenden Belastung sollte hier der Untergrund abgestrahlt werden. Da Quarzsand wegen des Gesundheitsschutzes hier nicht eingesetzt werden darf, empfiehlt sich die Verwendung von Hochofenschlacke. Epoxidharz vermittelt eine hervorragende Haftung. Zinkstaub erzeugt einen besonders guten Korrosionsschutz; allerdings ist hierzu der Normreinheitsgrad Sa 2½ erforderlich. Polyurethanharzlackfarben sind absolut säurebeständig. Für chemisch so stark belastete Beschichtungen schreibt die DIN EN ISO 12944 eine Mindestschichtdicke von 300 µm vor.

16 Bei der Beschichtung von pulverbeschichteten Stahlzargen kommt es immer wieder zu Abplatzungen.
A) Beschreiben Sie, wie Sie erkennen können, dass es sich bei der Grundierung um eine Pulverbeschichtung handelt!
B) Welche Grundierung kann man am zuverlässigsten als Haftvermittler einsetzen?
C) Was muss bei der weiteren Beschichtung beachtet werden?

A) Pulverbeschichtungen sind, wenn sie nicht als solche gekennzeichnet sind, nur schwer zu erkennen.
Mögliche Prüfungen zur Erkennung:
- Lösemittelprobe mit Nitroverdünnung; Dispersionslacke und physikalisch,

also durch Verdunsten der Lösemittel trocknende Polymerisatharzlacke, z. B. Acrylharzlacke, lösen sich an.

- Abbeizprobe mit Abbeizlauge; Alkydharzlackfarben werden verseift und so wasserlöslich.

  Verändert sich die Grundierung bei keiner der beiden Prüfungen, handelt es sich um eine Pulverbeschichtung oder eine 2-K-Beschichtung. In diesem Fall sollte man sich beim Auftraggeber genauere Informationen zur Grundierung holen. Bei beiden Beschichtungsarten wäre die unter B) genannte Haftgrundierung anzuwenden.

B) Als Haftvermittler haben sich Epoxidharzgrundierungen am besten bewährt. Vor der Beschichtung mit dem Haftgrund muss die Grundierung gut angeschliffen werden.

C) Der Haftvermittler sollte bereits am nächsten Tag überarbeitet werden. Ansonsten muss besonders gut angeschliffen werden, sonst sind Abplatzungen vom Haftgrund zu befürchten. Für die weitere Beschichtung eignen sich Alkydharzlacke, Polyurethanharzlacke und Acrylharzlacke. Auch Epoxidharzlacke sind generell geeignet. Allerdings darf hier eine mögliche Kreidung nicht stören.

17 Eine Stahltüre zeigt sich nach dreijähriger Bewitterung in diesem Zustand. Erläutern Sie die Ursachen.

Bei der Beschichtung der Türe hat man den Korrosionsschutz vernachlässigt. So wurde die Lackfarbe ohne Rostschutzgrundierung aufgetragen. An den Stellen mit höherer Schichtdicke ist der Anstrich intakt. An den dünneren Stellen zeigt sich eine starke Durchrostung.

4.3.2 Beschichtungen auf Zink und verzinktem Stahl

1 Welche Art des Korrosionsschutzes bezeichnet man als »Duplex-System«?
Als Duplex-System wird die Verzinkung (in der Regel die Feuerverzinkung) von Stahl mit anschließender Beschichtung bezeichnet.

2 Nennen Sie Ursachen für die Haftprobleme von Beschichtungen auf Zink und verzinktem Stahl!
Für die schlechte Haftung und das Abplatzen von Beschichtungen auf Zink und verzinktem Stahl sind meist eine oder mehrere der folgenden Ursachen verantwortlich:

1. Neue Zinkflächen sind glatt, ölig, fettig oder auch verschmutzt. Bei unzureichender Reinigung und fehlendem Anrauen sind Haftprobleme unvermeidbar.
2. Ältere Zinkoberflächen haben Korrosionsprodukte ausgebildet. Werden diese nicht sorgfältig entfernt, platzen die nachfolgenden Anstriche wegen der zu geringen Haftung ab.
3. Werden für Zink Alkydharzlackfarben eingesetzt, bildet das Zink mit den Ölkomponenten der Beschichtungsstoffe Zinkseifen. Diese vermindern die Haftung. Da der Ölanteil die elastifizierende Komponente der Alkydharzlackfarbe darstellt, verspröden die Beschichtungen.

3 Auf welche Weise sollten Zinkuntergründe für die Beschichtung vorbereitet werden?
Zinkoberflächen sollen mit der ammoniakalischen Netzmittelwäsche oder einem alternativen Reinigungsmittel für die nachfolgende Beschichtung vorbereitet werden. Bei der ammoniakalischen Netzmittelwäsche kommen auf 10 l Wasser ca. 0,5 l eines 25 %-igen Salmiakgeistes (bzw. 1,250 l eines zehnprozentigen Salmiakgeists). Dieser Lösung sind zwei Kronenkorken eines Netzmittels, z. B. Pril, Spüli o. Ä., zuzusetzen. Beim Nassschleifen mit diesem Gemisch und dem Kunststoffvlies entsteht ein feiner Schaum, der etwa 10 Minuten auf die Oberfläche einwirken sollte. Anschließend muss mit viel klarem Wasser gründlich nachgewaschen werden.
Auf keinen Fall darf Stahlwolle zum Schleifen verwendet werden. Unter zurückbleibenden mikrofeinen Partikeln der Stahlwolle würde das Zink aufgrund galvanischer Vorgänge zerstört.

4 Welche Beschichtungsstoffe sind generell für die Beschichtung von Zinkuntergründen geeignet?
Zur Beschichtung von Zinkuntergründen sind generell Dispersionsfarben, Dispersionslackfarben, Acrylharzlackfarben, PVC-Lackfarben, Lackfarben auf

Basis von Polyurethanharzlackfarben, Epoxidharzlackfarben, Bitumenölkombinationslackfarben, Teer-Epoxidharz-Lackfarben und spezielle Zinkhaftfarben geeignet. Bei der Auswahl des jeweils zweckmäßigen Beschichtungsstoffs ist die zu erwartende Beanspruchung zu berücksichtigen.

5 Eine neue Dachrinne aus verzinktem Stahlblech ist zu beschichten. Erstellen Sie hierfür eine Leistungsbeschreibung unter Angabe des zu verwendenden Materials!

Leistungsbeschreibung:

- Reinigen des Untergrunds mit der Salmiaknetzmittelwäsche, gründliches Anschleifen mit Kunststoffschleifvlies und gründliches Nachwaschen mit klarem Wasser
- Grundanstrich außen mit Dispersionslackfarbe
- Schlussanstrich außen mit Dispersionslackfarbe
- Grundanstrich innen mit Bitumenöllackfarbe
- Schlussanstrich innen mit Bitumenöllackfarbe

Für die Außenbeschichtung wären auch spezielle Zinkhaftfarben, PVC-Lackfarben und Acrylharzlackfarben geeignet.

Generell könnte man auch Polyurethan- und Epoxidharzlackfarben einsetzen, doch diese Produkte sind relativ teuer und von der Belastbarkeit her nicht erforderlich.

Innen könnte man auch Teer-Epoxidharzlackfarben einsetzen. Doch auch diese Produkte sind sehr teurer.

6 Ältere aus verzinktem Stahlblech hergestellte Dachrinnen wurden vor längerer Zeit mit Dispersionsfarben überstrichen. Nun zeigen sich in der Beschichtung auf der gesamten Fläche punktförmige braune Flecken. Wie kann man diesen Schaden erklären?

Dispersionsfarben sind bei schlechter Korrosionsschutzwirkung diffusionsoffener als Lackfarben. So wandert die sich bildende Rostlösung durch die Poren der Beschichtung und wird sichtbar.

7 Warum dürfen für Zinkflächen keine Alkydharzlackfarben eingesetzt werden?

Die Fettsäuren des Alkydharzbindemittels reagieren chemisch mit dem Zink. Dadurch verspröden diese Beschichtungen. Gleichzeitig wird die Haftung der Beschichtung vermindert. So platzen diese Beschichtungen ab.

8 Dieses verzinkte, stark geschädigte Balkongeländer soll beschichtet werden. A) Beschreiben Sie die hier sichtbaren Schäden des Geländers. Welche besonderen Untergrundprüfungen sind hier erforderlich? B) Wie ist das Geländer fachgerecht vorzubereiten? C) Erstellen Sie eine Leistungsbeschreibung für die hier durchzuführenden Arbeiten.

A) Gerade im unteren Bereich sind um die senkrechten Stäbe ungewöhnlich große Korrosionsschäden zu sehen. Die Ursachen dafür sind zu prüfen. Welcher Werkstoff wurde für die Beschichtung in welcher Schichtdicke eingesetzt? Wurde die Verzinkung entsprechend fachgerechtet vorbereitet? Warum ist das Schadensbild im Bereich der senkrechten Stäbe so groß?

B) Für eine fachgerechte Beschichtung muss die alte Beschichtung durch Abbeizen entfernt werden. D.h. die Altbeschichtung sollte mit Abbeizfluid abgebeizt werden. Anschließend müssen die Korrosionsprodukte (= Weißrost) gründlich mit der Salmiaknetzmittelwäsche und Schleifvlies entfernt werden. Anschließend muss auch die restliche Zinkfläche gründlich mit der Salmiakwäsche und Schleifen mit Schleifvlies gereinigt werden.

C) Leistungsbeschreibung:

- Abbeizen der Altbeschichtung mit Abbeizfluid und gründliches Nachwaschen entsprechend den Herstellerangaben
- Gründliches Entfernen der Korrosionsprodukte durch nasses Abschleifen mit Kunststoffschleifvlies
- Reinigen des gesamten Untergrunds mit der Salmiaknetzmittelwäsche, gründliches Anschleifen mit Kunststoffschleifvlies und gründliches Nachwaschen mit klarem Wasser

- Grundanstrich mit 2-K-Polyurethanlackfarbe,
- Schlussanstrich mit 2-K-Polyurethanlackfarbe

Der Grundanstrich könnte auch mit 2-K-Epoxidharzlackfarbe durchgeführt werden. Für die Schlussbeschichtung eignen sich Epoxidharzlackfarben weniger, weil diese bei Bewitterung zum Kreiden neigen.
Dispersionslackfarben scheinen hier wegen der besonderen Belastung weniger geeignet. Diese Lackfarben quellen bei Feuchtigkeitswirkung stärker auf. So wären Haftungsprobleme zu befürchten.

9 Auf einem Dach aus feuerverzinktem Stahlblech platzt der Anstrich großflächig ab. Bei der Prüfung der Haftung der Beschichtung durch Kratzprobe splittert die Beschichtung vollständig ab, Sie ermitteln den Gt-Wert 5. Erstellen Sie für die neue Beschichtung eine Leistungsbeschreibung!
Leistungsbeschreibung für die Dachbeschichtung:

- Vollständiges Entfernen des Altanstrichs durch Abkratzen
- Reinigen des Untergrunds mit der Salmiaknetzmittelwäsche, gründlich anschleifen mit Schleifvlies und gründlich nachwaschen mit klarem Wasser
- Grundbeschichtung mit Epoxidharzlackfarbe
- Schlussbeschichtung mit 2-K-Polyurethanharzlackfarbe

Wegen der größeren Belastbarkeit wurden hier 2-K-Werkstoffe ausgewählt. Epoxidharzlackfarben haben eine besonders gute Haftung, neigen aber bei Bewitterung zum Kreiden. Deshalb wurde die Deckbeschichtung mit Polyurethanharzlackfarbe ausgeführt.

Gibt man sich mit einer geringeren Belastbarkeit der Beschichtung zufrieden, wären auch lösemittelhaltige Polymerisatharzlackfarben, z. B. 1-K-Acrylharzlackfarben, möglich. Dispersionslackfarben quellen bei Feuchtigkeit stärker an und können deshalb hier problematisch sein.

10 Welche Beschichtungsstoffe sollten für Zink oder verzinktes Stahlblech verwendet werden, wenn darauf bereits eine gut haftende Altbeschichtung vorgefunden wird?
Die neue Beschichtung muss hier stets auf die Altbeschichtung abgestimmt werden. Am besten verwendet man das gleiche Beschichtungsmittel, wie es als Altbeschichtung vorgefunden wird. Vor allem spezielle Zinkhaftfarben sollten nur mit dem gleichen Material überarbeitet werden. Lässt sich das Bindemittel der Altbeschichtung nicht zweifelsfrei ermitteln, sind Dispersionslackfarben in der Regel problemlos möglich. Jedoch ist bei verschiedenen Objekten, z. B. Dachbeschichtungen, die höhere Wasserquellbarkeit dieser Beschichtungsstoffe zu beachten.

4.3.3 Beschichtungen auf Aluminium

1 Welche Vorbehandlungen werden für Aluminium empfohlen?

Zur Vorbehandlung von Aluminiumuntergründen gibt es verschiedene Möglichkeiten:

1. Reinigung von Hand mit Nitroverdünnung, schleifen mit Schleifvlies,
2. Reinigung von Hand mit Kaltreiniger, nachwaschen mit heißem Wasser, schleifen mit Schleifvlies,
3. Reinigung von Hand mit phosphorsauren Spezialreinigern (nicht geeignet für Objekte mit Spalten und Fugen, da verbleibende Reste zu Beschichtungsschäden führen), schleifen mit Schleifvlies,
4. Heißwasser- bzw. Hochdruckreinigung.

Die jeweils zweckmäßige Vorbehandlung ist vom Objekt abhängig. Laugen greifen das Aluminium an und sind deshalb nicht geeignet!

2 Welche Beschichtungsstoffe sind grundsätzlich für Aluminiumuntergründe geeignet?

Für Aluminiumuntergründe sind generell Alkydharzlackfarben (in der Regel auf speziellem Haftgrund), Polymerisatharzlackfarben wie Acrylharzlackfarben, PVC-Lackfarben, Epoxidharzlackfarben, Polyurethanharzlackfarben und 2-K-Acrylharzlackfarben geeignet. Natürlich ist das jeweils zweckmäßige System entsprechend der zu erwartenden Belastung auszuwählen.

3 Eine neue Aluminiumhaustür soll beschichtet werden. Erstellen Sie für die Beschichtung eine Leistungsbeschreibung!

Leistungsbeschreibung für die Beschichtung der Aluminiumhaustür:

- Reinigung mit Nitroverdünnung oder Spezialreinigungsmittel, gründliches Anschleifen mit Kunststoffschleifvlies
- Grundbeschichtung mit Epoxidharzlackfarbe
- Schlussbeschichtung mit Polyurethanharzlackfarbe

Wegen der erhöhten Kratzbeständigkeit wurde hier auf der EP-Grundierung eine Polyurethanbeschichtung ausgewählt. Natürlich wären prinzipiell auch Alkydharzbeschichtungen oder Beschichtungen mit Polymerisatharzlackfarben möglich. Die Deckbeschichtung wurde nicht mit Epoxidharzlackfarben ausgeführt, weil diese im Freien zum Kreiden neigen.

4 Welchen Beschichtungsaufbau fordert die ATV DIN 18363 Maler- und Lackierarbeiten - Beschichtungen bei einem noch nicht beschichteten Stabgeländer aus Aluminium im Treppenhaus eines Wohnhauses?

Gefordert werden in dieser VOB eine Grundierung und eine Deckbeschichtung.

5 Welche Beschichtungsstoffe sind zu empfehlen, wenn eine farblose Lackierung auf anodisch oxidiertem Aluminium gewünscht wird?
Für anodisch oxidiertes Aluminium eignen sich besonders 1-K- und 2-K-Acrylharzlacke.

6 Erstellen Sie eine Leistungsbeschreibung für die Beschichtung von anodisch oxidiertem Aluminium mit farblosem Lack!
- Reinigen und entfetten mit Nitroverdünnung, schleifen mit Schleifvlies
- Grundbeschichtung mit 2-K-Acrylharzlack
- Schlussbeschichtung mit 2-K-Acrylharzlack

Der 2-K-Acrylharzlack wurde hier wegen der größeren Beständigkeit und der besonders guten Haftung gewählt.

4.3.4 Beschichtungen auf Kupfer

1 Nennen Sie Gründe für eine Beschichtung auf Kupfer!
Für eine Beschichtung des Kupfers sprechen verschiedene Gründe:
1. Aus optischen Gründen soll der rote Kupferton erhalten bleiben.
2. Die Fassade wird von ablaufenden Kupfersalzen verunreinigt und soll davor geschützt werden.
3. Auf Kupfer soll eine Vergoldung durchgeführt werden.
4. Mit der Beschichtung soll die chemische Beständigkeit erhöht werden.

2 Welche Vorbehandlung ist für Kupferuntergründe vorteilhaft?
Als Vorbehandlung der Kupferflächen hat sich die Reinigung mit zehnprozentiger Salzsäure in Wasser mit einem Zusatz von Alkohol (Spiritus) bewährt. Alternativ werden dazu auch Spezialreiniger angeboten. Zum Schleifen hat sich Schleifvlies bewährt.

3 Begründen Sie, warum im Gegensatz zu Zink und verzinkten Untergründen auf Kupfer keine Salmiaknetzmittelwäsche eingesetzt werden sollte.
Durch die mögliche chemische Reaktion des Salmiaks mit dem Kupfer können auf dem Kupfer grünliche Salze entstehen, die die Haftung der folgenden Beschichtung enorm schwächen. Abplatzungen der folgenden Beschichtungen wären die Folge. Bei farblosen Beschichtungen wären die grünlichen chemischen Verbindungen unter der Beschichtung zudem störend sichtbar.

4 Erstellen Sie eine Leistungsbeschreibung für eine farblose Beschichtung von bereits korrodiertem Kupfer!

Leistungsbeschreibung der Beschichtung:
- Reinigen des Untergrunds mit zehnprozentiger Salzsäure in Spiritus, anschleifen mit Schleifvlies
- Grundbeschichtung mit 2-K-Acrylharzlack
- Schlussbeschichtung mit 2-K-Acrylharzlack

Der Acrylharzlack muss vom Hersteller für diese Beschichtung als geeignet erklärt worden sein. Auch spezielle Epoxidharzlacke (aminfrei und nicht kreidend) sind geeignet.

[5] **Begründen Sie, warum Alkydharzlacke für die unmittelbare Beschichtung auf Kupfer nicht geeignet sind!**

Alkydharzlacke enthalten elastifizierende Fettsäuren. Diese reagieren chemisch mit dem Kupfer zu grünen Kupfersalzen, welche bei farblosen Beschichtungen sichtbar sind und die Haftung vermindern.

[6] **Im Innenraum wird zum Beschichten von Kupfer gerne Zaponlack eingesetzt. Warum ist im Außenbereich der Schutz des Kupfers mit diesem Beschichtungsstoff nicht ausreichend möglich?**

Die Beschichtungen mit Zaponlack sind für einen ausreichenden Korrosionsschutz zu dünn und haben meist zahlreiche Poren.

4.4 Arbeitsverfahren auf Holzuntergründen

[1] **Nennen Sie Beispiele für den konstruktiven Holzschutz entsprechend DIN 68800 »Holzschutz im Hochbau«!**

Beispiele für den konstruktiven Holzschutz sind:
- ausreichende Dachüberstände,
- Einbau der Hölzer oberhalb der Spritzwasserhöhe,
- Vermeiden von wasserspeichernden Nuten, Ecken und Stößen,
- Auswahl geeigneter Holzqualitäten,
- Abschrägen oder Abdecken von horizontalen Holzflächen.

[2] **Die Landesbauverordnungen der Bundesländer schreiben für tragende Bauteile aus Holz vorbeugende Holzschutzmaßnahmen nach DIN 68800 vor. Welche unterschiedlichen Holzschutzbereiche behandeln Teil 2 und Teil 3 und Teil 4 dieser Norm?**

In DIN 68800 »Holzschutz im Hochbau« behandelt Teil 2 den baulichen Holzschutz, Teil 3 den chemischen Holzschutz und Teil 4 die Bekämpfungsmaßnahmen.

3 **Kann entsprechend der DIN 68800 auf den chemischen Holzschutz verzichtet werden, wenn die eingebauten Hölzer den Gebrauchsklassen 1-4 entsprechen?**

Entsprechend der DIN 68800 kann unter folgenden Bedingungen bei den Gebrauchsklassen 1-4 auf den chemischen Holzschutz verzichtet werden:

Gebrauchsklassen	*Bedingungen*
1	Verwendung von Farbkernhölzern mit einem Splintholzanteil von unter 10 % oder in Räumen mit üblichem Wohnklima, wenn das Holz gegen Insektenbefall abgedeckt ist, oder in Räumen mit üblichem Wohnklima, wenn das Holz so offen angeordnet ist, dass es kontrollierbar bleibt.
2	Verwendung von splintfreien Farbkernhölzern der Resistenzklassen 1, 2 oder 3
3	Verwendung von splintfreien Farbkernhölzern der Resistenzklassen 1 oder 2
4	Verwendung von splintfreien Farbkernhölzern der Resistenzklasse 1

4 **Ein Kunde hat sich im Wohnzimmer eine Holzdecke einbauen lassen. Ist hier entsprechend der DIN 68800 ein chemischer Holzschutz erforderlich?**

Ein innen verbautes Holz, das dem üblichen Wohnklima ausgesetzt ist und so offen angeordnet ist, dass das Holz kontrollierbar bleibt, ist entsprechend der DIN 68800 der Gebrauchsklasse 0 zugeordnet, das bedeutet, dass hier kein chemischer Holzschutz erforderlich ist.

5 **In einem neu erbauten Gasthaus wurde die Gastzimmerdecke mit Nut- und Federbrettern aus Oregon Pine verkleidet. Welcher Holzschutz ist hier erforderlich?**

Pilzbefall ist nur bei einer Holzfeuchtigkeit von über 20 % möglich. Diese Feuchtigkeit wird hier nicht erreicht. Auch mit Insektenbefall ist nicht zu rechnen. So kann man hier auf chemischen Holzschutz verzichten. Wenn eine Beschichtung gewünscht wird, können mit einer zweimaligen Beschichtung mit mattem Klarlack auf Dispersionsbasis die Reinigungsfähigkeit und die Strapazierbarkeit erhöht werden.

6 **Welche Einbringverfahren unterscheidet die DIN 68800 »Holzschutz im Hochbau«?**

DIN 68800 »Holzschutz im Hochbau«, unterscheidet folgende Einbringverfahren:

1. Streichen,
2. Spritzen,
3. Tauchen,
4. Trogtränkung,
5. Kesseldrucktränkung.

7 Nach DIN 68800-3 »Holzschutz im Hochbau« hat der Unternehmer bei einer chemischen Behandlung von Bauteilen mindestens an einer sichtbaren Stelle des Bauwerks eine Kennzeichnung in dauerhafter Form durchzuführen. Welche Details muss diese Kennzeichnung enthalten?

Die Kennzeichnung für eine chemische Behandlung des Holzes muss nach DIN 68800-3 folgende Einzelheiten enthalten:

- Namen und Anschrift des Unternehmers,
- angewandte Holzschutzmittel mit Prüfzeichen und Prüfprädikaten,
- eingebrachte Holzschutzmittelmenge in g/m² der gesamten Holzfläche oder in ml/m² der gesamten Holzoberfläche oder in kg/m³ des Holzvolumens, und zwar einschließlich der berücksichtigten Holzschutzmittelverluste,
- Jahr und Monat der Behandlung

8 Hölzer, die mit Holzschutzmittel bearbeitet werden, erfordern je nach Holzart und Gebrauchsklasse unterschiedliche Eindringtiefeklassen. Wie tief muss ein Holzschutzmittel nach DIN 68800-1:2011-10 »Holzschutz - Teil 1: Allgemeines« mindestens eindringen, sodass es in Gebrauchsklasse 4 oder 5 eingesetzt werden kann?

Für den Tiefschutz wird eine Mindesttränkung des gesamten Splintholzes und von 0,6 cm des freiliegenden Kernholzes verlangt.

9 Bei einem älteren Dachstuhl ist ein Balken vom Hausbock befallen. Erstellen Sie ein Sanierungskonzept!

Der vom Hausbock befallene Balken ist auszuwechseln. Die Bekämpfung des Hausbocks ist ansonsten sehr problematisch und eigentlich nur durch Verga-

sung zuverlässig möglich. Diese Arbeit darf aber nur von Spezialfirmen ausgeführt werden.
Der neue Balken, aber auch die älteren Teile sollten wieder mit einem insektiziden und fungiziden Holzschutzmittel geschützt werden. Um das Ausgasen dieser Wirkstoffe zu reduzieren, ist anschließend eine Beschichtung (auch mit Brandschutzmitteln) möglich.

4.4.1 Arbeitsverfahren auf Holzuntergründen außen

4.4.1.1 Beschichtungen auf maßhaltigem Holz außen

1 Mit welchen Beschichtungsintervallen muss man bei Holzfenstern bei fachgerechter Beschichtung bei den unterschiedlichen Klimabedingungen rechnen?
Bei Holzfenstern muss man bei den unterschiedlichen Klimabelastungen mit folgenden Beschichtungsintervallen rechnen:

schwache Belastung		*mittlere Belastung*		*starke Belastung*	
Beschichtung lasierend	Beschichtung deckend	Beschichtung lasierend	Beschichtung deckend	Beschichtung lasierend	Beschichtung deckend
bis 6 Jahre	bis 10 Jahre	bis 4 Jahre	bis 8 Jahre	bis 3 Jahre	bis 5 Jahre

2 Beurteilen Sie den Einsatz von farblosen Beschichtungen für Holzfenster!
Farblose Beschichtungen sind für Fenster nicht geeignet. Da diese Beschichtungen keine Pigmente enthalten, werden UV-Strahlen nicht reflektiert. Die UV-Strahlen zerstören in Verbindung mit Feuchtigkeit die Holzoberfläche. So sollten für Fenster nur pigmentierte Anstrichsysteme verwendet werden.

3 Wie sind die im Fensterbereich vorkommenden Dichtungsstoffe anstrichtechnisch zu behandeln?

1. Erhärtende Dichtstoffe müssen innerhalb der vom Dichtstoffhersteller vorgeschriebenen Zeit überstrichen werden.
2. Plastisch bleibende Dichtstoffe können innerhalb der vom Dichtstoffhersteller angegebenen Zeit überstrichen werden, wenn der Dichtstoffhersteller die Beschichtung nicht ausdrücklich ausschließt.
3. Elastisch bleibende Dichtstoffe dürfen nicht ganzflächig überstrichen werden. Wenn die Beschichtung nach der Glasabdichtung mit elastischen Dichtstoffen erfolgt, ist die Beschichtung ca. 1 mm auf dem Dichtstoff zu begrenzen.

4 Von welchen Faktoren hängt die Haltbarkeit der Beschichtungen auf Holz im Außenbereich ab?

Die Haltbarkeit der Beschichtungen auf Holz im Außenbereich hängt von folgenden Faktoren ab:

1. von der Qualität des Holzes
2. von der Konstruktion
3. von der Klimabeanspruchung (nach DIN EN 927-1)
   - gemäßigt (Südseite und Westseite)
   - streng (Ostseite)
   - extrem (Nordseite)
4. vom konstruktiven Schutz der Bauteile
   - Holzbauteile geschützt
   - Holzbauteile teilweise geschützt
   - Holzbauteile nicht geschützt
5. von der Beschichtungsart
   - Lasuranstrich (Imprägnierlasur, Dickschichtlasur, wasserverdünnbare Lasur,
   - deckende Beschichtung)
6. vom Farbton der Beschichtung
7. von der fachgerechten Ausführung

5 Begründen Sie, warum Anstrichsysteme mit Dickschichtlasuren in der Regel den Anstrichsystemen mit Imprägnierlasuren im Fensterbereich vorzuziehen sind!

Der Festkörperanteil der Imprägnierlasuren liegt unter 30 %. So sind mit den üblichen Anstrichsystemen auf den Holzfenstern nur Schichtdicken von ca. 30 µm möglich. Diese Schichtdicke ist für einen anhaltenden Schutz des Fensters sehr niedrig.

Der Festkörperanteil der Dickschichtlasuren (Lacklasuren) liegt immerhin zwischen 30 und 60 %. So lassen sich mit üblichen Anstrichsystemen auf den Holzfenstern ausreichende Schichtdicken erreichen.

Natürlich hängen die Haltbarkeit der Beschichtung und damit der Schutz des Untergrunds auch wesentlich von der Qualität der Lasur ab.

6 Neue Fenster aus Kiefernholz sollen mit Lasuren gestrichen werden. Erstellen Sie für die Malerarbeit eine detaillierte Leistungsbeschreibung. Unterscheiden Sie zwischen den Anstrichen, die vor und nach dem Einbau und dem Verglasen ausgeführt werden sollen!

Leistungsbeschreibung:

Vor Einbau und Verglasung:

- Grundanstrich mit Holzschutzmittel nach DIN 68800
- Zwischenanstrich mit Dickschichtlasur

Nach Einbau und Verglasung:
- zweiter Zwischenanstrich mit Dickschichtlasur
- Schlussanstrich mit Dickschichtlasur

7 Welche Farbtöne sind für Lasuren auf Holzfenstern günstig? Begründen Sie Ihre Aussage!
Für Lasuren auf Holzfenstern sollten mittlere Farbtöne verwendet werden. Helle Farbtöne können UV-Strahlen nur unzureichend abweisen. So wird die Holzoberfläche von UV-Strahlen und Feuchtigkeit schneller zerstört.
Dunkle Farbtöne bewirken eine Aufheizung des Fensters durch Sonnenbestrahlung. Damit ist die Fensterkonstruktion einer stärkeren Belastung ausgesetzt. Aufgehende Verleimung und Risse im Holz sind oft die Folge. Bei harzreichen Holzsorten ist der Harzausfluss durch die Erwärmung nicht zu vermeiden.

8 Mahagoniholzfenster sind mit dunklen Lasuren gestrichen worden. Mittlerweilen zeigen sich im unteren Drittel der Fenster starke Verwitterungen. Die Fenster sollen wieder mit dunklen Lasuren gestrichen werden. Erstellen Sie hierzu eine Leistungsbeschreibung!
Leistungsbeschreibung:
- Abschleifen der verwitterten Holzschicht und der zerstörten Lasur
- Gründliches Anschleifen der übrigen Flächen
- Gründliches Reinigen des Untergrunds
- Grundanstrich mit Imprägnierlasur auf den grundierten Flächen
- Zwischenanstrich mit Dispersionslasur auf den grundierten Flächen
- Zwischenanstrich vollflächig mit Dispersionslasur
- Schlussanstrich vollflächig mit Dispersionslasur

9 Erstellen Sie eine Leistungsbeschreibung für einen weißen Anstrich auf neuen Kiefernholzfenstern. Unterscheiden Sie zwischen den Anstrichen, die vor und nach dem Einbau und der Verglasung ausgeführt werden!
Leistungsbeschreibung:
Vor Einbau und Verglasung:
- Grundanstrich mit Holzschutzmittel nach DIN 68800
- Zwischenanstrich mit Dispersionslackfarbe
Nach Einbau und Verglasung:
- Zweiter Zwischenanstrich mit Dispersionslackfarbe
- Schlussanstrich mit Dispersionslackfarbe

10 Begründen Sie, warum man Dispersionslackfarben auf dem Fenster nicht mit Alkydharzlackfarben überstreichen darf!
Dispersionslackfarben sind thermoplastisch, werden also bei Sonnenbestrahlung weicher. Alkydharzlackfarben sind härter und nicht thermoplastisch. So

würde es durch die spannungsreichere Alkydharzlackbeschichtung auf der weicheren Dispersionslackfarbe zu Rissbildungen kommen.

11 An weiß gestrichenen Fenstern aus Kiefernholz platzt der Anstrich im unteren Drittel ab. Hier fehlt auch der Dichtstoff schon teilweise. Die Fenster sollen einen neuen, weißen Anstrich erhalten. Erstellen Sie für die notwendigen Arbeiten eine Leistungsbeschreibung!

- Entfernen der schadhaften Beschichtung und der vergrauten Holzfasern, Anschleifen der übrigen, verbleibenden Beschichtung
- Grundanstrich mit Holzschutzmittel nach DIN 68 800 auf den rohen Holzteilen
- Zwischenanstrich mit Dispersionslackfarbe auf den grundierten Holzteilen
- Erneuern des fehlenden Dichtstoffs mit artgleichem Material, Auskitten der Fenster
- Zweiter Zwischenanstrich mit Dispersionslackfarbe für Fenster vollflächig
- Schlussanstrich mit Dispersionslackfarbe für Fenster

Hinweise: Beim Abschleifen der schadhaften Beschichtung ist auf die Rundung der Kanten zu achten. Statt der Dispersionslackfarbe können auch lösemittelhaltige Alkydharzlackfarben eingesetzt werden.

12 Auf welche Mängel müssen Sie hinweisen, wenn Sie dieses Fenster beschichten sollen?

Auf folgende Mängel muss hingewiesen werden:

- Die Verleimungen sind offen. So kann Feuchtigkeit in das Holz gelangen.
- Die Kanten sind nicht gerundet, gefordert ist ein Radius > 2 mm.

- Die Verdübelungen sind in der Größe und an diesen Stellen unzulässig, die Verleimung der Dübel ist offen.
- Am Wetterschenkel fehlt die Beschichtung, das Holz ist hier stark verwittert.
- Der Anstrich ist im unteren Bereich nicht tragfähig.

13 An den schon sehr lange nicht mehr gestrichenen Fenstern eines Schlosses zeigen sich im Wetterschenkelbereich diese Verfärbungen. Es wird vermutet, dass es sich bei der Fensterbeschichtung um einen bleihaltigen Anstrich handelt. A) Mit welcher Untergrundprüfung können Sie hier Gewissheit erlangen? B) Begründen Sie die Bedeutung dieser Prüfung! C) Für die Instandsetzung müssen Sie die losen Teile entfernen und den Fensterrahmen schleifen. Welche Möglichkeiten haben Sie bei der Instandsetzung, die anfallenden Kosten möglichst gering zu halten und auf eine Schwarz-Weiß-Trennung inklusive Expositionsmessungen verzichten zu können?

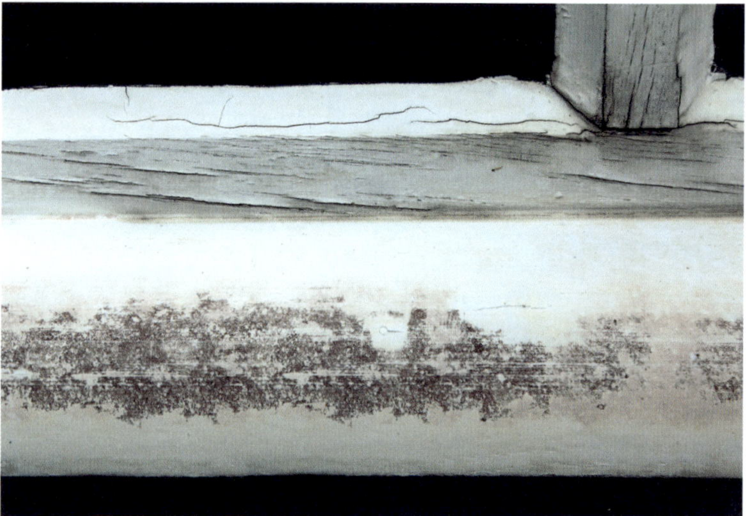

A) Bleihaltige Beschichtungen verfärben sich durch die Einwirkung von schwefelhaltigen Verbindungen bräunlich schwarz. So sind die Verfärbungen im Wetterschenkelbereich durch die schwefelsaure Luftverschmutzung entstanden. Gewissheit kann man durch einen chemischen Versuch erlangen, indem man auf die Beschichtung etwas verdünnte Schwefelsäure träufelt. Enthält die Altbeschichtung Blei, wird sich an dieser Stelle eine bräunlich schwarze Verfärbung zeigen.
B) Bei der Bearbeitung bzw. Entfernung von bleihaltigen Beschichtungen sind umfangreiche Schutzmaßnahmen erforderlich, die die Arbeiten ungemein verteuern.

C) Sofern die in der Verfahrensbeschreibung »Anschleifen bleiweißhaltiger Beschichtungen auf Holz« auf »bgbau« veröffentlichten Schleifgeräte zum Anschliff der Holzoberfläche verwendet und die dort beschriebene Verfahrensweise eingehalten werden, darf auf eine Schwarz-Weiß-Trennung inklusive Expositionsmessungen verzichtet werden.
Insbesondere bei der Bearbeitung von bewitterten Außenflächen von mit bleihaltigen Anstrichen beschichteten Fenstern ist immer Atemschutz zu benutzen (FFP2 bzw. Halbmaske mit P2-Filter oder gebläseunterstützte Halbmasken mit P2-Filter).

14 Bei Fensterläden wurde eine dunkle Alkydharzlackfarbe auf eine Leinöllasur gestrichen. Dadurch kam es zu einer Blasenbildung. Erläutern Sie, wie dieser Schaden beseitigt werden kann.
Die Beschichtung muss abgebeizt werden. Dies geschieht am besten in einer Ablaugerei. Danach muss eine Grundierung mit Holzschutzmitteln nach DIN 68 800 erfolgen. Anschließend werden die Fensterläden dreimal mit Imprägnierlasuren gestrichen.
Möglich wäre auch eine deckende Beschichtung. In diesem Falle würde nach der Holzschutzgrundierung eine dreimalige Beschichtung mit Lackfarbe, z. B. mit Dispersionslackfarbe, folgen.
Auf dunkle Anstriche sollte man wegen der zu erwartenden Aufheizung verzichten.

15 Eine Haustür aus Eichenholz wurde farblos lackiert. Diese Lackschicht ist nun stark abgewittert. Das Holz zeigt vor allem im unteren Bereich schon dunkle Flecken. Die Tür soll wieder farblos lackiert werden. Erstellen Sie hierzu eine Leistungsbeschreibung und begründen Sie die getroffene Werkstoffwahl!
Leistungsbeschreibung:
- Restloses Abbeizen des Altanstrichs mit Abbeizlauge, gründliches Nachwaschen mit Wasser
- Bleichen und Aufhellen des Holzes mit heißer Zitronensäure, gründliches Nachwaschen mit warmem Wasser
- Abschleifen der verwitterten Holzschicht, gründliches Anschleifen der restlichen Flächen
- Grundanstrich mit verdünntem Klarlack auf Alkydharzbasis
- Abschleifen der aufgestellten Holzfasern
- Zwischenanstrich mit Klarlack auf Alkydharzbasis
- Schlussanstrich mit Klarlack auf Alkydharzbasis

Begründung der Werkstoffauswahl:
Beim Abbeizen mit Laugen färbt sich das Eichenholz zwar dunkel, doch beim anschließenden Bleichen werden auch die durch Verwitterung bereits grau gewordenen Stellen wieder heller.

Zum Bleichen könnte man auch Oxalsäure oder das Salz der Oxalsäure (Kleesalz) verwenden. Im Gegensatz zu diesen beiden Bleichmitteln ist aber Zitronensäure nicht gesundheitsschädlich. Alkydharzlack wurde verwendet, weil sich damit immer noch die schönste Oberfläche zu einem günstigen Werkstoffpreis erreichen lässt.

16 Ältere Fenster sollen nur einen Außenanstrich erhalten. Welche Flächen gehören zum Außenanstrich?
Zum Außenanstrich gehören die Außenseite des Fensters und alle nach außen gerichteten Falze.

4.4.1.2 Beschichtungen auf nicht maßhaltigem Holz außen

1 An einer Fassade soll eine neue Verkleidung aus Fichtenholz montiert werden. Zeigen Sie auf, welche Anstriche vor und nach der Montage ausgeführt werden sollten!
Vor der Montage:
- Grundanstrich allseitig mit Holzschutzmittel nach DIN 68800
- Zwischenanstrich allseitig mit Imprägnierlasur
- Zwischenanstrich auf der Rückseite mit Dickschichtlasur

Nach der Montage:
- Grundanstrich an den Schnittstellen mit Holzschutzmittel nach DIN 68800
- Zwischenanstrich an den Schnittstellen mit Imprägnierlasur
- Zwischenanstrich vollflächig mit Imprägnierlasur
- Schlussanstrich vollflächig mit Imprägnierlasur

2 Begründen Sie, warum für nicht maßhaltiges Holz Imprägnierlasuren in der Regel günstiger sind als Dickschichtlasuren!
Bei nicht maßhaltigem Holz ist es leichter möglich, dass Wasser in das Holz dringt. Aufgrund der niedrigeren Schichtdicke bieten die Imprägnierlasuren dem diffundierenden Wasserdampf weniger Widerstand. Es kommt nicht so schnell zu Abplatzungen. Außerdem dringen Imprägnierlasuren besser in den Untergrund, und die Holzmaserung bleibt gut sichtbar. Dafür muss aber mit kürzeren Renovierungsabständen gerechnet werden.

3 Eine dunkle Holzverkleidung im Außenbereich wurde mit Dispersionslasur gestrichen. Nun reklamiert der Kunde, dass die Lasur bei Beregnung weißlich anläuft. Zeigen Sie die Ursache dieses Mangels auf!
Die Dispersionslacke enthalten herstellungsbedingt (wie alle Dispersionsprodukte) wasserquellbare Anteile, z. B. Zelluloseether. Bei Regen quellen nun die-

se Bestandteile an. Die Einlagerung der Feuchtigkeit in den Beschichtungsfilm kann man als weißliches Anlaufen erkennen.

4 Eine Balkonbrüstung besteht aus mit dunklen Lasuren gestrichenen, horizontal angeordneten Kiefernholzbrettern. Die Lasur ist zum größten Teil abgewittert. Das Holz zeigt bereits eine starke Vergrauung. Es soll wieder ein dunkler Lasuranstrich ausgeführt werden. Erstellen Sie hierzu eine Leistungsbeschreibung! Begründen Sie Ihre Werkstoffauswahl!

Leistungsbeschreibung:

- Abschleifen der verwitterten Holzschicht und der zerstörten Lasur, gründliches Anschleifen der übrigen Flächen, Reinigen des Untergrunds
- Grundanstrich mit Holzschutzmittel nach DIN 68800 auf den rohen Holzteilen
- Zwischenanstrich mit Imprägnierlasur
- Schlussanstrich mit Imprägnierlasur

Begründung der Werkstoffwahl:

Der Grundanstrich mit Holzschutzmittel nach DIN 68800 wird notwendig, weil das Holz nach dem Entfernen der verwitterten Schicht ohne Anstrich vorliegt. Imprägnierlasuren eignen sich für die Bretter besonders, weil ein Feuchtigkeitsaustausch etwas besser möglich ist als bei Dickschichtlasuren. Auch bleibt die Holzstruktur besser sichtbar. Dafür muss aber mit kürzeren Renovierungsabständen gerechnet werden.

5 Welche Beschichtungsstoffe sind für zementgebundene Holzspanplatten außen geeignet?

Da zementgebundene Spanplatten bei Feuchtigkeitseinwirkung sehr alkalisch reagieren, sind für die Beschichtung dieser Platten nur absolut alkalibeständige Beschichtungen, wie Acrylharzlackfarben (auch als Dispersionslackfarben), Epoxidharzlackfarben, Polyurethanharzlackfarben usw. geeignet.

Alkydharzlackfarben verseifen auf diesem Untergrund, werden so wasserlöslich und sind deshalb ungeeignet.

6 Ein Kunde vertritt die Meinung, seine aus Fichtenholz hergestellten Fenster wären auch ohne Beschichtung auf Dauer wetterbeständig. Nehmen Sie dazu Stellung.

Fichtenholz gehört der Dauerhaftigkeitsklasse 4 an und ist damit gegen den Befall durch Holz zerstörende Pilze bei langanhaltender Holzfeuchtigkeit (> 20 %) wenig beständig. Ohne Beschichtung haben diese Fenster einen ungenügenden Bläueschutz, daher wird das Holz schnell vergrauen; ferner wird der ständige Feuchtigkeitswechsel dazu führen, dass die Fenster schlecht schließen.

4.4.2 Arbeitsverfahren auf Holzuntergründen innen

4.4.2.1 Beschichtungen auf maßhaltigem Holz innen

[1] **Neue Sperrholztüren sind zu beschichten. Die Deckplatte besteht aus Limbafurnier. Erstellen Sie für die deckend weiß glänzende, besonders hochwertige Beschichtung eine Leistungsbeschreibung!**

Leistungsbeschreibung der Türenbeschichtung, älteres System:

- Grundanstrich mit Alkydharzlackfarbe, verdünnt nach Saugfähigkeit
- Spachtelung mit Spachtelmasse auf Alkydharzbasis
- zweite Spachtelung mit Spachtelmasse auf Alkydharzbasis
- Vorlackieren mit Vorlack auf Alkydharzbasis
- Lackieren mit Alkydharzlackfarbe

Leistungsbeschreibung der Türenbeschichtung, neueres System:

- Grundanstrich mit Alkydharzlackfarbe, verdünnt nach Saugfähigkeit
- Schließen der Poren mit Spachtelmasse auf Alkydharzbasis
- Füllen mit Alkydharzfüller
- Lackieren mit Alkydharzlackfarbe

Die notwendigen Schleifarbeiten wurden hier nicht berücksichtigt. Natürlich ist zu prüfen, ob man statt der Alkydharz-Werkstoffe nicht wasserverdünnbare Produkte verwenden sollte.

[2] **Türzargen und Türblätter aus Holz sollen neu beschichtet werden. Die mit Alkydharzlacken durchgeführte Altbeschichtung haftet gut, zeigt aber starke Pinselstriemen und mechanische Beschädigungen. Erstellen Sie für die Beschichtung eine detaillierte Leistungsbeschreibung! Gewünscht wird eine weiße, hochwertige Seidenglanzlackierung.**

- Reinigen des Untergrunds und Planschleifen
- Spachtelung mit Spachtelmasse auf Alkydharzbasis
- zweite Spachtelung mit Spachtelmasse auf Alkydharzbasis
- Lackieren mit Seidenglanzlackfarbe (mit Dispersionslacken)
- Lackieren mit Seidenglanzlackfarbe (mit Dispersionslacken)

[3] **Türen und Zargen aus Holz sind weiß lackiert, zeigen aber krakeleeartige Risse. Die Türen und Zargen sollen weiß seidenglänzend lackiert werden. Erstellen Sie eine Leistungsbeschreibung für eine hochwertige Beschichtung!**

Leistungsbeschreibung:

- Vollständiges Abbeizen des Altanstrichs mit Abbeizlauge, gründliches Nachwaschen mit klarem Wasser
- Grundanstrich mit Vorstreichfarbe auf Alkydharzbasis
- erste vollflächige Spachtelung mit Alkydharzspachtelmasse
- zweite vollflächige Spachtelung mit Alkydharzspachtelmasse

- Zwischenanstrich mit Dispersionslackfarbe
- Schlussanstrich mit Dispersionslackfarbe

Die notwendigen Schleifarbeiten wurden hier nicht gesondert aufgeführt. Da die Türblätter auch liegend behandelt werden könnten, wäre statt der Spachtelung auch ein Füllerauftrag auf Alkydharzbasis möglich. Falsch wäre es, die Altbeschichtung zu belassen und zu versuchen, die Risse durch Spachteln zu beseitigen. Die Risse sind entstanden, weil die Oberfläche der Beschichtung spannungsreicher ist als die untere Schicht. Spachtelschichten sind bindemittelarm und so besonders spannungsreich. Dies bedeutet, dass sich die Risse verstärkt wieder bilden würden.

[4] Neue, mit Eichenholz furnierte Türen sollen offenporig matt lackiert werden. Nennen Sie die zur Beschichtung notwendigen Arbeitsgänge detailliert, einschließlich der erforderlichen Schleifarbeiten!

Erforderliche Arbeitsgänge:

1. Schleifen des Holzes mit Schleifpapier P 200 in Faserrichtung
2. Grundierung mit Alkydharzlack im Spritzverfahren
3. Schleifen mit Schleifpapier P 320 in Faserrichtung
4. Zwischenbeschichtung mit Alkydharzlack im Spritzverfahren
5. Schleifen mit Schleifpapier P 600 in Faserrichtung
6. Schlussbeschichtung mit Alkydharzlack.

Statt des Alkydharzlackes können natürlich auch Lacke auf der Basis von Polyesterharz, Polyurethanharz, Acrylharz eingesetzt werden.

[5] Die mit Palisanderholz furnierten, neuen Einbauschränke in einer Apotheke sollen mit einem sehr chemikalienbeständigen und abriebbeständigen Klarlack beschichtet werden. Gewünscht wird eine seidenmatte Oberfläche. Erstellen Sie für diese Lackierarbeit eine Leistungsbeschreibung!

Leistungsbeschreibung für die Beschichtung:

- Absperren der trocknungsverzögernden Holzinhaltsstoffe mit 2-K-Polyurethanharzlack
- Zwischenbeschichtung mit 2-K-Polyurethanharzlack
- Schlussbeschichtung mit 2-K-Polyurethanharzlack

4.4.2.2 Beschichtungen auf nicht maßhaltigem Holz innen

[1] Welche Holzlasuren sind auf einer Holzverkleidung im Innenbereich eines Neubaus zweckmäßig?

Der schönste Holzeffekt lässt sich mit chemischen Beizen erreichen. Sollen Holzlasuren eingesetzt werden, lassen Imprägnierlasuren das Holzbild am besten zur Geltung kommen. Da bei diesem Einsatzgebiet kein chemischer

Holzschutz notwendig ist, sollte man Lasuren ohne fungizide und insektizide Wirkstoffe verwenden. Wenn man die Lösemittelbelastung durch die Imprägnierlasuren vermeiden will, kann man Dispersionslasuren verwenden. Hier bleibt aber die Holzmaserung nicht so schön sichtbar, und es entstehen leicht Ansätze.

Dickschichtlasuren sind im Innenbereich weniger günstig. Die Holzmaserung verschwindet unter der Lasur weitgehend. Die mit solchen Lasuren erreichbare Schichtdicke ist außerdem bei diesem Einsatzgebiet nicht erforderlich.

2 Erstellen Sie eine Leistungsbeschreibung für den Anstrich einer neuen, noch nicht montierten Holzverkleidung aus Kiefernholz im Innenraum. Es wird ein mittlerer Farbton gewünscht. Unterscheiden Sie zwischen Anstrichen, die vor und nach der Montage auszuführen sind!

Leistungsbeschreibung:

Vor der Montage:

- Grundanstrich mit farbloser Lasur allseitig (ohne fungizide und insektizide Wirkstoffe)

Nach der Montage:

- Zwischenanstrich mit Holzlasur im gewünschten Farbton (ohne fungizide und insektizide Wirkstoffe)
- Schlussanstrich mit mattem Klarlack

4.5 Arbeitsverfahren auf Kunststoffuntergründen

1 Nennen Sie Gründe für eine Beschichtung der Kunststoffe!

Die Beschichtung der Kunststoffe kann aus unterschiedlichen Gründen erforderlich sein:

1. Die Beschichtung der Kunststoffe ist oftmals billiger als es das Durchfärben des Kunststoffs wäre.
2. Mit Beschichtungen lassen sich Herstellungsfehler wie Poren und Farbschlieren überdecken.
3. Mit Beschichtungen lässt sich oftmals die Chemikalienbeständigkeit der Kunststoffe erhöhen.
4. Alterungserscheinungen haben den Kunststoff im Lauf der Jahre unansehnlich gemacht.
5. Bei der Renovierung anderer Bauteile wird eine Farbtonänderung der Kunststoffe erforderlich.
6. Der Auftraggeber fordert eine spezielle Farbgestaltung der Kunststoffe.
7. Auf der Kunststoffoberfläche soll eine Schrift oder eine Kennzeichnung ausgeführt werden.

[2] Welche Vorbehandlungsmöglichkeiten werden grundsätzlich für Kunststoffe unterschieden?

1. Reinigen mit der Salmiaknetzmittelwäsche
2. Reinigen mit organischen Lösemitteln
3. Anlösen mit organischen Lösemitteln
4. Abflammen (wird meist nur für Polyethylen empfohlen, ist aber problematisch)
5. Anschleifen
6. Abwischen mit Antistatikum (in der Industrie auch Abblasen mit ionisierter Luft)

Aus diesen grundsätzlichen Möglichkeiten sind stets die für den jeweiligen Kunststoff zweckmäßigen Vorbehandlungen auszuwählen.

[3] Für Kunststoffe ist oftmals die Reinigung mit der Salmiak-Netzmittelwäsche zweckmäßig. Beschreiben Sie den Arbeitsvorgang der Reinigung!

Für die Reinigung werden zunächst 10 l Wasser mit ca. 0,5 l einer 25 %-igen Salmiakgeistlösung (bzw. 1,250 l einer zehnprozentigen Salmiakgeistlösung) und ca. zwei Kronenkorken Netzmittel vermischt. Mit diesem Gemisch wird der Untergrund gereinigt. Hierbei kann auch ein Kunststoffvlies zum Nass- oder Trockenschleifen eingesetzt werden. Anschließend wird mit viel klarem Wasser gründlich nachgewaschen. Zum Schutz der Haut müssen Gummihandschuhe benützt werden.

[4] Für Kunststofffenster und Kunststoffdachrinnen wird meist Hart-PVC verwendet. Welche Beschichtungsstoffe sind auf diesen Untergründen generell möglich? Welcher Beanspruchung sind diese Beschichtungen jeweils gewachsen?

Für Hart-PVC geeignete Beschichtungen und ihre Beständigkeit:

Beschichtung	*Belastbarkeit*
mit speziellen Alkydharzlackfarben	für normale Wetterbelastung
mit Polyurethanharzlackfarben	sehr wasser-, und wetterbeständig, sehr lösemittel- und chemikalienbeständig, auch bei hoher mechanischer Belastung geeignet
mit Epoxidharzlackfarben	sehr wasser-, und wetterbeständig, sehr lösemittel- und chemikalienbeständig, auch bei hoher mechanischer Belastung geeignet, kreidet aber bei sonst guter Wetterbeständigkeit im Außenbereich
mit Polymerisatharzlackfarben, z. B. PVC-Lackfarben oder lösemittelhaltigen 1-K-Acrylharzlackfarben	für normale Wetterbelastung
mit 2-K-Acrylharzlackfarben	sehr wasser- und wetterbeständig, sehr lösemittel- und chemikalienbeständig, auch bei hoher mechanischer Belastung geeignet
mit Dispersionslackfarben	für normale Wetterbelastung, mechanisch nur wenig belastbar

5 Begründen Sie, warum für Polystyrol-Hartschaumplatten keine lösemittelhaltigen Kleber und Beschichtungen geeignet sind.

Polystyrol-Hartschaum ist enorm lösemittelempfindlich und löst sich beim Verkleben oder Überstreichen mit lösemittelhaltigen Produkten auf.

6 Mit welchen Beschichtungen lässt sich eine Weichmacherwanderung bei Kunststoffen am besten verhindern?

Das Auswandern der Weichmacher aus dem Kunststoff lässt sich am besten mit Beschichtungen aus 2-K-Polyurethanharzlacken oder 2-K-Expoxidharzlacken verhindern.

7 Auf Acrylglas soll eine Beschriftung durchgeführt werden. Welche Beschichtungsstoffe sind für diesen Zweck geeignet?

Für die Beschriftung können spezielle Alkydharzlackfarben, Polymerisatharzlackfarben und 2-K-Acrylharzlackfarben eingesetzt werden.

8 Bei hygroskopischen Kunststoffen kann es nach der Beschichtung zu Schäden durch Bläschenbildung kommen. Wie müssen hygroskopische Kunststoffe für eine Beschichtung vorbereitet werden?

Diese Kunststoffe müssen kurz vor der Beschichtung getempert werden. Dabei werden die Kunststoffe vorsichtig erwärmt und so die Feuchtigkeit aus den Poren vertrieben.

9 Ältere PVC-Kunststofffenster sollen beschichtet werden. Erstellen Sie für die notwendigen Arbeiten eine Leistungsbeschreibung!

Leistungsbeschreibung für die Kunststofffenster-Beschichtung:

- Reinigung des Kunststoffs mit Salmiak-Netzmittel-Gemisch und Schleifen mit Schleifvlies
- Grundbeschichtung mit Polyurethanharzlackfarbe
- Schlussbeschichtung mit Polyurethanharzlackfarbe

Neben der Polyurethanharzlackfarbe hätten für diesen Zweck auch spezielle Alkydharzlackfarben, Polymerisatharzlackfarben und 2-K-Acrylharzlackfarben verwendet werden können.

Epoxidharzlackfarben scheiden wegen der Kreidungsneigung aus. Dispersionslacke sind meist zu weich für diese Aufgabe und mechanisch nicht hoch belastbar.

10 Begründen Sie, warum helle Kunststofffenster nicht dunkel beschichtet werden sollten!

Die Kunststofffenster würden sich unter der dunklen Beschichtung zu stark aufheizen. Durch die so entstehende Spannung kann es beim Kunststofffenster Schäden geben.

11 **Erstellen Sie für die Beschichtung einer älteren Kunststoff-Dachrinne eine Leistungsbeschreibung!**

- Reinigung des Kunststoffs mit der Salmiak-Netzmittelwäsche und gründliches Anschleifen mit Schleifvlies
- Grundanstrich mit Dispersionslackfarbe
- Schlussanstrich mit Dispersionslackfarbe

Außer Dispersionslackfarben wären für diese Aufgabe noch spezielle Alkydharzlackfarben, Polymerisatharzlackfarben und Polyurethanharzlackfarben geeignet.

4.6 Vergoldungen

1 **Bezeichnen Sie die mit Ziffern markierten Werkzeuge, die zur Polimentvergoldung erforderlich sind.**

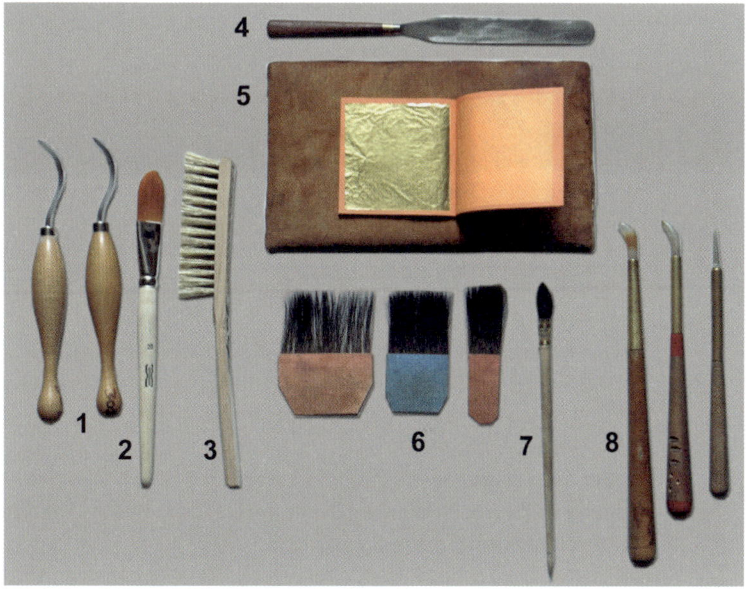

1 = Gravurhaken zum Gestalten des Kreidegrundes; 2 = Pinsel zum Auftragen des Poliments; 3 = Polimentbürste; 4 = Vergoldermesser; 5 = Vergolderkissen; 6 = Anschießer zum Anlegen des Blattgoldes; 7 = Einkehrpinsel zum Versäubern des Blattgoldes; 8 = Achatstein zum Polieren des Blattgoldes

2 **Welche der auf dem Foto gezeigten Werkzeuge sind für die Ölvergoldung mit losem Blattgold erforderlich?**

Für die Ölvergoldung sind das Vergolderkissen, der Anschießer und der Einkehrpinsel erforderlich.

[3] Welches Anlegemittel ist für eine Ölvergoldung im Außenbereich sinnvoll? Wieviel Karat muss das Blattgold hier haben?

Für die Ölvergoldung außen sollte Mixtion eingesetzt werden. Dieses Anlegeöl gibt es in den Trockenstufen 3-Stunden-Mixtion, 12- Stunden-Mixtion und 24-Stunden-Mixtion. Die Stundenangabe ist ein Hinweis für die Zeit, die nach dem Auftragen des Mixtions bis zum Anlegen des Blattgoldes gewartet werden muss. Da diese Zeitangaben aber in der Praxis zu lange sind, sind eigene Prüfungen unerlässlich. Das Blattgold muss im Außenbereich mindestens 23 ½ Karat haben. Ist der Goldanteil in der Goldlegierung des Blattgoldes niedriger, werden bei Bewitterung die Korrosionsprodukte in der Vergoldung sichtbar.

[4] Bei einer Ölvergoldung ist das Anlegemittel Mixtion durch das Blattgold gedrungen und hat unschöne Flecken verursacht. Zeigen Sie die möglichen Ursachen auf!

Dieser Mangel ist entstanden, weil das Anlegemittel Mixtion in zu dicker Schicht aufgetragen wurde und/oder das Blattgold ohne Beachtung der Zwischentrocknungszeit zu früh aufgelegt (=angeschossen) wurde.

[5] Begründen Sie, warum die Polimentvergoldung im Außenbereich nicht beständig ist!

Für die Polimentvergoldung wird ein sogenannter Leimgrund aus tierischen Leimen verwendet. Diese Leime sind ebenso wie das als Klebemittel für das Gold dienende Eipoliment wasserlöslich und nicht wetterbeständig.

[6] Welche Anlegemittel sind für Blattgold generell für die Hinterglasvergoldungen geeignet?

Für die Mattvergoldung wird Mixtion (ein spezielles Anlegeöl) verwendet.
Für die Glanzvergoldung hinter Glas wird bevorzugt Gelatine eingesetzt. Grundsätzlich wären aber auch Fischleim oder Hausenblasenleim geeignet.

[7] Bei einer glänzenden Hinterglasvergoldung zeigen sich nach der Fertigstellung weißliche Flecken unter der Vergoldung. Welche Ursachen können dafür verantwortlich gemacht werden?

Diesen Mangel können folgende Faktoren verursacht haben:

- Das Glas wurde nicht ausreichend gereinigt.
- Das Anlegemittel Gelatine war zu stark, ist also zu gering verdünnt worden.
- Das Anlegemittel Gelatine wurde nach dem Anlegen des Blattgoldes mit dem Saugpapier nicht gründlich genug herausgetrocknet.

[8] Eine kleine Kuppel aus Kupferblech über der Hauptkuppel eines Kirchturms soll vergoldet werden. Beschreiben Sie den Arbeitsablauf!

Arbeitsablauf der Vergoldung auf dem Kupferblech:

Das Kupferblech muss zunächst mit zehnprozentiger Salzsäure gereinigt werden. Hier ist auf die gründliche Nachreinigung mit klarem Wasser zu achten. Angeschliffen wird das Kupfer am zweckmäßigsten mit Kunststoffschleifvlies. Zur Grundierung eignet sich Epoxidharzlackfarbe besonders gut. Auch der erste Zwischenanstrich sollte mit Epoxidharzlackfarbe ausgeführt werden. Für den zweiten Zwischenanstrich wählt man am besten Alkydharzlackfarbe in einem goldähnlichen Farbton. Darauf folgt dann ein weiterer Anstrich mit Alkydharzlackfarbe, ebenfalls in einem goldähnlichen Farbton. Die Alkydharzlackfarbe weist ähnliche Eigenschaften auf wie das folgende Mixtion. Der goldähnliche Farbton wird gewählt, weil der Untergrund den Farbton des Goldes durch das hauchdünne Gold hindurch beeinflusst.
Zum Vergolden wird nun das Mixtion hauchdünn angelegt. Nach dem Antrocknen des Mixtions wird mit mindestens 23½-karätigem Gold vergoldet. Darauf folgt dann ein weiterer Mixtionauftrag und eine weitere Vergoldung mit mindestens 23½-karätigem Gold.

4.7 Brandschutzbeschichtungen

1 Was versteht man unter dem U/A-Wert beim Stahl?
Der U/A-Wert ist das Verhältnis des Umfangs eines Stahlteils in Metern zur Querschnittsfläche des Stahlteils in Quadratmetern.

2 Welche Bedeutung hat der U/A-Wert für den Brandschutz?
Der U/A-Wert zeigt, welche Angriffsfläche ein Stahlteil dem Feuer im Verhältnis zu seiner Masse bietet. Der U/A-Wert ist also ein Kennwert für den Widerstand eines Bauteils gegen Feuereinwirkung.

3 Aus welchen Schichten besteht eine wirkungsvolle Brandschutzbeschichtung auf Stahl und welche Aufgaben erfüllen die verschiedenen Schichten?

Schichten einer Brandschutzbeschichtung:

Schichten	*Aufgaben*
Grundierung	Schutz des Untergrundes vor Korrosion
Dämmschichtbildner	Brandschutz durch Aufschäumen
Schlussbeschichtung	Schutz des Dämmschichtbildners vor Beschädigungen und vor Feuchtigkeit

4 Wie funktioniert eine Brandschutzbeschichtung auf Holz oder Stahl?
Der Dämmschichtbildner (die Zwischenbeschichtung) enthält spezielle Salze, die im Brandfall vergasen und so eine vor Hitze schützende Schicht bilden.

5 Für jede Schicht einer Brandschutzbeschichtung sind ein bestimmtes Material und eine Mindestschichtdicke vorgeschrieben. Wo finden Sie die erforderlichen Angaben dazu?
Jede Brandschutzbeschichtung muss für diese Aufgabe zugelassen sein. Der Zulassungsbescheid enthält alle erforderlichen Angaben detailliert.

6 Eine beschichtete Stahlkonstruktion zeigt den Rostgrad Ri 2 nach DIN EN ISO 4628-3. Einige Stahlteile wurden ausgewechselt. Diese Teile sind noch nicht beschichtet. Auf der Konstruktion soll eine Brandschutzbeschichtung aufgetragen werden. Erstellen Sie dafür eine Leistungsbeschreibung!
Leistungsbeschreibung der Brandschutzbeschichtung:
- Abstrahlen der Stahlkonstruktion mit Hochofenschlacke, Normreinheitsgrad Sa 2½
- Grundbeschichtung nach den Richtlinien des Brandschutzmittelherstellers unter Einhaltung der geforderten Schichtdicke
- Zwischenbeschichtung mit Dämmschichtbildner nach den Richtlinien des Brandschutzmittelherstellers unter Beachtung der geforderten Schichtdicke
- Schlussbeschichtung mit Schutzlack nach den Richtlinien des Brandschutzmittelherstellers in der geforderten Schichtdicke

Die geforderte Schichtdicke hängt vom U/A-Wert der Stahlkonstruktion ab. Sollte die Dämmschicht nicht in einem Arbeitsgang in der geforderten Dicke aufgetragen werden können, ist eine zusätzliche Zwischenbeschichtung erforderlich.

4.8 Verlegen von Bodenbelägen

1 Auf Trockenestrich soll ein textiler Bodenbelag verlegt werden.
A) Was versteht man unter einem Trockenestrich, was unter einem Nassestrich? B) Nennen Sie Vorteile eines Trockenestrichs im Vergleich zu einem Nassestrich!
A) Der Trockenestrich wird aus Spanplatten o. ä. hergestellt. Bei Nassestrich wird der Estrich mit flüssigen Werkstoffen, z. B. Beton, hergestellt.
B) Vorteile:
  - Trockenestrich ist leichter als Nassestrich
  - es findet kein Feuchteeintrag statt
  - es treten keine Statikprobleme auf
  - der Estrich ist früher mit den Bodenbelägen belegbar

2 Was versteht man unter einem schwimmenden Estrich?
Beim schwimmenden Estrich ist der Estrich auf einer Dämmschicht verlegt und hat so keinen unmittelbaren Kontakt zum Unterboden.

3 Auf einem Betonestrich soll ein Bodenbelag verlegt werden. A) Welche Feuchtigkeitsmessung ist hier vorgeschrieben? B) Wie hoch dürfen die Feuchtigkeitswerte maximal sein?

A) Die Feuchtigkeitsmessung muss mit dem CM-Gerät durchgeführt werden. Die zu messende Probe ist dabei dem unteren Drittel des Estrichs zu entnehmen. Bis zu 100 m² Estrichfläche ist mindestens eine Messung durchzuführen, bei größeren Flächen bis zu 200 m² ist eine zusätzliche Messung erforderlich.

B) Die mit dem CM-Gerät gemessene Feuchtigkeit darf 3,0 bis 3,5 CM-% betragen.

4 Wie hoch soll die Temperatur und die rel. Luftfeuchtigkeit zum Verlegen eines Bodenbelages sein?

Die Untergrundtemperatur sollte 288 K (=15 °C) nicht unterschreiten, bei beheizten Fußbodenkonstruktionen sollte die Temperatur 3 Tage vor der Verlegung und noch 7 Tage nach der Verlegung zwischen 291 und 295 K (= 18 - 22 °C) liegen. Die Raumlufttemperatur soll über 291 K (= 18 °C) liegen. Die rel. Luftfeuchtigkeit soll unter 65 % liegen.

5 Nennen Sie Mängel und Schäden, bei deren Vorliegen entsprechend der »ATV DIN 18365 Teil C Bodenbelagsarbeiten« gegenüber dem Auftraggeber Bedenken schriftlich geltend zu machen sind!

Entsprechend der »ATV DIN 18365 Teil C Bodenbelagsarbeiten« hat der Auftragnehmer gegenüber dem Auftraggeber Bedenken schriftlich geltend zu machen bei:

- größeren Unebenheiten
- Rissen im Untergrund
- nicht ausreichend trockenem Untergrund
- mangelnder Festigkeit des Untergrundes
- zu poröser oder zu rauer Oberfläche des Untergrundes
- Verunreinigungen auf dem Untergrund
- ungeeignete Temperatur des Untergrundes
- ungeeignete rel. Luftfeuchtigkeit
- fehlendes Aufheizprotokoll bei beheizten Fußbodenkonstruktionen
- fehlende Markierung der Messstellen bei beheizten Fußbodenkonstruktionen
- fehlendem Überstand des Randstreifens

6 Wie hoch darf der Feuchtegehalt von Parkett bei der Lieferung maximal sein? Mit welchem Messgerät wird die Feuchtigkeit ermittelt?

Der Feuchtigkeitsgehalt von massivem Parkett darf bei der Lieferung 9 ± 2 %, bei Fertigparkett 8 ± 2 % bezogen auf die Darre betragen. Gemessen wird mit dem Hydrometer, einem elektrischen Widerstandsmessgerät.

[7] **Was versteht man unter der schwimmenden Verlegung eines Parketts?**
Bei der schwimmenden Verlegung wird das Parkett ohne Verklebung mit dem Untergrund verlegt.

[8] **Bei einem elastomeren Bodenbelag gibt es Probleme, weil sich die Maße des Bodenbelages sichtlich nach der Verarbeitung verändert haben. Was können die Ursachen dafür sein?**
- Möglicherweise wurde der Elastomer-Bodenbelag vor dem Verlegen nicht ausreichend klimatisiert.
- Möglicherweise war die Temperatur beim Verlegen zu niedrig.
- Möglicherweise sind die Temperaturen bei der Trocknung des Klebers durch Sonnenwärme angestiegen.

[9] **Warum dürfen Korkplatten nicht auf PVC- und anderen Elastomer-Belägen verklebt werden?**
Wegen der Thermoplastizität der elastomeren Bodenbeläge wären Fugen zwischen den Korkplatten zu befürchten.

[10] **Textile Bodenbeläge müssen unterschiedlichen Beanspruchungen genügen. Dies wird in der DIN ISO 10874 normiert und mit Piktogrammen (Bildzeichen) gekennzeichnet.**
Erklären Sie die im folgenden Piktogramm hinterlegte Beanspruchung!

Das Piktogramm gibt an, dass der Bodenbelag für die gewerbliche Nutzung geeignet ist und extrem starker Belastung standhält.

[11] **Welche Nachteile hat Naturölwachs als Schutz für ein Holzparkett?**
Die Belastbarkeit dieses Werkstoffes ist sehr gering. So muss besonders auf eine pflegliche Behandlung des Parketts geachtet werden. Will man später eine andere Beschichtung durchführen, muss das Wachs restlos entfernt werden.

4.9 Fahrzeuglackierung, Design- und Effektlackierungen

1 An einem Fahrzeug mit einer thermoplastischen, unifarbenen Acrylharz-Werkslackierung ist ein Kotflügel beizulackieren. Es sind Spachtelarbeiten notwendig. Beschreiben Sie die am Fahrzeug notwendigen Arbeiten! Geben Sie das dafür notwendige Material (keine Firmenbezeichnungen) an!

Nach dem Waschen des Fahrzeugs wird dieses im beizulackierenden Bereich mit milden Lösemitteln, z. B. Siliconentferner, gereinigt.

An den zu spachtelnden Stellen entfernt man die Beschichtung bis zum blanken Stahlblech.

Gespachtelt wird nur auf den blanken Stellen mit Polyesterspachtel (UP).

Zum Grundieren des blanken Stahls und der Spachtelflecken wird EP-Grundierfüller aufgespritzt. Auch ein 2-K-Acrylharz- oder ein Washprimerfüller wären möglich. Zum Füllen wird 2-K-Acrylharzfüller unter Beachtung der Zwischenablüftzeit aufgetragen, wobei jeder Spritzgang überlappend über den vorhergehenden hinaus gespritzt wird.

Zum Beilackieren wird 2-K-Acrylharzlack verwendet. Es müssen grundsätzlich dünne Spritzgänge aufgetragen werden. Die Schicht darf maximal 70 µm dick sein.

2 Zeigen Sie die speziell bei den thermoplastischen Acrylharzlackierungen möglichen Bearbeitungsfehler und deren eventuelle Folgen auf!

1. Wegen ihrer Thermoplastizität dürfen thermoplastische Acrylharzlacke nicht unmittelbar mit Polyester- und Alkydharzwerkstoffen oder mit Washprimer überarbeitet werden. Wegen der zu erwartenden Spannungsunterschiede wären Risse und Abplatzungen zu befürchten.
2. Thermoplastische Acrylharzlackierungen sind sehr lösemittelempfindlich. Stärkere Lösemittel, z. B. Nitroverdünnungen, lösen den Lack an (thermoplastische Acrylharzlackierungen lassen sich so auch erkennen). Zum Reinigen dürfen deshalb nur milde Lösemittel verwendet werden. Beim Spritzen sind die Ablüftzeiten besonders zu beachten. Die Schichtdicke des Lackauftrags sollte möglichst gering sein. Eine zu starke Einwirkung der Lösemittel würde ein Aufquellen und damit eine unsaubere Oberfläche oder gar ein Aufziehen auslösen.
3. Thermoplastische Acrylharzlacke sind sehr wärmeempfindlich. Deshalb muss vor dem Aufheizen in der Trockenkabine unbedingt das gesamte Abdeckmaterial entfernt werden. Dieses würde sich sonst auf dem thermoplastischen Lack abzeichnen.

3 Nach welcher Vorarbeit kann ein thermoplastischer Acrylharzlack problemlos mit Alkydharzlacken überarbeitet werden?

Der thermoplastische Acrylharzlack muss hier mit Epoxidharzfüller abgesperrt werden. Nach der Durchtrocknung kann man mit Alkydharzlacken weiter arbeiten.

[4] Auf einem älteren Fahrzeuganhänger, der bereits Rost zeigt, wird ein neuer Aufbau aus feuerverzinktem Stahl montiert. Beschreiben Sie die notwendigen Arbeiten für eine komplette Beschichtung unter Nennung des zu verwendenden Materials (keine Firmenbezeichnungen)!

- Zunächst wird der Anhänger mit Silikonentferner gereinigt. Rost wird metallisch blank abgeschliffen, an den zu spachtelnden Stellen wird die Beschichtung bis zum blanken Stahl abgeschliffen.
- Auf den blanken Stellen wird nun mit UP-Spachtel grob gespachtelt.
- Zum nachfolgenden Feinspachteln setzt man Feinspachtel ein. Grundiert wird mit EP-Grundierfüller (oder PUR-Acrylfüller).
- Zum Decklackieren wird 2-K-Acrylharzlack eingesetzt.

[5] Beschreiben Sie den rationellsten Arbeitsablauf einer Tagesleuchtfarbenlackierung an einem älteren Feuerwehrauto, das bereits Rostspuren zeigt! Es sind auch Spachtelarbeiten durchzuführen. Die Kotflügel sollen weiß lackiert werden.

- Nach dem Waschen wird das Fahrzeug mit Siliconentferner gereinigt.
- An den zu spachtelnden Stellen wird die Beschichtung bis zum blanken Stahl angeschliffen, die übrige Beschichtung wird gut angeschliffen.
- Die Grob- und Feinspachtelung werden mit UP-Spachtel ausgeführt.
- Nun folgt eine Grundierung mit EP-Füller.
- Anschließend wird ein reinweißer 2-K-Acrylharzfüller aufgetragen.
- Nun können die weiß bleibenden Kotflügel abgedeckt werden.
- Dann wird die Tagesleuchtfarbe gespritzt.
- Nach der Trocknung über Nacht und dem Entfernen der Abdeckung wird ohne vorher zu schleifen 2-K-Acrylharz-Klarlack aufgetragen.

[6] Beschreiben Sie den Aufbau einer Brillanteffektlackierung auf einer gut erhaltenen Altlackierung! Es ist kein Rost zu sehen. Es sind keine Spachtelarbeiten auszuführen.

- Nach dem Waschen des Fahrzeugs wird dieses mit Siliconentferner gereinigt und gründlich angeschliffen.
- Dann trägt man einen 2-K-Acrylharzfüller auf.
- Der Brillanteffektlack wird mit einer Rührbecherpistole gespritzt.
- Anschließend spritzt man drei Schichten 2-K-Acrylharz-Klarlack.
- Nach der gründlichen Durchtrocknung wird glatt geschliffen und nochmals ganzflächig 2-K-Acrylharz-Klarlack gespritzt.

[7] Zeigen Sie Möglichkeiten auf, eine durchblutende Lackierung auf perlmuttweiß umzulackieren!

Eine problemlose Lackierung ist nur nach dem Entfernen der Altlackierung und bei einem völligen Neuaufbau der Beschichtung möglich. Bei kleineren Stellen kann ein Versuch durch Absperren mit EP-Füller gemacht werden.

[8] Ein für den Rennsport umgebautes Fahrzeug ist komplett zu lackieren. An der Stahlkarosserie wurden Kotflügelverbreiterungen aus GFK-Kunststoff und ein PUR-Integralschaum-Spoiler angebracht. Das Fahrzeug soll einschließlich der Leichtmetallfelgen weiß lackiert werden!

1. Der Spoiler aus PUR-Integralschaum wird abmontiert und gesondert behandelt.
2. Arbeitsablauf für das Fahrzeug ohne Spoiler:
   - Das Fahrzeug wird mit Siliconentferner gereinigt.
   - Anschließend werden Roststellen metallisch blank entrostet.
   - An den zu spachtelnden Stellen muss die Altbeschichtung bis zum blanken Stahl abgeschliffen werden.
   - Zum Grobspachteln auf den blanken Stellen wird Polyesterspachtel (UP) verwendet.
   - Das Feinspachteln erfolgt mit UP-Feinspachtel.
   - Nun wird das Fahrzeug mit 2-K-Acrylfüller gespritzt. Auch EP-Füller wäre möglich.
   - Die Decklackierung wird mit 2-K-Acrylharzlack ausgeführt.
3. Arbeitsablauf für die Leichtmetallfelgen:
   - Die Felgen werden mit Universalverdünnung gereinigt und mit Schleifvlies geschliffen.
   - Als Grundierung spritzt man EP-Füller.
   - Die Decklackierung wird wieder mit 2-K-Acrylharzlack ausgeführt.
4. Arbeitsablauf für den Spoiler:
   - Zum Reinigen wird Siliconentferner verwendet.
   - Anschließend folgt eine Grundierung mit speziellem Kunststoffhaftgrund.
   - Gefüllert wird mit 2-K-Acrylharzfüller, dem nach Herstellervorschrift ein Elastifizierungszusatz beigegeben wird.
   - Die Decklackierung erfolgt mit 2-K-Acrylharzlack, dem nach Herstellervorschrift ein Elastifizierungszusatz zugegeben wird.

[9] Ein älterer Lastwagen einer Brauerei hat einen neuen Holzpritschenaufbau erhalten. Die Stahlkarosserie zeigt leichte mechanische Beschädigungen und in diesem Bereich auch Rost. Das Fahrzeug soll einschließlich der Holzpritsche dunkelgrün lackiert werden. Beschreiben Sie die auszuführenden Arbeiten unter Nennung der erforderlichen Werkstoffe!

1. Beschichtungen der Stahlteile:
   - Nach dem Waschen des Fahrzeugs wird die Beschichtung mit Siliconentferner gereinigt.
   - Verrostete Stellen müssen metallisch blank entrostet werden, an den zu spachtelnden Stellen wird die Beschichtung bis zum blanken Stahl abgeschliffen; die übrige verbleibende Beschichtung wird gründlich angeschliffen.

- Zum Grob- und Feinspachteln wird UP-Spachtel eingesetzt.
- Anschließend wird ein Grundierfüller auf Epoxidharz- oder 2-K-Acrylharzbasis gespritzt.
- Das Decklackieren erfolgt gemeinsam mit der Holzpritsche mit Alkydharzlackfarbe.

2. Beschichtung der Holzpritsche:
   - Die Holzteile werden nach dem Schleifen mit Holzschutzmittel grundiert.
   - Der folgende Zwischenanstrich wird mit Alkydharzfüller ausgeführt.
   - Zum Auskitten kann man Alkydharzspachtel verwenden. Gefüllert wird dann mit Alkydharzfüller.
   - Das Decklackieren erfolgt gemeinsam mit der Holzpritsche mit Alkydharzlackfarbe.

10 Beschreiben Sie, wie sich der Farbton eines Metalleffektlacks durch die Verarbeitung beeinflussen lässt!

Der Farbton eines Metalleffektlacks lässt sich durch verschiedene Faktoren beeinflussen:

1. Bei kleiner Düsenöffnung und hohem Spritzdruck werden die Zerstäubung feiner und der Farbton heller.
2. Mit einer schnell verdunstenden Verdünnung wird der Silbereffekt brillanter.
3. Je höher die Viskosität ist, um so gröber ist die Verteilung.
4. Wird trocken gespritzt, erscheint der Farbton heller und metallischer, wird nass in nass gespritzt, erscheint der Farbton satter und dunkler.

11 Bei einem Fahrzeug muss ein Kotflügel beilackiert werden. Welche Faktoren sind bei der Farbtonangleichung zu beachten?

1. Zum Farbtonvergleich müssen Verschmutzungen an der Altlackierung abpoliert werden.
2. Zum einwandfreien Farbtonvergleich muss das Farbmuster gespritzt werden. Dies gilt besonders für Metalleffektlacke, wo es durch Variationen der Spritztechnik zu großen Farbtonunterschieden kommen kann.
3. Die einwandfreie Prüfung des Farbtons ist nur bei Tageslicht oder unter Tageslichtlampen möglich.

12 Bei der Verwendung der 2-K-Acrylharz-Werkstoffe kommt es immer wieder zu Kocherbildung. Wie lässt sich dieser Mangel vermeiden?

1. Die Fahrzeuge müssen beim Spritzen Raumtemperatur haben. So wird Kondenswasserbildung auf der Karosserie vermindert.
2. Schleifwasser muss vor dem Spritzen gründlich abtrocknen können.
3. Die Temperatur im Spritzraum sollte nicht zu niedrig sein, 293 K (20 °C) gelten als Richtwert.

4. Die relative Luftfeuchtigkeit im Spritzraum darf nicht zu hoch sein.
5. Die Wasserabscheider zwischen Kompressor und Spritzpistole müssen funktionsfähig sein.
6. Verschiedene Kunststoffe neigen dazu, in den Poren Feuchtigkeit zurückzuhalten. Hier empfiehlt sich das sog. Tempern. Dabei wird das Fahrzeug vor dem Spritzen kurze Zeit in der Trockenkabine auf die Temperatur aufgeheizt, bei der später auch die Trocknung erfolgen soll.
7. Es sind stets nur die vom Hersteller der Werkstoffe vorgeschriebenen Härter und Verdünnungen zu verwenden.
8. Die Abluft- und Trockenzeiten sind genau einzuhalten.

13 Zeigen Sie die Möglichkeiten der Beschriftungen am Fahrzeug auf!

Beschriftungen am Fahrzeug werden meist computergesteuert mit dem Schneideplotter geschnitten und mit der Übertragungsfolie auf die Lackoberfläche übertragen.

Aber auch das Ausschneideverfahren ist nach wie vor möglich. Als Folien können hierzu Bleifolien, selbstklebende Folien oder Spritzfolien eingesetzt werden. Daneben bietet die Industrie eine große Auswahl an selbstklebenden Schriften an, die montiert werden können.

Für größere Stückzahlen wäre auch das Siebdruckverfahren einzusetzen. Hier kann unmittelbar auf dem Fahrzeug gedruckt werden, oder man druckt auf einer selbstklebenden Folie, die dann montiert wird.

14 Auf einer durchgehärteten 2-K-Acrylharzlackierung soll eine Beschriftung im Ausschneideverfahren durchgeführt werden. Beschreiben Sie den Arbeitsablauf unter Nennung der dafür notwendigen Materialien (keine Firmenbezeichnungen)!

Die Schrift wird am Computer erstellt und geschnitten. Anschließend wird die Schriftfolie mit Hilfe eines Übertragungspapiers auf die Lackfläche aufgezogen. Nun wird ein Spritzgang Haftvermittler aufgetragen. Nach dem Ablüften wird die Schrift sofort mit Alkydharzlackfarbe ausgespritzt.

Nach dem Antrocknen der Lackfarbe wird die Folie abgezogen. Erst nach völliger Durchtrocknung der Lackfläche wird die Fläche gereinigt.

15 Beschreiben Sie den Arbeitsablauf der Beschriftung auf einer PVC-Plane im Ausschneideverfahren. Zeigen Sie die möglichen Probleme auf!

Auch hier wird die Schrift am Computer erstellt und geschnitten. Zur Übertragung auf die PVC-Plane wird wieder Übertragungspapier eingesetzt. Ausgespritzt wird die Schrift mit speziellem Beschichtungsstoff, z. B. Siebdruckfarbe auf PVC-Farbe. Nach dem Antrocknen der Lackfarbe wird die Folie entfernt. Die Reinigung erfolgt wieder nach völliger Durchhärtung des Beschichtungsstoffs.

Mögliche Probleme:
Die sonst üblichen Beschichtungsstoffe haften auf den PVC-Planen nur schwer. Da sich die Plane bei der Fahrt stark bewegt, reicht die Elastizität der üblichen Beschichtungsstoffe hier nicht aus.
Die Plane darf auf keinen Fall eingeritzt werden, da bei Bewegungen der Plane diese an den eingeritzten Stellen brechen würde.

16 Um Farbtonabweichungen bei Teillackierungen zu vermeiden, wird das Einlackieren praktiziert. Was versteht man darunter?
Um Farbtonabweichungen bei Teillackierungen zu vermeiden, wird der Basislack und anschließend der Klarlack verlaufend in die angrenzenden Teile gespritzt.
Arbeitsweise
- Schadstelle reinigen und schleifen. Wenn nötig, spachteln
- Schadstelle reinigen, entfetten, füllern, Füller schleifen
- Das ganze Teil über die Schadstelle hinaus schleifen
- Das angrenzende Teil mit Schleifvlies Typ S ultra fein und einem schleifenden Reinigungsmittel, z. B. Blend Prep mattieren
- Basislack mit 200 % Verdünnung mischen
- Gesamte Teileflächen (2 Teile) mit der Mischung einmal geschlossen lackieren, danach Ablüftzeit beachten
- Schicht gemischten Basislack auf das beschädigte Teil und auslaufend auf das angrenzende Teil auftragen
- Ablüftzeit beachten, Flächen nicht trockenblasen, Fläche mit Staubbindetuch abreiben
- Schicht gemischten Basislack auftragen. Auslaufend über die Randzonen des ersten Lackauftrages lackieren, Ablüften lassen
- Fläche mit Staubbindetuch abreiben
- Fläche ausnebeln, Spritzdruck beachten, Fläche mit Staubbindetuch abreiben
- Eine verlaufende Schicht gemischten Klarlack über beide Teile auftragen, Ablüftzeit beachten
- Eine weitere Schicht Klarlack auftragen
- Anschließend ablüften und trocknen

17 Was versteht man unter einer Spot-Lackierung (Spot-Repair-Lackierung)?
Manche Kunden wünschen kostengünstige Alternativen zu fachgerechten, aber auch teuren Reparaturlackierungen.
Die Spotlackierung ist eine Beilackiermethode, bei der die Reparatur auf die Schadstelle begrenzt bleibt. Das Fahrzeugteil wird nicht zur Gänze mit Klarlack lackiert. Dadurch besteht die Gefahr, dass beim späteren Polieren Abrisskanten an den Übergängen entstehen.

18 Wann ist eine Spot-Lackierung (Spot-Repair-Lackierung) sinnvoll?

Die Spotlackierung eignet sich nur für Flächen, die nicht augenfällig sind. Die Flächen eines Autos werden in drei Zonen eingeteilt. In der Zone B kann diese Reparaturlackierung bedingt, in der Zone C problemlos eingesetzt werden.

Die Lackierung ist sinnvoll bei

- Schäden bis zu einer Größe von 3,5 cm,
- Streifschäden an den Stoßfängern,
- maximal einer Schadstelle je Teil,
- 2-Schicht Lackierungen,
- glänzenden Lackierungen.

19 Welche Anforderungen werden an die fachgerechte Spot-Lackierung gestellt?

- Es dürfen keine Fremdeinschlüsse, die das Gesamtbild der Lackierung beeinträchtigen, belassen werden.
- Es muss eine Farbübereinstimmung mit der umgebenden Fläche erzielt werden.
- An der Oberfläche der Reparaturstelle darf keine Störung sichtbar sein, allerdings werden in der Zone C kaum erkennbare Schleifstellen und kleine Lackierfehler, die das Gesamtbild nicht beeinträchtigen, akzeptiert.
- Die Begutachtung erfolgt bei diffusem Tageslicht oder gleichmäßigem künstlichem Licht.

20 Wie wird eine Spot-Lackierung durchgeführt?

Es wird ein handelsüblicher Basislack eingesetzt. Dazu wird ein 2-K-Decklack verwendet. Die Lackhersteller bieten für diese Reparaturmaßnahme spezielle Verdünnungen an. Zum Spritzen werden kleine Airbrush-Spritzpistolen mit speziellen Düsen (Spot-Repairdüsen) eingesetzt.

4.10 Straßenmarkierungen

1 In welchen Beanspruchungsgruppen werden Straßenmarkierungen ausgeführt? Nennen Sie jeweils Beispiele!

Straßenmarkierungen werden in folgenden Beanspruchungsgruppen ausgeführt:

- In selten überfahrene Markierungen, z. B. Fahrbahnbegrenzungen und Sperrflächen.
- In häufig überfahrene Markierungen, z. B. Leitlinien.
- In ständig überfahrene Markierungen, z. B. Markierungen in Kreuzungsbereichen.

[2] Welche Gewährleistungsfristen gelten für Straßenmarkierungen?
Die Gewährleistungsfristen der Straßenmarkierungen hängen vom eingesetzten System ab:

Systeme	*Gewährleistung*
Vorübergehende Markierungen	½ Jahr
Spritzbare Systeme mit Trockenschichtdicken bis 1,2 mm	1 Jahr
Eingelegte Markierungen	2 Jahre
Folien Typ II	4 Jahre
Alle anderen endgültigen Markierungen	2 Jahre

[3] Wie wird geprüft, ob die Straßenmarkierung nach Ablauf der Gewährleistungsfrist die vereinbarten Eigenschaften aufweist?
Nach Ablauf der Verjährungsfrist muss die Markierung noch mindestens 90 % des vereinbarten Soll-Bildes aufweisen.

[4] Was versteht man bei den Straßenmarkierungen unter einer »Kaltplastik«?
Kaltplastik (Kaltspritzplastik) ist ein für die Straßenmarkierung eingesetztes aus Stammlack und Härter bestehendes 2K-Material.

[5] Für welche Untergründe eignet sich die Kaltplastik?
Dieses Material eignet sich für Markierungsarbeiten auf Gussasphalt, Asphaltbeton und Zementbeton.

[6] Welche Schichtdicken lassen sich mit der Kaltplastik erreichen?
Mit der Kaltplastik lassen sich Schichten mit einer Dicke zwischen 1,5 und 3,0 mm erreichen.

[7] Was versteht man bei den Straßenmarkierungen unter einer »Heißplastik«? Welche Vorteile bringt deren Verwendung?
Unter der Heißplastik werden thermoplastische Fertigmarkierungen mit einer Dicke von 3 mm verstanden. Diese werden auf dem vorher mit einem Gasbrenner gereinigten und getrockneten Untergrund aufgelegt und bei anschließendem Erhitzen mit dem Gasbrenner mit dem Untergrund verschmolzen.
Durch die industrielle Fertigung sind diese Markierungen sehr homogen. Auch komplizierte Richtungspfeile usw. können sehr schnell und rationell auf der Fahrbahn aufgetragen werden.Die Markierungen können nach dem Verlegen sofort befahren werden.

4.11 Asbestsanierung

1 Bei einer mit Platten verkleideten Fassade ist nicht sicher, ob es sich bei den Platten um Asbestzementplatten handelt. Welche Pflichten hat der Arbeitgeber in diesem Fall entsprechend der TRGS 519?
Der Arbeitgeber hat sich zu vergewissern, ob bei den geplanten Arbeiten mit Asbestzement umgegangen werden muss. Bestehen Zweifel, hat er eine Materialprobe untersuchen zu lassen.

2 Welche grundsätzlichen Voraussetzungen müssen bei einem Betrieb gegeben sein, damit er ASI-Arbeiten durchführen darf?
ASI-Arbeiten dürfen nur durchgeführt werden, wenn sichergestellt ist, dass die personelle und sicherheitstechnische Ausstattung des Unternehmens für diese Arbeiten geeignet ist. Eine ausreichende personelle Ausstattung liegt nur vor, wenn sachkundige Personen beschäftigt werden. Diese Anforderungen gelten auch für die Abfallentsorgung.

3 Die TRGS 519 (Technische Regel Gefahrstoffe - Asbest) unterscheidet zwischen Abbruch-, Sanierungs- und Instandhaltungsarbeiten. Zeigen Sie die Unterschiede auf!

1. Abbrucharbeiten
   Abbrucharbeiten umfassen das Abbrechen von baulichen Anlagen, das Abwracken von Fahrzeugen einschließlich Schiffen, das Demontieren von Anlagen oder Geräten usw. einschließlich der erforderlichen Nebenarbeiten.
2. Sanierungsarbeiten
   Sanierungsarbeiten umfassen das Entfernen asbesthaltiger Materialien und erforderlichenfalls das Ersetzen durch asbestfreies Material sowie Beschichten oder räumliche Trennung von schwach gebundenen Asbestprodukten einschließlich der erforderlichen Nebenarbeiten, um die Gefahr der ungewollten Faserfreisetzung zu beseitigen.
3. Instandhaltungsarbeiten
   Instandhaltungsarbeiten umfassen alle Maßnahmen zur Bewahrung des Soll-Zustands (Wartung), zur Feststellung und Beurteilung des Ist-Zustands (Inspektion) und zur Wiederherstellung des Soll-Zustands (Instandsetzung), einschließlich des gegebenenfalls erforderlichen Wiedereinsetzens asbesthaltiger Produkte

4 Erläutern Sie den Aufgabenbereich der TRGS 519!
Die TRGS 519 konkretisiert die allgemeinen Anforderungen nach der Gefahrstoffverordnung. Sie gilt zum Schutz der Beschäftigten und anderer Personen bei Tätigkeiten mit Asbest und asbesthaltigen Materialien bei Abbruch-,

Sanierungs- oder Instandhaltungsarbeiten (ASI-Arbeiten) und bei der Abfallbeseitigung.

5 Arbeiten an Asbestzementplatten müssen der zuständigen Behörde spätestens 7 Tage vor Beginn der Arbeiten angezeigt werden. A) Welche Behörde ist gemeint? B) Welche Angaben muss diese Anzeige mindestens enthalten?

A) Arbeiten an Asbestzementplatten müssen dem Gewerbeaufsichtsamt mindestens 7 Tage vor Beginn der Arbeiten angezeigt werden, eine Kopie erhält die Berufsgenossenschaft.

B) Die Anzeige muss mindestens folgende Angaben enthalten:

1. die Stoffidentität, die Eigenschaften und die Menge des asbesthaltigen Gefahrstoffs,
2. eine Beschreibung des Arbeitsverfahrens,
3. die getroffenen Schutzmaßnahmen und, falls erforderlich, Art und Qualität der zu verwendenden Schutzausrüstung,
4. Zahl der Arbeitnehmer, die mit dem asbesthaltigen Gefahrstoff umgehen,
5. Art und Ausmaß der Exposition durch den asbesthaltigen Gefahrstoff,
6. das Verfahren und die Art der Abfallentsorgung.

Beim Umgang mit asbesthaltigen Gefahrstoffen dürfen Arbeitnehmer täglich nicht mehr als acht Stunden und wöchentlich nicht mehr als vierzig Stunden beschäftigt werden

6 Jeder Betrieb muss über einen sachkundigen Verantwortlichen verfügen, wenn er ASI-Arbeiten durchführt. Wann gelten entsprechend der TRG 519 Personen als sachkundig?

Sachkundig sind Personen, die aufgrund ihrer fachlichen Ausbildung und Erfahrung ausreichende Kenntnisse im Umgang mit asbesthaltigen Stoffen oder Gefahrstoffen haben und mit den einschlägigen staatlichen Schutzvorschriften, Unfallverhütungsvorschriften, Richtlinien und allgemein anerkannten Regeln der Technik so vertraut sind, dass sie die erforderlichen Schutzmaßnahmen beim Umgang mit asbesthaltigen Gefahrstoffen beurteilen können.

Der Nachweis der Sachkunde wird erbracht durch die erfolgreiche Teilnahme an einem behördlich anerkannten Lehrgang über den Umgang mit asbesthaltigen Gefahrstoffen. Die erfolgreiche Teilnahme ist durch eine Prüfung nachzuweisen.

7 Arbeiten an Asbestzementplatten müssen der zuständigen Behörde spätestens 7 Tage vor Beginn der Arbeiten angezeigt werden. Sind hier entsprechend der TRGS 519 auch Ausnahmen möglich?

Kann bei dringenden Arbeiten die 7-tägige Frist nicht eingehalten werden, so kann die zuständige Behörde einer Verkürzung der Frist zustimmen. Der Betriebs- oder Personalrat ist vom Arbeitgeber zu beteiligen.

[8] Die TRGS 519 fordert, dass das Arbeitsverfahren so gestaltet wird, dass Asbestfasern nicht frei werden, soweit dies nach dem Stand der Technik möglich ist. Was versteht man unter dem Stand der Technik?
Stand der Technik im Sinne der Gefahrstoffverordnung ist der Entwicklungsstand fortschrittlicher Verfahren, Einrichtungen oder Betriebsweisen, die die praktische Eignung einer Maßnahme zum Schutz der Gesundheit der Beschäftigten gesichert erscheinen lassen.

[9] Welche Maßnahmen sind zu ergreifen, wenn am Arbeitsplatz mit asbesthaltigen Stoffen umgegangen werden muss?
Wenn mit asbesthaltigen Stoffen umgegangen werden muss, sind folgende Maßnahmen zu ergreifen:

1. Die Zahl der betroffenen Arbeitnehmer in den betroffenen Arbeitsbereichen ist auf das Minimum zu begrenzen, das notwendig ist, um die vorgesehenen Arbeiten durchzuführen.
2. Arbeitsbereiche, in denen mit asbesthaltigen Gefahrstoffen umgegangen wird, sind von anderen Arbeitsbereichen deutlich abzugrenzen und nur den Arbeitnehmern zugänglich zu machen, die sie zur Ausübung ihrer Arbeit oder zur Durchführung bestimmter Arbeiten betreten müssen. Unbefugten ist das Betreten durch das Verbotszeichen »Halt, Zutritt verboten« mit dem zusätzlichen Hinweis »Asbestfasern« zu verbieten.
3. Die betroffenen Arbeitsbereiche sind so zu gestalten, dass die Reinigung jederzeit möglich ist.
4. Abgeschottete Arbeitsbereiche, in denen mit asbesthaltigen Gefahrstoffen umgegangen wird, sind durch geeignete Warn- und Sicherheitszeichen sowie mit dem Zeichen »Essen, Trinken und Rauchen verboten!« zu kennzeichnen.
5. Asbesthaltige Gefahrstoffe sind in geeigneten und entsprechend gekennzeichneten Behältern zu lagern, aufzubewahren und zu transportieren.
6. Abfälle, die asbesthaltige Gefahrstoffe enthalten, sind in geeigneten und entsprechend gekennzeichneten Behältern ohne Gefahr für Mensch und Umwelt zu sammeln, aufzubewahren und zu entsorgen.
7. Alle Räume, Anlagen und Geräte sind regelmäßig zu reinigen.
8. Der Arbeitgeber hat dafür zu sorgen, dass Asbestfasern nicht an andere Arbeitsplätze, in asbestfreie Räume oder in die Außenluft gelangen können.

[10] TRGS 519 nennt für den Abbau von Fassadenplatten aus Asbestzement klare Forderungen. Welche Unterschiede gibt es hier zwischen dem Abbau von beschichteten und von unbeschichteten Asbestzementplatten?
Beschichtete Asbestzementprodukte dürfen in trockenem Zustand ausgebaut werden, soweit die Beschichtung nicht großflächig abgewittert ist.

Unbeschichtete Asbestzementprodukte müssen vor dem Abtragen mit Staub bindenden Mitteln, z. B. Putzgrundiermitteln gefestigt werden. Beim Abtragen, Ausbauen und Beseitigen ist die Oberfläche feucht zu halten. Die Flächen sind durch Berieseln zu nässen. Das Wasser ist wie Regenwasser abzuleiten.

11 Der Arbeitgeber hat entsprechend der TRGS 519 vor Aufnahme der Arbeiten an einer mit Asbestzementplatten verkleideten Fassade mindestens eine zuverlässige, mit den Arbeiten und den dabei auftretenden Gefahren und den erforderlichen Schutzmaßnahmen vertraute Person als Aufsichtsführenden zu beauftragen.

A) Über welche fachlichen Voraussetzungen muss der Aufsichtsführende verfügen?

B) In welcher Form muss diese Beauftragung erfolgen?

C) Welche Pflichten hat der Aufsichtsführende entsprechend der TRGS 519?

A) Der Aufsichtsführende muss sachkundig sein und über eine mindestens einjährige praktische Erfahrung im Umgang mit asbesthaltigen Gefahrstoffen verfügen.

B) Der Arbeitgeber muss den Aufsichtführenden schriftlich beauftragen.

C) Pflichten des Aufsichtsführenden:

1. Der Aufsichtsführende muss während der Arbeiten ständig auf der Baustelle anwesend sein.
2. Der Aufsichtsführende hat sich zu vergewissern, dass die Arbeitnehmer
   - gemäß der Betriebsanweisung unterwiesen sind,
   - die erforderlichen arbeitsmedizinischen Untersuchungen durchgeführt haben,
   - in das Tragen der Atemschutzgeräte eingewiesen wurden.
3. Der Aufsichtsführende hat dafür zu sorgen, dass
   - mit den Arbeiten erst begonnen wird, wenn die in der Betriebsanweisung und im Arbeitsplan festgelegten Schutzmaßnahmen getroffen sind,
   - die der Betriebsanweisung bzw. dem Arbeitsplan zugrundeliegenden Arbeitsverfahren nicht verändert werden,
   - die Arbeitnehmer während der Arbeit die vorgesehenen Schutzmaßnahmen beachten und die persönliche Schutzausrüstung benutzen,
   - die Arbeitsstelle gekennzeichnet und falls erforderlich abgesperrt ist und Unbefugte von der Arbeitsstelle ferngehalten werden,
   - die Arbeitsstelle nach Abschluss der Arbeiten gereinigt und bis zur Freigabe gekennzeichnet und abgesperrt bleibt.

12 Die TRGS 515 fordert, dass den Arbeitnehmern Waschräume sowie Räume mit getrennten Aufbewahrungsmöglichkeiten für Straßen- und Arbeitskleidung zur Verfügung gestellt werden. Unter welchen Voraussetzungen kann darauf verzichtet werden?

Diese Forderung entfällt bei Arbeiten mit geringer Exposition, bei Arbeiten an Asbestzementprodukten im Freien, sofern diese nicht länger als drei Tage dauern, und bei Arbeiten geringen Umfangs.

13 In einer Leistungsbeschreibung ist bei einer zu beschichtenden Fassade aus Asbestzementplatten eine Hochdruckreinigung vorgesehen. A) Welche Aussage trifft hierzu die TRGS 519? B) Dürfen Sie diese Arbeiten ausführen, wenn Sie eine Bedenkenmitteilung formulieren und der Auftraggeber auf der Ausführung dieser Arbeiten besteht?

A) Entsprechend der TRGS 519 ist die Bearbeitung von Asbesterzeugnissen mit Arbeitsgeräten, die deren Oberfläche abtragen, wie z. B. Abschleifen, Hochdruckreinigung oder Abbürsten, nicht zulässig. Eine Ausnahme ist der Einsatz der sog. Krake. Bei diesem Gerät ist sichergestellt, dass keine Asbestfasern frei werden.

B) Ein Verstoß gegen die TRGS 519 ist strafbar. Die Anweisung des Auftraggebers würde bedeuten, dass sich auch der Auftraggeber strafbar macht.

14 Die TRGS 519 regelt auch die Lagerung und den Transport von asbesthaltigen Materialien. Wie müssen die Behälter beschaffen sein, wenn darin asbesthaltige Materialien gelagert werden sollen?

Asbesthaltige Materialien dürfen nur in geeigneten, sicher verschließbaren und gekennzeichneten Behältern ohne Gefahr für Mensch und Umwelt gesammelt, gelagert und entsorgt werden.

15 Sie haben Asbestzementplatten von einer Fassade entfernt. Für den Abtransport der Platten haben Sie ein anderes Unternehmen beauftragt. Ein Mitarbeiter dieser Firma verlangt bei der Abholung, dass die Platten zum besseren Transport zerkleinert werden müssen. Beurteilen Sie diese Forderung!

Entsprechend der TRGS 519 ist das Zerkleinern der Asbestzementplatten vor dem Deponieren nicht zulässig.

16 Welche Besonderheiten sind beim Transport von Asbestfaserzementplatten zu beachten?

Die Platten sind so zu sichern, dass während des Transports und beim Abladen keine Asbestfasern freigesetzt werden. Die Platten sind vor dem Aufladen und vor dem Abladen zu durchfeuchten.

Der Transport darf nur von Unternehmen mit einer Einsammel- und Transportgenehmigung unter Beachtung des Abfallrechts durchgeführt werden.

17 Asbesthaltige Abfälle sind am Arbeitsplatz in geeigneten Behältern so zu sammeln, dass ein Umfüllen vermieden wird. Welche Behälter sind für Asbestzementplatten geeignet?

Geeignete Behälter sind entsprechend der TRGS 519:

- für kleinere Abfälle ausreichend feste Kunststoffsäcke,
- für größere Asbestzementabfälle mit Planen verschlossene Container,
- für stapelbare Asbestzementprodukte Stapelung auf Paletten unter Einsatz von Staub bindenden Mitteln oder Abdecken mit Planen.

18 Welche Verpflichtung hat der Arbeitgeber gegenüber den Arbeitnehmern im Rahmen der Anzeigepflicht?

Der Arbeitgeber hat den betroffenen Arbeitnehmern oder, wenn vorhanden, dem Betriebs- oder Personalrat Abdrucke der Anzeigen zur Kenntnis zu geben.

19 Wofür müssen die abgebildeten Sicherheitskennzeichnen verwendet werden?

A) Das Sicherheitskennzeichen muss zur Abgrenzung der asbestbelasteten Bereiche eingesetzt werden.

Zutritt verboten
Asbestfasern !

B) Die Sicherheitskennzeichnung muss für die Abfallverpackung von Containern, Säcken und Gebinden verwendet werden.

20 Die TRGS 519 regelt auch die Lagerung und den Transport von asbesthaltigen Materialien. Wie müssen die Behälter beschaffen sein, wenn darin asbesthaltige Materialien gelagert werden sollen?

Asbesthaltige Materialien dürfen nur in geeigneten, sicher verschließbaren und gekennzeichneten Behältern ohne Gefahr für Mensch und Umwelt gesammelt, gelagert und entsorgt werden.

21 **Welche Beschäftigungsbeschränkungen nennt die TRGS 519?**

- Der Arbeitgeber darf Jugendliche nicht mit Arbeiten beschäftigen, bei denen diese Asbestfasern ausgesetzt sein können, auch nicht zu Ausbildungszwecken.
- Der Arbeitgeber darf werdende und stillende Mütter mit Arbeiten, bei denen sie Asbestfasern ausgesetzt sein können, nicht beschäftigen.
- Beim Umgang mit asbesthaltigen Gefahrstoffen dürfen Arbeitnehmer täglich nicht mehr als acht Stunden und wöchentlich nicht mehr als vierzig Stunden beschäftigt werden.

22 **Ihre Arbeitnehmer äußern den Wunsch, die Sanierungsarbeiten an einer mit Asbestzementplatten verkleideten Fassade im Akkord durchzuführen. Was sagt die TRGS 519 zur leistungsabhängigen Entlohnung der Arbeitnehmer?**
Bei ASI-Arbeiten ist eine leistungsabhängige Entlohnung nicht zulässig.

5 Objektgestaltung

5.1 Physikalische Grundlagen zur Farbe

1 Was versteht man unter der additiven Farbmischung?
Die additive Farbmischung ist die Lichtmischung, bei der die Farben Grün, Orange und Violett weißes Licht ergeben.

2 Was versteht man unter den Primärfarben?
Unter den Primärfarben versteht man die Grundfarben Gelb, Rot und Blau.

3 A) Erläutern Sie, wie die besondere Leuchtkraft der Tagesleuchtfarben zustande kommt! B) Warum benötigen die Tagesleuchtfarben zur Entfaltung ihrer Leuchtkraft einen reinweißen Untergrund?
A) Tagesleuchtpigmente wandeln unsichtbares kurzwelliges Licht um in längerwelliges, sichtbares Licht und reflektieren es mit dem Licht ihrer Eigenfarbe. Dadurch empfindet das Auge diese Farben als ungewöhnlich intensiv und leuchtend.
B) Diese Pigmente haben nur geringes Deckvermögen. Der durchscheinende weiße Untergrund lässt die Tagesleuchtfarben strahlen.

4 A) Wie funktioniert die Fotokatalyse bei den Beschichtungsstoffen? B) Was will man mit der Fotokatalyse erreichen?
A) Bei der Fotokatalyse wird durch Licht ein Katalysator angeregt. Dies wird technisch genutzt.
B) Bei einem Teil der Fassadenfarben wird die Fotokatalyse zur sogenannten Selbstreinigung eingesetzt. Bei Innenwandfarben kann die Fotokatalyse zur Reduzierung von Gerüchen eingesetzt werden.

5 Was versteht man unter den Tertiärfarben?
Als Tertiärfarben werden Farben bezeichnet, die aus der Mischung von Primär- und Sekundärfarben oder aus der Mischung von zwei Sekundärfarben untereinander entstehen.

6 Auf welche Weise schützen die in Lasuren eingesetzten mikronisierten Pigmente das Holz?
Die in Lasuren eingesetzten mikronisierten Pigmente reflektieren die schädlichen UV-Strahlen.

5.2 Farbkontraste

[1] Welcher Kontrast entsteht, wenn man die Primärfarben Gelb, Rot und Blau in einer Farbgestaltung verwendet?
Diesen Kontrast nennt man Farbe-an-sich-Kontrast.

[2] Wie heißt der Farbkontrast, bei dem durch die Helligkeitsunterschiede eine besonders plastische Gestaltung entsteht?
Diesen Farbkontrast nennt man Hell-Dunkel-Kontrast.

[3] Welcher Kontrast entsteht, wenn man zur Gestaltung die im Farbkreis von Itten gegenüberliegenden Farbtöne einsetzt?
Es entsteht der Komplementärkontrast.

[4] Welche Gefahr entsteht, wenn man mit den Komplementärfarben Grautöne mischt?
Mit dieser Mischung entsteht die Gefahr der Metamerie, d. h., der gemischte Farbton wirkt je nach herrschendem Licht unterschiedlich.

[5] Wie heißt der Kontrast, der dafür verantwortlich ist, dass der neutral graue Farbton am Sockel einer rot gestrichenen Fassade grünlich wirkt?
Der menschliche Sehsinn erzeugt hier simultan die Gegenfarbe (Komplementärfarbe). Deshalb nennt man diesen Kontrast auch Simultankontrast.

[6] Wie wird der Kontrast bezeichnet, der entsteht, wenn bei der Gestaltung leuchtende Farben neben stumpfen Farben eingesetzt werden?
Der Kontrast wird als Qualitätskontrast bezeichnet.

[7] Erklären Sie den Quantitätskontrast!
Der Quantitätskontrast bezieht sich auf das Größenverhältnis von zwei oder mehreren Farbflächen.

5.3 Farbordnungssysteme

5.3.1 Historische Farbordnungssysteme

[1] Nennen Sie bekannte Wissenschaftler, die sich bereits ab dem 17. Jahrhundert mit Farbsystemen beschäftigten!
Bekannte Wissenschaftler, die bereits sehr früh Farbordnungssysteme entwickelten, waren:

- Isaak Newton
- Johann Wolfgang von Goethe
- Philipp Otto Runge
- Albert Henry Munsel
- Wilhelm Ostwald
- Johannes Itten

2 **Welche bekannte Persönlichkeit hat den folgenden Farbkreis erstellt?**

Der Farbkreis stammt von Johann Wolfgang von Goethe

3 **Von wem stammt das erste dreidimensionale Farbsystem?**
Der Maler und Grafiker Philipp Otto Runge entwickelte mit seiner Farbkugel das erste dreidimensionale Farbsystem.

5.3.2 RAL

1 **Wofür steht die Abkürzung »RAL«?**
Die Abkürzung RAL stand ursprünglich für »Reichsausschuss für Lieferbedingungen«. Heute kennzeichnet diese Abkürzung die Arbeit des Deutschen Instituts für Gütesicherung und Kennzeichnung e. V.

[2] Welche Farbtöne enthalten die Farbtonreihen nach RAL?
Die Farbtonreihen nach RAL enthalten folgende Farbtöne:

Farbtonreihe	*Farbtöne*
1000	Gelb
2000	Orange
3000	Rot
4000	Lila/Violett
5000	Blau
6000	Grün
7000	Grau
8000	Braun
9000	Weiß/Schwarz/Metallic

[3] Welche 4 RAL-Farbnamen werden unterschieden?
Unterschieden werden die RAL-Farbnamen:
- RAL EFFECT Farben
- RAL DESIGN Farben
- RAL CLASSIC Farben
- RAL PLASTICS Farben

[4] Nennen Sie die wichtigsten RAL-Farbregister!
Die wichtigsten RAL-Farbregister sind:

RAL 840-HR	Basisregister mit rund 213 RAL-Farben
RAL 841-GL	Basisregister mit 196 RAL-Farben, jedoch glänzend
RAL-F 9	Tarnfarben
RAL-F 14	Sonderregister Kenn- und Sicherheitsfarben nach ISO 7010 und ISO 3864-4
RAL-F7	Sonderregister Reflexfarben nach DIN 67520
RAL-F 1	Kraftfahrzeugfarben
RAL-F 12	Gemischte RAL-Farben; 560 Farbtöne, gemischt aus 15 Farben

[5] Die RAL-Gütezeichen kennzeichnen Produkte und Dienstleistungen, die nach genau festgelegten Qualitätskriterien hergestellt bzw. angeboten werden. Nennen Sie mindestens fünf Beispiele für RAL-Gütezeichen!
Für den Maler und Lackierer sind folgende RAL-Gütezeichen von Bedeutung:

RAL-RG 424/1	Holzfenster; Gütesicherung
RAL-RG 424/2	Holz-Aluminium-Fenster; Gütesicherung
RAL-RG 424/3	Holz-Kunststoff-Fenster; Gütesicherung

RAL-GZ 543	Baukalk
RAL-GZ 996	Fassadenbefestigungstechnik
RAL-GZ 695,	Fenster, Haustüren
RAL-GZ 830	Holzschutzmittel
RAL-GZ 964	Innendämmung
RAL-GZ 479	Tapeten
RAL-GZ 712	Wärmedämmung von Fassaden im Verbundsystem
RAL-RG 461	Holzfaserplatten; Gütesicherung
RAL-RG 462	Spanplatten; Gütesicherung
RAL-RG 463	Sperrholz; Gütesicherung
RAL-RG 818	Estriche; Güte- und Prüfbestimmungen
RAL-RG 835	Holzschutzarbeiten; Gütesicherung
RAL-RG 843	Farbmarkierung; Gütesicherung

5.3.3 NCS

[1] Von welchen Faktoren wird beim NCS-System die Farbordnung charakterisiert?
Die Farbordnung einer Farbe wird hier vom Farbton, vom Vollfarbenanteil und vom Schwarzanteil bestimmt.

[2] Was sagt die Codierung im NCS-System aus?
Die Codierung im NCS-System drückt aus, welche Anteile an Schwarz, Weiß und Bunt eine Farbe enthält. Ist der Farbtonnummer ein S vorangestellt, sagt dieses nur etwas über die Edition aus.

5.4 Symbolik der Farben

[1] Den Farben werden in den verschiedenen Kulturkreisen eine unterschiedliche Symbolik zugeordnet. Welche Symbolik wird in Europa den Farben Gelb, Rot und Blau zugesprochen?

Symbolik der Farben in Europa:

Farbe	*Symbolik*
Gelb	Kreativität, Sonne, Glanz
Rot	Aktivität, Feuer, Blut, Leidenschaft
Blau	Ferne, Treue, Sehnsucht, logisches Denken

[2] Die Farben werden auch in psychologischen Farbtests verwendet. Welche positiven Eigenschaften werden hier mit dem Farbton Grün verbunden?

Farbton	*Positive Eigenschaften*
Grün	Harmonie, Ausgeglichenheit, Erholung, Erfrischung, Umweltbewußtsein, Gleichgewicht

5.5 Sicherheits- und Kennzeichnungsfarben

[1] Nennen Sie die Sicherheitsfarben nach DIN 4844!
Die DIN 4844 unterscheidet die Sicherheitsfarben Rot, Gelb, Grün, Blau, Weiß, Schwarz und die fluoreszierenden Farben Rot und Orangerot.

[2] Mit welchen Farbtönen müssen nicht erdverlegte Rohrleitungen entsprechend der DIN 2403 »Kennzeichnung von Rohren nach ihrem Durchflussstoff« gekennzeichnet werden, wenn in diesen Rohren A) Sauerstoff, B) Wasser, C) Wasserdampf, D) Luft, E) brennbare Gase, F) nicht brennbare Gase, G) Säuren, H) Laugen, I) brennbare Flüssigkeiten, K) nicht brennbare Flüssigkeiten fließen?

Die DIN 2403 sieht als Kennzeichnung der Rohre nach dem Durchflussstoff folgende Farbtöne vor:

Frage	*Durchflussstoff*	*Farbtonbezeichnung*	*RAL-Farbton*
A	Sauerstoff	Blau	RAL 5015
B	Wasser	Grün	RAL 6018
C	Wasserdampf	Rot	RAL 3000
D	Luft	Grau	RAL 7001
E	brennbare Gase	Gelb	RAL 1021
F	nicht brennbare Gase	Gelb mit der Zusatzfarbe Schwarz	RAL 1021 RAL 9005
G	Säuren	Orange	RAL 2003
H	Laugen	Violett	RAL 4001
I	brennbare Flüssigkeiten	Braun	RAL 8001
K	nicht brennbare Flüssigkeiten	Braun	RAL 8001

Brennbare Gase dürfen auch mit dem Farbton Gelb und der Zusatzfarbe Rot (RAL 3000) gekennzeichnet werden. Nicht brennbare Flüssigkeiten dürfen auch mit dem Farbton Braun und der Zusatzfarbe Schwarz (RAL 9005) gekennzeichnet werden

5.6 Farbleitpläne

1 Welche Aufgaben haben Farbleitpläne?
Farbleitpläne sollen bei einem Ensemble, also einer Anordnung von Häusern, eine farblich einheitliche, harmonische Farbwirkung gewährleisten.
In Ortskernen, die hinsichtlich des Denkmalschutzes unter besonderen Schutz gestellt wurden, haben die Farbleitpläne als Teil des Ensembleschutzes besonders hohe Bedeutung.

2 In welchen rechtlichen Bereich sind die Farbleitpläne einzuordnen?
Farbleitpläne gehören im weiteren Sinne zu den gestalterischen Bauvorschriften und sind so Teil der Bauordnungen der Länder. Sie gehören somit zum Landesrecht.
Die Farbleitpläne sind Bestandteil einer örtlichen Bauvorschrift. Die Gestaltungssatzungen werden von der jeweiligen Gemeinde zur Wahrung des Orts- oder Stadtbildes erstellt und beziehen sich auf die formalen und farblichen Aussagen über Kerngebiete oder bestimmte ausgewiesene Stadtteile.

3 Wo sind die Gestaltungsrichtlinien in den Kommunen fixiert?
Gestaltungsvorschriften werden in der Regel als eigene Gestaltungssatzungen von den Städten und Gemeinden erstellt. Gibt es in einem Ort keine Gestaltungsrichtlinien, findet man in den jeweiligen Bebauungsplänen Hinweise.

4 Welche Bereiche finden sich üblicherweise in den Gestaltungsrichtlinien der Kommunen?
Neben der farbigen Gestaltung der Fassaden und den dazugehörigen Oberflächenmaterialien finden sich hier üblicherweise Angaben zur Werbung an Fassaden in Form von Beschriftungen, Schildern und Auslegern.

5 Was versteht man unter dem »Verunstaltungsverbot« bei der Fassadengestaltung?
Die Fassaden müssen entsprechend ihrer Größe und dem Verhältnis der Bauteile untereinander in Werkstoff und Farbe harmonisch gestaltet sein. Sie dürfen nicht unangenehm und hässlich wirken, sie dürfen das Straßen-, Orts- und Landschaftsbild nicht verunstalten. Dies trifft besonders für historische Ortskerne zu.

6 Als Teil des Ensembleschutzes kommt den Farbleitplänen besondere Bedeutung zu. Begründen Sie die damit verbundenen Forderungen!
Bei einem Ensemble handelt es sich um eine Mehrheit von baulichen Anlagen, also um einen ganzen Ort oder eine ganze Stadt, einen Stadtteil, einen Platz oder einen Straßenzug, u. ä. Hier muss die historische Farbgebung berücksichtigt und erhalten werden.

7 Für eine Kleinstadt wurden Farbleitpläne erstellt. Müssen diese von den Eigentümern der Häuser umgesetzt werden? Wie lässt sich eine möglichst breite Zustimmung für die Umsetzung der Farbleitpläne realisieren?
Farbleitpläne sind rechtlich nicht verbindlich. Die Umsetzung kann also nicht eingeklagt werden. Deshalb sollten Farbleitpläne in Zusammenarbeit mit den Behörden und den betroffenen Anliegern erstellt und so um eine möglichst große Zustimmung geworben werden. In Ortskernen, die hinsichtlich des Denkmalschutzes unter besonderen Schutz gestellt wurden, sind entsprechende Vorschriften aber zwingend einzuhalten.

5.7 Erkenntnisse aus der Stil- und Kunstgeschichte für die Gestaltung

5.7.1 Stilkunde und Architekturbegriffe

1 Erklären Sie die folgenden Dachformen: A) Satteldach, B) Walmdach!
A) Das Satteldach, auch Giebeldach, ist die klassische in Deutschland am häufigsten anzutreffende Dachform. Es besteht aus zwei entgegengesetzt geneigten Flächen. B) Das Walmdach hat im Gegensatz zum Satteldach nicht nur auf der Traufseite, sondern auch auf der Giebelseite eine geneigte Dachfläche.

2 Was ist der »Dachfirst«?
Der Dachfirst ist die meist waagerechte obere Kante eines Satteldaches oder einer anderen Dachform.

3 Was versteht man bei einer Kirche unter dem »Helm«?
Als Helm bezeichnet man in der Architektur eine spitze Dachform bei Türmen mit polygonalem Grundriss. Diese Dachform ist häufig bei Kirchtürmen anzutreffen.

4 In einem Gutachten wird die schadhafte Beschichtung der Gauben bemängelt. Was meint man mit dem Begriff Gaube?
Eine Gaube ist der Dachaufbau für senkrecht stehende Fenster.

5 Was ist eine Maisonettewohnung?

Die Maisonette ist eine Wohnung innerhalb eines Mehrparteienhauses, bei der die Räume über zwei oder mehr Geschosse durch eine Treppe innerhalb der Wohnung verbunden sind

6 In einem Penthouse sollen hochwertige Malerarbeiten ausgeführt werden. Was ist ein Penthouse?

Das Penthouse (englisch = penthouse) ist ein selbständig stehendes eingeschossiges Wohnhaus auf dem flachen Dach eines Hauses.

7 Was versteht man unter einer Arkade?

Die Arkade ist ein Bogen, der zwei Pfeiler oder Säulen verbindet.

8 Wie bezeichnet man fachsprachlich das an einer Fassade meist farblich abgesetzte vertikal verlaufende Band?

Dieses Gliederungselement wird als Lisene bezeichnet.

9 Welche Gliederung nimmt das Gesims an der Fassade vor?

Das Gesims ist ein waagerecht aus der Mauer vortretender Streifen zur horizontalen Gliederung des Bauwerks. Die einzelnen Geschosse werden durch das Gurtgesims optisch voneinander getrennt. Das Kranzgesims schließt die Fassade nach oben ab.

10 Unterscheiden Sie zwischen A) Lisenen, B) Pilaster!

A) Die Lisene (von frz. lisière »Saum«, »Rand« »Kante«), auch Mauerblende, ist im Bauwesen eine schmale und leicht hervortretende vertikale Verstärkung der Wand.

B) Ein Pilaster ist eine vertikale Gliederung von Außen- oder Innenwandflächen. Im Gegensatz zur Lisene hat er Basis, Kapitell oder Kämpfer.

11 Benennen Sie die drei großen griechischen Stilepochen und zeichnen Sie jeweils typische Säulenformen.

1. dorischer Stil
2. ionischer Stil
3. korinthischer Stil

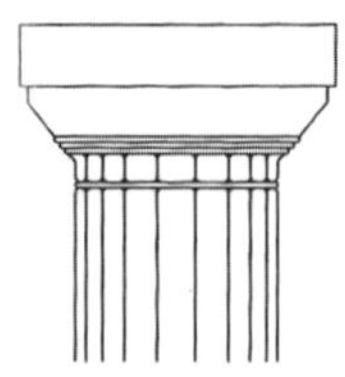
1

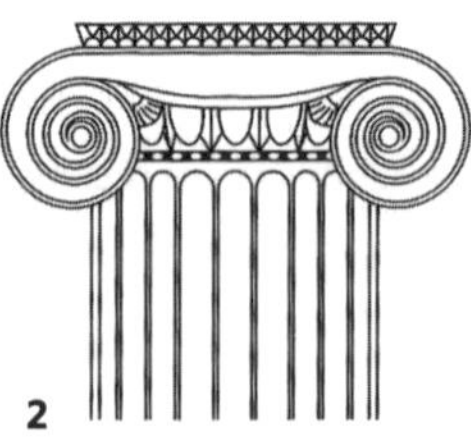
2

3

12 **Zeichnen und benennen Sie bedeutende griechische Ornamente: 1 Mäander, 2 Eierstab, 3 Wellenband, 4 Herzblatt, 5 Palmetten, 6 Perlstab!**

13 **Ein Merkmal der romanischen Basilika ist der Stützenwechsel. Was versteht man unter dem Stützenwechsel?**

Als Stützenwechsel bezeichnet man den rhythmischen Wechsel von Säule und Pfeiler in der Romanik.

14 **Mit welchem Begriff werden die in der Renaissance wieder entdeckte vertikale Gliederungselemente einer Fassade bezeichnet, die keine tragende Funktion haben müssen?**

Diese Elemente werden als »Pilaster« bezeichnet.

15 **A) Zu welcher Funktion wird bei einem Bauwerk ein Atlant eingesetzt? B) Wie heißt das weibliche Gegenstück?**

A) Atlant (griechisch = Telamon) ist eine männliche Gestalt, die scheinbar oder wirklich als Träger eines Architekturteils anstelle einer Säule oder eines Pfeilers eingesetzt wird.

B) Das weibliche Gegenstück heißt Karyatide.

16 **Wie wird das Vorspringen eines Bauteils über die Bauflucht bezeichnet?**

Dieses Vorspringen wird als Auskragung bezeichnet

17 **Erläutern Sie die Begriffe Kapitell und Kämpfer!**

Das Kapitell (lateinisch capitellum = Köpfchen) ist der Kopfteil einer Säule, eines Pilasters oder eines Pfeilers. Das Kapitell ist das Bindeglied zwischen einer Stütze (Pfeiler, Säule, Pilaster) und der Auflage, dem Bogen oder der Mauer, die auf ihm liegen.

Der Kämpfer ist die abschließende Platte einer Säule, eines Pfeilers oder eines Dienstes und dient als Auflager für Bogen oder Gewölbe. Der Begriff Kämpfer ist unabhängig von einem Baustil.

18 Was ist ein Blendbogen?

Ein Blendbogen ist ein einer Mauer (Wand) vorgesetzter (»vorgeblendeter«) Schmuckbogen ohne tragende Funktion.

19 Was ist ein Bündelpfeiler?

Bei den Bündelpfeilern werden die Kernpfeiler in der Gotik mit ringsherum gruppierten vorgelegten Dreiviertelsäulen, den Diensten, umringt. In der Hochgotik werden die Dienste so dicht um den Kernpfeiler gruppiert, dass dieser selbst unsichtbar wird.

20 Am Sockel einer Fassade ist eine Sandsteinmauer nachgeahmt. Wie bezeichnet man solche »Steine«?

Diese Elemente werden als »Bosse« bezeichnet.

21 Sie sollen an einer Fassade eine Quaderung durchführen. Was machen Sie?

Bei der Quaderung wird ein Quadermauerwerk durch in den Putz geritzte oder auf den Putz gemalte Fugen nachgebildet.

22 Was versteht man unter einem »Stukko lustro«?

Stukko lustro (italienisch) ist ein geglätteter bzw. glatt polierter farbiger Stuck.

23 Bei der Beschreibung einer historischen Kirche wird auf die Originalfassung verwiesen. Was versteht man unter der Fassung?

Unter der Fassung versteht die Bemalung von Architektur bzw. Architekturteilen und Skulpturen.

24 In welchem Baustil wurde dieser Kirchenraum gestaltet?

Der Kirchenraum wurde im Stil des Barock gestaltet.

25 **Benennen Sie die vier barocken Fenstergiebelformen!**

1 = Sprenggiebel; 2 = Sprenggiebel; 3 = flacher Wellengiebel; 4 = halbkreisförmige Verdachung

26 **Was versteht man im Barock unter einem »Ochsenauge«?**
Das ist ein kreisförmiges oder elliptisches, meist im Verhältnis zum Baukörper relativ kleines Fenster, das typisch ist im Barock.

27 **Für welche Architektur steht der Begriff »Historismus«?**
Historismus bezeichnet eine im 19. Jahrhundert verbreitete und teilweise noch ins 20. Jahrhundert nachwirkende Bauepoche, in der man in der Architektur auf historische Stilrichtungen zurückgriff und diese auch kombinierte.
Entsprechend den eingesetzten historischen Baustilen werden die Neoromanik, die Neogotik, die Neorenaissance und der Neobarock unterschieden. In der Spätphase des Historismus entstand parallel der Jugendstil, den der Historismus teilweise beeinflusste.
Teilweise wird bis heute historistisch gebaut, besonders seit in der Postmoderne wieder historische Bauformen aufgegriffen wurden. Moderne Bauten mit historischen Gestaltungselementen werden als neohistoristisch bezeichnet.
Teilweise wurden die verschiedenen Baustile sehr zweckorientiert eingesetzt. Kirchen wurden im Stil der Gotik oder der Romanik gebaut, Banken und Bürgerhäuser im Stil der Renaissance, Adelspalais und vor allem Theater im Barockstil.

28 **Für den Jugendstil sind in den verschiedenen Ländern andere Bezeichnungen gebräuchlich. Nennen Sie die in Österreich, in Frankreich und in England gebräuchlichen Bezeichnungen.**
Österreich = Sezessions-Stil
Frankreich = Art Nouveau
England = Modern style

29 **Nennen Sie drei bedeutende Architekten, Innenarchitekten, Möbelentwerfer, Möbeltischler, Kunsthandwerker des Jugendstils!**
Peter Behrens (Deutschland)
Joseph Maria Olbrich (Östereich)
Otto Wagner (Österreich)
R. Riemerschmid (Deutschland)
Antonio Gaudì (Spanien)

30 **Erläutern Sie die Bauweise eines Fachwerkhauses.**
Das Fachwerkhaus ist ein mittelalterlicher Skelettbau aus Holz. Die horizontale Aussteifung erfolgt mit schräg eingebauten Streben. Die Zwischenräume (= Gefach) wurden mit einem mit Lehm verputzten Holzgeflecht oder mit Mauerwerk ausgefüllt. Als Bauholz wurde Rundholz zu Balken mit quadratischem Querschnitt behauen. Die einzelnen Hölzer sind manchmal mit reicher Schnitzerei versehen. Die Bauhölzer wurden zimmermannsmäßig verbunden. Dabei verzichtete man in der Regel auf Nägel und Schrauben.

31 **Was versteht man unter einem Erker einer Fassade?**
Der Erker ist ein geschlossener, überdachter, über ein oder mehrere Geschosse reichender Vorbau an der Fassade eines Hauses, der aber nicht vom Boden aus aufsteigt, sondern von auskragenden Balken oder Konsolen getragen wird. Seit der Spätgotik und der Renaissance wurde der Erker beim Wohnhaus zur Erweiterung der Wohnfläche (Stubenerker), zur besseren Belichtung der Räume und als Gliederungselement der Fassade eingesetzt.

5.7.2 Denkmalschutz

1 **Der Begriff Denkmal wird in den Denkmalschutzgesetzen (DSchG) definiert. Was versteht man hier unter einem Denkmal?**
Denkmäler sind von Menschen geschaffene Sachen oder Teile davon aus vergangener Zeit, deren Erhaltung wegen ihrer geschichtlichen, künstlerischen Bedeutung im Interesse der Allgemeinheit liegt. Ein Denkmal ist ein Kulturgut. Darunter versteht man eine von Menschen geschaffene Sache, eine Sachgesamtheit oder den Teil einer solchen Sache.

2 **Welche Denkmäler werden unterschieden?**
Unterschieden werden
1. Baudenkmäler: Gebäude, feste Standbilder, Brunnen, Bildstöcke, Grab- und Feldkreuze, Bauten aller Art, einschließlich der historischen Ausstattung,
2. Bodendenkmäler: im Boden gefundene Altertümer, z. B. Gräber, Kultstätten, Befestigungsanlagen, Werkzeuge, Gefäße, Münzen,

3. bewegliche Denkmäler: einzelne Ausstattungsteile, wie Skulpturen, Gemälde, Zeichnungen, Handschriften, Bücher, Schmuck und kunsthandwerkliche Erzeugnisse.

3 Unterscheiden Sie zwischen dem Denkmalschutz und der Denkmalpflege.
Unter dem Denkmalschutz versteht man behördliche Maßnahmen zur Erhaltung von Denkmälern durch staatliche Anordnung.
Unter der Denkmalpflege versteht man alle Handlungen und Maßnahmen zur Erhaltung von Denkmälern, die nicht staatlich zwingend, sondern pflegerischer Art sind. Dazu gehören neben der Erhaltung von Gebäuden auch die Erhaltung ihrer Ausstattung und vieles mehr.

4 Wo sind die unteren Denkmalschutzbehörden angesiedelt und welche Aufgabe haben sie?
Untere Denkmalschutzbehörden sind die Kreisverwaltungsbehörden. Sie sind für den Vollzug des Denkmalschutzgesetzes zuständig.

5 Welche Aufgaben hat das Landesamt für Denkmalpflege?
Das Landesamt für Denkmalpflege ist die staatliche Fachbehörde für alle Fragen des Denkmalschutzes und der Denkmalpflege, insbesondere für
- die Herausgabe von Richtlinien,
- das Erstellen der Denkmalliste,
- die Konservierung und Restaurierung,
- die fachliche Beratung,
- die Fürsorge für Heimatmuseen und Sammlungen.

6 Welche Erhaltungsmaßnahmen sieht die Denkmalpflege vor?
Zu den Erhaltungsmaßnahmen gehören die Konservierung und die Restaurierung, die Freilegung, nicht aber Rekonstruktionen. Die Entwicklung neuer Konservierungs- oder Restaurierungsmethoden sowie die Gewährung von Zuschüssen für die Erforschung und Erhaltung.

5.7.3 Historische Farbfassungen

1 Wie entstehen die sogenannten »Freilegungstreppen«?
Unter der Freilegung versteht man die Entfernung der auf der originalen Oberfläche liegenden Fassungen, der später ausgeführten Farb- und Putzschichten mit mechanischen, physikalischen und/oder chemischen Mitteln.
Durch die schichtweise und chronologische Abnahme der Schichten entstehen die sogenannten Freilegungstreppen. Diese zeigen die chronologische Abfolge der am Denkmal erfolgten Maßnahmen.

Mit Hilfe der Freilegungstreppen wird erkannt und entschieden, welche der erkannten Fassungen freigelegt und wiederhergestellt werden soll, weil sie entweder ursprünglich oder zwar später erfolgt, aber besser erhalten oder besonders wertvoll ist.

[2] Warum werden vor einer Restaurierung in aller Regel Musterachsen angelegt?

Die Musterachsen werden über alle wichtigen Decken- und Wandpartien hinweg angelegt, um in schwierigen Fällen restaurierungstechnische Möglichkeiten zu erproben, den Zeitaufwand für die Restaurierung und so die Kosten genauer ermitteln zu können sowie über die fachliche Qualifikation der tätigen Firma Gewissheit zu erlangen.

[3] Was versteht man unter einem Ensemble?

Beim Ensemble handelt es sich um eine Mehrheit von baulichen Anlagen, also um einen Straßenzug, einen Stadtteil oder um eine ganze Stadt.

Das Bayerische Denkmalschutzgesetz sagt: »Ein Ensemble besteht aus einer größeren oder kleineren Zahl von Gebäuden und anderen baulichen Anlagen, die zueinander in einer, wenn auch meist durch Zufall entstandenen, Beziehung stehen und die zusammen ein erhaltungswürdiges Orts-, Straßen- oder Platzbild ausmachen.«

[4] Welche besonderen Aufgaben stellen sich bei der Sanierung im Rahmen der Denkmalpflege?

Die Sanierung will die erhaltende Erneuerung eines gefährdeten Baudenkmals oder Ensembles unter behutsamem Ersatz bereits zerstörter Einzelteile und Beseitigung der schädlichen Einwirkungen. Bei der Sanierung werden einerseits die Originalsubstanz möglichst schonend behandelt und Reparaturen mit authentischen Materialien durchgeführt, andererseits die Forderungen der Gegenwart mit Sanitäranlagen, Heizungsanlagen, Brandschutz usw. erfüllt.

[5] Was versteht man im Rahmen der Denkmalpflege unter der Instandsetzung?

Darunter versteht man im Rahmen von Denkmalschutz und Denkmalpflege alle Maßnahmen, die notwendig sind, wenn der Bestand gefährdet, entstellt oder gestört ist.

[6] Beschreiben Sie den Ablauf einer Instandsetzungsmaßnahme an Bau- und Kunstdenkmälern im Rahmen der Denkmalpflege.

Die üblichen Schritte bei einer Instandsetzungsmaßnahme sind:

- Vorbesprechungen
- Voruntersuchungen

- Rahmengutachten des Landesamts für Denkmalpflege
- Baugenehmigungs- und Erlaubnisverfahren
- Instandsetzungskonzept erstellen
- Ausschreibung der Arbeiten
- Durchführung der Arbeiten
- Schlussabnahme durch das Landesamt für Denkmalpflege

7 Welcher Zusammenhang besteht zwischen der Konservierung und der Restaurierung?

Unter der Konservierung versteht man die Sicherung des Bestands. Dazu gehören das Reinigen und Entfernen von substanzgefährdenden Veränderungen sowie das Festigen. Mit der Restaurierung will man die noch vorhandene Substanz zur Geltung zu bringen, unter Berücksichtigung
- des Alters (Erhaltung von Altersspuren),
- der Verwandlungen im Laufe der Geschichte,
- der Funktion und
- des Bezugs zu der jetzigen Umgebung.

Die Restaurierung setzt immer die Konservierung voraus.

8 Bei Instandsetzungsmaßnahmen an Denkmälern muss immer eine Dokumentation angefertigt werden. Welche Gliederungselemente sollte eine solche Dokumentation enthalten?

Gliederung der Dokumentation:

1. Identifikation
2. Quellen-Bibliografie aller Schichten
3. Fotodokumentation

3.1 Ist-Zustand - Querschnitte
3.2 Zwischenzustand
3.3 Endzustand

4. Bericht zum Ist-Zustand
5. Dokumentationsform

5.1 Befunderstellung
   - Zustandsbeschreibung
   - Untersuchung

4.1 Beschreibungen zur Technologie
4.2 Fassungsschemata
4.3 Befundpläne
5.5 Zeichnungen, Skizzen, Pausen
5.6 Farbmuster, Farbpläne

6. Maßnahmen
7. Durchführung

9 Welche Aufgaben übernimmt der Restaurator im Handwerk im Rahmen der Denkmalpflege?

Aufgaben des Restaurators im Handwerk:

- handwerkliche Beratungen,
- Rekonstruktionen,
- Renovierungen,
- Restaurierungen,
- Sanierungen,
- Konservierung.

6 Schriftgestaltung

1 Was versteht man unter Versalien und unter Gemeinen?

Versalien sind in der Fachsprache die Großbuchstaben, Gemeine die Kleinbuchstaben.

2 Was versteht man bei alten Handschriften unter einer Initiale?

Eine Initiale ist ein schmückender Anfangsbuchstabe, der als erster Buchstabe von Kapiteln oder Abschnitten verwendet wird. Bei kleineren, nicht ausgeschmückten Initialen, mit denen im Fließtext neue Sätze oder Absätze markiert werden, spricht man von Lombarden. Diese sind oft farblich abgesetzt.

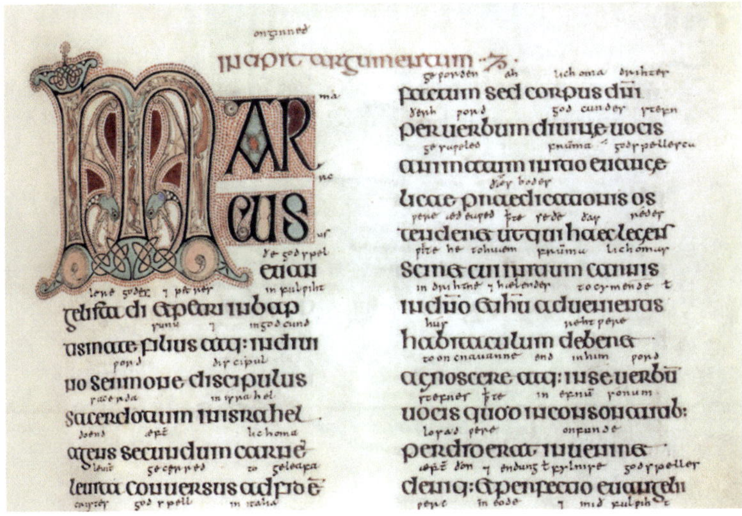

3 Welche Schrifttype wird in der folgenden Zeichnung konstruiert?

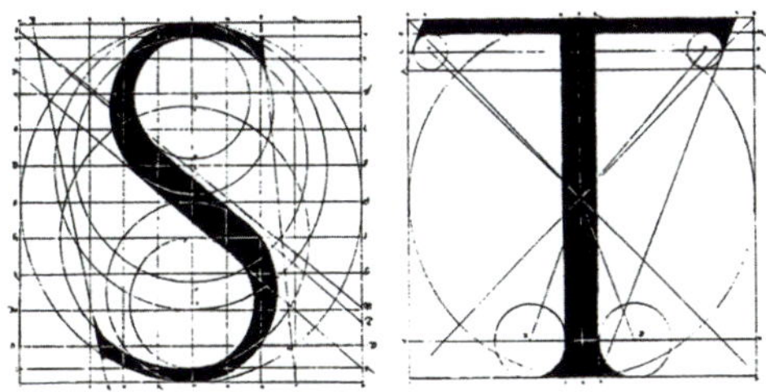

Die Zeichnung zeigt die Konstruktion einer Antiquaschrift.

4 Welcher Zusammenhang und welcher Unterschied bestehen zwischen einer Antiqua und einer Grotesk?
Die Grotesk ist eine aus der Antiqua abgeleitete Schriftartenfamilie, bei der die Strichstärke der Buchstaben optisch gleichmäßig ist, die aber keine Serifen aufweist.

5 Nennen Sie bedeutende Groteskschriften.
Wichtige Groteskschriften sind Akzidenz Grotesk, Arial, Gil Sans, Futura, Helvetica, Univers, u. a.

6 Nennen Sie bedeutende Antiquaschriften.
Wichtige Antiquaschriften sind Baskerville, Bodoni, Times, u.a.

7 Was versteht man unter den »gebrochenen« Schriften?
Bei diesen Schriften werden die Rundbögen ganz oder teilweise unterbrochen. Dies entsteht ursprünglich durch den Richtungswechsel beim Schreiben mit der Feder.

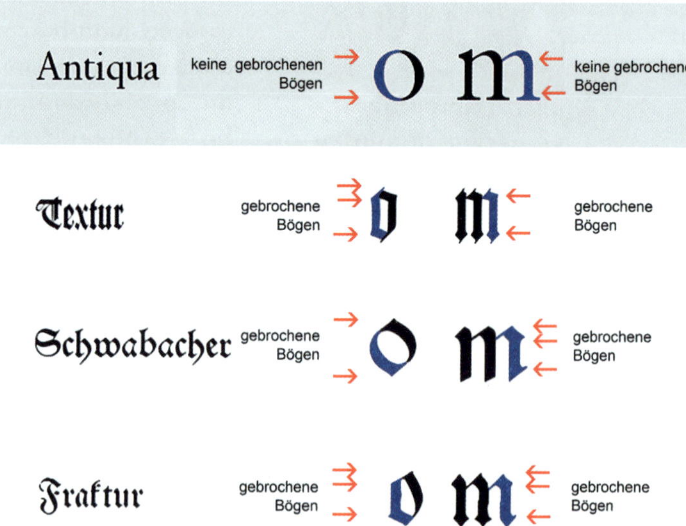

Nach DIN 16518 werden die gebrochenen Schriften in die fünf Untergruppen Gotisch (Textura), Rundgotisch (Rotunda), Schwabacher, Fraktur und Fraktur-Varianten unterteilt. Eine der vielen Besonderheiten bei dieser Schriftarten ist das »lange s«. Der gewöhnliche Kleinbuchstabe s wird bei diesen Schriften nur am Schluss eines Wortes verwendet (= Schluss-s).

8 An welchen Merkmalen kann man gebrochene Schriften erkennen?

Textur
Rotunda
Schwabacher
Fraktur

Merkmale der Gebrochenen Schriften:
- gebrochene Bögen,
- Strichführung der Breitfeder,
- teilweise sehr starke Fett/fein-Kontraste,
- teilweise feine An- und Endstriche,
- schräger e-Strich,
- Einführung alternativer Zeichen (langes s/rundes s).

9 Ein Kunde bemängelt bei einer von Ihnen ausgeführten Schriftgestaltung, Sie hätten die Spationierung nicht richtig durchgeführt. Was meint der Kunde?
Spationierung ist der typografische Begriff für die Buchstabenabstände und Wortabstände. Der Kunde meint, dass diese Abstände nicht optisch ausgeglichen wurden.

10 Ein Kunde möchte auf seinem Firmenwagen ein Signet angebracht haben. Was versteht man unter einem Signet?
Das Signet (lat. signum »Zeichen«) ist ein visuelles Zeichen, das ein Unternehmen, eine Organisation, eine Privatperson oder ein Produkt repräsentiert. Man erwartet von einem Signet einen hohen Wiedererkennungswert. Das Signet kann als reine Bildmarke, Wortmarke oder Wort-Bild-Marke gestaltet sein. Es ist ein wesentlicher Bestandteil des visuellen Erscheinungsbildes (Corporate Design) sowie Träger der Identität (Corporate Identity) der Rechteinhaber.

11 Was versteht man unter dem Layout?
Als Layout bezeichnet man die Anordnung einer Schrift und von Bildern auf einer Fläche.

12 Welche Schriftanordnungen unterscheidet man bei mehrzeiligen Texten?
Man unterscheidet bei mehrzeiligen Texten folgende Anordnung:
- Freier Satz (freier Zeilenfall): Die Position der untereinander stehenden Zeilen wird manuell nach optischen Gesichtspunkten ohne offensichtliche Orientierung an einer Achse gestaltet.

- Linksbündiger Flattersatz: Die Zeilen stehen am Anfang bündig untereinander, dies ist die häufigste Form.
- Rechtsbündiger Flattersatz: Der Text ist auf der rechten Absatzseite bündig, die Textanfänge auf der linken Seite »flattern«.
- Mittelachsensatz (zentrierter Satz): Die Zeilen sind mittig angeordnet.
- Blocksatz: Der Text ist links und rechts bündig. Dies erreicht man nur durch Worttrennung und Ausgleich der Wort- und Buchstabenabstände.

Handlungsfeld 2 Auftragsabwicklung

1 Auftragsanalyse

1.1 Leistungsverzeichnis und -beschreibung

1 Was ist der Unterschied zwischen einem Leistungsverzeichnis und der Leistungsbeschreibung?

Das Leistungsverzeichnis enthält Angaben zum Projekt (Bauvorhaben) und den Vertragsinhalten sowie eine Auflistung der zu erbringenden Leistungen, Angaben zu den Mengen und Einheiten sowie die Einheitspreise und die Preise für die zu erbringenden Leistungen.
Die Leistungsbeschreibung ist die Beschreibung der auszuführenden Arbeiten (Leistungen) in einem Leistungsverzeichnis oder einem Kostenangebot.

2 Wann muss für eine Leistung in einem Leistungsverzeichnis oder Kostenangebot eine eigene Position vorgesehen werden?

Eine Leistung muss in einer eigenen Position erfasst werden, wenn
- die zu erbringende Leistung von der Leistung in einer anderen Pos. abweicht,
- die Abrechnungseinheit (m^2, m oder Stück) nicht mit der anderen Pos. übereinstimmt.

3 In einem Leistungsverzeichnis sind zu einem bestimmten Bauobjekt von der VOB abweichende Bedingungen als Vertragsinhalt formuliert. Erlangen diese abweichenden Inhalte Vertragsstatus oder gilt die VOB unveränderbar?

Im Vertrag kann von der VOB abgewichen werden. Entscheidend ist die juristisch einwandfreie Formulierung, hier auch die Festlegung, dass die Inhalte des Leistungsverzeichnisses Vertragsbestandteil werden.

1.2 Gesetze, Technische Normen und Richtlinien für die Auftragsabwicklung

1.2.1 Bürgerliches Gesetzbuch (BGB)

1 Welche Bedeutung hat das BGB für die Ausführung der Maler- und Lackiererarbeiten?

Das Bürgerliche Gesetzbuch (BGB) ist die wichtigste Grundlage des bürgerlichen Rechts und beinhaltet auch die allgemeinen Vorschriften des privaten Rechts. Das Bürgerliche Gesetzbuch (BGB) ist die gesetzliche Grundlage für die Werkverträge.

[2] **Welche Vertragspartner nennt das BGB?**
Im Werkvertrag des BGB gibt es die Vertragspartner Besteller (BS) und Unternehmer (UN).

[3] **Welchen Bezug gibt es zwischen dem BGB und der VOB (Vergabe- und Vertragsordnung für Bauleistungen)?**
Das BGB lässt für die Verträge für Bauleistungen ausdrücklich die freie Vereinbarung zu. Da die VOB die Belange der Werkverträge für Bauleistungen besonders gut berücksichtigt, erfolgt die Vergabe und Ausführung der Bauleistungen in aller Regel nach VOB.

[4] **BGB und VOB kennen unterschiedliche Verjährungsfristen für die Gewährleistung. Nennen Sie diese!**
Die Verjährungsfristen für die Gewährleistung beträgt nach BGB 5 Jahre, nach VOB 4 Jahre.

[5] **Gilt die VOB automatisch für die Vergabe und Ausführung der Bauleistungen?**
Die VOB muss zwischen den Vertragspartnern ausdrücklich vereinbart werden, ansonsten gilt das BGB.

1.2.2 DIN-Normen

[1] **Woher kommt die Bezeichnung DIN?**
Die Bezeichnung DIN war ursprünglich die Abkürzung für Deutsche Industrie-Norm. Heute ist DIN ein Verbandszeichen des Deutschen Instituts für Normung. Diese Bezeichnung wird allen vom Deutschen Institut für Normung unter Beteiligung der jeweils interessierten Kreise und teilweise in Zusammenarbeit mit dem internationalen Normenausschuss ISO ausgearbeiteten Normen vorangestellt.

[2] **Welche Regelung gilt für die Anwendung der DIN-Normen?**
Die Anwendung der DIN-Normen steht jedermann frei, gilt aber nur nach Vereinbarung. Als DIN-gerecht dürfen Leistungen und Erzeugnisse aber nur dann bezeichnet werden, wenn sie in allen Teilen der Vorschrift entsprechen. Eine Arbeitsleistung, die nach den Regeln einer DIN-Norm erbracht wurde, wird als Regelausführung bezeichnet. Dies trifft z. B. auf Beschichtungsarbeiten zu, die nach VOB ausgeführt wurden. Wenn für Beschichtungsstoffe DIN-Normen bestehen, müssen die eingesetzten Beschichtungsstoffe auch den jeweiligen DIN-Normen in dieser VOB entsprechen.

1.2.3 Vergabe- und Vertragsordnung für Leistungen (VOL)

1 Welche Aufgabe hat die Vergabe- und Vertragsordnung für Leistungen (VOL)

Die Vergabe- und Vertragsordnung für Leistungen (VOL) ist Teil des deutschen Vergaberechtes und regelt die Ausschreibung und die Vergabe von Aufträgen der öffentlichen Hand in der Bundesrepublik Deutschland. Die VOL wird vom Deutschen Verdingungsausschuss für Leistungen (DVAL) beschlossen. Mit ihr sollen die entsprechenden EU-Richtlinien umgesetzt werden.

2 Welche Leistungen regelt die VOL?

Leistungen im Sinne der VOL sind alle Lieferungen und Leistungen. Ausgenommen sind die Bauleistungen. Diese werden in der VOB behandelt. Ausgenommen sind auch einige freiberufliche Tätigkeiten, die teilweise unter die Vergabeordnung für freiberufliche Leistungen, die VOF, fallen. Beschreibbare freiberufliche Leistungen werden nach VOL, nicht beschreibbare freiberufliche Leistungen nach VOF ausgeschrieben; dazu gehören z. B. Architekturaufträge.

1.2.4 Vergabe- und Vertragsordnung für Bauleistungen (VOB)

1 Was versteht man unter der VOB?

VOB ist die Abkürzung für »Vergabe- und Vertragsordnung« (früher »Verdingungsordnung für Bauleistungen«). Die VOB-Teile sind Regelwerke des DIN, also DIN-Normen.

2 Welche VOB-Teile muss man unterscheiden?

Zu unterscheiden sind:

1. VOB Teil A, DIN 1960 »Allgemeine Bestimmungen für die Vergabe von Bauleistungen«,
2. VOB Teil B, DIN 1961 »Allgemeine Vertragsbedingungen für die Ausführung von Bauleistungen«,
3. VOB Teil C »Allgemeine technische Vertragsbedingungen« (mit unterschiedlichen DIN-Normen). z. B. DIN 18363 VOB Teil C » Allgemeine Technische Vertragsbedingungen für Bauleistungen (ATV) - Maler- und Lackierarbeiten - Beschichtungen«, DIN 18364 VOB Teil C »Allgemeine Technische Vertragsbedingungen für Bauleistungen (ATV) - Korrosionsschutzarbeiten an Stahlbauten« oder DIN 18366 VOB Teil C »Allgemeine Technische Vertragsbedingungen für Bauleistungen (ATV) - Tapezierarbeiten«.

[3] Was versteht man entsprechend der VOB Teil C DIN 18363 »Maler- und Lackiererarbeiten - Beschichtungen« unter Nebenleistungen?

Nebenleistungen sind nach VOB Teil C DIN 18363 »Maler- und Lackierarbeiten - Beschichtungen« Leistungen, die auch ohne Erwähnung in der Leistungsbeschreibung zur vertraglichen Leistung gehören und auch nicht gesondert vergütet werden.

[4] Welche Leistungen sind nach VOB Teil C DIN 18363 »Maler- und Lackiererarbeiten - Beschichtungen« ergänzend zur VOB Teil C DIN 18299 »Allgemeine Regelungen für Bauarbeiten jeder Art« immer Nebenleistungen?

Nach VOB Teil C DIN 18 363 sind ergänzend zur VOB Teil C DIN 18299 folgende Leistungen immer als Nebenleistungen zu sehen:

1. Auf-, Um- und Abbau sowie Vorhalten der Gerüste für eigene Leistungen, sofern die zu bearbeitende oder zu bekleidete Fläche nicht höher als 3,50 m über der Standfläche des hierfür erforderlichen Gerüstes liegt.
2. Ausgleichen abgestufter oder geneigter Standflächen von Gerüsten bis zu 0,40 m Höhenunterschied, z. B. über Treppen oder Rampen.
3. Maßnahmen zum Schutz von Bau- und Anlagenteilen vor Verunreinigungen und Beschädigungen während der Arbeiten durch loses Abdecken, Abhängen oder Umwickeln, einschließlich anschließender Beseitigung der Schutzmaßnahmen, ausgenommen Leistungen nach Abschnitt Besondere Leistungen.
4. Entfernen und Wiederanbringen von bis zu 5 Schalter- und Steckdosenabdeckungen und dergl. einfacher Bauart (geklemmt oder mit einer Schraube gesichert) je Raum.
5. Aus- und Einhängen der Türen, Fenster, Fensterläden und dergl. zur Bearbeitung sowie Kennzeichnung dieser Bauteile.
6. Reinigen des Untergrundes, ausgenommen Leistungen nach Abschnitt Besondere Leistungen.
7. Ausbessern von einzelnen kleinen Schäden in der Altbeschichtung und im Untergrund, z. B. vereinzelte Vertiefungen, die durch Stoß entstanden sind, ausgenommen Leistungen nach Abschnitt Besondere Leistungen.
8. Schleifen von Holzflächen, mineralischen Untergründen und Metallflächen zwischen den einzelnen Beschichtungen sowie Feinreinigen der zu beschichtenden Flächen.
9. Vorlegen vorgefertigter Oberflächen- und Farbmuster.
10. Fertigstellung von Bauteilen in mehreren Arbeitsgängen zur Ermöglichung von Arbeiten anderer Unternehmer, soweit die eigenen Leistungen im Zuge gleichartiger Maler- und Lackierarbeiten kontinuierlich erbracht werden können.

[5] Nennen Sie Leistungen, die nach VOB Teil C DIN 18363 nicht zu den Nebenleistungen gehören, besondere Leistungen sind und deshalb besonders zu vergüten sind!

Besondere Leistungen sind ergänzend zur ATV DIN 18299 folgende Leistungen:

1. Ausbessern von umfangreichen Schäden in der Altbeschichtung und im Untergrund.
2. Vorbehandeln ungeeigneter Untergründe, z. B. durch Hochdruckreinigung.
3. Entfernen von Algen- und Pilzbefall.
4. Aufbringen von Grundierungen, Bioziden und dergl.
5. Vorhalten von Aufenthalts- und Lagerräumen, wenn der Auftraggeber Räume, die leicht verschließbar gemacht werden können, nicht zur Verfügung stellt.
6. Leistungen zum Schutz vor ungeeigneten Bedingungen, z. B. Einhausung, Beheizung.
7. Auf-, Umbau und Abbauen von Gerüsten für die Leistungen anderer Unternehmen.
8. Auf-, Umbau und Abbauen von Gerüsten für eigene Leistungen, wenn die zu bearbeitende Fläche höher als 3,50 m über der Standfläche des dafür erforderlichen Gerüstes liegt.
9. Ausgleichen abgestufter oder geneigter Standflächen von Gerüsten von mehr als 0,40 m Höhenunterschied, z. B. über Treppen oder Rampen.
10. Auf-, Umbau und Abbauen von Gerüsten auch für eigene Leistungen, sofern bei Arbeiten auf der Dachfläche diese eine Dachneigung von mehr als 22,5° aufweist.
11. Auf-, Umbau und Abbauen von Gerüsten für eigene Leistungen, sofern die Greifraumtiefe mehr als 60 cm beträgt, z. B. bei Glasdächern, Geländern.
12. Aus- und Einhängen der Türen, Fenster, Fensterläden und dergl. zur Bearbeitung sowie Kennzeichnung dieser Bauteile, wenn die zu erbringende Leistung nicht als Nebenleistung im Sinne der VOB einzuordnen ist.
13. Reinigen des Untergrundes von groben Verschmutzungen, soweit die Verschmutzung nicht durch den Auftragnehmer verursacht wurde.
14. Besonderer Schutz von Bau- und Anlagenteilen, sowie Einrichtungsgegenständen, z. B. durch Abkleben von Fenstern, Türen, Böden, Belägen, Treppen, Hölzern, Dachflächen, Schalter- und Steckdosenabdeckungen, oberflächenfertigen Einbauteilen, staubdichtes Abdecken von empfindlichen Einrichtungen und technischen Geräten, Staubschutzwänden, Gerüstbekleidungen, Schutzanstriche, Notdächer, Auslegen von Hartfaserplatten und Bodenschutzfolien ab 0,2 mm Dicke, Abdeckvlies.
15. Entfernen von Beschichtungen sowie vorhandenen Wand- und Deckenbekleidungen.
16. Entfetten und Entrosten sowie Entfernen von Walzhaut und Zunder.
17. Mattschleifen von Untergründen und Altbeschichtungen.

18. Überbrücken von Putz- und Betonrissen mit Armierungsgeweben.
19. Ziehen von Abschlussstrichen, Schablonieren und Anbringen von Abschlussborten und dergl.
20. Absetzen von Beschlagteilen in einem anderen Farbton.
21. Farbiges Absetzen in der Beschichtung oder Wechsel des Beschichtungsstoffes innerhalb zu beschichtender Bauteile.
22. Anpassen der Beschichtung (Beschneiden) an stark profilierte Bauteiloberflächen.
23. Abschneiden des Überstandes von Randdämmstreifen.
24. Aus- und Einbau sowie Abkleben von Dichtprofilen und Beschlagteilen.
25. Transportieren von Türen, Fensterflügeln, Fensterläden, Heizkörpern und dergl.
26. Füllen von Verankerungsöffnungen und Angleichen an die Oberflächenbeschichtung.
27. Biozides Vorbehandeln von mikrobiologischem Bewuchs sowie Leistungen zum Schutz der Oberflächen gegen Algen-, Pilz- und Insektenbefall.
28. Herstellen und Anbringen von Oberflächen- und Farbmustern soweit sie nicht als Nebenleistung einzustufen sind.
29. Verfüllen von Fugen und Anschlüssen an angrenzende Bauteile, Einbau von Profilen usw.
30. Entfernen von bauseits vorhandenen Schutzfolien und dergl.
31. Beschichten von Bauteilen in Teilflächen zur Ermöglichung von Arbeiten anderer Unternehmern, wenn die eigenen Leistungen nicht im Zuge gleichartiger Beschichtungsarbeiten kontinuierlich erbracht werden können.
32. Beseitigen von Hindernissen im Untergrund, z. B. Entfernen von Betongraten, Schaumrückständen.
33. Entfernen und Wiederanbringen von Schaltern, Steckdosenabdeckungen u. dergl., soweit sie nach VOB keine Nebenleistung sind.

6 Nennen Sie fünf vom Maler und Lackierer ausgeführten Arbeitsbereiche, für die die ATV 18363 Maler und Lackierarbeiten - Beschichtungen nicht gilt! Welche VOB Teil C Normen gelten für diese Arbeiten?

Die DIN 18363 VOB Teil C »Maler- und Lackiererarbeiten - Beschichtungen« unterscheidet wie folgt:

Die ATV DIN 18363 gilt nicht für

- Wärmedämm-Verbundsysteme; es gilt hier die ATV DIN 18345 Wärmedämmverbundsysteme
- Putz- und Stuckarbeiten; es gilt hier die ATV DIN 18350 Putz- und Stuckarbeiten
- Korrosionsschutzarbeiten (schwerer Korrosionsschutz); es gilt die ATV DIN 18364 Korrosionsschutzarbeiten an Stahlbauten

- Beizen und Polieren von Holzteilen; es gilt hier die ATV DIN 18355 Tischlerarbeiten
- Versiegeln von Parkett und Holzpflaster; es gilt hier die ATV DIN 18356 Parkett- und Holzpflasterarbeiten

[7] Zeigen Sie den Geltungsbereich der VOB Teil C ATV DIN 18366 Tapezierarbeiten auf!
Welche Bedeutung hat in diesem Zusammenhang die ATV DIN 18299 Allgemeine Regelungen für Bauleistungen jeder Art?
Die VOB Teil C ATV DIN 18366 Tapezierarbeiten gilt für das Tapezieren und Spannen von Wand- und Deckenbekleidungen sowie für das Kleben tapetenähnlicher Stoffe.
Die ATV DIN 18299 Allgemeine Regelungen für Bauleistungen jeder Art gilt ergänzend. Bei Widersprüchen gehen die Regelungen der VOB Teil C ATV DIN 18366 vor.

1.2.5 Standardleistungsbuch für das Bauwesen (StLB)

[1] Welche Aufgaben erfüllt das Standardleistungsbuch für das Bauwesen (StLB)?
Das Standardleistungsbuch für das Bauwesen (StLB) dient der rationellen Beschreibung von Bauleistungen und dem Informationsaustausch der am Bau Beteiligten. Anfrage, Vergabe und Abrechnung von Bauleistungen werden, unterteilt nach Leistungsbereichen, vereinheitlicht beschrieben.

[2] Welche zwei großen Bereiche unterscheidet die StLB?
Unterschieden wird die Nutzung für konkrete Bauvorhaben (Standardleistungsbuch Bau) und nicht planbare kurzfristig umzusetzende kleinere Bauumfänge, wie Reparaturen, Umbauten etc. (Standardleistungsbuch für Zeitvertragsarbeiten).

[3] Nennen Sie mindestens 5 für den Maler und Lackierer wichtige Leistungsbereiche, in denen die StLB produktneutrale Ausschreibungstexte bietet!
Für den Maler und Lackierer besonders wichtige Leistungsbereiche des StLB:

000	Sicherheitseinrichtungen, Baustelleneinrichtungen
001	Gerüstarbeiten
013	Betonarbeiten
023	Putz- und Stuckarbeiten, Wärmedämmsysteme
032	Verglasungsarbeiten

033	Baureinigungsarbeiten
034	Maler- und Lackierarbeiten - Beschichtungen
035	Korrosionsschutzarbeiten an Stahlbauten
036	Bodenbelagarbeiten
037	Tapezierarbeiten
039	Trockenbauarbeiten
082	Bekämpfender Holzschutz
083	Sanierungsarbeiten an schadstoffhaltigen Bauteilen
087	Abfallentsorgung, Verwertung und Beseitigung
091	Stundenlohnarbeiten
098	Witterungsschutzmaßnahmen

4 Welche Vorteile bietet die Onlinelösung des StLB?
Mit der Onlinelösung können im Browser produktneutrale Leistungsbeschreibungen erstellt werden.

1.2.6 RAL-Vorschriften

1 Bei der Vergabe des Umweltzeichens (»Blauer Engel«) wirken verschiedene Stellen zusammen. Nennen Sie diese!
Bei der Vergabe des Umweltzeichens wirken zusammen:

1. die Jury Umweltzeichen; ein Beschlussgremium unabhängiger Persönlichkeiten aus Wissenschaft, Praxis und Umweltverbänden,
2. das Deutsche Institut für Gütesicherung und Kennzeichnung e.V. (RAL),
3. das Umweltbundesamt.

2 Nach welchem Verfahren erfolgt die Auszeichnung eines Beschichtungsstoffs mit dem Umweltzeichen »Blauer Engel«?
Die Entscheidung über die Auszeichnung eines Beschichtungsstoffs mit dem Umweltzeichen erfolgt in drei Stufen:

Stufe 1:

- Sammeln von Vorschlägen durch das Umweltbundesamt.
- Weiterleitung an die Jury Umweltzeichen, die zweimal jährlich eine Vorauswahl der Produkte trifft, die einer näheren Prüfung unterzogen werden.

Stufe 2:

- Expertenanhörung durch das Deutsche Institut für Gütesicherung und Kennzeichnung e.V. (RAL) zur Vorbereitung der endgültigen Entscheidung der Jury Umweltzeichen.

- Entscheidung der Jury Umweltzeichen (zweimal jährlich) über Produkte, die ausgezeichnet werden können.

Stufe 3:

- Einzelfallprüfung durch den RAL unter Beteiligung des Umweltbundesamts und des Bundeslands, in dem der Hersteller seinen Sitz hat.
- Abschluss eines Zeichennutzungsvertrags zwischen RAL und Hersteller.

[3] Unter welchen Voraussetzungen kann ein Dispersionslack mit einem Festkörperanteil < 30 % das Umweltzeichen »Blauer Engel« bekommen?

- Der Lösemittelanteil (VOC mit Siedepunkt bis 200 °C) muss unter 10 % liegen. SVOC müssen unter 0,3 % liegen
- Der Dispersionslack darf keine Inhaltsstoffe enthalten, die entsprechend der Gefahrstoffverordnung eine Kennzeichnung erforderlich machen würden.
- Der Dispersionslack darf keine Inhaltsstoffe enthalten, die in der gültigen Mitteilung der Senatskommission zur Prüfung gesundheitsschädlicher Arbeitsstoffe der Deutschen Forschungsgemeinschaft genannt werden.
- Der Dispersionslack darf keine Inhaltsstoffe enthalten, die nach dem Chemikaliengesetz oder nach gesicherten wissenschaftlichen Erkenntnissen Frucht schädigende oder Erbgut verändernde Eigenschaften aufweisen oder sonstige chronische Erkrankungen verursachen können.
- Der Dispersionslack darf keine bioziden Wirkstoffe enthalten; ausgenommen sind hier Topfkonservierungsmittel.
- Der Dispersionslack darf keine Pigmente auf der Basis von Blei, Cadmium, Chrom oder anderen toxischen Metallen enthalten. Verunreinigungen mit Schwermetallen und Bleiverbindungen als Sikkative (nur für Alkydharz enthaltende Dispersionslacke notwendig) sind erlaubt.
- Der Dispersionslack muss den üblichen Qualitätsanforderungen an die Gebrauchstauglichkeit entsprechen.

[4] Eine bestimmte Tapete ist mit dem »Blauen Engel« nach RAL UZ 35 gekennzeichnet. Welchen Anforderungen musste dieses Produkt genügen, damit es dieses Umweltkennzeichen erhält?

- überwiegend aus Altpapier hergestellt,
- besonders arm an Formaldehyd,
- auf Schadstoffe und Schwermetalle geprüft,
- umweltschonend hergestellt.

[5] Welche Bedingungen müssen Tapeten erfüllen, damit sie das RAL-Gütezeichen für Tapeten bekommen?

Die Bedingungen sind:

- Herstellung aus Altpapier,
- nur Biozide die nach Biozid Verordnung 528/2012 zugelassen sind und nicht auf der Substitutionsliste stehen. So ist die Verwendung von Nanosilberverbindungen oder verschiedene Isothiozolinonen verboten;
- kein nachweisbares Vinylchlorid,
- der Formaldehydgehalt muss unter den gesetzlichen Bestimmungen liegen,
- keine schwermetallhaltigen Pigmente,
- kein Blei und Cadmium als Stabilisatoren bei Profiltapeten,
- keine Fluorkohlenwasserstoffe als Treibmittel,
- keine chlorierten und aromatischen Lösemittel,
- keine leichtflüchtigen Weichmacher in PVC-Tapeten,
- keine Stoffe die nach TRGS 905 gekennzeichnet sind.

2 Ausführung der Leistungen

2.1 Regelausführung

1 Die Decke und die Wände eines Esszimmers sollen mit einer waschbeständigen Dispersionsfarbe beschichtet werden. Sie stellen auf den zu beschichtenden Untergründen eine Leimfarbe fest. Handelt es sich bei der geplanten Beschichtung um eine Erst-, Überholungs- oder Erneuerungsbeschichtung? Begründen Sie Ihre Antwort!

Es handelt sich um eine Erneuerungsbeschichtung, da die Leimfarbe nach VOB vollständig abgewaschen werden muss. Somit erfolgt ein kompletter Neuaufbau der Beschichtung, bestehend aus Grund- und Schlussbeschichtung.

2 Bei der Lackierung von Türen verwendet der ausführende Malerbetrieb einen seidenmatten Acrylharzlack. Vereinbart ist mit dem Kunden nur, dass ein Dispersionslack eingesetzt werden soll. Was sagt die VOB dazu?

Nach VOB sind Lackierungen ohne Angabe eines Glanzgrades immer glänzend auszuführen.

3 Welche drei objektbezogenen Beschichtungsarten unterscheidet die DIN 18363 »Maler- und Lackiererarbeiten - Beschichtungen«? Erläutern Sie diese Begriffe!

Die Erneuerungsbeschichtung steht nicht in der VOB, die steht nur im Kommentar.

Die DIN 18363 VOB Teil C »Maler- und Lackiererarbeiten - Beschichtungen« unterscheidet im Kommentar wie folgt:

1. Erstbeschichtungen sind Beschichtungen auf unbehandelten oder grundierten Untergründen. Sie dienen dem Schutz und der farblichen Gestaltung von Bauteilen.
2. Überholungsbeschichtungen sind erforderlich, wenn die Beschichtung verschmutzt, unansehnlich und/oder teilweise schadhaft ist, ihre Funktion nicht mehr erfüllt und/oder im Farbton verändert werden soll. Überholungsbeschichtungen sind nur dann fachgerecht möglich, wenn die vorhandene Beschichtung problemlos überarbeitet werden kann.
3. Erneuerungsbeschichtungen sind auszuführen, wenn die vorhandene Beschichtung schadhaft und nicht mehr tragfähig ist. Die vorhandene Beschichtung muss restlos entfernt werden.

4 Welche unterschiedlichen Ausführungsarten nennt die VOB Teil C DIN 18 366 »Tapezierarbeiten«?

Die VOB Teil C DIN 18366 »Tapezierarbeiten« nennt im Abschnitt 3 die folgenden Ausführungsarten:

- Ersttapezierung,
- Tapezierung auf tapezierten oder beschichteten Untergründen,
- Anbringen von Tapetenabschlüssen und Feldeinteilungen,
- Anbringen von Spannstoffen.

[5] In welchem Glanzgrad sind Lackierungen auf der Grundlage der DIN 18363 auszuführen, wenn keine Vereinbarungen zum Glanzgrad getroffen wurden?
Nach DIN 18363 VOB Teil C »Maler- und Lackiererarbeiten - Beschichtungen« sind Lackierungen glänzend auszuführen, wenn die vertraglichen Vereinbarungen keine anderen Abmachungen enthalten.

[6] In einem Flur wurde die Raufasertapete aus Rationalisierungsgründen über den Türen waagerecht verklebt. Was sagt die VOB Teil C DIN 18366 »Tapezierarbeiten« dazu?
Die VOB Teil C DIN 18366 »Tapezierarbeiten« schreibt vor, dass Tapeten an Wänden lotrecht anzubringen sind. Das bedeutet, die waagerechte Anbringung der Raufasertapete ist entsprechend der VOB nicht zulässig.

[7] Welche Mindestschichtdicken sind für Kunstharz-, Nutz- und Schutzschichten auf Estrichen und Beton nach VOB Teil C DIN 18353 »VOB Vergabe- und Vertragsordnung für Bauleistungen - Teil C: Allgemeine Technische Vertragsbedingungen für Bauleistungen (ATV) - Estricharbeiten« vorgeschrieben?
Die VOB Teil C DIN 18353 schreibt folgende Schichten vor:
- Kunstharzversiegelung mindestens 0,1 mm,
- Kunstharzbeschichtung mindestens 0,5 mm,
- Kunstharzbeläge mindestens 2 mm.

[8] Wie muss sich ein Maler- und Lackierermeister entsprechend der VOB Teil C DIN 18363 »Maler- und Lackiererarbeiten - Beschichtungen« verhalten, wenn er an einem zu beschichtenden Untergrund größere Mängel feststellt?
Die VOB Teil C DIN 18363 »Maler- und Lackiererarbeiten - Beschichtungen« sagt, ein Auftragnehmer hat dem Auftraggeber Bedenken, ob der Untergrund für die Ausführung seiner Leistungen geeignet ist, unverzüglich schriftlich mitzuteilen.

[9] Nennen Sie Mängel an einem Putz, die eine unverzügliche Bedenkenmitteilung an den Auftragnehmer erforderlich machen würden!
Folgende Mängel sind dem Auftraggeber unverzüglich in einer Bedenkenmitteilung mitzuteilen:
1. ungenügende Putzfestigkeit,
2. Risse im Putz und sonstige, größere Putzschäden,

3. zu hohe Putzfeuchtigkeit,
4. Putzflächen mit nachlöschenden Kalkteilchen,
5. Sinterschichten,
6. Ausblühungen,
7. starke Alkalität der Putze bei geplanter Beschichtung mit alkaliempfindlichen Beschichtungen,
8. Konstruktionsfehler, die eine baldige Zerstörung und/oder ungleichmäßige Verschmutzung des Untergrunds verursachen würden.

[10] Welches optische Erscheinungsbild muss eine Oberfläche zeigen, wenn die Beschichtung der Regelleistung nach ATV DIN 18363 entspricht?
Nach DIN 18363 VOB Teil C »Maler- und Lackiererarbeiten - Beschichtungen« muss die Oberfläche der Beschichtung entsprechend der Art des Beschichtungsstoffs und des Beschichtungsverfahrens gleichmäßig und ohne Streifen erscheinen.

[11] Welche Angaben macht die DIN 18363 zur Abrechnung von Aus- und Einbau von Dichtprofilen und Beschlagteilen?
Diese Leistungen sind nach DIN 18363 Besondere Leistungen und sind gesondert in Rechnung zu stellen.

[12] Bei einem Fassadenanstrich wird ein dunklerer Farbton gewünscht. Die Leistungsbeschreibung enthält zum Farbton keine Hinweise. Kann für den speziellen Farbton ein höherer Preis gefordert werden? Begründen Sie Ihre Antwort auf der Grundlage der DIN 18363!
Nach DIN 18363 VOB Teil C »Maler- und Lackiererarbeiten - Beschichtungen« sind alle Beschichtungen in Weiß oder hellgetönt auszuführen, wenn die Leistungsbeschreibung keine Farbtöne benennt. Das heißt, die Ausführung in einem dunkleren Farbton ist keine Regelleistung und ist gesondert zu vergüten.

[13] Welche Anforderungen stellt die DIN 55900-Teil 1 »Beschichtung für Raumheizkörper« an die Grundbeschichtung für Heizkörper?
Die Grundbeschichtung darf keine Bestandteile enthalten, die während des Überlackierens oder danach bei Dauerbetrieb bis 403 K (130°C) in der Schlusslackierung durchschlagen und hier Verfärbungen und/oder Oberflächenstörungen verursachen können.
Die Grundbeschichtung muss außerdem einen Korrosionsschutz von mindestens drei Monaten für den Transport und auf der Baustelle sicherstellen. An den Randzonen und Kanten sind in einem Bereich bis zu 5 mm Breite ein Rostgrad Ri 1 nach DIN ISO 4628-3 und ein Blasengrad m^2/g^2 nach DIN ISO 4628-2 noch zulässig.

14 Ein entsprechend der DIN 55 900 grundierter Heizkörper wird mit dem Gitterschnitt nach DIN ISO EN 2409 geprüft. Welcher Gt-Wert ist hier gerade noch zulässig?
Die Grundierung muss den Gt-Wert 0 oder 1 aufweisen. Höhere Gt-Werte sind nicht zulässig.

15 Brandschutztüren werden nach der seit 2015 gültigen europäischen Norm EN 16034 für »Fenster, Türen und Tore - mit Feuer- und/oder Rauchschutzeigenschaften« klassifiziert. Erklären Sie die Bedeutung des Buchstabens E und der Zahl 30 (Kennzeichnung EI_2 30-C)!
E: Raumabschluss
30: Feuerwiderstandsdauer in Minuten

2.2 Mengenermittlung und Aufmaß

1 Welches Regelwerk wird für die Abrechnung der Maler- und Lackiererarbeiten angewandt, wenn die VOB nicht vereinbart wurde?
Auch wenn die VOB nicht vereinbart wurde, werden zur Abrechnung von Maler- und Lackiererarbeiten bei öffentlichen Aufträgen die Bestimmungen der VOB Teil C DIN 18363 »Maler- und Lackiererarbeiten - Beschichtungen« angewendet. Bei privaten Aufträgen sind die tatsächlich beschichteten Flächen zu berechnen.

2 Gelten die Regeln der VOB Teil C auch bei Werkverträgen, bei denen die VOB nicht vereinbart wurde (bei BGB-Werkverträgen)?
Die Regeln der VOB Teil C gelten auch bei BGB-Verträgen, soweit sie den anerkannten Regeln der Technik oder der gewerblichen Verkehrssitte entsprechen. Dies ist z. B. bei Aufmaß und Abrechnung der öffentlichen Aufträge der Fall.

3 Wie sind entsprechend der VOB Teil C DIN 18363 »Maler- und Lackiererarbeiten - Beschichtungen« die Massen für das Aufmaß zu ermitteln?
Nach VOB Teil C DIN 18363 »Maler- und Lackiererarbeiten - Beschichtungen« sind für das Aufmaß die Maße der behandelten Flächen zugrundezulegen.

4 Was sagt die VOB zur Vergütung von Stundenlohnarbeiten?
Stundenlohnarbeiten werden nach VOB Teil B § 15 nach den vertraglichen Vereinbarungen abgerechnet.
Soweit für die Vergütung keine Vereinbarungen getroffen worden sind, gilt die ortsübliche Vergütung. Ist diese nicht zu ermitteln, so werden die Aufwendungen des Auftragnehmers für Lohn- und Gehaltskosten der Baustelle, Lohn- und Gehaltsnebenkosten der Baustelle, Stoffkosten der Baustelle, Kosten der

Einrichtungen, Geräte, Maschinen und maschinellen Anlagen der Baustelle, Fracht-, Fuhr- und Ladekosten, Sozialkassenbeiträge und Sonderkosten, die bei wirtschaftlicher Betriebsführung entstehen, mit angemessenen Zuschlägen für Gemeinkosten und Gewinn (einschließlich allgemeinem Unternehmerwagniszuschlag) zuzüglich Umsatzsteuer vergütet.

5 Wie werden Dachrinnen und Fallrohre nach VOB gemessen?
Dachrinnen werden am Wulst, Fallrohre im Außenbogen gemessen.

6 In einer Leistungsbeschreibung über Wärmedämm-Verbundarbeiten sind die Leibungen aller Fensteröffnungen mit einer geringeren Dämmdicke als die übrige Fläche ausgeschrieben. Die Leibungen werden zusätzlich in einer eigenen Position abgerechnet. Wie werden die Fensteröffnungen beim Aufmaß berücksichtigt?
Die Fensteröffnungen werden entsprechend der VOB Teil C DIN 18363 »Maler und Lackiererarbeiten-Beschichtungen« wie Öffnungen ohne Leibung gesehen und bis zu 2,50 m^2 übermessen.

7 Wie werden Roste, Gitter und Geländer entsprechend der DIN 18364 »VOB Vergabe- und Vertragsordnung für Bauleistungen - Teil C: Allgemeine Technische Vertragsbedingungen für Bauleistungen (ATV) - Korrosionsschutzarbeiten an Stahlbauten« abgerechnet?
Roste, Gitter und Geländer werden einseitig abgerechnet. Dabei werden Roste und Gitter nach Flächenmaß und Geländer nach Längenmaß abgerechnet.

8 Wird bei einer Fensteröffnung mit einer abgeschrägten Leibung zur Ermittlung der Öffnungsgröße die Außenkante oder die Innenkante der Leibung gemessen?
Es wird die Innenkante gemessen.

9 Welche Maße werden entsprechend der VOB Teil C DIN 18363 »Maler- und Lackiererarbeiten - Beschichtungen« für die Beschichtung von Gesimsen und Umrahmungen zugrunde gelegt?
Bei der Ermittlung der Maße von Gesimsen, Umrahmungen, Faschen und dergleichen wird jeweils das größte, ggf. abgewickelte Bauteilmaß zugrundegelegt.

10 Zum Abbeizen einer Fassade müssen zum Schutz der Umwelt Auffangwannen angebracht werden. Was sagt die VOB Teil C DIN 18299 »Allgemeine Regeln für Bauarbeiten« zur Berechnung dieser Leistung?
Nach VOB Teil C DIN 18299 »Allgemeine Regeln für Bauarbeiten« ist diese Maßnahme als besondere Leistung einzustufen und damit gesondert zu vergüten. Anders verhält es sich mit dem gesammelten Schmutzwasser. Dies ist

ein Abfall aus dem Bereich des Auftragnehmers und ist als Nebenleistung, also ohne gesonderte Berechnung für den Auftraggeber, zu entsorgen.

11 Die VOB Teil C DIN 18363 »Maler- und Lackiererarbeiten – Beschichtungen« unterscheidet beim Aufmaß zwischen Öffnungen, Aussparungen und Nischen. Erläutern Sie diese Unterschiede!
Öffnungen sind Durchbrechungen in Wand- und Deckenflächen. Dazu gehören Fenster, Türen, Deckenoberlichte, geschosshohe Durchgänge und dergleichen.
Aussparungen sind Teilflächen der Wand- und Deckenflächen, die entweder unbehandelt sichtbar bleiben und/oder mit anderen Stoffen behandelt sind oder werden, z. B. Fliesenbeläge, Flächen über abgehängten Decken usw.
Nischen sind Vertiefungen in der Wand, wobei die Nischentiefe kleiner als die Wanddicke ist.

12 Bis zu welcher Breite dürfen Unterbrechungen des WDVS durch andere Bauteile, z. B. umlaufende Gesimse, übermessen werden?
Unterbrechungen dürfen bis zu einer Breite von 30 cm übermessen werden.

3 Qualitätssicherung

1 Nennen Sie mindestens vier Maßnahmen, mit denen Sie vor und während der Ausführung der WDVS-Arbeiten die Qualität sichern können!

- Die meistens Hersteller bieten spezielle Schulungen an, diese können die Mitarbeiter mitmachen.
- Es sollten Energiebedarfsberechnungen für die vorhandene Dämmung und die geplante Dämmung durchgeführt werden.
- Es müssen die technischen Merkblätter und Verarbeitungshinweise des Herstellers beachtet werden.
- Es kann der Fachberater des Herstellers oder Lieferanten hinzugezogen werden.
- Es sollten Stichprobenprüfungen durchgeführt werden, insbesondere an Anschlüssen und Fugen.
- Es sollte ein Bautagebuch geführt werden.

2 Für die Ausführung der Arbeiten haben Sie mit dem Kunden einen fixen Endtermin vereinbart. Sie bemerken 2 Wochen vor Ablauf der Frist, dass Sie zwei Tage im Verzug sind. Nennen Sie vier Möglichkeiten, diesen Zeitverzug wieder einzuholen!

- Die tägliche Arbeitszeit für die Mitarbeiter kann erhöht werden.
- Ein zusätzlicher Arbeitstag (am Samstag) kann Entlastung bringen.
- Es können zusätzliche Mitarbeiter (von anderen Baustellen) eingesetzt werden.
- Es können zusätzlich Zeitarbeiter eingesetzt werden.
- Durch zusätzlichen bzw. erhöhten Maschineneinsatz kann Zeit eingespart werden.

3 Sie möchten die Silotechnik vermehrt auf ihren Baustellen einsetzen. Formulieren Sie vier Fragen, die Sie sich zur Qualitätssicherung dieser Überlegung beantworten sollten!

Mögliche Überlegungen sind:

- Führt beim vorliegenden Auftrag der Einsatz der Silotechnik überhaupt zu Vorteilen gegenüber der Verarbeitung aus kleinen Gebinden.
- Sind meine logistischen Anforderungen entsprechend?
- Gibt es für die Silos ausreichende Lagerflächen auf der Baustelle?
- Ist mein Lieferant in der Lage, die entsprechende Silotechnik bereitzustellen?
- Sind meine Mitarbeiter im Umgang mit den entsprechenden Maschinen und Geräten ausreichend geschult?

4 Abschluss des Auftrages

4.1 Abnahme der Leistung

[1] Wie muss sich ein Maler- und Lackierermeister entsprechend der VOB Teil C DIN 18363 »Maler- und Lackiererarbeiten - Beschichtungen« verhalten, wenn er an einem zu beschichtenden Untergrund größere Mängel feststellt?
Die VOB Teil C DIN 18363 sagt, ein Auftragnehmer hat dem Auftraggeber Bedenken, ob der Untergrund für die Ausführung seiner Leistung geeignet ist, unverzüglich schriftlich mitzuteilen.

[2] Welche Fristen gelten für die Abnahme der Leistung nach Fertigstellung? A) Können auch Teilleistungen abgenommen werden? B) Unter welchen Umständen kann die Abnahme der Leistung verweigert werden?
Nach VOB Teil B §12 hat der Auftraggeber auf Verlangen des Auftragnehmers gegebenenfalls auch vor Ablauf der vereinbarten Ausführungsfrist die Abnahme der Leistung binnen 12 Werktagen durchzuführen. Eine andere Frist kann vereinbart werden.

A) Abnahme von Teilleistungen: Auf Verlangen sind in sich abgeschlossene Teile der Leistung besonders abzunehmen.
B) Verweigerung der Abnahme der Leistung: Wegen wesentlicher Mängel kann die Abnahme bis zur Beseitigung verweigert werden.

[3] Was sagt die VOB zur förmlichen Abnahme der Leistung? Kann die förmliche Abnahme auch in Abwesenheit des Auftragnehmers durchgeführt werden?
Eine förmliche Abnahme hat stattzufinden, wenn eine Vertragspartei es verlangt. Jede Partei kann auf ihre Kosten einen Sachverständigen zuziehen. Der Befund ist in gemeinsamer Verhandlung schriftlich niederzulegen. In die Niederschrift sind etwaige Vorbehalte wegen bekannter Mängel und wegen Vertragsstrafen aufzunehmen, ebenso etwaige Einwendungen des Auftragnehmers. Jede Partei erhält eine Ausfertigung.
Die förmliche Abnahme kann in Abwesenheit des Auftragnehmers stattfinden, wenn der Termin vereinbart war oder der Auftraggeber mit genügender Frist dazu eingeladen hatte. Das Ergebnis der Abnahme ist dem Auftragnehmer alsbald mitzuteilen.

[4] Wann gilt eine Leistung auch ohne förmliche Abnahme als abgenommen?
Wird keine Abnahme verlangt, so gilt die Leistung mit Ablauf von 12 Werktagen nach schriftlicher Mitteilung über die Fertigstellung der Leistung als abgenommen.
Wird keine Abnahme verlangt und hat der Auftraggeber die Leistung oder

einen Teil der Leistung in Benutzung genommen, so gilt die Abnahme nach Ablauf von 6 Werktagen nach Beginn der Benutzung als erfolgt, wenn nichts anderes vereinbart ist. Die Benutzung von Teilen einer baulichen Anlage zur Weiterführung der Arbeiten gilt nicht als Abnahme.

5 **Begründen Sie die Bedeutung der Abnahme der fertiggestellten Leistung!**
- Mit der Abnahme beginnt üblicherweise die Gewährleistungsfrist.
- Mit der Abnahme geht die Gefahr der Beschädigung der Leistung auf den Auftraggeber über.
- Mit der Abnahme der Leistung kann die Schlussrechnung gestellt werden.

6 **Zu welchem Zeitpunkt beginnt die Frist für Mängelansprüche nach der VOB?**
Nach § 13 VOB Teil B DIN 1961 beginnt die Gewährleistungsfrist mit der Abnahme der gesamten Leistung. Nur für in sich abgeschlossene Teile der Leistung beginnt die Gewährleistungsfrist mit der Teilabnahme.

4.2 Rechnungsstellung

1 **Welche grundsätzlichen Forderungen stellt die VOB Teil B an die Abrechnung der Leistungen?**
Der Auftragnehmer hat seine Leistungen prüfbar abzurechnen. Er hat die Rechnungen übersichtlich aufzustellen und dabei die Reihenfolge der Posten einzuhalten und die in den Vertragsbestandteilen enthaltenen Bezeichnungen zu verwenden. Die zum Nachweis von Art und Umfang der Leistung erforderlichen Mengenberechnungen, Zeichnungen und andere Belege sind beizufügen. Änderungen und Ergänzungen des Vertrags sind in der Rechnung besonders kenntlich zu machen; sie sind auf Verlangen getrennt abzurechnen.

2 **Wie kann der Auftraggeber die Ausführung der Stundenlohnarbeiten kontrollieren? Welche Pflichten hat der Auftraggeber in diesem Zusammenhang?**
Dem Auftraggeber ist die Ausführung von Stundenlohnarbeiten vor Beginn anzuzeigen. Über die geleisteten Arbeitsstunden und den dabei erforderlichen, besonders zu vergütenden Aufwand für den Verbrauch von Stoffen, für Vorhaltung von Einrichtungen, Geräten, Maschinen und maschinellen Anlagen, für Frachten, Fuhr- und Ladeleistungen sowie etwaige Sonderkosten sind, wenn nichts anderes vereinbart ist, je nach der Verkehrssitte werktäglich oder wöchentlich Listen (Stundenlohnzettel) einzureichen.
Der Auftraggeber hat die von ihm bescheinigten Stundenlohnzettel unverzüglich, spätestens jedoch innerhalb von 6 Werktagen nach Zugang, zurückzugeben. Dabei kann er Einwendungen auf den Stundenlohnzetteln oder gesondert

schriftlich erheben. Nicht fristgemäß zurückgegebene Stundenlohnzettel gelten als anerkannt.

3 Ein Auftraggeber bemängelt, dass das Aufmaß für die Schlussrechnung ohne sein Wissen und ohne sein Zutun aufgestellt wurde. Was sagt die VOB dazu?

Die für die Abrechnung notwendigen Feststellungen sind dem Fortgang der Leistung entsprechend möglichst gemeinsam vorzunehmen. Die Abrechnungsbestimmungen in den Technischen Vertragsbedingungen und den anderen Vertragsunterlagen sind zu beachten. Für Leistungen, die bei Weiterführung der Arbeiten nur schwer feststellbar sind, hat der Auftragnehmer rechtzeitig gemeinsame Feststellungen zu beantragen.

4 Welche Fristen sieht die VOB für die Erstellung der Schlussrechnung vor?

Die Schlussrechnung muss bei Leistungen mit einer vertraglichen Ausführungsfrist von höchstens 3 Monaten spätestens 12 Werktage nach Fertigstellung eingereicht werden, wenn nichts anderes vereinbart ist; diese Frist wird um je 6 Werktage für je weitere 3 Monate Ausführungsfrist verlängert.

5 Was sagt die VOB zu Abschlagszahlungen?

Abschlagszahlungen sind auf Antrag in möglichst kurzen Zeitabständen oder zu den vereinbarten Zeitpunkten zu gewähren, und zwar in Höhe des Wertes der jeweils nachgewiesenen vertragsgemäßen Leistungen einschließlich des ausgewiesenen, darauf entfallenden Umsatzsteuerbetrages. Die Leistungen sind durch eine prüfbare Aufstellung nachzuweisen, die eine rasche und sichere Beurteilung der Leistungen ermöglichen muss.

Gegenforderungen können einbehalten werden. Andere Einbehalte sind nur in den im Vertrag und in den gesetzlichen Bestimmungen vorgesehenen Fällen zulässig.

Ansprüche auf Abschlagszahlungen werden binnen 18 Werktagen nach Zugang der Aufstellung fällig.

Die Abschlagszahlungen sind ohne Einfluss auf die Gewährleistung des Auftragnehmers; sie gelten nicht als Abnahme von Teilen der Leistung.

6 Sie haben Wärmedämmarbeiten für die Fassade einer Wohnsiedlung übernommen. Es wurde die VOB vereinbart. Nach Auftragserteilung stellen Sie fest, dass bereits bei Lieferung der Wärmedämmplatten enorme Kosten für Sie entstehen, Sie aber keine Vorauszahlungen vereinbart haben. Wie ist die Rechtslage?

Vorauszahlungen können nach VOB auch nach Vertragsabschluss vereinbart werden; hierfür ist auf Verlangen des Auftraggebers ausreichende Sicherheit zu leisten. Diese Vorauszahlungen sind, sofern nichts anderes vereinbart wird, mit

3 v. H. über dem Basiszinssatz des BGB § 247 zu verzinsen.
Vorauszahlungen sind auf die nächstfälligen Zahlungen anzurechnen, soweit damit Leistungen abzugelten sind, für welche die Vorauszahlungen gewährt worden sind.

7 Wann ist die Schlusszahlung nach Einreichung der Schlussrechnung nach VOB fällig?
Der Anspruch auf die Schlusszahlung wird alsbald nach Prüfung und Feststellung der vom Auftragnehmer vorgelegten Schlussrechnung fällig, spätestens innerhalb von 2 Monaten nach Zugang. Werden Einwendungen gegen die Prüfbarkeit unter Angabe der Gründe hierfür nicht innerhalb von 2 Monaten nach Zugang der Schlussrechnung erhoben, so kann der Auftraggeber sich nicht mehr auf die fehlende Prüfbarkeit berufen. Die Prüfung der Schlussrechnung ist nach Möglichkeit zu beschleunigen. Verzögert sie sich, so ist das unbestrittene Guthaben als Abschlagszahlung sofort zu zahlen.

8 Sie haben für ein größeres Bauvorhaben die Schlussrechnung gestellt und nach Prüfung durch den Auftraggeber die Schlusszahlung erhalten. Einen Monat später stellen Sie fest, dass Sie sich bei der Ermittlung der Leistungen zu Ihren Ungunsten verrechnet haben. Wie ist die Rechtslage nach VOB?
Die vorbehaltlose Annahme der Schlusszahlung schließt Nachforderungen aus, wenn der Auftragnehmer über die Schlusszahlung schriftlich unterrichtet und auf die Ausschlusswirkung hingewiesen wurde.
Einer Schlusszahlung steht es gleich, wenn der Auftraggeber unter Hinweis auf geleistete Zahlungen weitere Zahlungen endgültig und schriftlich ablehnt.
Auch früher gestellte, aber unerledigte Forderungen werden ausgeschlossen, wenn sie nicht nochmals vorbehalten werden.
Ein Vorbehalt ist innerhalb von 24 Werktagen nach Zugang der Mitteilung nach den Nummern 2 und 3 über die Schlusszahlung zu erklären. Er wird hinfällig, wenn nicht innerhalb von weiteren 24 Werktagen - beginnend am Tag nach Ablauf der in Satz 1 genannten 24 Werktage - eine prüfbare Rechnung über die vorbehaltenen Forderungen eingereicht oder, wenn das nicht möglich ist, der Vorbehalt eingehend begründet wird.
Die Ausschlussfristen gelten nicht für ein Verlangen nach Richtigstellung der Schlussrechnung und -zahlung wegen Aufmaß-, Rechen- und Übertragungsfehlern.

9 Was sagt die VOB zu den für Bauleistungen meist geforderten Sicherheitsleistungen?
Nach § 9 Abs. 7 der VOB/A Fassung 2016 kann der Auftraggeber unter bestimmten Voraussetzungen vom Auftragnehmer eine Sicherheitsleistung (in der Regel Bankbürgschaft) verlangen, um sicherzustellen, dass der Auftrag-

nehmer seine Verpflichtungen aus dem Vertrag erfüllt. Um die Kreditlinie der Bieter nicht unnötig zu belasten, sieht die VOB Teil A vor, dass auf Sicherheitsleistung ganz oder teilweise verzichtet werden soll, wenn Mängel der Leistung voraussichtlich nicht eintreten.
Unterschreitet die Auftragssumme 250 000 € ohne Umsatzsteuer, ist auf Sicherheitsleistung für die Vertragserfüllung zu verzichten. Bei beschränkter Ausschreibung sowie bei freihändiger Vergabe soll diese Sicherheitsleistung ebenfalls nicht verlangt werden, weil zu diesen Vergabearten nur vorher geprüfte Bieter zugelassen werden.
Im Übrigen bestimmt der § 9 Abs. 8 der VOB Teil A, dass die Sicherheit für die Erfüllung sämtlicher Verpflichtungen aus dem Vertrag 5 % der Auftragssumme nicht überschreiten soll.

10 Auf einer Baustelle sind für die Mitarbeiter Toilettenzellen zur Verfügung zu stellen. Was sagt die VOB Teil C DIN 18299 »VOB Vergabe- und Vertragsordnung für Bauleistungen - Teil C: Allgemeine Technische Vertragsbedingungen für Bauleistungen (ATV) - Allgemeine Regelungen für Bauarbeiten jeder Art« zur Berechnung dieser Leistung?
Nach VOB Teil C DIN 18 299 »Allgemeine Regeln für Bauarbeiten« ist diese Maßnahme eine Nebenleistung und kann nicht gesondert in Rechnung gestellt werden.

11 Trotz Aufforderung und Fristsetzung hat der Auftragnehmer keine Schlussrechnung erstellt. Daraufhin lässt der Auftraggeber diese auf Kosten des Auftragnehmers erstellen. Bewerten Sie den Vorgang! Wie verhält es sich, wenn der Auftragnehmer zwar eine Schlussrechnung erstellt hat, diese aber nicht prüffähig ist, weil aufgrund fehlender Aufmaße die tatsächliche Leistung unklar ist?
Reicht der Auftragnehmer nach VOB Teil B §14 keine prüfbare Rechnung ein, obwohl ihm der Auftraggeber dafür eine angemessene Frist gesetzt hat, so kann sie der Auftraggeber selbst nach Verstreichen der Frist auf Kosten des Auftragnehmers aufstellen (lassen).

4.3 Nachkalkulation

1 Welche Ziele verfolgt die Nachkalkulation?
Bei der Nachkalkulation werden den Soll-Ansätzen aus der Arbeitskalkulation die tatsächlichen Werte und Stunden gegenübergestellt. Die Nachkalkulation ermittelt stets nachträglich die Mengen, Stunden und Kosten für die ausgeführte Bauleistung.

Generell erfüllt die Nachkalkulation folgende Ziele und Aufgaben:

- Kostenermittlung und -kontrolle bereits abgewickelter Aufträge
- Berechnung des Ist-Gewinns
- Kontrolle der Vorkalkulation
- Nutzung der Ergebnisse zur Durchführung künftiger Vorkalkulationen
- Feststellen von Abweichungen durch Schätzfehler und Eliminierung dieser Fehler

[2] Die Nachkalkulation unterscheidet man nach technischer und kaufmännischer Nachkalkulation. Erläutern Sie diese!

Mit der technischen Nachkalkulation werden die Tages- und Wochenstundenberichte im Vergleich zur ebenfalls mengenmäßig erfassten Bauleistung gemäß Aufmaß bewertet. Als Maßstab für die Beurteilung lassen sich abgeleitete Relationskennziffern wie Materialverbrauch oder Lohnstunden je Leistungseinheit heranziehen.

Mit der kaufmännischen Nachkalkulation werden den tatsächlich angefallenen Istgrößen wie Lohnkosten, Stoffkosten u. a. die Sollgrößen als Produkt aus der tatsächlich erbrachten Leistung und den dafür vorgesehenen Sollgrößen je Leistungseinheit gegenübergestellt. Dabei steht der einzelne Bauauftrag nach Abschluss insgesamt im Mittelpunkt der Kontrolle. Die kaufmännische Nachkalkulation erfolgt in der Regel innerhalb der Baubetriebsabrechnung und in Verbindung mit dem Baustellen-Controlling.

[3] Die Nachkalkulation ist möglichst detailliert durchzuführen. Welche Gliederungspunkte muss eine Nachkalkulation mindestens enthalten?

Bei der Nachkalkulation werden den Soll-Ansätzen aus der Arbeitskalkulation die tatsächlichen Ist-Kosten gegenübergestellt. Um eine aussagekräftige Nachkalkulation zu erhalten, müssen folgende Gliederungspunkte enthalten sein:

1. Lohn und Gehaltskosten der Baustelle
2. Stoffkosten der Baustelle
3. auf der Baustelle entstandene Kosten der Einrichtungen, Geräte und Maschinen
4. sonstige Baustellenkosten
5. allgemeine Geschäftskosten
6. Sonderkosten
7. Selbstkosten ohne Umsatzsteuer
8. Kalkulatorischer Gewinn
9. Mehrwertsteuer
10. Selbstkostenerstattungspreis

5 Mängel- und Schadensaufnahme

1 Was versteht man unter dem Blasengrad nach DIN EN ISO 4628-2?

Der Blasengrad nach DIN 4628-2 ist ein Maß für eine an einer Beschichtung aufgetretene Blasenbildung nach Häufigkeit und Größe der Blasen. Die Norm enthält Vergleichsbilder der Menge m2–m5 und Größe s2–s5.

2 Der Blasengrad wird durch einen Kennbuchstaben und eine Kennzahl für die Häufigkeit der Blasen je Flächeneinheit sowie einen Kennbuchstaben und eine Kennzahl für die Größe der Blasen angegeben. Welche Angaben machen dabei die Kennbuchstaben?

Der Blasengrad wird mit den Kennbuchstaben m und s sowie den Kennzahlen 0–5 gekennzeichnet.

Der Kennbuchstabe m steht dabei für die Menge der Blasen. Der Kennbuchstabe s steht für die Größe der Blasen.

3 Nach DIN EN ISO 12944, Korrosionsschutz von Bauteilen durch Beschichtungen und Überzüge, werden unbeschichtete Stahlflächen entsprechend ihres Zustands durch die Rostgrade A, B, C oder D charakterisiert. Beschreiben Sie den Zustand der Stahlflächen, wenn sie dem Rostgrad A, B, C oder D entsprechen.

Beschreibung der Rostgrade für unbeschichtete Stahlflächen:

Rostgrad	*Beschreibung der Oberfläche*
A	Die Stahloberfläche ist mit fest haftendem Zunder und/oder fest haftender Walzhaut bedeckt und frei von Rost.
B	An der Stahloberfläche beginnen Zunder und Walzhaut abzublättern; beginnender Rostangriff.
C	Der Zunder bzw. die Walzhaut ist von der Stahloberfläche weggerostet oder lässt sich abschaben. Die Oberfläche weist nur wenig Rostnarben auf.
D	Zunder und Walzhaut sind von der Stahloberfläche weggerostet. Die Oberfläche weist zahlreiche Rostnarben auf.

4 Die DIN EN ISO 4628-3 dient dazu, bei Beschichtungen auf Stahl eine aufgetretene Rostbildung durch Angabe des Rostgrads einheitlich zu charakterisieren. Dabei kennzeichnet der Rostgrad den Anteil der vom Rost durchbrochenen Fläche der Beschichtung. Der jeweilige Rostgrad wird in der DIN durch Vergleichsfotos gekennzeichnet. Wie groß ist der sichtbare Rostanteil ungefähr (in Prozentzahlen) bei den einzelnen Rostgraden?

Rostanteil bei den einzelnen Rostgraden:

Rostgrad	rostbedeckte Fläche etwa
Ri 0	0 %
Ri 1	0,05 %
Ri 2	0,5 %
Ri 3	1 %
Ri 4	8 %
Ri 5	40-50 %

5 An einem feuerverzinkten Stahlgeländer zeigen sich starke Abplatzungen. Welche Fragen muss man sich bei der Suche nach den Ursachen der Schäden stellen?

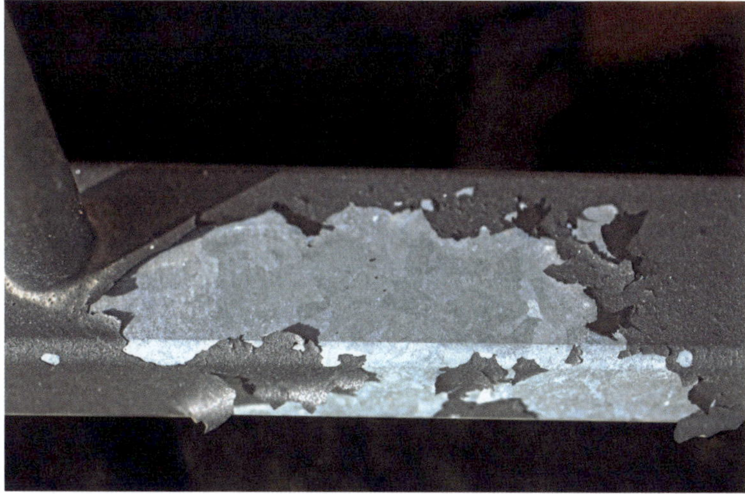

- Wurde der Untergrund richtig gereinigt?
- Die Beschichtung wurde augenscheinlich sehr dünn ausgeführt. Hat dies zum Abplatzen beigetragen?
- Wurde eine geeignete Beschichtung verwendet? Es dürfen keine fettsäurehaltigen Beschichtungen, z. B. Alkydharzwerkstoffe, eingesetzt werden.

6 Wieviel der Fläche in Prozent sind bei den einzelnen Gitterschnitt-Kennwerten entsprechend der DIN EN ISO 2409 jeweils abgeplatzt?

Gitterschnittkennwerte und abgeplatzte Fläche nach DIN ISO EN 2409

Gitterschnittkennwerte	abgeplatzte Fläche zwischen den Schnitten in %
Gt 0	0 %
Gt 1	1-5 %
Gt 2	5-15 %
Gt 3	15-35 %
Gt 4	35-65 %
Gt 5	mehr als 65 %

[7] Ab welchem Gt-Wert muss eine Altbeschichtung vor der neuen Beschichtung entfernt werden?

Beim Gt-Wert 3 sind bereits 15-35 % der Fläche abgeplatzt. Diese Altbeschichtung weist nicht mehr die erforderliche Haftung auf und muss deshalb entfernt werden. Der Gt-Wert 2 mit einer abgeplatzten Fläche von ca. 15 % zwischen den einzelnen Schnitten kann in der Regel noch akzeptiert werden. Allerdings ist bei der Bewertung auch die zu erwartende mechanische Belastung zu berücksichtigen. Die neue Beschichtung muss mit dem Altanstrich verträglich sein.

Die alte Beschichtung muss auch bei einem guten Gt-Wert entfernt werden, wenn die gewünschte neue Beschichtung für die Altbeschichtung nicht verträglich ist.

[8] Sie bewerten nach einer Abrissprobe auf beschichteten Stahlträgern nach DIN EN 4624 ihre Prüfergebnisse. Welche Unterscheidungskriterien sind hierbei festgelegt und welche Aussage können Sie folglich zu den möglichen Bruchbildern treffen? Wann ist ihr Ergebnis verfälscht?

Der Kohäsionsbruch:

Das Bruchbild liegt innerhalb der Beschichtung. Innerhalb der Beschichtung liegen kleinere Zusammenhangskräfte vor im Vergleich zur Adhäsion zum Untergrund.

Der Adhäsionsbruch:

Das Bruchbild liegt zwischen der Beschichtung und dem Untergrund. Die Haftung zum Untergrund ist geringer als die Kohäsion innerhalb der Beschichtung. Ein Adhäsionsbruch kann auch zwischen den einzelnen Schichten einer Beschichtung vorliegen.

Der Mischbruch:

Das Bruchbild weist sowohl Kohäsionsbrüche als auch Adhäsionsbrüche auf.

Das Ergebnis ist verfälscht, wenn nur der Kleber abgerissen wird oder der Kleber sich vom Haftprüfkörper löst.

9 Vor der Bearbeitung der Untergründe nehmen Sie vorhandene Mängel und Schäden auf. Erstellen Sie tabellarisch eine Übersicht über die Erkennung eines möglichen Schadens auf Beton! Gehen Sie dabei auf die Bezeichnung des Mangels, die Methode, die benötigten Prüfmittel und Werkzeuge und die Erkennungsmerkmale ein! Listen Sie mindestens vier Prüfungen auf!

Mangel	*Methode*	*Prüfmittel und Werkzeuge*	*Erkennungsmerkmale*
Sinterschichten	Benetzungs-probe	Sprühflasche mit Wasser	unterschiedliche Verfärbungen deuten auf ein unterschiedliches Saugverhalten hin,Abperlen von Wasser deutet auf Sinterschichten hin
Verschmut-zungen	Augen-schein	Auge	organischer Bewuchs, Farbtonabweichungen, mechanische Beschädigungen
rostende Armierungen	Augen-schein	Auge	Absprengungen und Verfärbungen deuten auf Rost hin
Schalungs-rückstände	Benetzungs-probe	Sprühflasche mit Wasser	Abperlen deutet auf vorhandene Schalrück-stände hin
Abplatzungen	Augen-schein	Auge	sichtbare Absprengungen und/oder Aufwöl-bungen
Hohlstellen	Klopfprobe	Hammer	abweichende Klopfgeräusche

10 Vor der Sanierung eines Putzes zeigen sich an einigen Stellen gelbliche Ausblühungen. Welche Untergrundprüfung zeigt das folgende Foto dazu?

Man beträufelt den Putz mit Salzsäure, dies führt zur Bildung von Eisenchloriden. Bei Zugabe von gelbem Blutlaugensalz verfärbt sich das Eisen zu Berliner Blau und zeigt so, dass die bräunlichen Verfärbungen durch Eisenverbindungen verursacht wurden.

11 **In einem historischen Gebäude stoßen Sie bei allen Wänden im Erdgeschoss auf starke Schäden. Zählen Sie mögliche Schäden anhand des Bildes auf und erörtern Sie die möglichen Ursachen!**

Man erkennt aufsteigende Mauerfeuchte, Salzausblühungen, Schimmelpilze, Verschmutzungen und Verfärbungen.
Vermutlich fehlt hier die Horizontalabdichtung. Die aufsteigende Mauerfeuchte verursacht die genannten Schäden.

12 **Fertigelemente einer Fassade aus Beton wurden im Frühjahr mit dunkler Dispersionsfarbe gestrichen. Bereits im Spätsommer zeigen sich vereinzelt Blasen. Nach dem Öffnen der Blasen sehen Sie, dass darunter jeweils der Armierungsstahl knapp unter der Oberfläche liegt. Der Armierungsstahl ist nicht verrostet. Erläutern Sie die Ursache(n) des Schadens!**

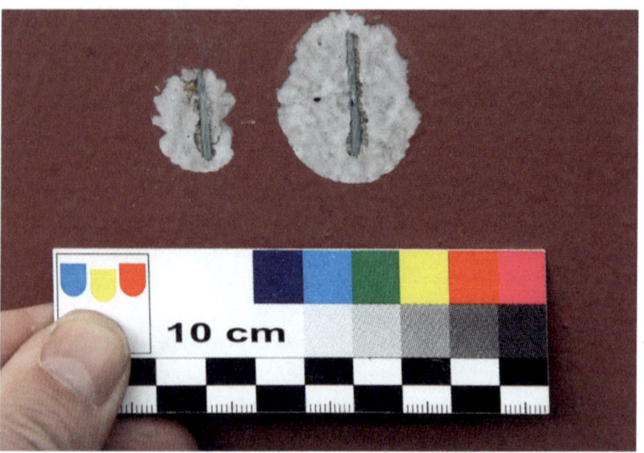

Durch den dunklen Anstrich heizt sich die Fassade stärker auf. So wirkt sich der unterschiedliche Wärmeausdehnungskoeffizient von Stahl und Beton, auch bedingt durch die geringe Betonüberdeckung, hier besonders stark aus. So vergasen Stoffe aus der thermoplastischen Dispersionsfarbe, und diese dehnt sich aus, es entstehen die Blasen. Die dünne Betonschicht über dem Stahl platzt wegen der Ausdehnung des Stahls ab. Der Korrosionsprozess spielt hier wegen der kurzen Zeitspanne keine Rolle.

13 Bei der aus Fertigbauteilen erbauten Fassade zeigt sich nach 3 Jahren dieser Pilz- und Algenbefall. Erläutern Sie die Ursachen dieses Mangels!

Bei diesem Gebäude wurde der Wärmeschutz nicht ausreichend berücksichtigt. So zeichnet sich die Konstruktion des Hauses durch den Pilz- und Algenbewuchs deutlich ab.

14 An der Säule einer Holzkonstruktion eines Wintergartens (Foto S. 266 oben) zeigt sich ein konstruktiver Mangel. Benennen Sie diesen Mangel und beschreiben Sie eine Vorgehensweise zur Behebung des Mangels!

Die Statik der Holzkonstruktion ist durch die fehlerhafte und unzulässige Verdübelung (Dübel > 25 mm und Anordnung der Dübel, dadurch mangelnde Stabilität des Profils, zusätzlich Schwächung durch die offene Verleimung) nicht mehr gegeben. Wegen des diagonal durch das Holzteil verlaufenden Astes war die Verwendung auch ohne Dübelung nicht zulässig. Das Holzteil muss durch einen Fachbetrieb ausgetauscht werden. Diese Arbeit darf von einem Malerbetrieb nicht ausgeführt werden.

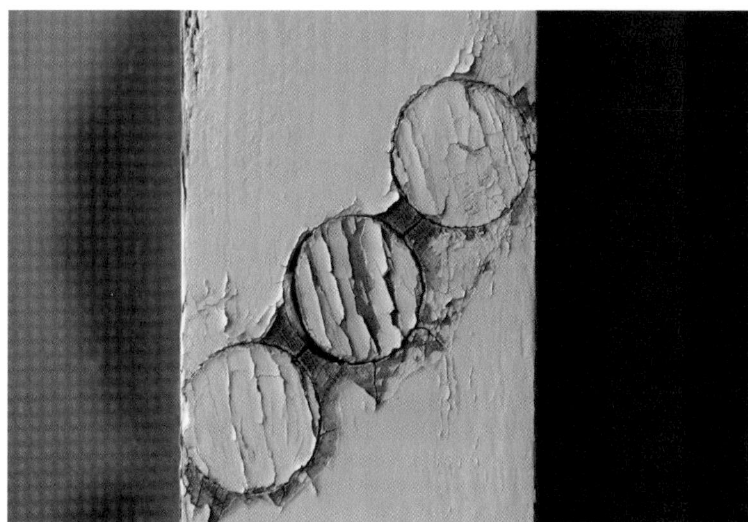

15 **Sie haben durch eine öffentliche Ausschreibung den Auftrag zur Beschichtung von Fenstern erhalten. Welche Schäden und Mängel stellen Sie bei dem folgenden Bild fest, die nach VOB eine schriftliche Mängelanzeige erforderlich machen?**

Eine schriftliche Mängelanzeige wird erforderlich:

1. Die Kanten sind zu scharf und müssen auf mindestens 2 mm Radius gerundet werden.

2. Der Ablauf ist zu gering, er muss mindestens 15° betragen.
3. Der Altanstrich ist z. T. abgeplatzt. Darunter ist das Holz verwittert. Schadhafter Anstrich und verwittertes Holz müssen entfernt werden.

16 Die Beschichtung der Wandvertäfelung in einem historischen Gebäude weist großflächig diese Risse auf. Erläutern Sie die Ursache, die zu diesem Schadensbild geführt hat, und erläutern Sie die Sanierung!

Diese Risse sind immer auf zu große Spannungsunterschiede zwischen den unterschiedlichen Beschichtungen zurückzuführen, unter der spannungsreichen Schlussbeschichtung liegen elastischere frühere Beschichtungen.
Die Instandsetzung ist nur durch ein restloses Entfernen der Altbeschichtung mit geeigneten Entschichtungsverfahren, wie Ablaugen, Abbeizen, Abschleifen der Altbeschichtung und einer Neubeschichtung mit geeignetem Material, z. B. Alkydharzlack, Acryllack etc. möglich.
Zusätzliche Probleme können entstehen, weil bei einem historischen Gebäude möglicherweise Auflagen zum Denkmalschutz beachtet werden müssen.

Handlungsfeld 3
Betriebsführung und Betriebsorganisation

1 Betriebliche Kosten

1.1 Kosten und Kostenstellen

[1] Was versteht man unter den »Gemeinkosten«?
Gemeinkosten sind Kosten, die keinem bestimmten Kostenträger, wie einem Bauprojekt, direkt zugeordnet werden können.

[2] Nennen Sie Beispiele für Kosten, die nicht direkt verrechenbar sind und deshalb den Gemeinkosten zuzuordnen sind!
Zu den üblichen Gemeinkosten im Unternehmen gehören z. B. folgende Kosten:
- Gehälter und Sozialkosten der Mitarbeiter im Büro,
- allgemeine Energiekosten,
- Kosten für Reinigung des Büros,
- allgemeine kalkulatorische Zinsen,
- allgemeine kalkulatorische Abschreibungen,
- allgemeine Steuern,
- Beiträge zu Berufsorganisationen,
- nicht der Baustelle zuordenbare Gebühren,
- Reparaturen und Instandhaltungen,
- allgemeine Betriebsstoffkosten,
- ähnlich gelagerte Kosten.

[3] Welche Kosten sind bei den projektbezogenen Maschinen- und Gerätekosten zu berücksichtigen?
Bei den projektbezogenen Maschinen- und Gerätekosten sind z. B. zu berücksichtigen:

A) Fixe Kosten:
  - Abschreibung,
  - Verzinsung des investierten Kapitals,
  - Instandhaltungskosten, wie Wartung und Reparaturen.

B) Betriebskosten:
  - Verbrauchskosten

[4] Wie berechnet sich der Stundenverrechnungssatz (Lohnpreis je Stunde netto)?

Berechnung des Stundenverrechnungssatzes:
Direkt verrechenbarer Lohn je Stunde
+ lohnabhängige Gemeinkosten
= Selbstkosten
+ Zuschlag für Gewinn und Wagnis
= Stundenverrechnungssatz netto (Lohnpreis netto)
+ Umsatzsteuer
= Stundenverrechnungssatz brutto (Lohnpreis je Stunde brutto)

[5] Wie hoch ist der Stundenverrechnungssatz, wenn der direkt verrechenbare Lohn je Stunde 15,00 €, die lohnabhängigen Gemeinkosten 195 % betragen und 8 % Gewinn und Wagnis eingeplant sind.

Berechnung des Stundenverrechnungssatzes:

Direkt verrechenbarer Lohn	= 15,00 €
+ 195 % lohnabhängige Gemeinkosten	= 29,25 €
= Selbstkosten	= 44,25 €
+ 8 % Gewinn und Wagnis	= 3,54 €
= Stundenverrechnungssatz	= 47,79 €

[6] Wie berechnet sich der Kalkulationsfaktor Lohn (Lohnmalnehmer)? Zeigen Sie das an einem Beispiel auf, in dem die lohnabhängigen Gemeinkosten 195 % betragen und 8 % Gewinn und Wagnis eingeplant sind!

Berechnung des Lohnmalnehmers:

Direkt verrechenbarer Lohn	= 1,00
+ 195 % lohnabhängige Gemeinkosten	= 1,95
= Selbstkosten	= 2,95
+ 8 % Gewinn und Wagnis	= 0,24
= Lohnmalnehmer	= 3,19

[7] Wie berechnet sich der Kalkulationsfaktor Werkstoffe (Werkstoffmalnehmer)? Zeigen Sie das an einem Beispiel auf, in dem die werkstoffabhängigen Gemeinkosten 20 % betragen und 8 % Gewinn und Wagnis eingeplant sind!

Berechnung des Werkstoffmalnehmers:

Direkt verrechenbare Werkstoffkosten	= 1,00
+ 20 % werkstoffabhängige Gemeinkosten	= 0,20
= Selbstkosten	= 1,20
+ 8 % Gewinn und Wagnis	= 0,10
= Werkstoffmalnehmer	= 1,30

8 Was versteht man in der Kalkulation unter den »variablen Kosten«?

Unter den variablen Kosten versteht man die innerhalb eines bestimmten Zeitraumes anfallenden Kosten, die abhängig von der Auslastung des Betriebes und der Beschäftigungszahl als veränderbare Kosten anfallen.

9 Was versteht man in der Kalkulation unter den »Fixkosten«?

Unter den Fixkosten versteht man die innerhalb eines bestimmten Zeitraumes anfallenden Kosten, die unabhängig von der Auslastung des Betriebes und unabhängig von der Beschäftigungszahl als feste Kosten anfallen. Die Fixkosten werden auch als zeitabhängige Kosten bezeichnet.

1.2 Möglichkeiten zur Kostensteuerung

1 Was will man bei der Vereinbarung einer Lohngleitklausel erreichen?

Unter der Lohngleitklausel versteht man eine Preisgleitklausel. Über die Lohngleitklausel soll eine während der Bauzeit evtl. eintretende Änderung der Löhne und Gehälter teilweise ausgeglichen werden. Grundlage für die Berechnung bildet ein vom Bieter anzugebender Änderungssatz zur Angleichung des Lohnes.

2 Was versteht man unter der »Vorgabezeit«?

Die Vorgabezeit ist eine Sollzeit für die auszuführenden Arbeitsabläufe. Sollzeiten werden aus früher ermittelten Istzeiten abgeleitet. Die Istzeiten sind die tatsächlich benötigten Zeiten zur Ausführung bestimmter Arbeiten.

3 Welche Ziele verfolgt man mit der innerbetrieblichen Leistungsverrechnung?

Mit der innerbetrieblichen Leistungsverrechnung will man die Kosten für interne Leistungen, für die keine Rechnungen von außen gestellt werden, den Hauptkostenstellen, z. B. Werkstoffkosten, Fertigung, Verwaltung usw., zuordnen. So gehen diese Kosten anschließend auch in die Auftragskalkulation ein. Die innerbetriebliche Leistungsverrechnung dient auch der Kostenkontrolle der internen Leistungen.

4 Unterscheiden Sie zwischen Voll- und Teilkostenrechnung!

Die Unterscheidung von Voll- und Teilkosten beruht auf dem Umfang der in die Rechnung einbezogenen Kosten.

Bei der Vollkostenrechnung geht der gesamte leistungsbezogene Güterverbrauch in die Kosten ein. Bei der Teilkostenrechnung geht nur ein Teil der gesamten leistungsbezogenen Kosten in die Kosten ein.

5 Wie verfährt man bei der Vollkostenrechnung?

1. Alle Kosten werden auf die Kostenträger verteilt.
2. Der Gewinn/Verlust wird für jeden Kostenträger durch Gegenüberstellung der Umsatzerlöse mit den vollen Selbstkosten (d. h. fixe und variable) ermittelt.
3. Die Ermittlung des Betriebsergebnisses erfolgt durch Addition der Erfolge der einzelnen erzielten Ergebnisse.

6 Was ist der Unterschied zur Teilkostenrechnung?

1. Bei der Teilkostenrechnung wird kein Gewinn oder Verlust, sondern lediglich der Deckungsbeitrag ermittelt; eine Teilkostenrechnung ist daher immer eine Deckungsbeitragsrechnung.
2. Nur der variable Teil der entstandenen Kosten wird auf die Kostenträger verrechnet.
3. Auf die Verrechnung der Fixkosten auf die Leistungseinheiten wird verzichtet.
4. In Bezug auf die Leistungseinheit sind variable Kosten konstant und fixe Kosten veränderlich.

7 Was versteht man in der Kalkulation unter dem »Deckungsbeitrag«?

Als Deckungsbeitrag bezeichnet man die Differenz zwischen Erlösen und variablen Kosten. Der Deckungsbeitrag gibt an, wie viel ein Produkt zur Deckung der Fixkosten beiträgt.

Der Deckungsbeitrag kann

- auf einen einzelnen Auftrag oder
- auf die gesamten Aufträge innerhalb einer bestimmten Zeit (Gesamtdeckungsbeitrag) bezogen werden.

8 Wie lautet die Formel für den Deckungsbeitrag?

Formel für den Deckungsbeitrag:

Deckungsbeitrag = Erlöse - variable Kosten.

9 Was versteht man unter der »Gewinnschwelle«?

Als Gewinnschwelle bezeichnet man diejenige Kapazitätsauslastung, bei der die Summe aller Kosten der Summe der erzielten Erlöse entspricht.

10 Was will man mit dem Soll-Ist-Vergleich erreichen?

Der Soll-Ist-Vergleich (SIV) stellt Plan- und Istdaten unterschiedlicher Art gegenüber. Er ist in vielen Betrieben ein zentrales Planungs- und Steuerungsinstrument, da er flexibel und in vielen Bereichen einsetzbar ist. Am häufigsten wird er genutzt, um Abweichungen bei Erlösen und Kosten aufzudecken. Dadurch kann man nach den Ursachen forschen und anschließend Maßnahmen zur Behebung oder Reduzierung der Abweichungen finden und umsetzen.

Der Soll-Ist-Vergleich ist im Normalfall Bestandteil des Controlling-Regelkreises. Dieser beginnt klassisch mit der Formulierung der Ziele, die ein Unternehmen im nächsten Jahr (operativ) und den danach folgenden Jahren (strategisch) erreichen will.

2 Marketing und Qualitätsmanagement

[1] Erläutern Sie den Begriff »Marketing«.

Unter dem Begriff Marketing versteht man die Gesamtheit der Aktivitäten eines Unternehmens hinsichtlich Marktanalyse, gezielter Produktentwicklung und Werbung, die das Ziel haben, den Absatz zu erhöhen und durch intensives Marketing neue Marktanteile zu gewinnen.

[2] Aus welchen sechs Stufen besteht ein Marketingkonzept?

Stufen des Marketingkonzeptes:

1. Situationsanalyse
2. Marketingziele
3. Marketingstrategie
4. Marketingbudget
5. Marketingmaßnahmen
6. Marketing-Controlling.

[3] Nennen Sie fünf Marketingmaßnahmen zur Kundenpflege und Kundengewinnung!

Marketingmaßnahmen zur Kundenpflege und -gewinnung sind:

- persönlichen Kontakt suchen,
- Zufriedenheit abfragen,
- unerwarteten Service bieten,
- regelmäßig informieren,
- bei Anfragen, aber auch bei Reklamationen rasch reagieren,
- immer persönlich ansprechbar sein.

[4] Erläutern Sie die Bedeutung des Unternehmensleitbildes!

Das Unternehmensleitbild stellt eine schriftliche Dokumentation dar, in der die im Unternehmen gültigen Werte und die Vision dazu sowie die Strategie zur Realisierung dieser Vision formuliert sind.

Das Leitbild dient der Identifikation innerhalb des Unternehmens, aber auch in der Öffentlichkeit.

Das Leitbild ist ...

- Bestandteil des internen verbessernden Prozesses,
- Grundage für die Corporate Identity und
- Rahmen für die Unternehmens-Strategie.

[5] Erläutern Sie das Corporate Design eines Unternehmens!

Das Corporate Design (CD) ist die einheitliche Gestaltung aller Kommunikationsmittel und Produkte eines Unternehmens. Mit dem Corporate Design soll in der Öffentlichkeit ein wiedererkennbares vermittelndes Erscheinungsbild geprägt werden, das die Selbsteinschätzung des Unternehmens zeigt.

6 Nennen Sie fünf Beispiele für das Corporate Design eines Unternehmens!
Zum Corporate Design gehört alles, was das visuelle Erscheinen eines Unternehmens ausmacht, z. B.:
- Firmenzeichen,
- Geschäftspapiere,
- Visitenkarten,
- Werbemittel in gedruckter wie in digitaler Form,
- einheitliche und saubere Arbeitskleidung,
- Fahrzeuggestaltung usw.

7 Erläutern Sie die Aufgaben des Betrieblichen Qualitätsmanagements!
Das Qualitätsmanagement umfasst alle Tätigkeiten und Zielsetzungen zur Sicherung der Produkt- und Prozessqualität. Zu berücksichtigen sind dabei die Wirtschaftlichkeit, die Gesetzgebung, die Umwelt und die Forderungen der Kunden. Zu den Aufgaben des Qualitätsmanagements zählen:
- Qualitätsplanung,
- Qualitätslenkung,
- Qualitätssicherung und
- Qualitätsverbesserung.

3 Unfallverhütung, Arbeitsschutz, Arbeitssicherheit

3.1 Gefährdungsanalysen, Betriebsanweisungen und Unterweisungen

1 Im § 5 des Arbeitsschutzgesetzes wird der Arbeitgeber verpflichtet, zum Schutz seiner Arbeitnehmer Gefährdungs- und Belastungsanalysen durchführen. Was versteht man unter einer Gefährdungs- und Belastungsanalyse?
Eine Gefährdungs- und Belastungsanalyse ist eine vorausschauende, präventive Analyse einer möglichen Belastungs- und Beanspruchungssituation, die eine Gefährdung für die Arbeitnehmer darstellen kann.
Die Gefährdungs- und Belastungsanalyse soll ein systematisches Vorgehen gegen Belastungen, Beanspruchungen und Störfaktoren ermöglichen.

2 Nach welcher Gliederung müssen die Betriebsanweisungen erstellt und die Unterweisungen durchgeführt werden?
Die Betriebsanweisungen und die Unterweisungen müssen nach folgender Gliederung erstellt bzw. durchgeführt werden:
- Name und Adresse des Betriebs,
- Arbeitsplatz,
- Schutzmaßnahmen, Verhaltensregeln,
- Erste Hilfe, Unfälle,
- Verhalten bei Störfällen,
- Beseitigen von Resten und Abfällen,
- Ort, Datum und Unterschrift.

3 Entsprechend der Gefahrstoffverordnung § 14 und verschiedenen Unfallverhütungsvorschriften ist der Unternehmer verpflichtet, Betriebsanweisungen für bestimmte Arbeitsbereiche, -verfahren und -stoffe zu erstellen.
A) Wann ist eine Unterweisung durchzuführen?
B) Welche Dokumentation muss zu den Unterweisungen erstellt werden?
A) Die Unterweisung ist vor dem ersten Einsatz, vor wesentlichen Veränderungen des Arbeitsprozesses und in regelmäßigen Abständen, mindestens jährlich (bei Jugendlichen halbjährlich) durchzuführen.
B) Die Unterweisung und ihre Inhalte sind schriftlich zu dokumentieren. Die unterwiesenen Personen müssen die Unterweisung mit ihrer Unterschrift bestätigen.

3.2 Pflichten der Arbeitgeber und der Arbeitnehmer

[1] Welche Pflichten hat der Unternehmer im Rahmen der Unfallverhütung im Betrieb?

Der Unternehmer muss seinen Betrieb so organisieren, dass die Gesundheit und das Leben seiner Mitarbeiter nicht gefährdet werden.

Der Unternehmer ist verpflichtet, die im Betrieb anzuwendenden Vorschriften der Gefahrstoffverordnung (GefStoffV) in Form einer Betriebsanweisung sowie die Unfallverhütungsvorschriften im Betrieb an geeigneter Stelle auszuhängen und an die Beschäftigten auszuhändigen.

Darüber hinaus sind die Beschäftigten vor ihrer Tätigkeit im Betrieb und in wiederkehrenden Abständen von maximal einem Jahr (Jugendliche halbjährlich) entsprechend zu unterweisen.

Der Unternehmer muss die Einhaltung der Gefahrstoffverordnung (GefStoffV) und der Unfallverhütungsvorschrift überwachen. Dabei kann er sich von Meistern, Vorarbeitern, Sicherheitsfachkräften und Sicherheitsbeauftragten unterstützen lassen.

Der Unternehmer muss veranlassen, dass Arbeitnehmer, die der Einwirkung von silikogenem Staub ausgesetzt sind, vor ihrer Beschäftigung und in regelmäßigen Abständen vom Arzt untersucht werden.

Der Unternehmer muss dafür sorgen, dass Jugendliche nur in den vom Gesetzgeber vorgesehenen Sonderfällen und unter Beachtung der dafür vorgesehenen Auflagen mit gesundheitsschädlichen, ätzenden oder reizenden Arbeitsstoffen beschäftigt werden.

Der Unternehmer muss dafür sorgen, dass alle Anlagen und Geräte in den dafür vorgesehenen Abständen von Sachverständigen auf ihre Sicherheit überprüft werden.

Der Unternehmer muss für Arbeiten, bei denen durch andere Maßnahmen die Gefährdung von Personen nicht gänzlich ausgeschlossen werden kann, eine persönliche Schutzausrüstung zur Verfügung stellen.

Der Unternehmer muss dafür sorgen, dass die erforderlichen Löschgeräte für den Brandschutz zur Verfügung stehen und die Betriebsangehörigen mit der Bedienung der Feuerlöscheinrichtung, insbesondere der Feuerlöscher, vertraut sind.

Der Unternehmer muss dafür sorgen, dass für Erste-Hilfe-Leistungen die entsprechende Anzahl von ausgebildeten Ersthelfern zur Verfügung steht und in Werkstätten und auf Baustellen ausreichendes Erste-Hilfe-Material vorhanden ist.

[2] Nennen Sie Beispiele, wie der Arbeitgeber seinen Pflichten im Rahmen der Unfallverhütung nachkommt!

Beispiele:

- fachlich geeignete Führungskräfte einstellen
- Fachkräfte für Arbeitssicherheit und Sicherheitsbeauftragte bestellen
- Koordinierung von Arbeiten, bei denen sich Unternehmen gegenseitig gefährden können
- Arbeitsmedizinische Untersuchungen veranlassen
- Mitarbeiter über mögliche Gefahren unterweisen
- für ausreichende Verständigung mit ausländischen Mitarbeitern sorgen
- Betriebsanweisungen erstellen, vor allem beim Umgang mit Gefahrstoffen und bei Abbruch- und Montagearbeiten
- zuständige Stellen (Berufsgenossenschaft, Gewerbeaufsicht) über meldepflichtige Tätigkeiten informieren, z. B. über Arbeiten mit Asbest
- Gefährdungsanalyse durchführen, z. B. zu Absturzgefahren am Arbeitsplatz
- regelmäßige Prüfungen durchführen, z. B. von elektrischen Anlagen und Arbeitsmaschinen
- Maßnahmen zum Brand- und Explosionsschutz ergreifen
- Maßnahmen zur Durchführung der Ersten Hilfe vorsehen

[3] Der Unternehmer kann grundsätzlich alle Pflichten zum Unfallschutz übertragen, wenn er den Mitarbeitern die entsprechenden Rechte einräumt, bis hin zu verbindlichen finanziellen Entscheidungen. Welche wesentliche Pflicht bleibt immer beim Unternehmer?

Der Unternehmer hat immer die allgemeine Aufsichtspflicht. Zu dieser Pflicht gehören die sorgfältige Auswahl, die Bestellung und die Überwachung der Aufsichtspersonen.

[4] Der Arbeitgeber hat entsprechend der UVV Fachkräfte für Arbeitssicherheit zu bestellen. A) In welcher Form muss dies geschehen? B) Wie ist der Begriff »Fachkräfte für Arbeitssicherheit« definiert? C) Welche Pflichten hat der Arbeitgeber gegenüber der Fachkraft für Arbeitssicherheit?

A) Der Unternehmer muss die Pflichtenübertragung der Unfallverhütung schriftlich bestätigen. Die Verantwortungsbereiche und die Befugnisse sind zu beschreiben. Der Mitarbeiter hat diese Pflichtenübertragung zu unterzeichnen. Eine Ausfertigung der schriftlichen Bestätigung ist dem Mitarbeiter auszuhändigen. Es ist auch möglich, die Pflichtenübertragung im Arbeitsvertrag festzuschreiben.

B) Die Fachkräfte für Arbeitssicherheit sind nach dem Arbeitssicherheitsgesetz sachverständige Berater des Unternehmers ohne Weisungs- und Anordnungsbefugnis. Auf sie sollten deswegen keine Unternehmerpflichten in der Unfallverhütung übertragen werden.

C) Der Arbeitgeber hat dafür zu sorgen, dass die von ihm bestellten Fachkräfte für Arbeitssicherheit ihre Aufgaben erfüllen. Er hat sie bei der Erfüllung ihrer Aufgaben zu unterstützen; insbesondere ist er verpflichtet, ihnen, soweit dies zur Erfüllung ihrer Aufgaben erforderlich ist, Hilfspersonal sowie Räume, Einrichtungen, Geräte und Mittel zur Verfügung zu stellen. Er hat sie über den Einsatz von Personen zu unterrichten, die mit einem befristeten Arbeitsvertrag beschäftigt oder ihm zur Arbeitsleistung überlassen sind.
Der Arbeitgeber hat den Fachkräften für Arbeitssicherheit die zur Erfüllung ihrer Aufgaben erforderliche Fortbildung unter Berücksichtigung der betrieblichen Belange zu ermöglichen. Ist die Fachkraft für Arbeitssicherheit als Arbeitnehmer eingestellt, so ist sie für die Zeit der Fortbildung unter Fortentrichtung der Arbeitsvergütung von der Arbeit freizustellen. Die Kosten der Fortbildung trägt der Arbeitgeber. Ist die Fachkraft für Arbeitssicherheit nicht als Arbeitnehmer eingestellt, so ist sie für die Zeit der Fortbildung von der Erfüllung der ihr übertragenen Aufgaben freizustellen.

5 Welche Pflichten haben Arbeitnehmer im Rahmen der Unfallverhütung im Betrieb?

Die Arbeitnehmer müssen sich stets so verhalten, dass sie weder sich selbst noch Kolleginnen und Kollegen gefährden. Sie sind verpflichtet, die Weisungen der Vorgesetzten zu befolgen. Offensichtlich sicherheitswidrigen Anordnungen darf aber nicht nachgekommen werden.
Die Arbeitnehmer müssen Anlagen und Geräte, die nicht den Sicherheitsbestimmungen entsprechen, unverzüglich außer Betrieb setzen. Anschließend ist der Unternehmer oder dessen Bevollmächtigter zu verständigen.
Die Arbeitnehmer müssen die persönliche Schutzausrüstung benutzen, wenn durch andere Maßnahmen die Gefährdung nicht gänzlich verhindert werden kann.

6 Ab wieviel Beschäftigten muss ein Unternehmer Sicherheitsbeauftragte bestellen?

In Unternehmen mit mehr als zwanzig Beschäftigten hat der Unternehmer einen oder mehrere Sicherheitsbeauftragte zu bestellen. Die Berufsgenossenschaften können für Betriebe mit geringer Unfallgefahr die Zahl zwanzig in ihrer Satzung erhöhen.

7 Welche Aufgaben hat der Sicherheitsbeauftragte in einem Betrieb?

Der Sicherheitsbeauftragte hat die Aufgabe, in seinem Arbeitsbereich Unternehmer und Führungskräfte sowie insbesondere seine Kollegen bei der Durchführung der Unfallverhütung zu unterstützen, Anstöße für eine Verbesserung der Arbeitssicherheit und des Gesundheitsschutzes zu geben und über Sicherheitsprobleme zu informieren.

8 Welche grundsätzlichen Aufgaben hat der Sicherheitsbeauftragte? Ist er weisungsbefugt?

Der Sicherheitsbeauftragte soll beraten und helfen, er ist nicht weisungsbefugt.

3.3 Beschäftigung von Jugendlichen

1 Unter welchen Voraussetzungen dürften Jugendliche für Arbeiten mit minder giftigen (gesundheitsschädlichen), ätzenden oder reizenden Arbeitsstoffen eingesetzt werden?

Jugendliche dürfen zu Arbeiten mit mindergiftigen (gesundheitsschädlichen), ätzenden oder reizenden Arbeitsstoffen nur eingesetzt werden, wenn

1. sie mindestens 16 Jahre alt sind,
2. der Luftgrenzwert unterschritten wird,
3. sie durch einen Fachkundigen beaufsichtigt werden,
4. der Umgang mit diesen Stoffen zur Erreichung des Ausbildungsziels erforderlich ist.

2 Welche Voraussetzungen müssen gegeben sein, damit Jugendliche zu Arbeiten mit giftigen und Krebs erregenden Arbeitsstoffen eingesetzt werden dürfen?

- Jugendliche dürfen zu Arbeiten mit giftigen oder Krebs erregenden Arbeitsstoffen nur eingesetzt werden, wenn sie den Einwirkungen dieser Stoffe nicht ausgesetzt sind.
- Die Jugendlichen müssen bei diesen Arbeiten von einem Fachkundigen beaufsichtigt werden.
- Sie müssen außerdem mindestens 16 Jahre alt sein. Zudem muss der Umgang mit diesen Arbeitsstoffen zur Erreichung des Ausbildungsziels erforderlich sein.
- Der Jugendliche muss innerhalb feststehender Fristen von einem Arzt untersucht worden sein. Dem Unternehmer muss eine vom Arzt ausgestellte Bescheinigung vorliegen, dass keine gesundheitlichen Bedenken gegen eine Beschäftigung mit diesen Arbeitsstoffen sprechen.

3 Der Gesetzgeber lässt die Beschäftigung von Jugendlichen bei Arbeiten mit extrem entzündbaren, leicht entzündbaren bzw. entzündbaren Flüssigkeiten oder Dämpfen nach der Gefahrstoffverordnung nur unter Beachtung einer Auflage zu. Nennen Sie den Inhalt dieser Auflage!

Die Jugendlichen müssen bei der Arbeit mit extrem entzündbaren, leicht entzündbaren bzw. entzündbaren Flüssigkeiten und/oder Dämpfen von einem Fachkundigen beaufsichtigt werden.

3.4 Arbeitsstättenrichtlinien

[1] Unter welchen Voraussetzungen werden entsprechend der Unfallverhütungsvorschrift keine besonderen Anforderungen an Lackier- und Trockenkabinen gestellt?

Es werden keine besonderen Anforderungen an Lackier- und Trockenräume gestellt, wenn:

1. Beschichtungsstoffe verarbeitet werden, die keine gefährlichen Arbeitsstoffe enthalten,
2. Beschichtungsstoffe verarbeitet werden, die zwar gefährliche Arbeitsstoffe enthalten, von denen aber nicht mehr als 20 g je m^3 Raumgröße und nicht mehr als 5 kg je Raum in einer achtstündigen Schicht verarbeitet werden,
3. der Raum mindestens 30 m^3 Rauminhalt und 10 m^2 Grundfläche hat,
4. bei Taucharbeiten die Oberfläche des Flüssigkeitsspiegels nicht größer als 0,25 m^2 ist und der Flammpunkt des Beschichtungsstoffs über 313 K (40 °C) liegt.

[2] Welche Anforderungen werden an die Ausstattung der Werkstätten gestellt, wenn darin leicht entzündbare Anstrichstoffe in größeren Mengen verarbeitet werden?

Wenn leicht entzündbare Arbeitsstoffe in größeren Mengen verarbeitet werden,

1. muss für das Verarbeiten ein gesonderter Raum vorhanden sein;
2. müssen Heizeinrichtungen so beschaffen sein, dass sich darauf keine Farbablagerungen bilden können und das Abstellen von Gegenständen unmöglich ist;
3. dürfen keine Zündquellen vorhanden sein oder es sind Schutzmaßnahmen gegen Brand- und Explosionsgefahren zu treffen;
4. muss ein Hinweis auf Rauchverbot und Verbot von offenem Feuer an den Zugängen, in den Räumen sowie in feuer- und explosionsgefährdeten Bereichen angebracht sein;
5. müssen Feuerlöscheinrichtungen für in Brand geratene Kleidung vorhanden sein;
6. muss eine Lüftungseinrichtung zur Verhinderung gefährlicher explosionsfähiger Atmosphäre und gesundheitsgefährlicher Konzentration vorhanden sein;
7. müssen Stände, Wände und Kabinen oder ähnliche Einrichtungen aus nicht brennbarem Werkstoff bestehen;
8. müssen Lacknebelabscheider unbrennbar sein;
9. müssen für die elektrische Einrichtung der Räume gesonderte Schalteinrichtungen vorhanden sein;
10. müssen Elektromotoren und Leuchten im Spritz- und Sprühbereich mindestens gegen Spritzwasser geschützt sein.

3.5 Technische Ausstattung

1 Zeigen Sie die notwendigen Sicherheitsmaßnahmen beim Spritzen mit dem Airless-Gerät auf!

- Es dürfen nur die in der Bedienungsanleitung aufgeführten Werkstoffe verspritzt werden.
- Leicht entzündbare Arbeitsstoffe dürfen nur in ex-geschützten (explosionsgeschützten) Geräten verarbeitet werden. Dies gilt auch für die Reinigung der Geräte im Umlauf.
- Es darf nur an Arbeitsplätzen gespritzt werden, an denen eine Gefährdung von Personen ausgeschlossen ist.
- Spritzpistolen dürfen niemals auf Personen gerichtet werden.
- Die Spritzpistolen dürfen mit keinem höheren Druck betrieben werden, als es in der Betriebsanleitung vorgesehen ist.
- Die Abzugseinrichtung der Spritzpistole darf in der Einschaltstellung nicht, z. B. durch Verklemmen, festgesetzt werden.
- Bei Arbeitsunterbrechung ist die Abzugseinrichtung zu verriegeln.
- Man darf niemals versuchen, verstopfte Düsen mit Draht zu reinigen.
- Die Schläuche dürften nur vom Fachpersonal eingebunden werden.
- Die Schläuche sind so zu führen, dass sie nicht eingeklemmt und an scharfen Kanten u. Ä. beschädigt werden können.

2 Was ist beim Fluten von Heizkörpern aus Gründen des Gesundheitsschutzes zu beachten?

- Die Pumpen müssen explosionsgeschützt (Ex-Schutz) sein.
- Die Heizkörper müssen zum Fluten elektrostatisch geerdet werden.
- Es ist für ausreichende Be- und Entlüftung zu sorgen. Ist dies nicht möglich, sind Atemschutzgeräte zu benutzen.
- Jegliche Art von Zündquellen sind zu vermeiden.
- Es sind Feuerlöscher bereitzuhalten.

3 Zeigen Sie die wichtigsten Inhalte der Unfallverhütungsvorschriften für Kompressoren auf!

Die Kompressoren müssen der UVV (Unfallverhütungsvorschrift) für Verdichter (Kompressoren) entsprechen.

Der Unternehmer muss für jeden Kompressor eine schriftliche Bedienungsanleitung entsprechend den Angaben des Herstellers für das Bedienen und Warten aufstellen.

Jeder Verdichter muss dauerhaft und leicht erkennbar mit den erforderlichen maschinentechnischen Kenndaten versehen sein. Die Verdichter müssen Sicherheitseinrichtungen gegen Drucküberschreitung haben, die nicht ab-

sperrbar sein dürfen, z. B. Berstsicherungen, druckgesteuerte Einrichtungen, Überströmventile oder Abblaseeinrichtungen.
Der Unternehmer hat dafür zu sorgen, dass die Kompressoren nur von unterwiesenen Personen bedient und von sachkundigen Personen gewartet werden.
Die von Verdichtern angesaugte Luft muss von Lösemitteldämpfen u. Ä. frei sein.

[4] Nennen Sie die wichtigsten Inhalte der Unfallverhütungsvorschriften für Materialdruckgefäße!
Die auf dem Fabrikschild angegebenen Höchstwerte für den Druck dürfen nicht überschritten werden.
Die Sicherheitsventile, Abblaseeinrichtungen, Druckminderventile und Manometer dürfen nicht unwirksam gemacht werden.
Verschlüsse und Verschlussschrauben dürfen nicht durch ungeeignete Werkzeuge und übermäßiges Anziehen beschädigt werden.
Die Sicherheitseinrichtungen müssen regelmäßig überprüft werden.
Die Bedienungsanleitung muss am Einsatzort vorliegen. Sie ist unbedingt zu beachten.

[5] Wie müssen Tauchbehälter beschaffen sein, damit sie den Unfallverhütungsvorschriften entsprechen?
Die Tauchbehälter müssen aus nicht brennbarem Material bestehen und mit dicht aufliegendem Deckel versehen sein, der sich bei einem Brand selbsttätig schließt oder doch zumindest im Brandfall gefahrlos geschlossen werden kann.
Tauchbehälter in stationären Anlagen müssen mit einer wirksamen Absaugung versehen sein, wenn die Oberfläche des Flüssigkeitsspiegels größer als 0,25 m^2 ist und Beschichtungsstoffe verarbeitet werden, deren Flammpunkt unter 313 K (40 °C) liegt oder wenn die Beschichtungsstoffe über ihren Flammpunkt hinaus erwärmt werden.

[6] Welche Menge Beschichtungsstoff darf im Spritzraum maximal bereitgehalten werden?
Im Spritzraum darf nur die Menge an Beschichtungsstoff bereitgehalten werden, die der Fortgang der Arbeiten erfordert, maximal der Bedarf einer Arbeitsschicht. Die Beschichtungsstoffe müssen sich hierzu in bruchsicheren und verschlossenen Gefäßen befinden. Entleerte Beschichtungsstoffgefäße müssen unverzüglich aus dem Spritzraum entfernt werden.

[7] Begründen Sie, warum Beschichtungsstoffe nicht mit Sauerstoff oder mit sauerstoffangereicherter Luft verspritzt werden dürfen!
Lösemitteldämpfe und Farbnebel können mit Sauerstoff ein explosionsfähiges Gemisch bilden.

[8] Wie ist mit gebrauchtem Putzmaterial zu verfahren, das in der Spritzwerkstatt anfällt?
Gebrauchtes Putzmaterial ist in nicht brennbaren, verschließbaren Behältern zu sammeln und täglich aus den Räumen zu entfernen.

[9] Bei Altbeschichtungen findet der Maler und Lackierer immer wieder Bleimennige-Grundierungen vor. Welche Maßnahmen müssen beim Abschleifen von bleimennigehaltigen Beschichtungen aus Gründen des Umwelt- und Gesundheitsschutzes ergriffen werden?
- Zur Vermeidung der Staubentwicklung darf die Beschichtung nur nass geschliffen werden.
- Daneben sind folgende Teile der persönlichen Schutzausrüstung zu tragen:
o Atemschutzmaske;
o Schutzhandschuhe;
o Schutzkleidung, die nach Beendigung der Beschichtungsarbeit, zumindest aber täglich gewechselt werden muss.

[10] Nennen Sie Bespiele für Einrichtungen im Betrieb, die dem Arbeits- und Gesundheitsschutz dienen!
Beispiele für Einrichtungen für Arbeits- und Gesundheitsschutz:
- Einrichtungen zur Ersten Hilfe
- persönliche Schutzausrüstungen (z. B. Atemschutz, Schutzhelm, Schutzschuhe)
- sichere Arbeitsplätze und Verkehrswege (z. B. Beleuchtung)
- Absturzsicherung für hochgelegene Arbeitsplätze (z. B. dreiteiliger Seitenschutz)
- sichere Gerüste (z. B. feste Verankerungen)
- sichere elektrische Anlagen und Betriebsmittel (z. B. mit GS oder VDE gekennzeichnete Geräte)
- sichere Fahrzeuge und Geräte
- Kennzeichnung von Gefahrbereichen
- Bereitstellung von Brandschutzmitteln (z. B. Feuerlöscher)
- Tagesunterkünfte, Waschgelegenheiten und Toiletten
- Einrichtungen zur Belüftung und Beleuchtung

[11] Der Arbeitgeber hat arbeitsmedizinische Vorsorgeuntersuchungen zu veranlassen, wenn die Arbeitnehmer bestimmten Gefahren ausgesetzt sind. Nennen Sie Gefahren, bei denen der Arbeitgeber diese Untersuchungen veranlassen muss!
Spezielle arbeitsmedizinische Vorsorgeuntersuchungen sind erforderlich, wenn die Einwirkung von silikogenem Staub, Isocyanaten und Lösemitteln nicht aus-

geschlossen, eine Lärmentwicklung nicht vermieden werden kann und wenn Atemschutzgeräte zu tragen sind.

12 Begründen Sie, warum Quarzsand nur noch in Ausnahmefällen zum Abstrahlen zugelassen ist!
Quarzsand kann Silikose, eine krankhafte Veränderung der Lunge, verursachen.

13 In welchen Fällen darf auch heute noch Quarzsand zum Abstrahlen verwendet werden?
Quarzhaltige Natur- und Kunststeine dürfen nach wie vor mit Quarzsand abgestrahlt werden. Um die Staubentwicklung zu unterbinden, sollte hier aber nass gestrahlt werden.
Arbeitnehmer, die der Einwirkung von silikogenem Sand (Quarzsand) ausgesetzt sind, müssen vor der Beschäftigung und in regelmäßigen Abständen auf Veranlassung des Arbeitgebers vom Arzt untersucht werden.

14 Welche Maßnahmen sind zur Unfallverhütung und zum Gesundheitsschutz bei Strahlarbeiten erforderlich?
Wegen der Funkenbildung bei Strahlarbeiten müssen leicht entzündbare Stoffe aus dem Gefahrenbereich entfernt werden.
Alle mit Strahlarbeiten Beschäftigten müssen von der Umgebungsatmosphäre unabhängig wirkende Atemschutzgeräte benutzen und Schutzkleidung tragen. Können solche Atemschutzgeräte nicht getragen werden, sind Kopf und Schulter bedeckende Hauben und Filtergeräte mit Partikelfiltern zu tragen.

15 An welchen Orten ist die Lagerung von brennbaren Flüssigkeiten unzulässig?
Die Lagerung brennbarer Flüssigkeiten ist in Durchgängen und Durchfahrten, in Treppenhäusern, in allgemein zugänglichen Fluren, auf Dächern von Wohn-, Kranken- und Bürohäusern sowie in Dachräumen, in Arbeitsräumen, in Gast- und Schankräumen absolut verboten.

16 Wieviel Liter Lösemittel nach TRGS 510 dürfen in einem Verkaufsraum gelagert werden, wenn der Raum eine Grundfläche von 100 m² hat?
In einem Verkaufsraum dieser Größe (bis 200 m²) dürfen in zerbrechlichen Gefäßen 10 l Lösemittel der Einstufung extrem oder leicht entzündbar (Kategorie 1 oder 2) oder 20 l der Kategorie 3 (entzündbar) gelagert werden. Befinden sich die Lösemittel in »sonstigen Behältern«, dürfen bei gleicher Raumgröße 60 l der Kategorie 1 und 2 und 120 l Lösemittel der Kategorie 3 gelagert werden. Die Lagermenge kann erhöht werden, wenn die Lagerung in Sicherheitsschränken erfolgt.

17 In welchen Räumen ist die Lagerung von Flüssiggas absolut unzulässig?

Die Lagerung von Flüssiggas, wie Propan und Butan, ist in folgenden Räumen unzulässig:

1. in Treppenhäusern, Haus- und Stockwerksfluren, Durchgängen und Durchfahrten oder in deren unmittelbarer Nähe;
2. in Räumen mit unmittelbarer Verbindung zu Treppenhäusern, Durchgängen und Durchfahrten, die den einzigen Zugang zu Räumen für den dauernden Aufenthalt von Menschen bilden oder dem regelmäßigen Verkehr dienen, es sei denn, dass die Wände dieser Räume mindestens Feuer hemmend und die Türen rauchdicht und selbstschließend sind;
3. in Räumen, in denen Zündquellen, wie Feuerstellen, offenes Licht, funkende Beleuchtung und dergleichen, vorhanden sind, oder die unmittelbar mit Räumen verbunden sind, in denen sich die Zündquellen befinden;
4. in Räumen, deren Fußböden allseitig tiefer liegen als der umgebende Erdboden, so dass ein Abfluss ausgetretener Gase ins Freie nicht möglich ist;
5. in Räumen, in denen sich Gruben, Kanäle oder Abflüsse zu Kanälen, Kellereingängen oder sonstige Verbindungen zu Kellerräumen befinden;
6. in Räumen, in denen Kraftfahrzeuge abgestellt werden;
7. in Arbeitsräumen;
8. in engen Höfen, Durchgängen und Durchfahrten oder in deren unmittelbarer Nähe.

18 Für die Lagerung von Flüssiggas sind die Bestimmungen der »Sicherheitstechnischen Richtlinien für die Lagerung von Behältern für Propan und Butan« zu beachten. Welche Forderungen werden hier für die zulässige Lagerung von Flüssiggas in geschlossenen Lagerräumen gestellt?

Für die Lagerung von Flüssiggas in geschlossenen Räumen wurden folgende Forderungen aufgestellt:

- Das Betreten der Lagerräume ist für Unbefugte untersagt. Auf dieses Verbot muss ein Schild an der Eingangstür hinweisen.
- Es muss ein geeigneter Feuerlöscher vorhanden und leicht erreichbar sein.
- Die Lagerräume müssen zu ebener Erde oder höchstens in Rampenhöhe liegen.
- Lagerräume, in denen mehr als 25 gefüllte Flüssiggasflaschen oder zwei gefüllte Druckgasfässer gelagert werden, dürfen weder unter noch über Räumen liegen, die dem dauernden Aufenthalt von Menschen oder dem regelmäßigen Verkehr dienen.
- Lagerräume, die unmittelbar an einen öffentlichen Verkehrsweg angrenzen, dürfen in der an den Weg angrenzenden Wand keine Türen und bis zu einer Höhe von 2,00 m keine zu öffnenden Fenster haben. Dieses Verbot gilt nicht für Lagerräume, deren Laderampen an öffentlichen Verkehrswegen liegen.
- Die Lagerräume müssen ständig gut belüftet werden. Zu diesem Zweck müs-

sen die Räume mit mindestens zwei verschließbaren, unmittelbar ins Freie führenden Lüftungsöffnungen versehen sein. Eine davon muss in Fußbodenhöhe, die zweite in mindestens 2,00 m Höhe über dem Fußboden liegen. Wenn es die örtlichen Verhältnisse zulassen, sind die Lüftungsöffnungen in gegenüber liegenden Wänden anzuordnen.

- Für die Beheizung der Lagerräume dürfen nur Heizanlagen verwendet werden, durch die Gase nicht entzündet werden. So darf die Oberflächentemperatur der Heizkörper 523 K (250°C) nicht überschreiten. Die Entfernung gefüllter Gasbehälter von Warmwasser- und Niederdruckdampfheizungen soll mindestens 0,5 m, von anderen Heizkörpern mindestens 1 m betragen.
- Der Fußboden muss eben und fest sein, so dass die Behälter senkrecht und sicher stehen.
- Es dürfen nicht gleichzeitig mit dem Flüssiggas explosionsgefährliche, leicht brennbare oder selbstentzündbare Stoffe gelagert werden.
- An jedem Zugang ist ein Warnschild mit folgender Aufschrift anzubringen: »Feuer- und Explosionsgefahr! Rauchen und Umgang mit offenem Licht oder Feuer ist verboten!«

3.6 Gebots-, Verbots- und Warnzeichen

1 Schreiben Sie unter die nachfolgenden Gebotszeichen, welche Schutzmaßnahmen jeweils zu treffen sind, wenn sie am Arbeitsplatz und/oder im Technischen Merkblatt und/oder Sicherheitsdatenblatt angezeigt sind.

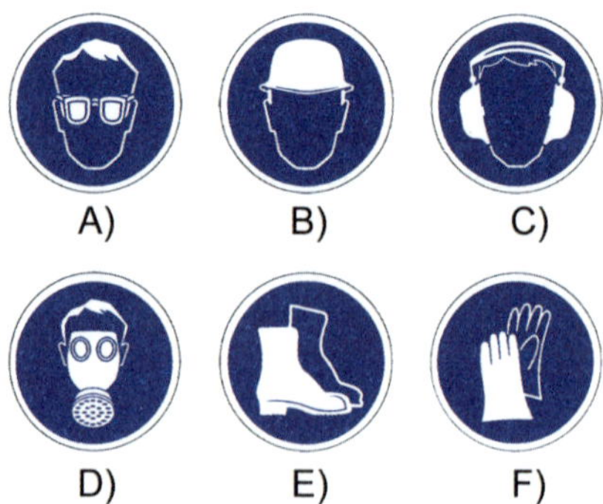

A) Augenschutz tragen
B) Kopfschutz tragen
C) Gehörschutz tragen
D) Atemschutz tragen
E) Sicherheitsschuhe tragen
F) Schutzhandschuhe tragen

2 **Schreiben Sie unter die nachfolgenden Verbotszeichen die genaue Bezeichnung des Verbots!**

A) Rauchen verboten
B) Feuer, offenes Licht und Rauchen verboten
C) Für Fußgänger verboten
D) Nicht mit Wasser löschen
E) Mobilfunk verboten
F) Zutritt für Unbefugte verboten

3 **Schreiben Sie unter die nachfolgenden Warnzeichen, vor welchen Gefahren die Schilder warnen sollen!**

Warnung vor:
A) feuergefährlichen Stoffen
B) explosionsgefährlichen Stoffen
C) giftigen Stoffen
D) ätzenden Stoffen
E) gesundheitsschädlichen oder reizenden Stoffen
F) explosionsfähiger Atmosphäre
G) Handverletzungen
H) gefährlicher elektrischer Spannung
I) Absturzgefahr

3.7 Gefahrstoffe

1 Was versteht man entsprechend der Gefahrstoffverordnung (GefStoffV) unter gefährlichen Arbeitsstoffen?

Unter gefährlichen Arbeitsstoffen entsprechend der Gefahrstoffverordnung versteht man Stoffe, die eine oder mehrere der nachfolgend aufgeführten Eigenschaften aufweisen:
- explosionsgefährlich,
- brandfördernd,
- hochentzündlich, leichtentzündlich,
- sehr giftig,
- giftig,
- gesundheitsschädlich,
- ätzend,
- reizend,
- sensibilisierend,
- kanzerogen,
- reproduktionstoxisch,
- mutagen,
- umweltgefährlich.

2 Wann gilt ein Stoff entsprechend der Gefahrstoffverordnung (GefStoffV) als explosionsgefährlich?

Als explosionsgefährlich gelten Stoffe, wenn sie auch ohne Beteiligung von Sauerstoff zur Explosion gebracht werden können oder durch Schlag oder Reibung explodieren können.

[3] Wann gilt ein Stoff entsprechend der Gefahrstoffverordnung (GefStoffV) als brandfördernd?

Brandfördernd sind Stoffe, wenn sie bei Berührung mit anderen, insbesondere entzündbaren Stoffen so reagieren können, dass Wärme in erheblicher Menge frei wird.

[4] Sie lesen auf einem Lösemittelgebinde mit Spiritus die Kennzeichnung H226 und P284. Wofür stehen die Kürzel H und P?

H: Abkürzung für »Hazard Statement« (Gefahrenhinweis). H226 steht für »Flüssigkeit und Dampf entzündbar«.

P: Abkürzung für »Precautionary Statement« (Sicherheitshinweis). P284 steht für »Atemschutz tragen«.

[5] Gefährliche Arbeitsstoffe müssen entsprechend der Gefahrstoffverordnung gekennzeichnet werden. Welche Angaben müssen auf dieser Kennzeichnung enthalten sein?

Die Kennzeichnung der gefährlichen Arbeitsstoffe muss folgende Details enthalten:

1. die Bezeichnung des gefährlichen Arbeitsstoffs,
2. den Namen und die Anschrift dessen, der den Stoff hergestellt oder eingeführt hat oder der den Stoff vertreibt,
3. das Gefahrensymbol und die Gefahrenbezeichnung entsprechend der Gefahrstoffverordnung und
4. den Hinweis auf die besonderen Gefahren entsprechend der Gefahrstoffverordnung.

6 **Zeichnen Sie die Gefahrensymbole mit ihrem entsprechendem Symbol nach GHS.**

A brandfördernd
B leicht/extrem entzündbar
C explosiv
D extreme Toxizität
E umweltgefährlich

Frage	Bezeichnung	GHS 2010
A	brandfördernd	
B	leicht/extrem entzündbar	
C	explosiv	
D	extreme Toxizität	
E	umweltgefährlich	

7 Nennen Sie vier Kriterien, nach denen ein Stoff als Gefahrstoff im Sinne der Gefahrstoffverordnung 2015 deklariert wird!

Kriterien zur Einteilung als Gefahrstoff:

- gefährliche Stoffe und Zubereitungen nach § 3,
- Stoffe, Zubereitungen und Erzeugnisse, die explosionsfähig sind,
- Stoffe, Zubereitungen und Erzeugnisse, aus denen bei der Herstellung oder Verwendung Stoffe nach Nummer 1 oder Nummer 2 entstehen oder freigesetzt werden,
- Stoffe und Zubereitungen, die die Kriterien nach den Nummern 1 bis 3 nicht erfüllen, aber auf Grund ihrer physikalisch-chemischen, chemischen oder toxischen Eigenschaften und der Art und Weise, wie sie am Arbeitsplatz vorhanden sind oder verwendet werden, die Gesundheit und die Sicherheit der Beschäftigten gefährden können,
- Stoffe, denen ein Arbeitsplatzgrenzwert zugewiesen worden ist.

8 Welche allgemeinen Schutzmaßnahmen müssen entsprechend der neuen Gefahrstoffverordnung vom Juni 2015 bei »geringer Gefährdung« getroffen werden?

Es müssen folgende allgemeinen Schutzmaßnahmen getroffen werden:

- Begrenzung der Anzahl der Beschäftigten,
- Begrenzung der Dauer und der Höhe der Exposition,
- angemessene Hygienemaßnahmen,
- Begrenzung der vorhandenen Gefahrstoffe auf die erforderliche Menge,
- geeignete Arbeitsmethoden, einschließlich sicherer Handhabung, Lagerung und Beförderung.

9 Entsprechend der Gefahrstoffverordnung muss der Hersteller oder Inverkehrbringer eines Gefahrstoffs für diesen ein Sicherheitsdatenblatt zur Verfügung stellen. Welchen Zweck erfüllt das Sicherheitsdatenblatt entsprechend der Gefahrstoffverordnung?

Das Sicherheitsdatenblatt soll den Anwender der Gefahrstoffe über die physikalischen, chemischen, sicherheitstechnischen, toxikologischen und ökologischen Daten informieren, um die für den Gesundheitsschutz, die Sicherheit am Arbeitsplatz und den Schutz der Umwelt erforderlichen Maßnahmen treffen zu können.

10 Wie ist ein den Vorschriften entsprechendes Sicherheitsdatenblatt gegliedert?

Das Sicherheitsdatenblatt nach GefStoffV muss folgende Angaben in nachstehender Reihenfolge enthalten:

1. Stoff-/Zubereitungs- und Firmenbezeichnung,
2. Zusammensetzung/Angaben zu Bestandteilen,

3. mögliche Gefahren,
4. Erste-Hilfe-Maßnahmen,
5. Maßnahmen zur Brandbekämpfung,
6. Maßnahmen bei unbeabsichtigter Freisetzung,
7. Handhabung und Lagerung,
8. Expositionsbegrenzung und persönliche Schutzausrüstungen,
9. physikalische und chemische Eigenschaften,
10. Stabilität und Reaktivität,
11. Angaben zur Toxikologie,
12. Angaben zur Ökologie,
13. Hinweise zur Entsorgung,
14. Angaben zum Transport,
15. Vorschriften,
16. sonstige Angaben.

11 Welche Forderungen ergeben sich aus der Bereitstellung des Sicherheitsdatenblatts für den Maler und Lackierer? Zählen Sie vier auf!

Der Maler und Lackierer muss

1. über das Sicherheitsdatenblatt verfügen,
2. anhand des Sicherheitsdatenblatts prüfen, ob er den Gefahrstoff ersetzen (substituieren) kann,
3. anhand des Sicherheitsdatenblatts die Betriebsanweisung erstellen und die Unterweisungen durchführen und
4. das Sicherheitsdatenblatt bei der Verarbeitung der Gefahrstoffe dabeihaben.

12 Welche Maßnahmen sind entsprechend der Gefahrstoffverordnung erforderlich, wenn bei Arbeiten gesundheitsgefährlicher Staub in größeren Mengen frei wird?

Nach der Gefahrstoffverordnung muss der Arbeitgeber, nachdem er in der Gefährdungsbeurteilung gesundheitsgefährdende Staubfreisetzung ermittelt hat, folgende Maßnahmen treffen:

- Führen eines Gefahrstoffkatasters der verwendeten Gefahrstoffe,
- Erstellen einer Betriebsanweisung,
- Unterweisung der Beschäftigten mit schriftlicher Dokumentation,
- Stellen der persönliche Schutzausrüstung.

Zusätzlich sind bei Tätigkeiten mit Gefahrstoffen, bei denen Arbeitsplatzgrenzwerte (AGW) vorliegen, folgende Maßnahmen zu treffen:

- Verwendung geschlossener Systeme oder Reduzierung der Exposition,
- Sicherstellung der Einhaltung des Arbeitsplatzgrenzwertes,
- Messverpflichtung zur Dokumentation der Einhaltung des Arbeitsplatzgrenzwertes.

Zusätzlich sind bei Tätigkeiten mit Gefahrstoffen, bei denen keine AGW vorliegen, folgende Maßnahmen zu treffen:

- Überwachung der Wirksamkeit der getroffenen technischen, organisatorischen und persönlichen Schutzmaßnahmen.

13 Der Arbeitgeber hat nach den §§ 6 und 7 der Gefahrstoffverordnung bestimmte Ermittlungs- und Überwachungspflichten zu den eingesetzten Werkstoffen zu erfüllen. Welche Verpflichtung hat der Arbeitgeber hierzu im Einzelnen?

Es ist zu ermitteln,

- ob ein Umgang mit Gefahrstoffen vorliegt,
- welche Gefahren im Umgang mit den Gefahrstoffen verbunden sind,
- welche Maßnahmen zur Gefahrenabwehr erforderlich sind,
- ob die Grenzwerte der Gefahrstoffe unter- und deren Auslöseschwellen überschritten werden,
- ob es Möglichkeiten der Substitution gibt.

Die Ergebnisse der Ermittlungen und Überwachungen sind zu dokumentieren.

14 Beurteilen Sie die Gesundheitsschädlichkeit der Epoxidharz-, Polyurethanharz- und UP-Harzlacke und zeigen Sie die zur Verarbeitung dieser Produkte erforderlichen Schutzmaßnahmen auf!

Epoxidharze werden meist als 2-Komponenten-Produkte verwendet. Sie bestehen aus einer Epoxidharz- und einer Härterkomponente, die Amine, Amide oder Isocyanate enthält. Außerdem enthalten diese Werkstoffe starke Lösemittel. Reizungen der Atemwege und Allergien sind möglich.

Polyuretanharze können 1- oder 2-Komponenten-Produkte sein und enthalten Isocyanate und scharfe Lösemittel, die zu Allergien führen können.

Ungesättigte Polyesterharze enthalten außer dem Harz als Härter Peroxide. Styrol gilt als gesundheitsschädlich. Auch Harz und Härter können Gesundheitsschäden verursachen.

Schutzmaßnahmen:

- Gebinde getrennt und geschlossen lagern.
- Harz und Härter nur nach Angaben des Herstellers mischen. Vorsicht vor unkontrollierter Reaktion beim Anmischen!
- Geeignete Körperschutzmittel benutzen, z. B. Atemschutz Gasfilter, Typ A, Schutzhandschuhe und Schutzbrille.
- Unter Umständen sind spezielle arbeitsmedizinische Vorsorgeuntersuchungen zu veranlassen, z. B. beim Tragen von Atemschutz und Umgang mit Isocyanaten, Lösemitteln wie Toluol und Xylol.

[15] Antifoulingfarben werden zur Verhinderung von Bewuchs durch Mikroorganismen, Pflanzen oder Tiere auf Schiffskörper oder Wasserbauwerke aufgetragen. Welche Überlegungen muss der Unternehmer anstellen, wenn derartige Arbeiten ausgeführt werden sollen?

- Antifoulingfarben, die Quecksilber, Arsenverbindungen oder Hexachlorcyclohexan enthalten, dürfen nicht mehr eingesetzt werden.
- Antifoulingfarben, die zinnorganische Verbindungen enthalten, dürfen nur bei Bootskörpern mit einer Gesamtlänge von 25 m und mehr eingesetzt werden.
- Besondere Vorsicht ist beim Verarbeiten in schlecht gelüfteten Räumen erforderlich. Es sind Atemschutzfilter mit Gasfilter Typ A3, im Spritzverfahren Kombifilter A3-P2 zur Verfügung zu stellen und zu tragen.
- Soweit noch nicht geschehen, sind spezielle arbeitsmedizinische Vorsorgeuntersuchungen zu veranlassen.

[16] Bei erhöhter Gefährdung durch die Werkstoffe müssen zusätzliche Maßnahmen getroffen werden. Nennen Sie drei Kriterien dafür, wann dies zutreffen kann!

- Arbeitsplatzgrenzwerte nicht eingehalten.
- Stoffe ohne zugewiesenen Arbeitsplatzgrenzwert (AGW) oder Biologischen Grenzwert (BGW), da immer mit einer Gefährdung zu rechnen ist.
- Gefährdung durch Haut- oder Augenkontakt.

[17] Über welche Ausrüstung muss das Fahrzeug verfügen, wenn eine größere Menge an Gefahrstoffen transportiert wird und die die Bestimmungen der GGVS (Gefahrgutverordnung Straße) beachtet werden müssen?

Es muss folgende Ausrüstung vorhanden sein:

- Ein Feuerlöscher 6 kg,
- eine Warnleuchte exgeschützt.

Für die Beseitigung von Leckagen:

- Aufsaugmittel,
- Eimer mit verschließbarem Deckel,
- Fegeblech und Kehrschaufel.

Schutzausrüstung (gemäß Unfallmerkblatt):

- Schutzhandschuhe,
- Schutzbrille,
- Augenspülflasche mit reinem Wasser.

18 Welche Papiere müssen mitgeführt werden, wenn eine größere Menge an Gefahrstoffen transportiert wird und die Bestimmungen der GGVS (Gefahrgutverordnung Straße) beachtet werden müssen?

Es müssen folgende Papiere mitgeführt werden:

- Beförderungspapiere, auf denen der Absender sowie die Art und Menge des Gefahrgutes angegeben sind;
- Unfallmerkblätter (je ein Unfallmerkblatt für jedes Gefahrgut, das transportiert wird).

19 Wenn Sie nur geringe Mengen an Gefahrstoffen transportieren, gilt die Kleinst- und Kleinmengenregelung.
A) Welche Vorteile bringt Ihnen das?
B) Welche Regelung ist bei der Kleinstmengenregelung zu beachten, wenn Sie sehr unterschiedliche kleine Mengen an Gefahrstoffen transportieren?
C) Welche Bestimmung sieht die Kleinmengenregelung vor?

A) Entsprechend der Kleinst- und der Kleinmengenregulierung sind die Gefahrstoffe ohne Regelung durch die Gefahrstoffverordnung zu transportieren.

B) Die Gesamtmenge der Gefahrstoffe je Fahrzeug muss unter 50 kg liegen. Für die einzelnen Gefahrstoffe sind Höchstmengen zu beachten, z. B. Verdünnungsmittel 25 l, abgefüllt in Kannen mit maximal 10 l, Farben bis 50 l, abgefüllt in maximal 20-Liter-Gebinde.
Die Ladung ist rutschfest zu sichern.
Die Güter der einzelnen Gefahrenklassen dürfen nicht in einem Karton gemischt verpackt werden. Für jede Klasse Gefahrgut muss ein gesonderter Karton gepackt werden.
Der Transport darf nicht im Fahrzeuginnenraum erfolgen.

C) Die Gesamtmenge der Gefahrstoffe je Fahrzeug muss der Kleinmengenregulierung entsprechen (Berechnung Menge des Stoffes x Höchstmengenfaktor, Ergebnis < 1000).
Behälter (Verpackungen) müssen baumustergeprüft sein.
Kennzeichnung, Gefahrzettel und Beschriftung müssen angebracht sein.
Gefahrgüter nicht zusammen mit explosiven Gütern laden.
Ladung rutschfest sichern.
Feuer, offenes Licht und Rauchen verboten.
Motor beim Be- und Entladen ausstellen.
Feuerlöscher (2-kg-Pulverlöscher) ist mitzuführen.
Bei Unfällen, bei denen es zu einer Gefährdung durch das Gefahrgut kommen kann, ist die zuständige Behörde zu verständigen.
Beim Transport unterschiedlicher Gefahrgüter ist zu berechnen, wie viele Güter insgesamt transportiert werden dürfen.

3.8 Persönliche Schutzausrüstung (PSA)

1 Was versteht man unter der persönlichen Schutzausrüstung und wann muss der Unternehmer diese zur Verfügung stellen?

Unter der persönlichen Schutzausrüstung versteht man diejenigen Ausrüstungsgegenstände, die der Unternehmer zur Verfügung stellen muss, wenn eine Gesundheitsgefährdung mit technischen Maßnahmen nicht gänzlich ausgeschlossen werden kann. Die Beschäftigten sind verpflichtet, die persönliche Schutzausrüstung zu benutzen.

Im Einzelnen versteht man unter der persönlichen Schutzausrüstung:

1. den Kopfschutz, der für alle Arbeiten erforderlich ist, bei denen mit Kopfverletzungen zu rechnen ist, z. B. beim Auf- und Abbau der Gerüste usw.,
2. den Fußschutz, der bei Arbeiten auf Baustellen und überall erforderlich ist, wenn mit Fußverletzungen zu rechnen ist,
3. den Augenschutz, der bei Gefährdung durch ätzende Stoffe oder bei Schleif- und Strahlarbeiten zu tragen ist,
4. den Atemschutz, der getragen werden muss, wenn mit den Dämpfen und Schwebstoffen gesundheitsschädlicher Materialien gerechnet werden muss.

2 Welche Kombinationsfilter sind für Lösemitteldämpfe geeignet und wie lange können diese Filter gelagert werden?

Die Kombinationsfilter mit der Filterbezeichnung A-P und der Kennfarbe Braun mit weißem Kennring eignen sich für organische Gase und Dämpfe mit Schwebstoffen. Die Lagerzeit dieser Filter beträgt maximal fünf Jahre.

3 Welche Atemschutzfilter sind zu benutzen, wenn Zinkblech mit einer Salmiaknetzmittelwäsche gereinigt wird und eine ausreichende Lüftung nicht möglich ist?

Für Ammoniakgase sind Gasfilter mit der Filterbezeichnung K und der Kennfarbe Grün geeignet. Diese Filter können unbenutzt drei Jahre gelagert werden. Geeignet wären auch die Kombinationsfilter mit der Filterbezeichnung B-P und der Kennfarbe Grau mit weißem Kennring. Die mögliche Lagerzeit beträgt hier vier Jahre.

4 Welche Partikelfilter sind bei Schleifarbeiten zu benutzen, wenn dabei Bleistaub frei wird?

Wenn bei Schleifarbeiten Bleistaub frei wird, müssen Partikelfilter mit der Filterbezeichnung P 3 und der Kennfarbe Weiß getragen werden, da Bleistaub giftig ist. Diese Filter haben eine unbegrenzte Lagerzeit.

5 Wann müssen bei Beschichtungsarbeiten unabhängig von der Umgebungsatmosphäre wirkende Atemschutzgeräte getragen werden?
Von der Umgebungsluft unabhängige Atemschutzgeräte müssen getragen werden, wenn bei Beschichtungsarbeiten durch unzureichende Luftzufuhr ein Sauerstoffmangel entsteht. Filtergeräte können nur Schadstoffe fernhalten, nicht aber Sauerstoffmangel beheben

6 Wie lange dürfen Atemschutzfilter verwendet werden?
Atemschutzfilter müssen ausgewechselt werden, sobald ein Durchschlagen der Dämpfe festzustellen ist oder die zulässigen Lagerzeiten überschritten werden.

7 Für welche Arbeiten sind Schutzhandschuhe erforderlich?
Schutzhandschuhe müssen bei allen Arbeiten getragen werden, bei denen ein Hautkontakt mit hautschädigenden Stoffen möglich ist, sowie bei Strahlarbeiten und beim Flammstrahlen.

8 Für welche Arbeiten muss eine spezielle Schutzkleidung getragen werden?
Eine spezielle Schutzkleidung ist beim Reinigen großer Flächen mit dem Hochdruckreiniger erforderlich. Auch beim Reinigen großer Flächen mit organischen Lösemitteln ist ein spezieller Schutzanzug vorgeschrieben, wenn die Lösemittel in die üblicherweise getragene Kleidung gelangen und sich entzünden könnten.

9 Für welche Arbeiten ist ein Anseilschutz erforderlich?
Ein Anseilschutz ist für alle Arbeiten erforderlich, bei denen eine Absturzgefahr gegeben ist, wenn andere Schutzmaßnahmen, z. B. die Errichtung eines Gerüstes, nicht durchführbar sind.

10 Welche Teile der persönlichen Schutzausrüstung müssen beim Flammstrahlen getragen werden?
Zum Schutz gegen die von der Flamme ausgehenden ultravioletten und infraroten Strahlen, die Verblitzungen und den unheilbaren Feuerstar hervorrufen können, sowie gegen Funkenflug und Hitze sind Schutzbrillen mit genormten Augenschutzgläsern und seitlichem Schutz zu tragen.
Zum Schutz gegen Gase, Rauch und Schwebstoffe sind Atemschutzgeräte zu tragen.
Zum Schutz gefährdeter Körperpartien sind Handschuhe, geeignete Kleidung und geeignetes Schuhwerk zu tragen.

3.9 Elektrotechnische Schutzmaßnahmen

1 Der Unternehmer hat dafür zu sorgen, dass die elektrischen Anlagen und Betriebsmittel auf ihren ordnungsgemäßen Zustand geprüft werden. Wann müssen diese Prüfungen durchgeführt werden?

Die Prüfungen müssen durchgeführt werden

1. vor der ersten Inbetriebnahme und nach einer Änderung oder Instandsetzung vor der Wiederinbetriebnahme durch eine Elektrofachkraft oder unter Leitung und Aufsicht einer Elektrofachkraft und
2. in den vorgeschriebenen Zeitabständen.

2 Unter welchen Voraussetzungen dürften elektrische Schleifmaschinen zum Nassschleifen eingesetzt werden?

Das Nassschleifen darf mit elektrischen Schleifmaschinen nur erfolgen, wenn diese mit einer Schutzkleinspannung von 50 V betrieben werden oder die Maschinen über eine Schutztrennung verfügen. Außerdem können druckluftbetriebene Schleifmaschinen zum Nassschleifen eingesetzt werden.

3 Was müssen Sie unternehmen, wenn Sie einen Schaden an einem elektrischen Gerät oder einer Anschlussleitung feststellen?

Schadhafte Geräte oder Leitungen müssen sofort außer Betrieb gesetzt werden. Die erforderliche Reparatur darf nur von einer Elektrofachkraft durchgeführt werden.

4 In welchen Zeiträumen müssen die elektrischen Anlagen und Betriebsmittel in der Werkstatt überprüft werden? Worauf muss geprüft werden und wer darf diese Prüfungen durchführen?

Wiederholungsprüfungen ortsfester elektrischer Anlagen und Betriebsmittel:

Anlage/Betriebsmittel	*Prüffrist*	*Art der Prüfung*	*Prüfer*
Elektrische Anlagen und ortsfeste Betriebsmittel	4 Jahre	auf ordnungsgemäßen Zustand	Elektrofachkraft
Elektrische Anlagen und ortsfeste elektrische Betriebsmittel in »Betriebsstätten, Räumen und Anlagen besonderer Art«	1 Jahr	auf ordnungsgemäßen Zustand	Elektrofachkraft
Schutzmaßnahmen mit Fehlerstrom-Schutzeinrichtungen in nichtstationären Anlagen	1 Monat	auf Wirksamkeit	Elektrofachkraft oder elektrotechnisch unterwiesene Person bei Verwendung geeigneter Mess- und Prüfgeräte
Fehlerstrom-, Differenzstrom- und Fehlerspannungs-Schutzschalter - in stationären Anlagen - in nichtstationären Anlagen	arbeitstäglich	auf einwandfreie Funktion durch Betätigen der Prüfeinrichtung	Benutzer

5 Unter welchen Umständen darf auf die regelmäßige Prüfung der ortsfesten elektrischen Anlagen und Betriebsmittel verzichtet werden?
Die Forderungen sind für ortsfeste elektrische Anlagen und Betriebsmittel auch erfüllt, wenn diese von einer Elektrofachkraft ständig überwacht werden. Ortsfeste elektrische Anlagen und Betriebsmittel gelten als ständig überwacht, wenn sie kontinuierlich von Elektrofachkräften instand gehalten und durch messtechnische Maßnahmen im Rahmen des Betreibens (z. B. Überwachen des Isolationswiderstandes) geprüft werden.

6 Welche Prüfpflichten gelten für ortsveränderliche elektrische Anlagen und Betriebsmittel? Worauf muss geprüft werden und wer darf diese Prüfungen durchführen?
Wiederholungsprüfungen ortsveränderlicher elektrischer Anlagen und Betriebsmittel

Anlage/Betriebsmittel	*Prüffrist Richt- und Max.-Werte*	*Art der Prüfung*	*Prüfer*
Ortsveränderliche elektrische Betriebsmittel (soweit benutzt) Verlängerungs- und Geräteanschlussleitungen mit Steckvorrichtungen	Richtwert 6 Monate, auf Baustellen 3 Monate[1] Maximalwerte 3 Monate auf Baustellen, 1 Jahr in Fertigungsstätten und Werkstätten oder unter ähnlichen Bedingungen	auf ordnungsgemäßen Zustand	Elektrofachkraft, bei Verwendung geeigneter Mess- und Prüfgeräte auch elektrotechnisch unterwiesene Person

1 Wird bei den Prüfungen eine Fehlerquelle < 2 % erreicht, kann die Prüffrist verlängert werden.

7 Bei allen Arbeiten in der Nähe von elektrischen Freileitungen und Hausanschlussleitungen dürfen bestimmte Sicherheitsabstände nicht unterschritten werden. Die Größe des Sicherheitsabstands hängt von der jeweiligen Nennspannung ab. Wo können Sie diese erfragen?
Die jeweils vorhandene Nennspannung kann man beim zuständigen Elektrizitätsversorgungsunternehmen (EVU) erfragen.

8 Wie groß muss der Sicherheitsabstand bei Arbeiten in der Nähe von elektrischen Freileitungen und Hausanschlussleitungen jeweils sein?
Der erforderliche Sicherheitsabstand hängt jeweils von der vorhandenen Nennspannung ab:

Nennspannung	*Sicherheitsabstand*
bis 1 kV	1,00 m
über 1 kV bis 110 kV	3,00 m
über 110 kV bis 220 kV	4,00 m
über 220 bis 380 kV	5,00 m
bei unbekannter Nennspannung	5,00 m

9 Welche Maßnahmen müssen ergriffen werden, wenn in der Nähe von elektrischen Freileitungen oder Hausanschlussleitungen gearbeitet werden muss, der erforderliche Sicherheitsabstand aber nicht eingehalten werden kann?

Können die erforderlichen Sicherheitsabstände in der Nähe von elektrischen Freileitungen oder Hausanschlussleitungen nicht eingehalten werden, so müssen die Leitungen entweder vom Elektrofachmann abgedeckt oder vom Elektrizitätsversorgungsunternehmen abgeschaltet werden.

10 Zur Kennzeichnung werden auf elektrischen Geräten, Steckern usw. Kennzeichen und Symbole verwendet. Ordnen Sie den nachfolgenden zehn Kennzeichen und Symbolen jeweils die richtigen Erklärungen (von A–J) zu!

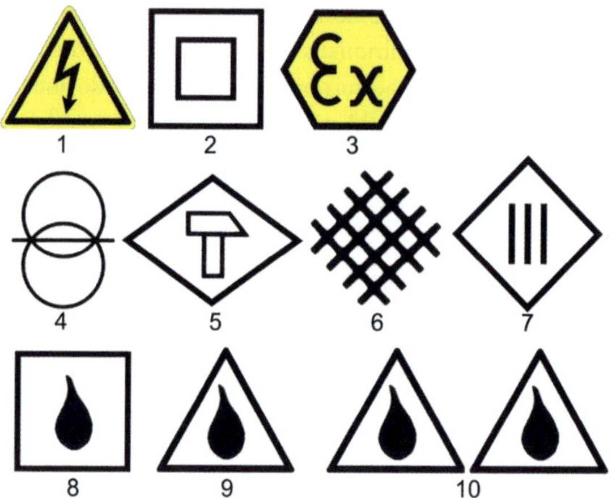

Erklärungen:

A) strahlwassergeschützt
B) schutzisoliert (Schutzklasse II)
C) für rauen Betrieb
D) explosionsgeschütztes, baumustergeprüftes Betriebsmittel
E) spritzwassergeschützt
F) Schutzkleinspannung (Schutzklasse III)
G) staubgeschützt
H) gefährliche Spannung
I) Trenntransformator (Schutzträennung)
J) regengeschützt

1 = H, 2 = B, 3 = D, 4 = I, 5 = C, 6 = G, 7 = F, 8 = J, 9 = E, 10 = A

3.10 Brand- und Explosionsschutz

1 Welche Maßnahmen sind zu treffen, wenn sich beim Verarbeiten von brennbaren Beschichtungsstoffen explosive Lösemitteldampf-Luft-Gemische bilden können?

Wenn sich explosive Lösemitteldampf-Luft-Gemische bilden können, sind folgende Maßnahmen zu treffen:

3. Es muss für ausreichende Lüftung gesorgt werden.
4. Rauchen und offenes Feuer sind verboten.
5. Elektrische Anlagen und Betriebsmittel dürfen nur in explosionsgeschützter Ausführung verwendet werden.
6. Eine mögliche statische Elektrizität ist durch Erdung abzuleiten.
7. Hohe Oberflächentemperaturen von Geräten, Heizkörpern und Heizkörperrohren u. Ä. sind zu vermeiden.
8. Gebrauchte Putzwolle ist in fest verschlossenen Behältern aus nicht brennbarem Material aufzubewahren und täglich aus den Arbeitsräumen zu entfernen.
9. Es dürfen nur Werkzeuge verwendet werden, die keine Funken reißen.

2 Welche Feuerlöscher sind zum Löschen von Lösemittelbränden geeignet?

Zum Löschen von Lösemittelbränden eignen sich Feuerlöscher, die ABC-Pulver oder BC-Pulver enthalten. Möglich wären auch Löschschaum enthaltende Feuerlöscher oder Feuerlöscher mit Kohlendioxidfüllung. Die Benutzung von Kohlendioxidlöschern ist aber in engen Räumen wegen der möglichen Erstickungsgefahr nicht gestattet. Halonlöscher dürfen generell nicht mehr verwendet werden.

3 In welchen Abständen müssen Feuerlöscher von Sachkundigen überprüft werden?

Die Feuerlöscher müssen in Abständen von längstens zwei Jahren durch Sachkundige überprüft werden.

4 Wie viele Feuerlöscher müssen in einem 40 m² großen Lagerraum vorhanden sein, wenn darin brennbare Beschichtungsstoffe gelagert werden?

Die Grundausstattung für normale Gefährdung verlangt bei dieser Raumgröße Feuerlöscher mit 6 Löscheinheiten (LE) nach ASR A2.2.; bei einer mittleren Brandgefährdung sind dies bereits 12 LE und bei einer großen Brandgefärdung Feuerlöscher mit 18 LE.

In der 2013 zurückgezogenen BGR 133 sind für Räume unter 50 m² zwei Feuerlöscher der Größe IV (12-kg-Löscher) vorgeschrieben.

5 Wie viele Feuerlöscher müssen in einer 90 m² großen Lackierwerkstatt vorhanden sein?

Die Lackierwerkstatt gehört ebenfalls zu den Räumen mit größerer Brandlast. Bis zu 100 m² Grundfläche sind hier Feuerlöscher mit 27 Löscheinheiten notwendig.

Das entspricht 3 Feuerlöschern der Kennzeichnung 144B

6 Wie viele Feuerlöscher müssen in einem 75 m² großen Büro vorhanden sein?

Bürobereiche werden zu Räumen mit normaler Brandgefahr gerechnet. Für Räume in der Größe zwischen 50 und 100 m² sind hier Feuerlöscher mit 9 LE einzusetzen. Das entspricht im Büro zwei Feuerlöschern 8A, 5A und 21A.

7 Nach welcher Zeit ist ein 12-kg-Feuerlöscher bei der Brandbekämpfung leergespritzt?

Ein Feuerlöscher, der 12 kg enthält (Größe IV), ist nach ca. 12 Sekunden leergespritzt. Wegen dieser sehr kurzen Einsatzzeit muss ein Feuerlöscher grundsätzlich sehr zielbewusst und überlegt eingesetzt werden. So muss ein Feuer mit der Windrichtung bekämpft werden. Flächenbrände löscht man von vorne beginnend ab.

8 Worauf ist aus Gründen des Gesundheitsschutzes zu achten, wenn Anstriche mit Flüssiggas abgebrannt werden sollen?

- Flüssiggas darf nur aus stehenden Flaschen entnommen werden. Kleinstflaschen können aber auch sicher aufgehängt werden.
- Die Flüssiggasflaschen sind vor Sonneneinstrahlung zu schützen.
- Die Druckschläuche müssen der erhöhten mechanischen Belastung angemessen sein.
- Die Schlauchverbindungen müssen fabrikmäßig fest eingebundene Schraubanschlüsse haben oder mittels Schlauchklemmen und genormten Schlauchtüllen hergestellt sein.
- Die Räume sind an den tiefsten Stellen zu entlüften. Es sind entsprechende Feuerlöscher bereitzuhalten.

9 In welchen Räumen dürfen keine Flammstrahlarbeiten durchgeführt werden?

In explosionsgefährdeten Räumen und in Räumen, in denen leicht entzündbare Stoffe gelagert werden, ist das Flammstrahlen nicht erlaubt.

3.11 Leitern, Arbeitsbühnen und Gerüste

3.11.1 Leitern

1 Welche Vorschriften gelten bezüglich der Betriebsanleitung für Leitern?
Für den Benutzer von Leitern muss eine Betriebsanleitung aufgestellt und an der Leiter deutlich erkennbar und dauerhaft angebracht sein.
Für den Benutzer von mechanischen Leitern muss die Betriebsanleitung insbesondere Angaben über die standsichere Aufstellung, den zulässigen Aufrichtwinkel, die zulässige Belastung, das Aufrichten und Neigen der Leiter sowie über das Verhalten bei Störungen enthalten.

2 Wie müssen Stehleitern beschaffen sein, damit sie den Unfallverhütungsvorschriften entsprechen?
- Die Leitern müssen in einem einwandfreien Zustand sein.
- Damit man eventuelle Schäden sofort erkennen kann, dürfen die Leitern nicht deckend gestrichen sein.
- Stehleitern müssen durch ihre Bauart gegen Umstürzen und Auseinandergleiten gesichert sein.
- Die Stufen müssen gleiche Abstände zueinander haben.
- Um Quetschgefahren und Beschädigungen der Leiterholme zu vermeiden, dürfen sich die Holme oberhalb der Gelenke nicht gegeneinander legen.
- Die Stehleitern müssen mit Spreizsicherungen, wie Ketten oder Gurten, ausgerüstet sein.

3 Was ist aus Gründen des Unfallschutzes bei Arbeiten mit Stehleitern zu beachten?
- Werden bei Malerarbeiten Stehleitern verwendet, müssen die Spreizsicherungen gespannt bzw. zug- und druckfest eingehängt sein.
- Wenn keine Sicherheitsbrücke oder Haltevorrichtung vorhanden ist, dürfen die obersten Stufen nicht bestiegen werden.
- Bei Stehleitern mit aufgesetzter Schiebeleiter gilt die fünfte Stufe von oben als oberste Standstufe.
- Wegen Kippgefahr darf von Stehleitern aus nicht auf andere Bauteile oder Einrichtungen überstiegen werden.
- Stehleitern dürfen nicht als Anlegeleitern benutzt werden.

4 Wie müssen Anlegeleitern beschaffen sein, wenn sie den Unfallverhütungsvorschriften entsprechen?
Die Leitern müssen in einem einwandfreien Zustand sein. Sie dürfen nicht geflickt sein. Die Leitern dürfen nicht behelfsmäßig verlängert werden. Die Sprossen müssen gleiche Abstände voneinander haben. Die Fußpunkte müssen so

ausgebildet sein, dass ein Wegrutschen der Leiter verhindert wird. Leitern dürfen nicht deckend gestrichen werden. An den Leitern muss eine Betriebsanweisung angebracht sein.

5 Welche Grundsätze sind beim Aufstellen von Leitern und Tritten zu berücksichtigen?
Leitern und Tritte müssen standsicher und sicher begehbar aufgestellt werden. Der Unternehmer hat dafür zu sorgen, dass Leitern zusätzlich gegen Umstürzen gesichert werden, wenn die Art der auszuführenden Arbeiten dies erfordert. Der Unternehmer hat dafür zu sorgen, dass auf Leitern, die an oder auf Verkehrswegen aufgestellt sind, auffällig hingewiesen wird und die Leitern gegen Umstoßen gesichert sind.

6 In welchem Winkel müssen Anlegeleitern aufgestellt werden?
Die Anlegeleitern müssen in einem Winkel zwischen 68° und 75° aufgestellt werden. Die Leitern sind richtig angelegt, wenn der Abstand zur Anstellwand mindestens ¼ bis maximal ⅓ der Leiterlänge beträgt.

7 Wie weit müssen Anlegeleitern über die Austrittsstelle hinausragen?
Wenn nicht eine gleichwertige Haltemöglichkeit vorhanden ist, müssen Anlegeleitern mindestens 1 m über die Austrittsstelle hinausragen.

8 Welche Arbeiten dürfen von Anlegeleitern aus durchgeführt werden, wenn der Standplatz des Malers über 2 m hoch liegt?
Von Anlegeleitern aus dürfen bei einem Standplatz von mehr als 2 m Höhe nur Arbeiten ausgeführt werden, die nicht mehr als zwei Stunden umfassen. Der Standplatz des Malers darf dabei nicht höher als 5 m liegen und der Maler muss mit beiden Füßen auf einer Stufe stehen. Das Gewicht des mitgeführten Materials und des Werkzeuges darf nicht über 10 kg liegen. Es dürfen keine Stoffe oder Geräte benutzt werden, von denen zusätzliche Gefahren ausgehen. Es dürfen keine Gegenstände mit einer Windangriffsfläche über 1 m² mitgeführt werden.

9 Wie müssen entsprechend der Vorschriften mechanische Leitern beschaffen sein?
- Mechanische Leitern müssen so beschaffen sein, dass sie standsicher aufgestellt werden können.
- Mechanische Leitern müssen mit Einrichtungen zur ausreichenden Entlastung der Achsfederung und der Luftbereifung ausgerüstet sein.
- Mechanische Leitern müssen mit Einrichtungen zum Ausgleich von Geländeunebenheiten, zur Kontrolle der seitlichen Neigung sowie zur Anzeige des Aufrichtwinkels, der zulässigen Leiterlänge und der zulässigen Belastung

ausgerüstet sein. Dies ist nur dann nicht erforderlich, wenn die Leiter für den ungünstigsten Belastungsfall ausgelegt ist.
- Leiterteile dürfen nur innerhalb fest angebrachter Begrenzungen beweglich sein.
- Für die aufgerichtete Leiter und alle ausfahrbaren Leiterteile müssen Feststellvorrichtungen vorhanden sein. Diese müssen so beschaffen sein, dass sie auch nach Ausfall des Antriebs wirksam bleiben. Feststellvorrichtungen sind nur dann nicht erforderlich, wenn die Leiterteile von zwei voneinander unabhängigen Einrichtungen so gehalten werden, dass sich die Leiter auch bei Ausfall einer dieser Einrichtungen nicht unbeabsichtigt bewegt.

10 Welche Arbeiten dürfen von mechanischen Leitern aus durchgeführt werden?

Von mechanischen Leitern aus dürfen nur Sicherungsarbeiten und solche Arbeiten ausgeführt werden, bei denen wenig Material und Werkzeug benötigt wird.

11 Was ist beim Einsatz von mechanischen Leitern für Malerarbeiten aus Gründen des Unfallschutzes zu beachten?

- Die mechanischen Leitern müssen auf tragfähigen Untergründen standsicher aufgestellt werden.
- Die vom Hersteller in der Betriebsanleitung angegebenen Grenzwerte (Neigungswinkel, Ausziehlänge, Belastung) sind unbedingt einzuhalten.
- Vor dem Besteigen mechanischer Leitern müssen sämtliche Feststelleinrichtungen für die aufgerichtete Leiter und die ausgefahrenen Leiterteile wirksam werden.
- Der Benutzer einer mechanischen Leiter muss durch ein Sicherheitsgeschirr, durch eine umwehrte Plattform u. Ä. gegen einen Absturz gesichert werden.
- Während der Benutzung dürfen mechanische Leitern nicht verfahren, geschwenkt, aus- oder eingeschoben werden.
- Von mechanischen Leitern aus dürfen nur Sicherungsarbeiten und Arbeiten mit geringem Arbeits- und Werkstoffeinsatz durchgeführt werden.
- Bei starkem Wind und wenn Kippgefahr besteht, müssen die Arbeiten auf mechanischen Leitern eingestellt werden.
- Mechanische Leitern müssen unter fachkundiger Aufsicht und nach der Betriebsanleitung auf- und abgebaut werden.
- Mechanische Leitern müssen mindestens einmal jährlich durch einen Sachkundigen überprüft werden. Hierüber ist vom Eigentümer ein Prüfbuch zu führen.

12 Welche Prüfpflicht gilt für mechanische Leitern?

Der Unternehmer hat dafür zu sorgen, dass mechanische Leitern nach Änderungen oder Instandsetzung, mindestens jedoch einmal jährlich, von einem Sachkundigen auf ihren ordnungsgemäßen Zustand geprüft werden. Der Unternehmer hat dafür zu sorgen, dass die Ergebnisse der Prüfungen von dem Sachkundigen in ein Prüfbuch eingetragen werden.

3.11.2 Arbeitsbühnen

1 Wie hoch darf die Arbeitshöhe bei einer fahrbaren Arbeitsbühne maximal sein?

Die maximale Belaghöhe ist dem Zulassungsbescheid zu entnehmen. Enthält dieser keine anderslautenden Angaben, darf bei fahrbaren Arbeitsbühnen die Arbeitsbühne in Gebäuden bis 12,00 m und außerhalb von Gebäuden bis 8,00 m betragen.

2 Welche Grundsätze gelten für die Arbeit mit fahrbaren Arbeitsbühnen?

Fahrbare Arbeitsbühnen dürfen nur langsam in Längsrichtung oder über Eck verschoben werden.
Die Fahrrollen müssen unverlierbar und feststellbar sein.
Beim Verfahren des Gerüstes darf sich niemand auf dem Fahrgerüst aufhalten.
Werkzeuge und Materialien sind gegen Herabfallen zu sichern.
Bei starkem Wind und bei Arbeitsschluss muss das Gerüst gegen Umstürzen gesichert werden.
Der Auf- und Abbau der Gerüste muss entsprechend der Gebrauchsanweisung erfolgen. Dies gilt besonders auch für Ausleger und Sicherheitsgewichte.

3 Welche Kennzeichnung muss an fahrbaren Arbeitsbühnen angebracht werden?

Die Kennzeichnung, z. B. ein Schild des Herstellers, ist in Augenhöhe an deutlich sichtbarer Stelle an allen fahrbaren Arbeitsbühnen anzubringen.
Das Schild muss folgenden Angaben enthalten:
- Herstellerzeichen,
- Bezeichnung des Gerüsts,
- den Hinweis: »Die Anweisungen für den Aufbau und Gebrauch sind sorgfältig zu befolgen«.

4 Welche Sicherheitsmaßnahmen fordert die Unfallverhütungsvorschrift beim Einsatz von fahrbaren Hubarbeitsbühnen?

- Die Betriebsanleitung, die sich beim Gerät befinden muss, ist zu beachten.
- Hubarbeitsbühnen sind vor der ersten Inbetriebnahme von einem Sachverständigen und in Abständen von längstens einem Jahr von einem Sachkundigen zu prüfen.
- Die Bedienungspersonen müssen mindestens 18 Jahre alt, unterwiesen und vom Unternehmer schriftlich beauftragt sein.

- Die Hubarbeitsbühnen sind standsicher aufzustellen, das Fahrwerk muss durch Spindeln entlastet werden.
- Die Hubarbeitsbühnen sind vor jeder Inbetriebnahme einer Funktionsprobe zu unterziehen.
- Die Hubarbeitsbühnen dürfen nur in Grundstellung und mit unbesetzter Arbeitsbühne verfahren werden. Ausnahmen sind aber möglich, wenn eine Hubarbeitsbühne für ein anderes Verfahren zugelassen ist. Für das Verfahren sind dann folgende Bedingungen einzuhalten:
- Es darf höchstens mit Schrittgeschwindigkeit gefahren werden. Der Fahrweg muss frei von Hindernissen sein. Der Fahrweg muss so beschaffen sein, dass die Sicherheit der mitfahrenden Personen nicht gefährdet ist. Fahrbereiche, die der Fahrer nicht überblicken kann, müssen durch Sicherungsposten gesichert werden. Die Fahrbewegungen dürfen nur in gegenseitigem Einverständnis zwischen dem Fahrer und den auf der Arbeitsbühne befindlichen Personen durchgeführt werden.

3.11.3 Gerüste

1 Die DIN EN 12811 ergänzt die DIN 4420, in der Gerüstbauarbeiten geregelt sind. Erklären Sie die Einteilung von Gerüsten nach der Breitenklasse und der Lastklasse nach neuer Norm und nehmen Sie vergleichend Bezug zur älteren DIN 4420 anhand eines Anwendungsbeispieles!
Die Breitenklasse gibt die Breite der Gerüstlage an. Sie umfasst die Breiten W06, W09, W12, W15, W18, W21 und W24, wobei W06 mit einer Breite von 69 cm bis 90 cm einer typischen Breite für Arbeitsgerüste (in Kombination mit Lastklasse 2 oder 3), auf denen kein Material (ehemals Gerüstgruppe 2) oder nur sehr wenig Material (Gerüstgruppe 3) gelagert wird, entspricht.
Mit der Lastklasse berechnet der Gerüstbauer die flächenbezogene Belastung. Diese Einstufung erfolgt in die Lastklassen 1-6, wobei 2 einer Belastung von 1,5 kN/m^2 entspricht und ungefähr die Belastung eines Gerüstes der ehemaligen Gerüstgruppe 2 angibt. Die Lastklassen 4, 5 und 6, kombiniert mit W09 und höher, entsprechen den Gerüstgruppen 4, 5, 6 (= Gerüstgruppen, auf denen Material gelagert werden kann).

2 Welcher Last- und Breitenklasse entspricht die Gerüstgruppe 2 nach DIN 4420 alt und wofür darf sie eingesetzt werden?
Arbeitsgerüste der Lastklasse 2 und der Breitenklasse W06 nach DIN EN 12811 - entsprechend der ehemaligen Gerüstgruppe 2 nach DIN 4420-1 (alt) - werden für Arbeiten eingesetzt, die kein Lagern von Materialien und/oder Bauteilen erfordern.

[3] Wofür dürfen Gerüste der Lastklassen 4, 5 und 6 in Kombination mit der Breitenklasse W09 eingesetzt werden?
Auf diesen Gerüsten dürfen Arbeiten ausgeführt werden, bei denen auch Materialien auf dem Gerüst gelagert werden, zum Beispiel Putzarbeiten, Fassadenverkleidungen, Fliesenarbeiten oder Maurerarbeiten.

[4] Welche Kennzeichnungspflicht gilt für Gerüste?
Nach Fertigstellung und Prüfung ist das Gerüst an gut sichtbarer Stelle zu kennzeichnen. Die Kennzeichnung hat mindestens Angaben über den Ersteller, die Gerüstbauart, die Last- und Breitenklasse und allgemeine Sicherheitshinweise zu enthalten.

[5] Wer ist für den betriebssicheren Zustand eines aufgebauten Gerüstes verantwortlich?
Für den betriebssicheren Zustand eines Gerüstes ist neben dem Gerüstbauer jeder Unternehmer verantwortlich, dessen Beschäftigte auf dem Gerüst arbeiten.

[6] Was ist zu unternehmen, wenn an einem aufgebauten Gerüst Mängel erkannt werden?
An einem Gerüst erkannte Mängel sind vom Benutzer zu beseitigen. Sofern der Benutzer Zweifel am betriebsbereiten Zustand hat oder das erforderliche Material zur Mängelbeseitigung nicht zur Verfügung steht, ist Rücksprache mit dem Gerüstbauer erforderlich. Bis zur Beseitigung des Mangels darf der gefährdete Bereich des Gerüstes nicht benutzt werden.

[7] Welche allgemeine Verpflichtung hat ein Malerbetrieb, wenn seine Mitarbeiter das vom Gerüstbauer erstellte Gerüst benutzen?
- Jeder Unternehmer, der Gerüste benutzt, ist für das bestimmungsgemäße Verwenden und das Erhalten der Betriebssicherheit der Gerüste verantwortlich. Er hat dafür zu sorgen, dass sie vor ihrer Fertigstellung und Kennzeichnung nicht benutzt werden.
- Arbeitsplätze auf Gerüsten dürfen nur über sichere Zugänge betreten und verlassen werden.
- Auf Gerüstbeläge abzuspringen oder etwas auf sie abzuwerfen, ist unzulässig.
- Auf Gerüsten, die als Fanggerüste und Schutzdächer verwendet werden, ist das Absetzen und Lagern von Materialien und Geräten unzulässig.
- Materiallagerung kann im Fall eines Absturzes einer Person die Verletzungsgefahr erhöhen.
- Konstruktive Veränderungen an Gerüsten dürfen nur durch den Gerüstersteller vorgenommen werden.

- Jedes Gerüstfeld darf nur mit dem flächenbezogenen Nutzgewicht belastet werden.

[8] Welche Prüfung hat der Gerüstbenutzer durchzuführen und wer ist dafür verantwortlich?

Jeder Unternehmer, der das Gerüst benutzt, hat dafür zu sorgen, dass das Gerüst vor der Benutzung auf sichtbare Mängel geprüft wird.

Werden bei der Prüfung Mängel festgestellt, darf das Gerüst in den mit Mängeln behafteten Bereichen bis zu deren Beseitigung nicht benutzt werden.

[9] Welche Vorschriften machen die UVV zum Seitenschutz der Gerüste?

Der Seitenschutz: An allen benutzten Gerüstlagen in über 2,00 m Höhe muss ein dreiteiliger Seitenschutz angebracht sein. Der Seitenschutz muss aus Bordbrett, Geländerholm und Zwischenholm bestehen. Auch auf den Stirnseiten muss der Seitenschutz angebracht sein. Bei mehr als 30 cm Abstand des Gerüstbelages zum Gebäude ist auch auf der Innenseite des Gerüstes ein Seitenschutz erforderlich.

[10] Für einen Fassadenanstrich können Sie das vorhandene Gerüst eines Bauunternehmers verwenden. Worauf müssen Sie das Gerüst vor der Benutzung im Detail überprüfen?

1. Die Fußpunkte: Die Ständer oder Rahmen müssen auf lastverteilenden, unverrückbaren Unterlagen aufgestellt sein.
2. Die Längsverstrebungen: Die Längsverstrebungen müssen möglichst am Fußpunkt beginnend über die ganze Höhe und Breite des Gerüsts führend mit allen horizontalen und vertikalen Gerüstbauteilen fest verbunden sein.
3. Die Verankerungen: Die Verankerungen des Gerüsts über Dübel und Ringschrauben müssen zug- und druckfest ausgeführt sein. Stricke und Drähte sind hierfür nicht zulässig.
4. Der Gerüstbelag: Alle benutzten Gerüstlagen müssen vollflächig ausgelegt sein. Die Gerüstbohlen müssen so dicht aneinander liegen, dass sie nicht ausweichen oder wippen können. Die Abmessungen der Bohlen müssen der Stützweite und der Belastung entsprechen.
5. Die zulässige Belastung: Die zulässige Belastung muss für die Arbeiten ausreichend sein und darf nicht überschritten werden.
6. Der Seitenschutz: An allen benutzten Gerüstlagen in über 2,00 m Höhe muss ein dreiteiliger Seitenschutz angebracht sein. Der Seitenschutz muss aus Bordbrett, Geländerholm und Zwischenholm bestehen. Auch auf den Stirnseiten muss der Seitenschutz angebracht sein. Bei mehr als 30 cm Abstand des Gerüstbelages zum Gebäude ist auch auf der Innenseite des Gerüstes ein Seitenschutz erforderlich.

7. Der Zugang: Bis zu einer Aufstiegshöhe von 5 m und bei Einfamilienhäusern sind Durchstiege und innenliegende Leitergänge zulässig, wenn die dabei bestehenden Gefährdungen dies zulassen. Die Durchstiegsöffnungen müssen bei der Arbeit immer geschlossen sein.
   Bei Gerüsten über 5 m oder wenn umfangreiches Material transportiert wird, muss ein sicherer Aufstieg mit Aufzügen, Gerüsttreppen oder Treppentürmen gewährleistet sein. Es muss mindestens alle 50 m ein Aufstieg vorhanden sein. Außen angeordnete Leitern sind nicht zulässig. Ausnahmen gelten, wenn Aufzüge, Gerüsttreppen oder Treppentürme baulich nicht möglich sind. Durchstiege oder innenliegende Leitergänge sind auch beim Auf-, Um- und Abbau der Gerüste zulässig.

8. Die Kennzeichnung: z. B. ein Schild des Herstellers mit den folgenden Angaben, ist in Augenhöhe an deutlich sichtbarer Stelle an allen fahrbaren Arbeitsbühnen anzubringen:
   - Herstellerzeichen
   - Gerüstbezeichnung
   - Hinweis: »Die Anweisungen für den Aufbau und Gebrauch sind sorgfältig zu befolgen«.

4 Umweltschutz

4.1 Umweltschutzgesetze, -verordnungen und -vorschriften

1 Unterscheiden Sie zwischen Immissionen und Emissionen!
Immissionen sind auf Menschen, Tiere, Pflanzen und Sachen einwirkende Luftverunreinigungen, Geräusche, Erschütterungen, Licht, Wärme, Strahlen und ähnliche Umwelteinflüsse. Von Emissionen spricht man, wenn diese Erscheinungen von einer Anlage ausgehen, also freigesetzt werden.

2 Welchen Zweck verfolgt das Bundes-Immissionsschutzgesetz?
Zweck des Gesetzes ist es, Menschen, Tiere, Pflanzen und Sachen vor schädlichen Umwelteinwirkungen zu schützen und dem Entstehen schädlicher Umwelteinwirkungen vorzubeugen.

3 Zeigen Sie den Geltungsbereich des Bundes-Immissionsschutzgesetzes auf!
Die Vorschriften des Immissionsschutzgesetzes gelten für
1. die Errichtung und den Betrieb von Anlagen,
2. das Herstellen, Inverkehrbringen und Einführen von Anlagen, Brennstoffen und Treibstoffen, Stoffen und Erzeugnissen,
3. die Beschaffenheit, die Ausrüstung, den Betrieb und die Prüfung von Kraftfahrzeugen und ihren Anhängern und von Schienen-, Luft- und Wasserfahrzeugen,
4. den Bau öffentlicher Straßen sowie von Eisenbahnen und Straßenbahnen, soweit hierbei schädliche Umwelteinwirkungen möglich sind.

4 Wie werden im Bundes-Immissionsschutzgesetz schädliche Umwelteinwirkungen definiert?
Schädliche Umwelteinflüsse im Sinne dieses Gesetzes sind Immissionen, die nach Art, Ausmaß und Dauer geeignet sind, Gefahren, erhebliche Nachteile oder erhebliche Belästigungen für die Allgemeinheit und/oder die Nachbarschaft herbeizuführen.

5 Was versteht man im Sinne des Bundes-Immissionsschutzgesetzes unter Luftverunreinigungen?
Luftverunreinigungen im Sinne dieses Gesetzes sind Veränderungen der natürlichen Zusammensetzung der Luft, insbesondere durch Rauch, Ruß, Staub, Gase, Aerosole, Dämpfe oder Geruchsstoffe.

6 Der Bau und der Betrieb von Lackieranlagen gehört entsprechend dem Bundes-Immissionsschutzgesetz in der Regel nicht zu den genehmigungspflichtigen Anlagen. Welche Aussagen macht das Bundes-Immissionsschutzgesetz zum Errichten und Betreiben von nicht genehmigungspflichtigen Anlagen?

Nicht genehmigungspflichtige Anlagen sind entsprechend dem Bundes-Immissionsschutzgesetz so zu errichten und betreiben, dass

1. schädliche Umwelteinwirkungen verhindert werden, soweit sie nach dem Stand der Technik vermeidbar sind,
2. nach dem Stand der Technik unvermeidbare schädliche Umwelteinwirkungen auf ein Mindestmaß beschränkt werden,
3. die beim Betrieb der Anlage anfallenden Abfälle ordnungsgemäß entsorgt werden.

7 Um die Luftverschmutzung durch verdunstende Stoffe zu begrenzen, wurde die VOC-Richtlinie erarbeitet. Geben Sie die englische Bedeutung des Begriffes VOC sowie dessen Erklärung an.

Unter der VOC (volatile organic compounds) versteht man den Gehalt an flüchtigen organischen Verbindungen in einem Produkt.

8 Welchen Gehalt an VOC darf ein matter und ein glänzender Beschichtungsstoff für Innenwände und -decken enthalten?

Der VOC-Gehalt darf bei einem matten Produkt bei maximal 30 g/l, bei einem glänzenden Produkt bei maximal 100 g/l liegen.

9 Entsprechend der Gefahrstoffverordnung muss auf den Einsatz von Gefahrstoffen verzichtet werden, wenn der Einsatz von weniger gefährlichen Stoffen möglich ist. Begründen Sie, warum bei Einhaltung der Gefahrstoffverordnung auch die Emissionen reduziert werden!

Bei der Verwendung von Gefahrstoffen werden immer schädliche Substanzen freigesetzt. Wenn auf Gefahrstoffe verzichtet wird, werden keine oder zumindest weniger Emissionen freigesetzt.

4.2 TA-Lärm

1 Die TA-Lärm unterscheidet bei der zulässigen Lärmentwicklung zwischen Tag und Nacht. Welche Zeit gilt bei Arbeiten auf Baustellen und auf Arbeitsstellen außerhalb des Betriebs als Tagzeit?

Als Tagzeit gilt hier die Zeit zwischen 6.00 und 22.00 Uhr.

Ein Zuschlag von 6 db ist in Wohngebieten von 6.00 bis 7.00 Uhr und 20.00 bis 22.00 Uhr zu gewähren.

[2] In der TA-Lärm werden für die Lärmentwicklung bei Arbeiten Immissionsrichtwerte angegeben, die nicht überschritten werden dürfen. Nennen Sie die zulässigen Richtwerte bei Arbeiten auf Baustellen!

Bei Arbeiten auf Baustellen müssen die Richtwerte der TA-Lärm VDI 2058 »Außen« eingehalten werden. Diese VDI unterscheidet nach der umgebenden Flächennutzung und zwischen Tag und Nacht.

Zulässige Richtwerte nach VDI 2058 »Außen«:

Umgebende Flächennutzung	*Tag* [Werte in dB(A)]	*Nacht* [Werte in dB(A)]
Industriegebiet	70	70
Gewerbegebiet	65	50
Misch- und Dorfgebiet	60	45
Kleinsiedlung	55	45
Reines Wohngebiet	50	35
Kurgebiet	45	35

4.3 Wasserhaushaltsgesetz

[1] Welche Arbeiten gehören entsprechend dem Wasserhaushaltsgesetz zu den fachbetriebspflichtigen Arbeiten?

Zu den fachbetriebspflichtigen Arbeiten entsprechend dem Wasserhaushaltsgesetz gehören:

1. Reinigungs- und Beschichtungsarbeiten auf den Innenflächen von Anlagen für Wasser gefährdende Flüssigkeiten,
2. Ausführen von heizölbeständigen Beschichtungen (Heizölauffangräume), wenn der Heizölbehälter nicht werkstattgefertigt ist oder mehr als 10 000 l Inhalt aufweist,
3. Herstellen von Auffangwannen für die Lagerung flüssiger, Wasser gefährdender Stoffe durch Beschichtungen.

[2] Welche Voraussetzungen muss ein Betrieb erfüllen, damit er im Sinne der Verordnung über Anlagen zum Umgang mit wassergefährdenden Stoffen fachbetriebspflichtige Arbeiten durchführen darf?

Der Betrieb muss nach §3 folgende Voraussetzungen erfüllen:

1. Es muss sachkundiges Personal zur Verfügung stehen.
2. Die erforderlichen Geräte und Ausrüstungsteile müssen vorhanden sein.
3. Der Betrieb muss entweder berechtigt sein, das Gütezeichen einer baurechtlich anerkannten Überwachungs- oder Gütegemeinschaft zu führen, oder er muss einen Überwachungsvertrag mit einer technischen Überwachungs-

organisation geschlossen haben, der eine mindestens zweijährliche Überprüfung einschließt.

[3] Das Wasserhaushaltsgesetz unterscheidet bei der Abwasserentsorgung zwischen direkter und indirekter Einleitung. Erklären Sie die beiden Begriffe!
Bei der direkten Einleitung wird das Abwasser unmittelbar in Gewässer eingeleitet.
Bei der indirekten Einleitung dagegen wird das Abwasser in eine Kanalisation geleitet und damit in aller Regel einer Kläranlage zugeführt.

[4] Warum sollte man die indirekte Einleitung von Abwässern der direkten Einleitung vorziehen?
Bei der indirekten Einleitung wird das Abwasser in eine Kanalisation eingeleitet und anschließend in einer Kläranlage gereinigt, bevor es in ein Gewässer eingeleitet wird. Damit ist dieses Verfahren umweltschonender als die direkte Einleitung in ein Gewässer.
Die direkte Einleitung von Abwässern in ein Gewässer stellt im Sinne des Wasserhaushaltsgesetzes eine Benutzung der Gewässer dar und ist deshalb genehmigungspflichtig.

[5] Wie muss der Fußboden eines Lagers für organische Lösemittel beschaffen sein, damit er den Vorschriften des Wasserhaushaltsgesetzes entspricht?
Nach dem Wasserhaushaltsgesetz muss der Fußboden so beschaffen sein, dass keine Lösemittel hindurchwandern und in das Grundwasser gelangen können. Am besten werden die Lösemittelkannen hierzu in Auffangwannen aus Metall gestellt. Zumindest muss der Fußboden mit rissüberbrückenden, lösemittelhaltigen Werkstoffen, z. B. 2-K-Epoxidharzlackfarben, beschichtet werden. Die Beschichtung ist so weit an der Wand hochzuziehen, dass eine Auffangwanne entsteht, die mindestens den Inhalt des größten Gebindes aufnehmen kann.

[6] Das Gefährdungspotential einer Wasser gefährdenden Flüssigkeit entsprechend dem Wasserhaushaltsgesetz (WHG), z. B. Heizöl, Lösemittel usw., hängt von der Wassergefährdungsklasse und von der Menge der Wasser gefährdenden Stoffe ab. A) Aus welchem Schriftstück kann man ersehen, welcher Wassergefährdungsklasse ein Stoff angehört? B) Welcher Wassergefährdungsklasse gehört Heizöl an? C) Von welcher Wassergefährdungsklasse ist auszugehen, wenn die tatsächliche Klasse nicht einwandfrei ermittelt werden kann?

A) Die Wassergefährdungsklasse eines Stoffs kann man dem Sicherheitsdatenblatt entnehmen.
B) Heizöl gehört der Wassergefährdungsklasse 2 an.

C) Ist die Wassergefährdungsklasse eines Stoffs nicht bekannt, ist von der höchsten Gefährdungsklasse, der Klasse 3, auszugehen.

7 Ab welcher Menge Heizöl muss für die Lagerung ein eigener Raum vorhanden sein?
Ab 5000 l Heizöl muss ein separater Lagerraum für das Heizöl vorhanden sein.

8 Die Beschichtung der Wanne in Heizöllagerräumen mit Tanks, deren Inhalt mehr als 10 000 l beträgt, darf entsprechend des WHG nur von Fachbetrieben durchgeführt werden. Unter welchen Voraussetzungen dürfen auch andere Betriebe diese Beschichtung ausführen?
Die Vorschrift, dass nur Fachbetriebe diese Beschichtung ausführen können, entfällt, wenn der Zulassungsbescheid des Beschichtungsstoffs eine entsprechende Formulierung enthält.

9 Für die Beschichtung von Heizölauffangwannen enthält das WHG wichtige Vorschriften. Nennen Sie wichtige Details der Vorschriften, die bei der Ausführung der Beschichtung zu beachten sind!
1. Es dürfen nur Stoffe verwendet werden, für die es eine entsprechende bauaufsichtliche Zulassung gibt.
2. Alle Innenecken sind als Hohlkehle auszubilden.
3. Die im Zulassungsbescheid genannten Mindestverbrauchsmengen sind einzuhalten (in der Regel >300 ml pro m^2).
4. Die Beschichtung wird in der Regel in drei Schichten aufgetragen. Diese müssen durch unterschiedliche Farbtöne erkennbar sein.
5. Wenn der Zulassungsbescheid nichts Anderes aussagt, dürfen die Beschichtungen nur von Fachbetrieben entsprechend dem WHG ausgeführt werden.
6. Die Wanne muss so groß sein, dass in Wasserschutzgebieten oder bei kommunizierenden Tanks der gesamte Inhalt der vollen Tanks aufgenommen werden kann. In »Nicht-Wasserschutzgebieten« und bei nicht kommunizierenden Tanks muss der Inhalt des größten Tanks aufgenommen werden können.
7. Risse und Fugen in Wänden und Böden sind nicht zulässig.

5 Entsorgung

1 Was versteht man unter Abfällen?

Abfälle sind nach § 1 des Abfallgesetzes bewegliche Sachen, deren sich der Besitzer entledigen will oder deren geordnete Entsorgung zur Wahrung des Wohls der Allgemeinheit, insbesondere des Schutzes der Umwelt, geboten ist.

2 Zeigen Sie Möglichkeiten auf, wie die Abfallmengen in einem Maler- und Lackiererbetrieb reduziert werden können!

Die Abfallmengen in Maler- und Lackiererbetrieben lassen sich durch verschiedene Maßnahmen vermindern:

1. Abdeckplanen und Abdeckfolien sollten mehrfach verwendet werden.
2. Materialreste sollten weiterverwendet werden. Dies ist zum Beispiel durch Vermischen mit andersartigen Farbtönen gleichen Materials für Grundierzwecke möglich. Das Vermischen mit andersartigen Produkten, z. B. anderer Hersteller, muss wegen der möglichen Qualitätsminderung und des Gewährleistungsverlustes für das Material vermieden werden.
3. Lösemittel können in eigenen Rückgewinnungsanlagen oder bei Fremdfirmen regeneriert werden.
4. Auf das Abbeizen von Anstrichen sollte man, soweit ohne Qualitätsverlust möglich, verzichten. Dies ist z. B. durch Weggabe von abzubeizenden Gegenständen in eine entsprechend ausgerüstete Ablaugerei möglich. Manchmal kann auch das Abbeizen durch mechanische Entschichtungsverfahren, z. B. das Feuchtnebelstrahlen, ersetzt werden.

3 Bei den Maler- und Lackierbetrieben unterscheidet man bei den Abfällen zwei Kategorien. Erläutern Sie diese beiden Kategorien!

1. »nicht gefährliche Abfälle«: Hausmüllähnlicher Abfall, z. B. eingetrocknete Farbreste, der mit dem Hausmüll entsorgt werden kann.
2. »gefährliche Abfälle«: Hierunter fallen alle Abfälle, die im Europäischen Abfallverzeichnis (EAV) als gefährlich eingestuft wurden, z. B. flüssige Beschichtungsmittel mit gesundheitsschädlichen Bestandteilen. Diese müssen gesondert entsorgt werden

4 Nennen Sie mindestens vier Beispiele für Abfälle aus dem Farbbereich, die zu den »nicht gefährlichen« Abfällen gezählt werden!

1. Eingetrocknete Farbreste von Dispersionsfarben auf Abdeckplanen,
2. leere oder ausgehärtete Gebinde mit Farbresten ohne gefährliche Zusatzstoffe, wie Bleiverbindungen,
3. Schleifpapier, mit dem gefüllerte Türen geschliffen wurden,
4. Tapetenreste, auch entfernte Tapeten.

[5] Für welche Maler-und-Lackiererarbeiten-Abfälle ist ein Abfallnachweisbuch zu führen?

Die Führung eines Nachweisbuches ist im § 5 der Abfall-Nachweisordnung geregelt. Entsprechend dieser Verordnung ist für folgende Abfälle ein Abfallnachweisbuch zu führen:

1. Verdünnungen,
2. Abbeizschlamm,
3. lösemittelhaltige Farbreste (auch Lackreste),
4. Farbschlamm aus Lackieranlagen.

[6] Bei welchen Stellen muss die Genehmigung zum Transport von Abfällen beantragt werden?

Für die Genehmigung zum Einsammeln und Befördern von Abfällen ist die Stadtverwaltung bzw. das Landratsamt zuständig.

[7] Wie müssen Fahrzeuge, die Abfälle auf öffentlichen Straßen transportieren, gekennzeichnet werden?

Die Kennzeichnung der Fahrzeuge muss mit zwei rechteckigen rückstrahlenden weißen Warntafeln erfolgen. Die Warntafeln müssen 40 cm Grundlinie und mindestens 30 cm Höhe haben. Auf den Schildern muss mit schwarzer Farbe der Buchstabe »A« angebracht sein. Der Buchstabe muss 20 cm hoch sein und die Schriftstärke muss 2 cm betragen.

Die Warntafeln sind während der Beförderung vorne und hinten am Fahrzeug senkrecht zur Fahrzeugachse und nicht höher als 1,50 m über der Fahrbahn deutlich sichtbar anzubringen. Bei Zügen muss die zweite Tafel an der Rückseite des Anhängers angebracht werden. Für das Anbringen der Warntafeln ist der Fahrzeugführer verantwortlich.

[8] Bei den meisten Malerarbeiten fallen Abfälle, wie Abdeckpapier, Verpackungsmaterial, verbrauchtes Schleifpapier usw., an. Können die dadurch entstehenden Entsorgungskosten für die nicht schadstoffbelasteten Abfälle entsprechend der VOB Teil C DIN 18299 »VOB Vergabe- und Vertragsordnung für Bauleistungen – Teil C: Allgemeine Technische Vertragsbedingungen für Bauleistungen (ATV) – Allgemeine Regelungen für Bauarbeiten jeder Art« gesondert in Rechnung gestellt werden?

Diese Abfälle stammen aus dem Bereich des Auftragnehmers und sind entsprechend der VOB als Nebenleistung, also ohne die Möglichkeit der gesonderten Berechnung, zu entsorgen.

[9] Unter welchen Voraussetzungen sind die Hersteller entsprechend der Verpackungsverordnung von der Rücknahmepflicht für Verkaufspackungen befreit?

Die Hersteller sind von der Rücknahmepflicht für Verkaufspackungen befreit, wenn

1. an der Verpackung noch Schadstoffmengen anhaften,
2. in der Verpackung noch Werkstoffreste enthalten sind,
3. die Hersteller sich am sog. dualen Entsorgungssystem (ein von der Wirtschaft freiwillig organisiertes Sammelsystem für gebrauchte Verkaufspackungen) beteiligen

10 Entsprechend der TRGS 519 sind bei Asbestbelastung alle Räume, Anlagen und Geräte regelmäßig zu reinigen. Welchen Anforderungen müssen Industriestaubsauger, die dafür eingesetzt werden, genügen?

1. Die Geräte müssen berufsgenossenschaftlich (Bauartprüfung) oder behördlich anerkannt sein.
2. Der Abscheidungsgrad für das Filtermaterial oder die Filterkombination muss mindestens 99,995 % betragen. Dazu eignen sich Geräte mit der Verwendungskategorie H (früher K1).
3. Die Geräte müssen dem Einsatz entsprechend ihren weiteren sicherheitstechnischen Anforderungen genügen, z. B. für rauen Betrieb geeignet sein.

Projektarbeiten

Erstes Projekt

An und in einem Hoteltrakt sind Malerarbeiten auszuführen. Das Hotel liegt etwas zurückgezogen in einer Parkanlage. Das Hotel wurde 1965 erbaut, hat zwischenzeitlich aber einige Umbauten erfahren. Der Hotelbetrieb wird während der Malerarbeiten aufrechterhalten.

1 Situation

1.1 Fassade

Der Putz der Fassade wurde in einer mittleren Körnung ausgeführt. Die Altbeschichtung haftet gut. Allerdings ist auf der Fassade Pilzbewuchs festzustellen. Die Fassade soll einen neuen Anstrich erhalten.

1.2 Balkone

Die Bodenplatten sind aus Beton und weisen an einigen Stellen an der Unterseite Ausbrüche und Abplatzungen auf. Hier ist die Armierung sichtbar.

1.3 Balkonverkleidung

Die Kragplatten sind mit verzinktem Stahlblech verkleidet. Das Balkongeländer ist ebenfalls verzinkt. Die Beschichtung platzt großflächig ab. Die Balkone sollen neu beschichtet werden.

1.4 Fenster

Die Fenster aus Fichtenholz sind deckend weiß gestrichen. Es zeigen sich besonders im unteren Drittel starke Anstrichschäden. Der Kunde wünscht einen dunkelbraunen Anstrich.

1.5 Eingangstür

Die Eingangstür ist eine Aluminiumkonstruktion, die bislang nicht beschichtet wurde. Die Tür soll beschichtet werden.

1.6 Decke in der Empfangshalle

Die Decke in der Empfangshalle ist mit waschbeständiger Dispersionsfarbe gestrichen und zeigt außer einer starken Vergilbung durch übermäßiges Rauchen keine Schäden. Die Wände sind mit Holz verkleidet. Die Decke soll wieder mit waschbeständiger Dispersionsfarbe gestrichen werden.

1.7 Holztüren im Speisesaal

Die Türen und Zargen aus Holz sind weiß mit Alkydharzlack beschichtet, zeigen aber großflächige feine Risse in der Deckbeschichtung zur darunterliegenden Beschichtung. Die Türen und Zargen sollen weiß seidenglänzend lackiert werden.

1.8 Wände im Flur

Die Decke im Flur ist mit Holz verkleidet. Die Wände sind mit einem Kunststoff-Reibeputz mit einer feinen Körnung beschichtet. Gewünscht wird eine Glättetechnik.

2 Aufgaben

2.1 Fassade

1 Zeigen Sie fünf konstruktiv bedingte Ursachen auf, die zum Pilzbefall an der Fassade geführt haben können!

Durch einen mangelnden Dachüberstand ist die Fassade kaum vor Feuchtigkeit geschützt.

Möglicherweise wird die Fassade durch ein undichtes Dach, durch aufsteigende Mauerfeuchtigkeit, durch defekte oder verunreinigte Dachrinnen, durch Risse im Putz, durch Kondenswasserbildung im Mauerwerk o. Ä. durchnässt.

Die Wärmedämmung ist möglicherweise zu gering.

2 Erläutern Sie materialbedingte Ursachen, die ebenfalls zum Pilzbefall an der Fassade geführt haben können!

Vom Wind werden von den Bäumen Pilzsporen an die Fassade getragen, als Nährstoffe dienen Teile der Fassadenfarbe, z. B. Verdickungsmittel, Schutzkolloide und Weichmacher.

3 Welche Untergrundprüfungen sind vor dem Fassadenanstrich durchzuführen? Geben Sie 8 Prüfungen, die zugehörigen Prüfmethoden/-verfahren und die Erkennungsmerkmale an!

1. Ermittlung der Mörtelgruppe bzw. des Bindemittels: Eine Putzprobe wird im Mörser fein zerrieben und durch die Normsiebe gesiebt. Bei dem durch das 50-µm-Sieb gesiebten Rest handelt es sich um das Bindemittel des Putzes. Durch Farbtonvergleich kann zwischen Luftkalken (weiß), hydraulischen Kalken (leicht grau) und Zement (grau) unterschieden werden.
2. Ermittlung des Altanstriches: Löseversuch mit Nitroverdünnung: Dispersionsfarben lösen sich an; Löseversuch mit Testbenzin: lösemittelhaltige Fassadenfarben lösen sich an; Löseversuch mit Abbeizfluid: alle organischen Anstrichmittel lösen sich; Beträufeln mit Salzsäure: Kalkanstriche brausen stark auf, weil viel CO_2 ausgetrieben wird; Silikatfarben brausen nur schwach auf.
3. Untersuchung auf Konstruktionsmängel: Optische Prüfung, z. B. anhand ungleichmäßiger Verschmutzung, Schmutzfahnen.
4. Risse: Optische Prüfung, Haarrisse werden durch die Benetzungsprobe erkannt.
5. Ausblühungen: Optische Prüfung, weißlich, gelbliche Verfärbungen auf der Oberfläche.
6. Feuchtigkeit: Optische Prüfung, dunklere Stellen weisen auf Feuchtigkeit hin, genaue Prüfung mit dem CM-Gerät.

7. Verschmutzungen, Verfärbungen: Optische Prüfung, gräulich braune Verschmutzungen.
8. Moos und Algenbewuchs: Optische Prüfung, grünlich, graue Verschmutzungen.

2.2 Balkone

[1] Die Balkonböden sind aus Beton hergestellt. Sie weisen unterschiedliche Schäden auf. Um die Instandsetzungsmaßnahmen zu planen und die passenden Beschichtungsstoffe auszuwählen, prüfen Sie den Untergrund mit Phenolphthalein. Die Abbildung zeigt die Reaktion des Betons mit Phenolphthalein an den Ausbruchstellen. Beurteilen Sie das sichtbare Ergebnis der Prüfung mit Phenolphtalein hinsichtlich der Alkalität des Betons und ziehen Sie eine Schlussfolgerung hinsichtlich der Karbonatisierungstiefe!

Die Prüfung mit Phenolphthalein ergab keine Verfärbung, der Beton weist einen pH-Wert unter 8,2 auf. Die Karbonatisierung des Betons ist sehr weit fortgeschritten und liegt bereits unter der Tiefe des Bewehrungsstahls.

[2] Welchen Diffusionswiderstand muss ihre gewählte Beschichtung gegenüber Kohlendioxid nach DIN EN 1062, aufweisen? Begründen Sie diese spezielle Anforderung bei Beschichtungen für armierten Beton!
Die Beschichtung muss einen sd-Wert Kohlendioxid ≥ 50,0 m aufweisen. Dies verhindert eine zu schnelle Karbonatisierung des Betons.

3 **Sie führen verschiedene Untergrundprüfungen an den Balkonflächen aus, bevor Sie diese instand setzen. Erläutern Sie tabellarisch ihre Vorgehensweise hinsichtlich der Kriterien, die Sie prüfen, welche Prüfmethode Sie verwenden und welches Erkennungsmerkmal ausschlaggebend ist!**

Prüfung auf...	*Prüfmethode/-verfahren*	*Erkennungsmerkmale*
Algen und Pilze	Augenschein	grau-grünlicher Bewuchs
Lunker und Poren	Augenschein	Verdichtungen von größeren Zuschlagstoffen ohne Zementbindung, Haufwerk
Tragfestigkeit	Rückprallhammer nach Schmidt, Klopfprobe	Prüfergebnisse in N/mm² geben die vorhandene Oberflächenfestigkeit an, bei der Klopfprobe hört man unterschiedlichen Klang
Salze	Augenschein oder Indikatorstreifen	weiße Verfärbungen, Farbumschlag des verwendeten Indikators
Hohlstellen	Klopfprobe mit dem Hammer	unterschiedlicher Klang

4 **Wie ist der freigelegte Stahl bei der Betoninstandsetzung vorzubereiten, wenn der Oberflächenreinheitsgrad Sa 2½ gefordert ist?**
Die Flächen sind durch Abstrahlen so weit von Zunder, Rost und Beschichtungen zu befreien, dass Reste auf der Stahloberfläche lediglich als leichte Schattierung in den Poren sichtbar bleiben.

5 **Als Instandsetzungsmaterial verwenden Sie einen PCC-Mörtel. Welches Material verbirgt sich hinter den Buchstaben PCC und welche Eigenschaften weist dieser auf? Nennen Sie zwei Eigenschaften!**
Die Abkürzung PCC steht für Polymer cement concret. Es handelt sich hierbei um einen kunststoffmodifizierten Zementmörtel. Er enthält Rostschutzinhibitoren, weist eine gute Haftfestigkeit auf und ist für kleinere Ausbrüche geeignet.

2.3 Balkonverkleidung

1 **Um welche Verzinkungsart handelt es sich hier? Nennen Sie das Erkennungsmerkmal!**
Die Verkleidung der Kragplatten wurde mit feuerverzinktem Stahlblech durchgeführt. Auch das Geländer dürfte feuerverzinkt sein. Die Feuerverzinkung kann man an den sog. Zinkblumen, aber auch an den höheren Schichtdicken der Verzinkung im Vergleich zur Galvanisierung erkennen.

[2] **Nennen Sie mögliche Ursachen, die zu diesen Anstrichschäden geführt haben können!**
Mögliche Ursachen:
- ungenügende Reinigung vor der Beschichtung
- falscher Beschichtungsstoff, z. B. Alkydharzlackfarbe

[3] **Welches Abbeizmittel setzen Sie ein, wenn Sie bei der Untergrundprüfung feststellen, dass es sich bei der Altbeschichtung um Alkydharzlackfarben handelt? Wie wirkt dieses Abbeizmittel?**
Am besten eignen sich hier Abbeizlaugen, diese Werkstoffe verseifen das Alkydharzbindemittel und machen es so wasserlöslich. Es ist keine Lösemittelbelastung zu erwarten. Allerdings wirken diese Abbeizmittel stark ätzend und erfordern eine ausreichende persönliche Schutzausrüstung.

[4] **Das Abbeizmittel (enthält Natronlauge) ist mit dem nachfolgenden Gefahrensymbol gekennzeichnet. Auf dem Etikett ist u. a. der Hinweis »P280 - Schutzhandschuhe/Schutzkleidung/Augenschutz/Gesichtsschutz tragen« abgedruckt. Wie heißt das Gefahrensymbol? Erläutern Sie den Kennbuchstaben »P«!**

Das Gefahrensymbol nach GHS bedeutet »ätzend«.
P steht für »Precautionary Statements«, das sind Sicherheitshinweise zum Umgang mit den Gefahrstoffen.

2.4 Fenster

[1] **Welcher Beanspruchungsgruppe muss die Verglasung der Fenster mindestens entsprechen, wenn ein dunkler Anstrich fachgerecht möglich sein soll?**
Beanspruchungsgruppe der Verglasung:
Bei Lasuren und/oder dunklen Anstrichen muss die Verglasung mindestens in der Beanspruchungsgruppe 3 ausgeführt werden. Ist aufgrund der Größe und Konstruktion ohnehin die Beanspruchungsgruppe 3 oder 4 erforderlich, muss die Beanspruchungsgruppe um eine Gruppe erhöht gewählt werden.

[2] **Wie können Sie erkennen, ob die Verglasung der Fenster in dieser Beanspruchungsgruppe ausgeführt worden ist?**
Erkennung der Beanspruchungsgruppen 3 und höher:
Bei der Beanspruchungsgruppe 3 ist die äußere Kittvorlage mit elastischem Dichtstoff versiegelt.

Bei der Beanspruchungsgruppe 4 ist das Kittbett zusätzlich mit Abstandhaltern stabilisiert. Diese Abstandhalter sind aber nicht sichtbar.
Bei der Beanspruchungsgruppe 5 ist die elastische Versiegelung auf dem Kittbett außen und innen erforderlich.

3 Welche Verleimung muss das Fenster haben, wenn dunkle Anstriche durchgeführt werden sollen?
Wenn dunkle Anstriche oder Lasuren gefordert sind, muss die Verleimung der Gruppe B 4 entsprechen.

4 Sie erarbeiten ein langfristiges Sanierungskonzept, in dem Sie Materialien und zukünftige Überarbeitungsintervalle festlegen. Beschreiben Sie Ihr Vorgehen!

1. Klimabeanspruchung nach DIN EN 927-1 feststellen, das kann gemäßigt (Südseite/Westseite), streng (Ostseite), oder extrem (Nordseite) sein. Nachdem bei diesem Auftrag an allen Seiten Fenster sind, ist die größte Beanspruchung die Grundlage für die Einstufung.
2. Den derzeitigen konstruktiven Schutz der Fenster einstufen (Holzbauteile geschützt, Holzbauteile teilweise geschützt, Holzbauteile nicht geschützt). Da bei diesem Auftrag die Fenster in einer Nische liegen, sind die Holzbauteile geschützt.

Bei einer mittleren Belastung ergibt sich ein Überarbeitungsintervall von 4-8 Jahren, wegen der gewünschten dunklen Beschichtung reduziert sich dieser Zeitraum noch weiter.

5 Welche Probleme erkennen Sie auf dem Foto des Details des Fensteranstrichs, die zu den vorhanden Schäden geführt haben können?

- Am Stirnholz der Verleimung wird Feuchtigkeit aufgenommen. Deshalb reißt hier das Holz.
- Die Kanten der Fensterprofile sind unzureichend gerundet.
- Das Fenster wurde in dem hier sichtbaren Bereich zum Teil nachgestrichen. Im nicht nachgestrichenen Bereich wurde die Fensterbeschichtung sichtlich zu dünn durchgeführt.
- Im zu dünn gestrichenen Bereich löst sich der Anstrich vom Holz ab.

6 Bewerten Sie den Wunsch des Kunden, die Fenster dunkel zu streichen!
Bei dunklen Anstrichen heizen sich Beschichtung und Holz stärker auf. Durch die erhöhte Belastung sind Schäden an der Verleimung zu erwarten. Dies führt wiederum zu einer erhöhten Feuchtigkeitseinwirkung, zu Beschichtungs- und Holzschäden.

2.5 Eingangstür

[1] Welches Schleifmittel sollte zur Untergrundvorbereitung verwendet werden?
Zur Untergrundvorbereitung sollte ein Kunststoffschleifvlies verwendet werden.

[2] Welche Lackfarben sind für die Beschichtung der Aluminiumtüre geeignet?
Geeignet sind Lackfarben auf der Basis Alkydharz, Polyurethan (auch auf Epoxidharzgrundierung), und Acrylharz (auch Dispersionslackfarben).

2.6 Decke in der Empfangshalle

[1] Wodurch wurde die Gelbfärbung der Decke verursacht?
Im Tabak ist außer dem Nikotin noch eine gewisse Menge Teer enthalten. Dieser Stoff verursacht die Gelbfärbung, auch bei folgenden wasserverdünnbaren Beschichtungen, es sei denn, man setzt spezielle Dispersionsfarben dafür ein.

[2] Mit welchen Werkstoffen lässt sich generell die Gelbfärbung der folgenden Beschichtungen verhindern? Bewerten Sie die Möglichkeiten!
Generell lässt sich die Gelbfärbung der folgenden Anstriche mit diesen Verfahren verhindern:

1. Absperren mit Absperrlacken; hierdurch wird aber die Diffusion der Decke stark vermindert. Außerdem ist mit einer hohen Lösemittelbelastung zu rechnen. Aus diesen Gründen ist dieses Verfahren abzulehnen.
2. Verwendung von lösemittelhaltigen Wandfarben; die damit verbundene Lösemittelbelastung verhindert die Anwendung in diesem Bereich, solange der Hotelbetrieb aufrecht erhalten werden soll.
3. Verwendung von Absperrfarben auf Dispersionsbasis. Die Absperrwirkung ist zwar geringer als bei den lösemittelhaltigen Produkten, die geringere Lösemittelbelastung verspricht hier aber die meisten Vorteile.

2.7 Holztüren im Speisesaal

[1] Welche Ursachen haben diese Risse?
Diese Risse sind auf Spannungsunterschiede zwischen der Deckbeschichtung und der darunter liegenden Beschichtung zurückzuführen. Die Deckbeschichtung ist spannungsreicher als die darunter liegende Beschichtung. Dadurch kommt es zu dieser Rissbildung.

[2] **Warum kann hier die vorhandene Beschichtung nicht verbleiben und durch eine Spachtelung die erforderliche Glättung des Untergrunds nicht erreicht werden?**
Spachtelschichten sind aufgrund ihres hohen Füllstoffanteils sehr spröde und wenig elastisch. Dies bedeutet, dass sich die Risse verstärkt wieder zeigen würden.

[3] **Begründen Sie, warum für die Abbeizarbeiten an den Holztüren Abbeizlauge dem Abbeizfluid vorzuziehen ist!**
Abbeizlaugen verseifen den vorhandenen Alkydharzlackfarbenanstrich und machen ihn so wasserlöslich. Abbeizlaugen sind für diese Beschichtungen wirksamer als die Abbeizfluide. Abbeizfluide enthalten Lösemittel und belasten so Gesundheit und Umwelt stark.

2.8 Wände im Flur

[1] **Muss vor der Ausführung der Glättetechnik der Reibeputz entfernt werden oder empfehlen Sie ein anderes Verfahren?**
Die Entfernung des Reibeputzes ist sehr arbeits- und damit sehr kostenintensiv. Der Kunststoffreibeputz kann mit dispersionsvergüteter Spachtelmasse geglättet werden, so dass der Reibeputz auf dem Untergrund verbleiben kann.

[2] **Begründen Sie, warum auf diesem Untergrund keine Kalkpresstechnik fachgerecht möglich ist!**
Kalkpresstechniken sollten auf mineralischen Untergründen ausgeführt werden. Der vorhandene Reibeputz zählt nicht zu den mineralischen Untergründen.

2.9 Leistungsbeschreibungen

[1] **Erstellen Sie für die Malerarbeiten folgende Leistungsbeschreibungen!**

Pos. 1 Fassadenanstrich (das Gerüst wird bauseits gestellt):
- Reinigen der Fassade von Pilzen und Verschmutzungen, Vorbehandlung mit fungizider Lösung
- Ausbessern der kleinen Putzschäden mit artgleichem Material unter Beachtung der Putzstruktur
- Grundanstrich mit fungizid eingestellter Fassaden-Dispersionsfarbe (oder Siliconharzfarbe)
- Schlussanstrich mit fungizid eingestellter Fassaden-Dispersionsfarbe (oder Siliconharzfarbe)

Pos. 2 Beschichtung der Balkonuntersichten aus Beton

- Freilegen des nicht mehr im alkalischen Bereich (pH-Wert > 9,5) liegenden Armierungsstahls
- Entrosten des Armierungsstahls Normreinheitsgrad Sa 2½
- Korrosionsschutzgrundierung im Betoninstandsetzungssystem
- Grundierung des Betons
- Ausfüllen und Glätten der Schadstellen
- Grundierung der gesamten Flächen mit CO_2-dichter Dispersionsfassadenfarbe
- Schlussbeschichtung der gesamten Flächen mit CO_2-dichter Dispersionsfassadenfarbe

Pos. 3 Beschichtung der verzinkten Teile am Balkon

- Entfernen der Altbeschichtung durch Ablaugen, Nachwaschen mit Wasser
- Reinigen mit Salmiak-Netzmittelwäsche oder Spezialreinigungsmittel, schleifen mit Kunststoffschleifvlies, gründliches Nachwaschen mit Wasser
- Grundanstrich mit Dispersionslackfarbe
- Schlussanstrich mit Dispersionslackfarbe

Pos. 4 Fensteranstrich

- Abschleifen der verwitterten Holzschicht und der zerstörten Lasur, gründliches Anschleifen der übrigen Flächen, gründliches Reinigen des Untergrunds
- Grundanstrich mit Holzschutzmittel nach DIN 68800 auf den rohen Holzteilen
- Zwischenanstrich mit Fenstervorstreichfarbe auf den grundierten Holzteilen
- Zwischenanstrich mit Fenstervorstreichfarbe vollflächig
- Schlussanstrich mit Fensterlackfarbe vollflächig

Pos. 5 Eingangstür

- Reinigen der Tür und schleifen mit Schleifvlies
- Grundanstrich mit Haftgrund auf Alkydharzbasis
- Zwischenanstrich mit Alkydharzlackfarbe (=besondere Leistung)
- Schlussanstrich mit Alkydharzlackfarbe

Pos. 6 Decke in der Empfangshalle

Pos. 6a Abdeckarbeiten

- Vollflächiges Abdecken des Bodens und der Wände

Pos. 6b Anstricharbeiten

- Gründliches Abwaschen der Flächen mit Wasser
- Ausbessern der kleineren Putzschäden mit hydraulisch abbindender Spachtelmasse

- Grundanstrich mit absperrender Innendispersionsfarbe
- Schlussanstrich mit absperrender Innendispersionsfarbe

Pos. 7 Holztüren

- Vollständiges Abbeizen des Altanstrichs mit Abbeizlauge, gründliches Nachwaschen mit klarem Wasser
- Grundanstrich mit Vorstreichfarbe auf Alkydharzlackfarbe
- Abschleifen der aufgestellten Holzfasern
- Vollflächiges Spachteln mit Alkydharzspachtelmasse
- Füllern mit einem Füller auf Alkydharzbasis
- Schlussanstrich mit Alkydharz-Seidenglanzlackfarbe

Pos. 8 Glättetechnik im Flur

Pos. 8a Abdeckarbeiten

- Vollflächiges Abdecken des Bodens und der Decke

Pos. 8b Glättetechnik

- Erste Spachtelung mit Dispersionsspachtelmasse
- Zweite Spachtelung mit Dispersionsspachtelmasse
- Dritte Spachtelung mit Dispersionsspachtelmasse
- Planschleifen
- Fleckspachteln im gewünschten Farbton
- Glätten und Wachsen der Glättetechnik

2.9 VOB

1 Wie werden die Fensteröffnungen beim Aufmaß nach VOB berücksichtigt?
Die Fenster werden bis zu 2,50 m² Einzelmaß übermessen. Fenster mit Einzelmaßen über 2,50 m² werden abgezogen. Unabhängig von der Abzugregel werden die Leibungen gesondert berechnet. Dabei können die Leibungen nach Flächenmaß oder nach Längenmaß abgerechnet werden.

2 Wie werden die Fenster nach VOB berechnet?
Die Fenster werden je beschichtete Seite nach Fläche gerechnet, die Glasfüllungen werden übermessen.

3 Ab welchem Zeitpunkt beginnt die Gewährleistung nach VOB?
Nach VOB beginnt die Gewährleistung mit der Abnahme der Gesamtleistung. Nur für in sich abgeschlossene Teile der Leistung könnte die Gewährleistung mit der Teilabnahme beginnen.

[4] Wann muss die Schlussrechnung eingereicht werden?

Die Schlussrechnung muss bei Leistungen mit einer vertraglichen Ausführungsfrist von höchstens drei Monaten spätestens zwölf Werktage nach Fertigstellung eingereicht werden, wenn nichts anderes vereinbart ist. Diese Frist verlängert sich um je sechs Werktage für je weitere drei Monate Ausführungsfrist.

Zweites Projekt

In einem Wohnhaus sind umfangreiche Wärmedämm- und Malerarbeiten durchzuführen. Das Gebäude wurde 1966 erbaut und 2000 mit einer Wärmedämmung versehen. Die Besitzer wollen die Wohnqualität während der Arbeiten möglichst wenig eingeschränkt haben. Dem Umwelt- und Gesundheitsschutz werden Priorität eingeräumt. In einem Nebengebäude ist eine Werkstatt untergebracht.

1 Situation

1.1 Fassade

Die Fassade wurde vor Jahren mit einem Wärmedämmverbundsystem aus Polystyrol-Hartschaumplatten, beschichtet mit einem Silikatputz, versehen. Auf dem bislang ungestrichenen Silikatputz zeichnet sich die Verdübelung der Platten stark ab. Oberhalb der Fenster und eines Lüftungsschachtes aus dem Keller sieht man starke Verschmutzungen und Algenbewuchs.

Angaben zur Fassade

	Dicke cm	*Wärmeleitfähigkeit W/mK*	*Wasserdampf-diffusionsfaktor m*
Innenputz Mörtelgruppe P II	1,5	1,00	5
Außenwände Hochlochziegel	36	0,81	10
Außenputz Mörtelgruppe P II	1,5	0,70	20
Polystyrol-Hartschaum	8	0,035	35
Unterputz Mörtelgruppe P II	0,5	0,70	20
Silikatputz	0,3	0,70	70

1.2 Dachrinne

Die Dachrinne ist aus Kupfer und weist bräunliche, schwarze Schichten auf (siehe Detailfoto). Es soll der ursprüngliche Zustand wiederhergestellt werden.

1.3 Stahlträger in der Werkstatt

Die bislang nicht beschichteten Stahlträger aus verzinktem Stahl sollen mit einer Brandschutzbeschichtung geschützt werden.

1.4 Holzkonstruktion der Terrasse

Auf der Gartenseite wurde die Terrasse mit einer Holzkonstruktion aus Fichtenholz überdacht. Die Holzteile sind noch unbehandelt und sollen mit Lasur gestrichen werden.

1.5 Heizkörper

Die Heizkörper wurden grundiert geliefert. Die Heizkörper wurden Mitte Oktober ohne zusätzliche Beschichtung montiert. Mitte März wurden die Heizkörper abmontiert, um anschließend lackiert zu werden. Bei der Untergrundprüfung stellen Sie fest, dass sich an den Kanten entsprechend der DIN EN ISO 4628-3 der Rostgrad Ri 3 zeigt.

1.6 Einbauschrank im Schlafzimmer

Im Rahmen der Umbauarbeiten ist ein neuer Einbauschrank montiert worden. Der Schrank soll innen und außen weiß beschichtet werden.

1.7 Brandschutztüren im Keller

Im Kellerbereich wurden grundierte Brandschutztüren F 30 eingebaut. Die Grundierung wurde als Pulverbeschichtung ausgeführt.

1.8 Decken und Wände in der Wohnung

Die Decken und Wände sind mit Putz der Mörtelgruppe P II verputzt und mit waschbeständiger Dispersionsfarbe gestrichen. Zwischen Wohnzimmer und Schlafzimmer wurde eine Trennwand mit Gipskartonplatten eingezogen.

2 Aufgaben

2.1 Fassade

[1] Der Kunde ist verärgert, dass sich die Verdübelung der Wärmedämmung so stark abzeichnet. Erläutern Sie die Ursachen der Abzeichnung der Verdübelung! Wie lässt sich dieser Mangel dauerhaft beseitigen?
Die Dübel haben eine geringere Wärmedämmung, so handelt es sich bei den Dübeln um Wärmebrücken. Diese Stellen sind wärmer als die übrige Fassadenfläche, so dass Kondenswasser schneller abtrocknen kann. An den restlichen Fassadenflächen haftet somit Schmutz besser, die Verdübelung zeichnet sich heller ab.
Dieser Mangel lässt sich nur mit einer zusätzlichen Wärmedämmung der Fassade beseitigen.

[2] Überprüfen Sie auf der Grundlage des Energieeinspargesetzes den damals erreichten U-Wert der Außendämmung der Fassade und ermitteln Sie, wie dick die PS- Dämmschicht heute sein müsste!
Berechnung der vorhandenen Dämmung

	Schichtenfolge	*Dicke*	*Wärmeleit-fähigkeit*	*Berechnung Wärme-durchlass- und Wärme-übergangswiderstände*
		d	λ	R = d / λ
		m	W / m K	$m^2 \times K/W$
+	Innenputz Mörtelgruppe P II	0,015	1,00	0,015
+	Außenwände Hochlochziegel	0,36	0,81	0,44
+	Außenputz Mörtelgruppe P II	0,015	0,70	0,021
+	Polystyrol-Hartschaum	0,08	0,035	2,286
+	Unterputz Mörtelgruppe P II	0,005	0,70	0,007
+	Silikatputz	0,003	0,70	0,004
=	Vorhandener Wärmedurchlasswiderstand R			2,776
+	Wärmeübergangswiderstand innen R_{si}			0,132[2])
+	Wärmeübergangswiderstand Außen R_{se}			0,042[2])
=	Gesamter Wärmedurchgangswiderstand (1/u) R_T			2,946
	Wärmedurchgangskoeffizient, U-Wert in $W/m^2K = 1/R_T$			0,34

[2]) Feste Werte aus der Tabelle DIN 4108 - Teil 4

Berechnung der notwendigen Dämmschicht

	Erforderlicher Wärmedurchlasswiderstand	1/u (0,24)	4,167
-	vorhandener Wärmedurchgangswiderstand	R_T	2,946
=	notwendiger Wärmedurchlasswiderstand der Dämmung	R	1,220
×	Wärmeleitzahl der geplanten Dämmung	λ	0,035
=	Mindestschichtdicke der zusätzlichen Dämmung in	m	0,04

[1] Der Kunde möchte diese Wärmedämmung derzeit nicht ausführen lassen und wünscht nur eine Beschichtung der vorhandenen Wärmedämmung. Welche Materialien können als Schlussbeschichtung bei dem Wärmedämmverbundsystem generell fachgerecht eingesetzt werden?

Als Schlussbeschichtung können eingesetzt werden:

- Kunstharzputze nach DIN 18550 und DIN EN 13914,
- Silikatputze,
- Silikonharzputze,
- Dünnschichtputze auf der Basis mineralischer Bindemittel,
- Dickschichtputze auf der Basis mineralischer Bindemittel,
- Sonderbeschichtungen, z. B. Flachverblender usw.

3 Dem Kundenwunsch entsprechend soll eine Dispersionssilikatfarbe eingesetzt werden. Wie hoch darf der organische Anteil in der Dispersionssilikatfarbe maximal sein?
Der organische Anteil der Dispersionssilikatfarben beträgt nach VOB DIN 18363 maximal fünf Gewichtsprozent.

4 Auf welche Menge ist diese Angabe bezogen (was ist 100 %)?
Die Angabe ist auf den Lieferzustand der Dispersionssilikatfarbe bezogen.

5 Erläutern Sie die Vorteile der für diese Beschichtung vorgesehenen Dispersionssilikatfarbe!

- Die Dispersionsilikatfarbe ist alkalisch, dadurch hat sie eine fungizide und algizide Wirkung.
- Die Haarrisse können problemlos zugestrichen werden.
- Das thermische Verhalten der Dispersionssilikatfarbe entspricht dem des Untergrunds.
- Die Dispersionsilikatfarbe ist sehr dampfdurchlässig.
- Trotz des mineralischen Charakters lässt sich die Dispersionssilikatfarbe gut verarbeiten.

6 Prüfen Sie, ob es bei der geplanten Beschichtung mit Dispersionssilikatfarben zu Problemen mit dem entweichenden Wasserdampf kommen kann!
(Dispersionssilikatfarbe s = 100 µm, µ = 150)

sd-Wert	=	s (in m)	×	µ		
Innenputz Mörtelgruppe P 2a	=	0,015 m	×	5	=	0,225 m
Außenwände Hochlochziegel	=	0,36 m	×	10	=	3,600 m
Außenputz Mörtelgruppe P 2b	=	0,02 m	×	20	=	0,400 m
Polystyrol-Hartschaum	=	0,08 m	×	35	=	2,800 m
Unterputz Mörtelgruppe P 2b	=	0,005 m	x	20	=	0,010 m
Silikatputz	=	0,003 m	×	100	=	0,300 m
Dispersionssilikatfarbe	=	0,0001 m	×	150	=	0,015 m

Bewertung:
Der größte Widerstand gegenüber dem entweichenden Wasserdampf liegt im Mauerwerk. Der Silikatfarbenanstrich zeigt den geringsten Widerstand. So sind durch den Dispersionssilikatfarbenanstrich keine Probleme durch Diffusion zu erwarten.

7 Mit welchem Verfahren lässt sich die Zone in der Wand zeichnerisch bestimmen, in der Tauwasser anfällt?

Mit dem Glaserdiagramm lässt sich zeichnerisch feststellen, in welcher Zone und in welchem Umfang Tauwasser anfällt.

2.2 Dachrinne

1 Welche Kupfersalze vermuten Sie hinter den schwarz-braunen Verfärbungen und welchen Ursachen sind diese geschuldet?

Schwarze Verfärbung: Kupfersulfate, entstanden aus schwefelsaurer Luft (saurer Regen, Luft in Industriegebieten).

Braune Verfärbung: Kupferkarbonate, entstanden aus der Kohlensäure der Luft.

2 Wie entfernen Sie die vorhandenen Kupfersalze, so dass man möglichst keinen Unterschied zu den neu eingebauten Dachrinnenstücken wahrnehmen kann?

Die Kupferflächen werden durch Abwaschen mit stark verdünnter Salzsäure und Netzmittelzusatz und Schleifen mit Schleifvlies vorbereitet.

2.3 Stahlträgerbeschichtung in der Werkstatt

1 Erläutern Sie den Begriff des Sweepens, eines Arbeitsverfahrens, das häufig zur Untergrundvorbereitung bei großen, verzinkten Stahlbauteilen angewandt wird. Nennen Sie hierbei auch ein Problem, das bei gesweepten Oberflächen entstehen kann!

Die verzinkten Oberflächen werden mit Strahlgut geringer Größe überstrahlt, um die Haftung der nachfolgenden Beschichtung zu verbessern.

Bei zu starkem Strahlen können die Zinkschicht verletzt und der Korrosionsschutz vermindert werden.

2 Vor der Beschichtung führen Sie anstatt des baustellenüblichen Gitterschnittes zur Überprüfung der Haftfestigkeit eine Abrissprobe aus.

A) Beschreiben Sie die Durchführung der Abrissprobe einschließlich der Angabe der zugehörigen Norm!

Abreißprobe nach DIN EN ISO 4624:

Prüfstempel auf die Beschichtung mittels Epoxidharzkleber aufkleben und 24 h Trockenzeit einhalten. Danach werden mit einem Abzugsgerät die Prüfstempel abgerissen, der Wert abgelesen und ein Mittelwert gebildet. Die Messergebnisse werden in N/mm^2 angegeben.

B) Begründen Sie Ihre Entscheidung, die Abrissprobe anstelle eines Gitterschnittes auszuführen!

- Es wird hier nicht die Haftung einer Beschichtung, sondern die Haftung der Verzinkung geprüft.
- Die Zinkschicht ist viel zu hart, um hier einen Gitterschnitt durchführen zu können.
- Mit der Abrissprobe erhält man Messwerte (Maßzahlen), die angegeben werden können und die nicht von der subjektiven Beurteilung des Betrachters beeinflusst werden.
- Mit dem Gitterschnitt beurteilt man eigentlich die Elastizität eines Beschichtungsstoffes.

2.4 Holzkonstruktion

[1] Da bislang keine anstrichtechnische Behandlung der Holzkonstruktion erfolgte, verlangt der Auftraggeber, Sie müssten mit Holzschutzmitteln einen Tiefschutz nach DIN 68800 erreichen. Nehmen Sie zu dieser Forderung Stellung!

Ein Tiefschutz entsprechend der DIN fordert, dass das Holzschutzmittel mehr als 10 mm tief in das Holz eindringt. Dies ist nur mit industriellem Verfahren, z. B. mit der Kesseldruckimprägnierung, nicht aber mit handwerklichen Verfahren möglich.

[2] Alternativ schlagen Sie eine Beschichtung der Holzkonstruktion mit einer Bläueschutzgrundierung und anschließender Imprägnierlasur vor. Begründen Sie, warum für die Unterkonstruktion der Überdachung Imprägnierlasuren am besten geeignet sind!

Imprägnierlasuren dringen aufgrund der dünnflüssigen Einstellung am besten in den Untergrund. Der Untergrund kann nur einseitig beschichtet werden. Aufgrund der geringen Schichtdicke werden Basenbildungen und Abplatzungen durch Dampfdruck vermieden.

2.5 Fensterbleche

[1] Was versteht man unter »Weißrost«?

Der Begriff »Weißrost« bezeichnet alle Korrosionsprodukte auf Zink, die sich durch die Umweltbelastung bilden, also die Salze der Kohlensäure, der Schwefelsäure, der Salzsäure usw.

2.6 Heizkörper

1 **Beurteilen Sie den Rostgrad an den Heizkörpern!**
Die Heizkörper zeigen entsprechend der DIN EN ISO 4628-3 an den Kanten den Rostgrad Ri 3. Entsprechend der DIN 55 900 ist an den Kanten aber nur maximal der Rostgrad Ri 1 zulässig. Dies bedeutet, dass zusätzliche Arbeiten erforderlich sind, die besondere Leistungen darstellen und besonders zu vergüten sind.

2 **Der Bauherr vertritt die Meinung, dass Sie die zusätzlich erforderlichen Leistungen (Entrostung und zusätzliche Grundbeschichtung) kostenlos übernehmen müssen. Nehmen Sie zu dieser Forderung Stellung!**
Die Grundbeschichtung muss entsprechend der DIN 55900 einen Korrosionsschutz von mindestens drei Monaten für den Transport und die Standzeit auf der Baustelle sicherstellen. Nachdem die Heizkörper bereits im Oktober ohne Beschichtung montiert wurden, die Beschichtung aber erst ab Mitte März erfolgen sollte, sind die Heizkörper ca. fünf Monate ohne abgeschlossene Beschichtung gestanden. So können diesbezüglich an den Heizungsbauer keine Forderungen mehr gestellt werden. Keinesfalls können die jetzt zusätzlich zu erbringenden Leistungen dem Maler angelastet werden.

3 **Aus Gründen des Gesundheits- und Umweltschutzes sollen wasserverdünnbare Heizkörperlackfarben eingesetzt werden. Welche Vor- und Nachteile haben diese Lackfarben?**
Als wesentlicher Vorteil dieser Lackfarben muss die geringere Lösemittelbelastung herausgestellt werden. Diese Beschichtungsstoffe sind aber thermoplastisch. Auch der Korrosionsschutz ist schlechter. Außerdem dürfen thermoplastische Lackfarben später nur wieder mit thermoplastischen Lackfarben überarbeitet werden.

4 **Wie viel Lösemittel enthalten diese glänzenden Lackfarben, wenn sie das deutsche Umweltzeichen »Blauer Engel« zeigen?**
Lackfarben mit dem Umweltzeichen »Blauer Engel« enthalten maximal 10 % organische Lösemittel.

5 **Was versteht man unter dem VOC-Anteil der Beschichtungsstoffe?**
Unter der VOC versteht man das Volumen flüchtiger organischer Verbindungen. In der Regel sind das vor allem organische Lösemittel.

2.7 Einbauschrank im Schlafzimmer

1 Im Rahmen der Beschichtungsarbeiten wird diskutiert, ob der Schrank innen und außen mit lösemittelhaltiger Alkydharzlackfarbe oder mit Dispersionslackfarbe beschichtet werden soll. Zeigen Sie die Vor- und Nachteile dieser beiden Systeme auf!

	Vorteile	*Nachteile*
Alkydharzlackfarbe	besserer Verlauf, dadurch bessere optische Qualität, höhere mechanische Belastbarkeit	stärkere Lösemittelbelastung, möglicherweise Dunkelvergilbung im Schrankinneren
Dispersionslackfarbe	geringere Lösemittelbelastung,keine Dunkelvergilbung, wenn keine wasserverdünnbaren Alkydharzlackfarben eingesetzt werden	etwas geringerer Glanz, geringere mechanische Belastbarkeit, z. B. kratzempfindlicher

2.8 Brandschutztüren im Keller

1 Welche Problematik ergibt sich aus der als Pulverbeschichtung durchgeführten Grundierung?

Auf Pulverbeschichtungen gibt es immer wieder Haftungsprobleme bei den folgenden Beschichtungen. Deshalb wird dringend eine EP-Haftgrundierung empfohlen.

2 Welchen Beschichtungsaufbau empfehlen Sie?

Am besten bewährt haben sich nach gründlichem Anschleifen Epoxidharzgrundierungen. Auf diesen können dann Alkydharzlacke oder Polyurethanharzlacke problemlos eingesetzt werden. Allerdings sollten diese Beschichtungen bereits am auf die Grundierung folgenden Tag ausgeführt werden. Ansonsten sind auf der EP-Grundierung Haftungsprobleme zu befürchten.

3 Welches Problem ergibt sich für den Anschluss zwischen den Gipskartonplatten und den gemauerten Wänden?

Um Risse zu vermeiden, muss der Anschluss elastoplastisch verfugt werden. Diese Abdichtung sieht sehr unschön aus. Überstreicht man aber die Verfugung, reißt der Beschichtungsstoff hier aufgrund der geringeren Dehnfähigkeit des Beschichtungsstoffes.

2.9 Decken und Wände in der Wohnung

[1] Für die Wände ist eine Raufasertapezierung und die Beschichtung mit waschbeständiger Dispersionsfarbe nach VOB DIN 18363 vorgesehen. Welcher Klasse in der DIN EN 13 300 muss die Dispersionsfarbe entsprechen, um als waschbeständig eingesetzt werden zu dürfen?
Die waschbeständigen Dispersionsfarben entsprechen der Nassabriebsklasse 3 der DIN EN 13 300.

[2] Nennen Sie drei weitere Qualitätsmerkmale der Innenwandfarben, zu denen in der DIN EN 13 300 »Kunststoffdispersionsfarben für Innen« Hinweise enthalten sind.
Die DIN EN 13 300 enthält auch Angaben zum Glanzgrad, dem Deckvermögen, der Ergiebigkeit der Dispersionsfarben (Deckvermögen) und der Korngröße.

2.10 Leistungsbeschreibungen

[1] Erstellen Sie folgende Leistungsbeschreibungen unter Einhaltung der Positionsnummern.
Pos. 1 Beschichtung der Fassade:
- Entfernen der Pilze mit fungizider Lösung und nachfolgendem gründlichen Abwaschen
- Grundanstrich mit Dispersionssilikatfarbe
- Schlussanstrich mit Dispersionssilikatfarbe

Pos. 2 Beschichtung der Stahlträger in der Werkstatt
- Sweepen der verzinkten Stahlkonstruktion
- Grundbeschichtung mit Korrosionsschutzfarbe im System des Herstellers in der im Zulassungsbescheid des Systems vorgeschriebenen Schichtdicke
- Zwischenbeschichtung mit Dämmschichtbildner im System des Herstellers in der im Zulassungsbescheid des Systems vorgeschriebenen Schichtdicke
- Schlussbeschichtung im System des Herstellers in der im Zulassungsbescheid des Systems vorgeschriebenen Schichtdicke

Pos. 3 Beschichtung der Holzkonstruktion
- Grundanstrich mit Imprägnierlasur mit holzschützender Wirkung
- Zwischenanstrich mit Imprägnierlasur
- Zwischenanstrich mit Imprägnierlasur
- Schlussanstrich mit Imprägnierlasur

Drittes Projekt

Ein Hotel in einer Kleinstadt wird umgebaut und durch einen Neubau erweitert. Die bestehenden Gebäude, die Umbauten und die ergänzenden Neubauten sollen innen und außen entsprechend der Nutzung beschichtet werden. Während der Arbeiten läuft der Geschäftsbetrieb in Teilbereichen weiter.

1 Situation

1.1 Fassade

Die Fassade wurde mit einem Putz der Mörtelgruppe P II neu verputzt. Dieser Putz zeigt eine mittlere Rauigkeit. Die Fassade soll mit einem mineralischen Beschichtungsstoff beschichtet werden.

Im alten Bereich ist im Hinterhof ein Teil der Fassade mit Asbestzement verkleidet. Diese Verkleidung soll entfernt und der darunter liegende Putz beschichtet werden.

1.2 Holzfenster

Die Verbundfenster aus Fichtenholz sind auf der Straßenseite mit Alkydharzlackfarbe weiß lackiert. Der Anstrich zeigt Schäden.

Über die Beschichtung der dunkel gestrichenen Fenster im Hinterhof ist noch keine Entscheidung gefallen.

Von den Fensterblechen aus verzinktem Stahlblech ist die Beschichtung gänzlich abgeplatzt. Fenster und Fensterbleche sollen beschichtet werden.

1.3 Balkongeländer

Die neuen Balkongeländer aus Stahl sind in einem rotbraunen Farbton grundiert, zeigen aber mechanische Beschädigungen und Rost. Die Geländer sollen mit PVC- Lackfarbe beschichtet werden.

1.4 Decken- und Wandanstrich in den Hotelzimmern

Der Putz ist in der Mörtelgruppe P II ausgeführt und mit scheuerbeständiger Dispersionsfarbe gestrichen. Gewünscht wird wieder ein scheuerbeständiger Dispersionsfarbenanstrich, ausgeführt mit emissionsfreien Werkstoffen.

1.5 Decken und Wände des Bades im Angestelltentrakt

In einem Bad des Angestelltentraktes zeigt sich starker Pilzbewuchs. Das Bad soll saniert werden.

1.6 Heizkörper

Die Heizkörper sind stark vergilbt, was sich besonders im Kontrast zu den weißen Fliesen im Badezimmer zeigt. Die Heizkörper sollen beschichtet werden. An den Kanten sind mechanische Beschädigungen und Rost sichtbar.

2. Aufgaben

2.1 Fassade

[1] Welchen Behörden müssen die Asbestsanierungsarbeiten gemeldet werden? Nennen Sie auch die Frist, in der die Meldung erfolgen muss!
Jeder Umgang mit Asbestzement ist dem Gewerbeaufsichtsamt und der Berufsgenossenschaft mindestens 7 Tage vor Arbeitsbeginn schriftlich anzuzeigen.

[2] Die Gefahrstoffverordnung fordert vor dem Umgang mit Gefahrstoffen grundsätzlich eine Gefährdungsanalyse und einen Arbeitsplan. Nennen Sie 10 Faktoren, die Sie in diesem Zusammenhang bei diesem Projekt bei der Asbestsanierung berücksichtigen müssen! Sie beschäftigen in Ihrem Betrieb drei männliche Gesellen und einen männlichen jugendlichen Lehrling.

1. Jeder Umgang mit Asbestzement ist dem Gewerbeaufsichtsamt und der Berufsgenossenschaft mindestens 7 Tage vor Arbeitsbeginn schriftlich anzuzeigen.
2. Es muss ein sachkundiger Aufsichtsführender benannt werden. Dieser muss eine Sachkundeprüfung mit behördlicher Anerkennung nach Anlage 4 der TRGS 519 bestanden haben und ständig auf der Baustelle anwesend sein.
3. Es muss eine Betriebsanweisung erstellt werden.
4. Auf der Grundlage der Betriebsanweisung muss vor Beginn der Arbeiten eine Unterweisung der Beschäftigten durchgeführt werden.
5. Es müssen Abnahmeerklärungen der Deponie für die Asbestabfälle beschafft werden.
6. Die Arbeitsbereiche müssen abgegrenzt und gekennzeichnet werden.
7. Es darf nur möglichst wenig Personal eingesetzt werden.
8. Die Gewerke mit anderen Personen sind zu koordinieren, um zu verhindern, dass unbeteiligte Personen gefährdet werden können.
9. Bei den Beschäftigten müssen spezielle Arbeitsmedizinische Vorsorgeuntersuchungen veranlasst werden.
10. Der Jugendliche darf nicht eingesetzt werden.
11. Die Asbestzementplatten müssen mit staubbindenden Mitteln oder mit Wasser behandelt werden, so dass keine Asbestfasern freigesetzt werden können.
12. Zum Auffangen von herabfallenden Bruchstücken sind Folien auszulegen.
13. Es dürfen nur geprüfte Industriestaubsauger H (früher K 1) eingesetzt werden.
14. Die abgebauten Platten dürfen nicht geworfen werden.

[3] Entsprechend der Gefahrstoffordnung sind Sie verpflichtet, zur Verarbeitung gefährlicher Arbeitsstoffe, z. B. lösemittelhaltiger Beschichtungsstoffe, Betriebsanweisungen zu erstellen und auf dieser Grundlage Unterweisungen durchzuführen. Welche Gliederungspunkte muss diese Betriebsanweisung enthalten?

Die Betriebsanweisung muss wie folgt gegliedert sein:
- Name und Adresse der Firma,
- Bezeichnung des Gefahrstoffs,
- Arbeitsplatz,
- Gefahren,
- Schutzmaßnahmen, Verhaltensmaßregeln,
- Erste Hilfe, Unfälle,
- Verhalten bei Störfällen,
- Beseitigung von Abfällen und Resten,
- Datum und Unterschrift des Unternehmers.

[4] In welchen Zeiträumen müssen die Unterweisungen durchgeführt werden?

Die Unterweisungen müssen
- vor Beginn der Arbeiten durchgeführt werden,
- erneut durchgeführt werden, wenn sich das Arbeitsverfahren ändert oder andere Gefahrstoffe eingesetzt werden,
- mindestens jährlich durchgeführt werden,
- bei Jugendlichen mindestens halbjährlich durchgeführt werden.

[5] Beim Fassadenanstrich wird diskutiert, ob eine Silikatfarbe oder eine Dispersionssilikatfarbe eingesetzt werden soll. Erläutern Sie die Vorteile der beiden Systeme!

Vorteile der Silikatfarben	*Vorteile der Dispersionssilikatfarben*
rein mineralisch, d.h. die physikalischen Eigenschaften entsprechen denen des Untergrundes	leichtere Verarbeitung
sehr gute Wasserdampfdurchlässigkeit	gute Wasserdampfdurchlässigkeit
Verkieselung mit dem Untergrund möglich	gute Haftung auch auf kritischeren Untergründen
sehr gute Alterungsbeständigkeit	gute Alterungsbeständigkeit

2.2 Fenster

1 Welche Mängel und Schäden kann man auf dem Detailfoto des Fensters erkennen, die eine Bedenkenmitteilung erforderlich machen?
Sichtbare Mängel und Schäden sind:
- offene Verleimungen,
- scharfe Kanten,
- Risse im Holz,
- abplatzende Beschichtung,
- defekter Dichtstoff.

2 Welche Form fordert die VOB für die Bedenkenmitteilung?
Entsprechend der VOB muss die Bedenkenmitteilung schriftlich erfolgen.

3 Der Auftraggeber reklamiert, dass Sie die Bedenkenmitteilung erst nach Erhalt des Auftrags und nicht bereits bei der Bearbeitung des Leistungsverzeichnisses durchgeführt haben. Wie begründen Sie die für den Auftraggeber späte Bedenkenmitteilung?
Vor Auftragserteilung ist der Malerbetrieb nur Bieter, aber nicht Auftragnehmer. Die Pflicht für die Bedenkenmitteilung besteht nur für den Auftragnehmer, nicht für den Bieter.

4 Auf welche weiteren Untergrundmängel sind die Holzfenster zu prüfen? Nennen Sie die benötigten Werkzeuge und auch das Erkennungsmerkmal des Mangels!
Prüfung der Holzfenster auf Untergrundmängel:

Untergrundmängel	*Werkzeuge*	*Erkennungsmerkmal*
mangelnde Wasserabführung	Winkelmesser, Wasserwaage	Neigung unter 15°
Konstruktionsfehler	Augenschein	Kettendübelungen, zu große Dübel oder zu nahe an Kanten oder Kettendübelungen
scharfe Kanten	Augenschein	Kantenrundung > 2 mm
Harzausfluss	Augenschein	klebrige Stellen
Pilzbefall	Augenschein	grau-grünlicher Bewuchs
Holzfeuchtigkeit	mit dem Hydromaten	dunkle Stellen, aufgequollene Stellen, zu hohes Messergebnis
fehlender oder schadhafter Dichtstoff	Augenschein	fehlender Dichtstoff
Verfärbungen	Augenschein	bläulich schwarze Verfärbungen

Bindemittelart der Beschichtung	Laugen und Nitroverdünnung	Dispersionslacke werden von Nitroverdünnung gelöst, Alkydharzlacke werden von Abbeizlaugen verseift
mangelnde Abdichtung zum Mauerwerk	Augenschein	fehlender Dichtstoff

[5] Im Rahmen dieses Auftrages wird diskutiert, ob für den Fensteranstrich wieder konventionelle lösemittelverdünnbare Alkydharzlackfarben oder Dispersionslackfarben eingesetzt werden sollten. Zeigen Sie die Vor- und Nachteile dieser Lacksysteme, bezogen auf diesen Auftrag, auf!

Vor- und Nachteile der lösemittelverdünnbaren Alkydharzwerkstoffe	*Vor- und Nachteile der Dispersionslackwerkstoffe*
über 30 % organischer Lösemittelanteil	geringerer Lösemittelanteil (<10 %), daher umweltfreundlicher
mit organischen Lösemitteln verdünnbar	wasserverdünnbar
Werkzeuge und Geräte können nur mit organischen Lösemitteln gereinigt werden	Werkzeuge und Geräte können mit Wasser gereinigt werden
blockfest	geringe Blockfestigkeit
bessere Oberflächenqualität	meist geringere Oberflächenqualität
größere Beständigkeit gegen mechanische Einflüsse	geringere Beständigkeit gegen mechanische Einflüsse
neigen bei UV-Belastung eher zum Kreiden	größere UV-Beständigkeit
neigen zum Vergilben	vergilbungsbeständiger

[6] Welche Kriterien muss die Lackfarbe erfüllen, wenn der Kunde den Einsatz von Alkydharzlackfarben für die Fenster wünscht und die Umweltbelastung gering gehalten werden soll?

- aromatenfrei,
- hoher Festkörpergehalt und
- lange Haltbarkeit

[7] Welche Titandioxidtype muss die Fensterlackfarbe enthalten? Begründen Sie Ihre Antwort!

Es muss die Titandioxidsorte Rutil eingesetzt werden, nur diese ist aufgrund des stabileren Kristallgitters bei Bewitterung kreidungsbeständig.

[8] Welche Lösemittel gehören zu den Aromaten?

Zu den aromatischen Lösemitteln gehören:

- Toluol
- Xylol
- Styrol

[9] **Welche Auswirkungen haben zu helle oder zu dunkle Lasuren auf Holzuntergründe im Außenbereich?**
Helle Lasuren können das Holz nur unzureichend vor UV-Strahlen schützen. Das Holz vergraut, der Anstrich löst sich, durch die Feuchtigkeitseinwirkung kommt es zu weiteren Schäden.
Bei dunklen Lasuren heizt sich das Holz bei Sonneneinstrahlung zu stark auf. Die Verleimung ist dadurch einer besonderen Belastung ausgesetzt. Bei harzreichen Hölzern ist ein Harzausfluss unvermeidlich.

2.3 Balkongeländer

[1] **Welcher Normreinheitsgrad nach DIN EN ISO 12944 sollte bei der Vorbereitung des Geländers erreicht werden, wenn eine Handentrostung geplant ist?**
Normreinheitsgrad St 3 oder PMA

[2] **Welches Korrosionsschutzpigment wurde mit größter Wahrscheinlichkeit für den Grundanstrich eingesetzt? Auf welche Weise schützt dieses Pigment vor Korrosion?**
Es wurde Eisenoxidrot eingesetzt.
Eisenoxidrot schützt rein physikalisch durch seine Sperrwirkung.

[3] **Bewerten Sie die gewünschte Beschichtung der Balkongeländer mit PVC-Lackfarbe!**
PVC-Lackfarben werden von menschlichen und tierischen Fetten angelöst. Deshalb ist diese Beschichtung hier ungeeignet

2.4 Anstrich der Innenwände

[1] **Wie können Sie den neuen Innenputz auf Sinterschichten prüfen?**
Der Putz wird angekratzt. Danach folgt eine Benetzungsprobe. Ist eine Sinterschicht vorhanden, verfärbt sich die Kratzspur aufgrund des unterschiedlichen Saugvermögens nur im Bereich der Kratzspur dunkel.

[2] **Von welchen Faktoren hängt das Deckvermögen der Beschichtung ab?**
Das Deckvermögen einer Beschichtung hängt von folgenden Faktoren ab:
1. von der Schichtdicke,
2. vom Kontrast der Beschichtung zum Untergrund,
3. von der Pigmentmenge in der Beschichtung,
4. von der Teilchengröße und Form der Pigmente,
5. vom Unterschied der Lichtbrechungsvermögen von Bindemittel und Pigment.

2.5 Sanierung der Decken und Wände des Bades im Angestelltentrakt

[1] Durch die Wahl der zweckmäßigen Arbeitsverfahren lässt sich die schädliche Freisetzung von Schimmelpilzsporen im Angestelltenbad entscheidend reduzieren. Nennen Sie geeignete Verfahren!
- Reduzierung der Staubentwicklung durch Befeuchten
- Reduzieren der Staubentwicklung durch Einstreichen mit Kleister
- Abkleben der schimmelpilzbefallenen Flächen mit Selbstklebefolie
- Bestreichen mit Sporenbinder
- Einsatz von zugelassenen Geräten mit Staubabsaugung

[2] In welchen beiden Gefährdungsklassen kann der auf dem Foto erkennbare Schimmelpilzbefall je nach Arbeitsaufwand eingestuft werden?
In die Gefährdungsklassen 1 oder 2.

[3] Für den Anstrich werden emissionsfreie Dispersionsfarben gewünscht. Was versteht man darunter?
Die emissionsfreien Dispersionsfarben sind frei von Lösemitteln, Weichmachern und Restmonomeren.

[4] Im Gespräch mit dem Architekten fällt der Begriff VOC-Emission. Nennen Sie die englische Ausschreibung der Abkürzung und übersetzen Sie diese ins Deutsche?
VOC = volatile organic compound (engl.) = flüchtige organische Verbindungen
VOC-Emission = Freisetzen von flüchtigen organischen Verbindungen

2.6 Leistungsbeschreibungen

Erstellen Sie für folgende Positionen Leistungsbeschreibungen:

Pos. 1 Beschichtung des Neuputzes
- Anätzen mit Ätzflüssigkeit
- Grundanstrich mit Fixativ, verdünnt nach Saugfähigkeit mit Wasser
- Zwischenanstrich mit Silikatfarbe, verdünnt mit Fixativ nach Saugfähigkeit
- Schlussanstrich mit Silikatfarbe

Pos. 2 Beschichtung der Holzfenster
- Entfernen der schadhaften Beschichtung und des vergrauten Holzes
- Grundanstrich mit Bläueschutzmittel
- 1. Zwischenanstrich mit Fenstervorstreichfarbe auf Alkydharzbasis
- 2. Zwischenanstrich mit Fenstervorstreichfarbe auf Alkydharzbasis
- Schlussanstrich mit Fensterlackfarbe auf Alkydharzbasis

Pos. 3 Beschichtung der Balkongeländer

- Entrosten der verrosteten Stellen Normreinheitsgrad St 3, Beischleifen der verbleibenden Beschichtung
- Grundanstrich der blanken Stellen mit Korrosionsschutzfarbe auf Alkydharzbasis, pigmentiert mit Eisenoxidrot
- Zwischenanstrich mit Alkydharzlackfarbe
- Schlussanstrich mit Alkydharzlackfarbe

Pos. 4 Beschichtung der Decken und Wände in den Hotelzimmern

- Grundanstrich mit Dispersionsfarbe Klasse 2 nach DIN EN 13300 scheuerbeständig (besondere Leistung)
- Schlussanstrich mit Dispersionsfarbe Klasse 2 nach DIN EN 13300 scheuerbeständig

Pos. 5 Beschichtung der Decken und Wände im Angestelltenbad

- Entfernen der Schimmelpilze mit fungizider Lösung, gründlich nachwaschen mit Wasser
- Grundanstrich mit fungizider Dispersionsfarbe Nassabriebsklasse 2 nach DIN EN 13300
- Schlussanstrich mit fungizider Dispersionsfarbe Nassabriebsklasse 2 nach DIN EN 13300

Viertes Projekt

Die Villa liegt in der Innenstadt Prags und ist derzeit rosafarben beschichtet. Der Farbton muss aufgrund der Vorgaben der Stadt Prag in dieser Farbfamilie beigehalten werden. Im Untergeschoss sind Geschäftsräume eingebaut worden, die zukünftig für diverse Vernissagen genutzt werden sollen. Rückwertig schließt sich ein etwa 1200 m² großer Garten an, der künftig ebenfalls mit der Galerie genutzt werden soll.

1 Situation

1.1 Fassade

Die Vorderansicht des Gebäudes weist nur kleine Putzschäden auf und ist mit einer Silikatfarbe beschichtet. Die Beiputzstellen wurden mit artgleichem Material ausgebessert. Teilweise zeigen sich auf der Fassadenfläche vorne bereits starke Verschmutzungen im Bereich der Ablaufkanten an den Gesimsen und Balkonen. Aber auch im erdnahen Bereich auf Höhe des Strauchbewuchses sind Verschmutzungen und Algenbewuchs erkennbar. Die Abdeckung der Gaubenfenster wurde mit feuerverzinktem Stahlblech neu verkleidet. Die Abdeckung soll beschichtet werden.

1.2 Holzfenster

Die Fenster aus Fichtenholz sind weiß mit Dispersionslackfarbe lackiert. Es soll ein Erneuerungsanstrich erfolgen. Am Anstrich sind kaum Mängel zu erkennen. Sie prüfen die Haftung der Altbeschichtung mit dem Klebeband. Dabei zeigt sich das auf dem Foto abgebildete Ergebnis.

1.3 Balkongeländer

Die Stahlgeländer sind mit Alkydharzlackfarbe beschichtet. An den Geländern sind mechanische Beschädigungen sichtbar. Bei der Untergrundprüfung stellen Sie den Gt-Wert 1 nach der DIN ISO EN 2409 und den Rostgrad Ri 1 nach DIN EN ISO 4628-3 fest. Die Geländer sollen neu beschichtet werden.

1.4 Balkonböden

Die beschichteten Betonböden sind intakt und fest, die mit EP-Lackfarbe durchgeführte Beschichtung zeigt außer einer Kreidung keine weiteren Mängel. Die Böden sollen beschichtet werden.

1.5 Decken im Treppenhaus

Die Decken sind mit waschbeständiger Dispersionsfarbe gestrichen. Wegen eines Wasserschadens haben sich hier an den Decken Wasserflecken gebildet. Die Decken sollen mit Innendispersionsfarbe LF scheuerbeständig beschichtet werden.

1.6 Wände im Treppenhaus

Die Wände sind mit scheuerbeständiger Dispersionsfarbe beschichtet. Wegen eines Wasserschadens haben sich hier teilweise Wasserflecken gebildet. An den Wänden soll eine Mehrfarbeneffekt-Beschichtung durchgeführt werden.

1.7 Türen

Bei den Füllungstüren zeigen sich rings um die Füllungen Risse. Die Türen sollen beschichtet werden.

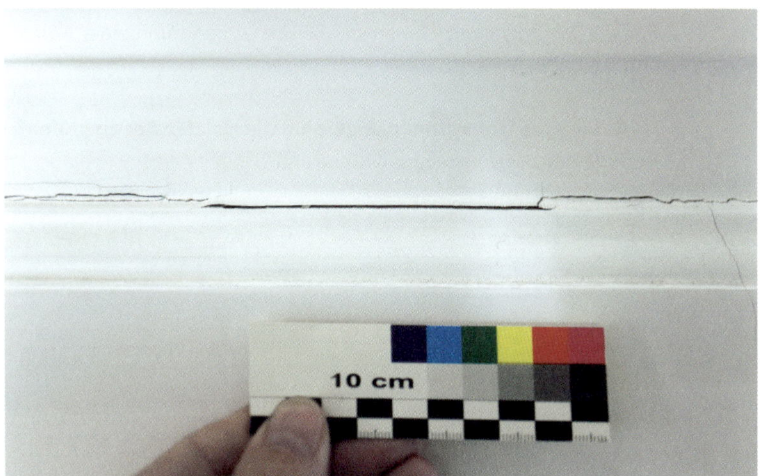

1.8 Aufzugtüren aus Stahl

Die bereits früher beschichteten Aufzugtüren sind stark verkratzt. Die Beschichtung platzt leicht ab.

2 Aufgaben

2.1 Fassade

1 **Sie empfehlen aufgrund des Wandaufbaus und der mineralischen Vorbeschichtung der Villa eine Beschichtung mit Silikatfarbe. Erläutern Sie die Bestandteile von Silikatfarben im Vergleich zu Dispersionssilikatfarben!**

Die Silikatfarbe besteht aus Kaliwasserglas, anorganischen Pigmenten/Füllstoffen (= Farbpulver) und Additiven (= Zusatzstoffen).

Die Dispersionssilikatfarbe enthält zusätzlich bis zu 5 Massenprozent organische Bestandteile, bezogen auf das Gesamtgewicht des Beschichtungsstoffes in Lieferform.

2 Begründen Sie, warum Sie eine Silikatfarbe mit hohem w24-Wert und niedrigem sd -Wert empfehlen!

Hoher w24-Wert :

Wassertropfen werden gespreitet und bilden damit keinen Film auf der Oberfläche. Ein großer Wasseraufnahmewert führt zu einer höheren Durchfeuchtung des Putzes, aber es verbleibt weniger Wasser auf der Oberfläche des Putzes, was die Gefahr des Algenbefalls vermindert.

Kleiner sd-Wert:

Der Anstrich durchfeuchtet bei Beregnung, trocknet danach aber schnell wieder aus. Anstriche mit kleinen sd-Werten wirken somit einer Auffeuchtung des Untergrundes entgegen.

3 Auf welche Untergrundmängel sind die Holzfenster zu prüfen?

Prüfung der Holzfenster auf Untergrundmängel:

Untergrundmängel	*Erkennung*
offene Verleimungen	optisch
scharfe Kanten	optisch
mangelnde Wasserabführung	Winkelmesser, Wasserwaage
Risse	optisch
Konstruktionsfehler	optisch
Harzausfluss	optisch
Pilzbefall	optisch
Holzfeuchtigkeit	mit dem Hydromaten
fehlender oder schadhafter Dichtstoff	optisch
Verfärbungen	optisch
Bindemittelart der Beschichtung	Dispersionslacke werden von Nitroverdünnung gelöst, Alkydharzlacke werden von Abbeizlaugen verseift
mangelnde Abdichtung zum Mauerwerk	optisch

4 Bewerten Sie das Ergebnis der Untergrundprüfung auf dem Foto des Holzfensters in der Aufgabenstellung!

Der Klebebandtest zeigt, dass die Altbeschichtung extrem schlecht haftet und vor einer erneuten Beschichtung entfernt werden muss. Zumindest im auf dem Foto sichtbaren Bereich ist unter dem schadhaften Anstrich auch das Holz verwittert und nicht tragfähig.

2.2 Balkongeländer

1 **Sie haben als Altbeschichtung einen Alkydharzlack festgestellt. Geben Sie ein Beschichtungsmaterial (Basis) an, mit dem Sie auf keinen Fall überbeschichten dürfen. Begründen Sie ihre Antwort!**
Ein Material mit höherer Oberflächenspannung wie z. B. ein 2K-Material auf Basis von Epoxidharz, PUR oder 2K-Acryl. Die unterschiedliche Spannung in Unter- und Obermaterial führt zum Aufreißen der Beschichtung und zum Abplatzen der oberen Schicht. Es entsteht das Bild eines Reißlackes. Außerdem können die stärkeren Lösemittel dieser Beschichtungsstoffe die Alkydharzbeschichtung anlösen und hochziehen.

2 **Erklären Sie den Gt-Wert 1 nach DIN EN ISO 2409!**
Beim Gitterschnittkennwert Gt-Wert 1 sind ca. 5 % der Teilstücke zwischen den Schnittstellen abgeplatzt. Die Beschichtung haftet gut und kann in der Regel überarbeitet werden.

3 **Erläutern Sie den Rostgrad Ri 1 nach DIN EN ISO 4628-3!**
Beim Rostgrad Ri 1 ist die beschichtete Fläche mit maximal 0,05 % Rost bedeckt.

2.3 Balkonböden

1 **Stellt die Kreidung der Epoxidharzbeschichtung auf den Balkonböden einen Materialmangel dar? Begründen Sie ihre Aussage!**
Epoxidharzbeschichtungen neigen bei Bewitterung allgemein zum Kreiden. Aufgrund der großen Beständigkeit der Epoxidharze verändern sich die Eigenschaften der Beschichtung nicht nachteilig. Deshalb stellt die Kreidung der Beschichtung der Balkonböden keinen Mangel dar.

2 **Welche Untergrundvorbereitung ist hier erforderlich?**
Alle 2-K-Beschichtungen müssen sehr gründlich maschinell aufgeraut werden, damit die folgenden Beschichtungen gut haften.

3 **Welche Beschichtung empfehlen Sie für die neue Beschichtung?**
Nach gründlichem Aufrauen der vorhandenen EP-Beschichtung können wiederum EP-Lackfarben, aber auch PUR-Lackfarben eingesetzt werden.

2.4 Decken im Treppenhaus

1 Worauf sind die Verfärbungen durch den Wasserschaden zurückzuführen?
Das Wasser löst Eisensalze im Putz. Dadurch bilden sich an der Oberfläche gelblich braune Flecken. Außerdem sind durch die Wassereinwirkung auch Ausblühungen möglich, die sich durch weißlich auftrocknende Salze zeigen würden.

2 Mit welchem Prüfverfahren können Sie Eisensalze nachweisen? Beschreiben Sie ihre Vorgehensweise!
Auf die bräunlichen Verfärbungen wird erst verdünnte Salzsäure und dann die Lösung von gelben Blutlaugensalz aufgeträufelt. Verfärbt sich die Stelle durch die chemische Bildung von Berlinerblau/dunkelblau, sind Eisensalze vorhanden.

3 Wie lässt sich vermeiden, dass sich bei dem gewünschten Anstrich wiederum die braunen Flecken zeigen?
Hierzu gibt es folgende Möglichkeiten:

1. Die Wasserflecken können, die Austrocknung vorausgesetzt, mit Absperrlacken abgesperrt werden. Danach erfolgt die gewünschte Beschichtung.
2. Für die Beschichtung können lösemittelhaltige Wandfarben eingesetzt werden.
3. Für die Beschichtung können wasserverdünnbare Absperrfarben eingesetzt werden.

2.5 Wände im Treppenhaus

1 Der Auftraggeber will, dass Sie kostenlos Musterflächen ansetzen. Was sagt die VOB dazu?
Nach DIN 18363 VOB Teil C »Maler- und Lackiererarbeiten - Beschichtungen« ist nur das Vorlegen vorgefertigter Oberflächen und Farbmuster eine Nebenleistung. Das Ansetzen von Musterflächen ist eine Besondere Leistung und deshalb gesondert zu vergüten.

2 Welche Spritzgeräte müssen für den Mehrfarbeneffekt eingesetzt werden?
Für den Mehrfarbeneffekt müssen Niederdruckspritzgeräte eingesetzt werden.

2.6 Aufzugtüren aus Stahl

1 Welche Untergrundprüfungen sind bei den Aufzugtüren durchzuführen?
Erforderliche Untergrundprüfungen:

- Haftung der Altbeschichtung

- Bindemittelart der Beschichtung
- Verschmutzungen
- Beschädigungen der Altbeschichtung

[2] Wie können Sie die Bindemittelbasis der Beschichtung der Aufzugtüren feststellen?

- Dispersionslackfarben lassen sich mit Nitroverdünnung anlösen.
- Alkydharzlackfarben lassen sich mit Abbeizlaugen erkennen, die Laugen verseifen diese Bindemittel und machen sie so wasserlöslich.
- 2-K-Beschichtungen und Pulverbeschichtungen lassen sich mit beiden Methoden nicht erkennen. Ist eine höhere Genauigkeit erforderlich, müssen Laborprüfungen genauere Ergebnisse liefern.

2.7 Füllungstüren

[1] Der Auftraggeber will die Risse in den Türen (auf dem Foto ersichtlich) dauerhaft geschlossen haben. Nehmen zu dieser Forderung Stellung!

Die Füllungen im Rahmen der Türen bewegen sich. Diese Bewegung soll das Reißen der Holzflächen verhindern, ist bei Füllungstüren konstruktionsbedingt und lässt sich nicht verhindern. Die Fugen könnten nach dem Entfernen der Altbeschichtung mit elastoplastischem Material geschlossen werden. Jedoch sind diese Produkte in der Regel nicht rissfrei mit den üblichen Lackfarben zu überarbeiten. Deshalb ist davon abzuraten. Es würde sich dabei um keine Regelleistung, sondern um eine besonders zu vergütende besondere Leistung handeln.

2.8 Ausführung der Arbeiten

[1] Wer legt bei diesem Auftrag den Beschichtungsaufbau fest und wer wählt die einzusetzenden Werkstoffe und Beschichtungsverfahren entsprechend der VOB DIN 18363 »Maler- und Lackierarbeiten - Beschichtungen« aus, wenn dazu keine gesonderte Vereinbarung getroffen wird?

Der Beschichtungsaufbau und die dafür einzusetzenden Stoffe und die Beschichtungsverfahren werden in der Regel in der Leistungsbeschreibung festgelegt. Wenn dem Auftragnehmer keine Leistungsbeschreibung zur Verfügung gestellt wird, hat der Auftragnehmer den Beschichtungsaufbau und die zu verarbeitenden Stoffe festzulegen.
Wenn keine gesonderte Vereinbarung getroffen wird, bestimmt der Auftragnehmer die Arbeitsverfahren.

2.9 Erstellen Sie für die nachfolgenden Arbeiten Leistungsbeschreibungen unter Einhaltung der Positionsnummern! Das Gerüst wird bauseits gestellt.

Pos. 1 Fassadenanstrich

- Reinigen der Fassade, im Bereich des Algenbewuchses mit algizider Lösung
- Grundanstrich mit verdünntem Fixativ
- Zwischenanstrich mit Silikatfarbe
- Schlussanstrich mit Silikatfarbe

Pos. 2 Dachgauben

- Reinigen der feuerverzinkten Flächen mit Salmiaknetzmittelwäsche, Schleifen mit Schleifvlies, gründlich Nachwaschen mit Wasser
- Grundanstrich mit Dispersionslackfarbe
- Schlussanstrich mit Dispersionslackfarbe

Pos. 3 Fenster

- Anstrich entfernen durch Abbeizen
- Gründliches Anschleifen der Holzflächen
- Grundbeschichtung auf den rohen Holzteilen mit Holzschutzmittel nach DIN 68800, Teil3
- 1. Zwischenbeschichtung auf den grundierten Holzteilen mit Dispersionslackfarbe
- 2. Zwischenbeschichtung mit Dispersionslackfarbe
- Schlussbeschichtung mit Dispersionslackfarbe

Pos. 4 Balkongeländer

- Gründlich anschleifen und entrosten
- Grundbeschichtung mit Alkydharz-Korrosionsschutzfarbe auf den blanken Stellen
- Zwischenbeschichtung mit Alkydharzlackfarbe
- Schlussbeschichtung mit Alkydharzlackfarbe

Pos. 5 Balkonböden

- Gründliches Reinigen und maschinelles Anschleifen der Altbeschichtung
- Zwischenbeschichtung mit Polyurethanharzlackfarbe
- Schlussbeschichtung mit Polyurethanharzlackfarbe

Pos. 6 Decken im Treppenhaus

- Absperren der Wasserflecken mit Absperrlack
- Zwischenbeschichtung mit emissionsfreier Dispersionsfarbe der Klasse 3 nach DIN EN ISO 13300

- Schlussbeschichtung mit emissionsfreier Dispersionsfarbe der Klasse 3 nach DIN EN ISO 13300

Pos. 7 Wände im Treppenhaus
- Zwischenbeschichtung mit emissionsfreier Dispersionsfarbe der Nassabriebsklasse 2 nach DIN EN ISO 13300
- Schlussbeschichtung mit Bunteffekt

Pos. 8 Aufzugtüren
- Entfernen der Altbeschichtung durch Abbeizen
- Grundbeschichtung mit Dispersionskorrosionsschutzfarbe seidenglänzend
- Zwischenbeschichtung mit Dispersionslackfarbe seidenglänzend
- Schlussbeschichtung mit Dispersionslackfarbe seidenglänzend

Pos. 9 Füllungstüren
- Entfernen der Altbeschichtung durch Abbeizen
- Grundanstrich mit Dispersionslackfarbe seidenglänzend
- Zwischenanstrich mit Dispersionslackfarbe seidenglänzend
- Schlussanstrich mit Dispersionslackfarbe seidenglänzend

2.10 Abrechnung der Arbeiten

1 Wie werden die Heizkörpernischen entsprechend der VOB abgerechnet?
Nischen werden bis zu 2,50 m² Einzelgröße übermessen, gleichgültig, ob die Leibungen ganz, teilweise oder gar nicht behandelt wurden.
Nischen über 2,50 m² Einzelgröße werden abgezogen, die Leibungen, soweit sie ganz oder teilweise beschichtet sind, werden gesondert berechnet.
Unabhängig von der Größe der Nische wird die Rückfläche, soweit sie beschichtet ist, gesondert berechnet.

2 Nach Abschluss der Arbeiten erstellen Sie die Schlussrechnung. Was müssen Sie dazu nach VOB Teil B DIN 1961 §14 Abs. 1 beachten?
- Die Leistungen sind prüfbar abzurechnen.
- Die Rechnung ist übersichtlich aufzustellen.
- Die Reihenfolge der Positionen ist einzuhalten.
- Die in den Vertragsbestandteilen enthaltenen Bezeichnungen sind zu verwenden.
- Die zum Nachweis von Art und Umfang der Leistung erforderlichen Mengenberechnungen, Zeichnungen und andere Belege sind beizufügen.
- Die Änderungen und Ergänzungen zum Vertrag sind besonders kenntlich zu machen.

[3] Sie haben mit dem Auftraggeber eine Sicherheitsleistung nach VOB/B DIN 1961 vereinbart. A) Wozu dient eine Sicherheitsleistung? B) Wie kann die Sicherheitsleistung erbracht werden?

A) Die Sicherheitsleistung dient dazu, die vertragsgemäße Ausführung der Leistung und die Gewährleistung sicherzustellen.

B) Die Sicherheitsleistung kann erbracht werden
- durch Einbehalt von Geld,
- durch Hinterlegung von Geld,
- durch Bürgschaft.

Stichwortregister

Die großen Zahlen geben die Seitenzahlen, die hoch gestellten Zahlen hinter den Seitenzahlen geben die Frage(n) auf der Seite an, in der der Suchbegriff zu finden ist.
Beispiel: Feuchtigkeitsmessung bei Holz 36[3,4], 67[6]
Zu dieser Feuchtigkeitsmessung sind auf der Seite 36 die Fragen 3 und 4 und auf der Seite 67 die Frage 6 zu finden.